中国石化“十四五”重点图书出版规划项目
航空油料智能建造与建筑工业化建设指南丛书

中国航空油料供油工程建设发展与创新

张知诚◎主编

中国石化出版社
·北京·

内 容 提 要

本书以丰富的案例和深入的分析，探究中国航空油料供油工程的建设发展与创新。从介绍中国古代建筑发展与传承、详述古代建筑适用性和功能性入手，结合民航建筑工业化的发展趋势、进程以及顶层设计，对建筑数字化和智能化的未来进行展望。秉承持续创新精神，基于物联网、人工智能、大数据等技术的应用，使得航空油料供油工程的各个环节更加智能化，并将迈向更高效、安全、可持续的发展方向。

本书适合从事民航、能源、交通运输、社会科研等行业人员以及高等院校师生阅读。

图书在版编目(CIP)数据

中国航空油料供油工程建设发展与创新 / 张知诚主编. —北京：中国石化出版社，2023.12

ISBN 978-7-5114-7286-1

Ⅰ.①中… Ⅱ.①张… Ⅲ.①民用机场-航空油料-供应-建筑工程-中国 Ⅳ.①V351.19

中国国家版本馆 CIP 数据核字(2023)第 240134 号

中国石化出版社出版发行

地址:北京市东城区安定门外大街 58 号

邮编:100011　电话:(010)57512500

发行部电话:(010)57512575

http://www.sinopec-press.com

E-mail:press@sinopec.com

北京富泰印刷有限责任公司印刷

全国各地新华书店经销

*

787 毫米×1092 毫米 16 开本 20.25 印张 508 千字

2024 年 3 月第 1 版　2024 年 3 月第 1 次印刷

定价:132.00 元

《中国航空油料供油工程建设发展与创新》
编　委　会

主　　　编：张知诚

执行主编：王　靓　张新月

副　主　编：王新河　沈嘉琳　杨剑武　吕君达

编委会委员：王成杰　徐　洋　张家成　宋立文

宋天伟　沈　青　张　亮　张文要

刘旭光　张玥莹　杨思源　荣青硕

王菁阳　岳炜杰　张恒硕　罗晨宇

郭超宇　李　阳　王　晨　牛　程

张立强

编审人员：胡　颖　漆　浩　刘　蕾　姚　剑

前言

PREFACE

万里航程，从油开始。中国航油作为中国民航业的重要组成部分和基础保障单位，多年来忠实履行“竭诚服务全球民航客户，保障国家航油供应安全”的企业使命，认真兑现“飞机飞到哪里，就把油加到哪里”的庄严承诺，深耕航空油料保障综合能力建设与发展，为保障航空运输安全、服务交通强国、民航强国战略实施提供了有力支撑，以实际行动彰显“航油国家队”的责任与担当。

征途漫漫，笃行不怠。中国航油始终立足两个大局、心怀“国之大者”，坚决贯彻党中央、国务院决策部署，全面落实国资委、民航局工作要求，牢固树立安全发展理念，统筹发展和安全，确保了全国机场航空油料稳定供应，高标准完成各项重大保障任务，以实际行动坚决践行“两个维护”。经过多年探索与发展，中国航油“一体化”资源保供模式逐渐成熟，民航、通航“两个市场”稳步拓展，经营管理水平逐年提升，创新绿色发展取得实质性突破，企业核心竞争力逐步增强。中国航油正向着建设具有国际竞争力的世界一流企业加速迈进。

继往开来，砥砺前行。2023 年是全面贯彻落实党的二十大精神的开局之年，也是中国航油全力推动高质量发展的关键一年。中国航油把握新发展阶段，贯彻新发展理念，组织编写了《航空油料智能建造与建筑工业化建设指南丛书》，系统梳理了企业成立 30 多年来积累的宝贵经验。**回首过去**，“金色三十年”见证了一代又一代中国航油人的艰苦奋斗，中国航油由小到大、由弱到强，油品销量从 1990 年不足 100 万吨增长到 2019 年的 6000 多万吨，自 2011 年起连续入围世界 500 强，成为世界航空油料供应服务标准制定的参与者、国内航空油料供应服务标准的制定者，谱写了中国航油改革发展 30 多年的壮丽篇章。**立足当下**，中国航油以“五有”航油铁军标立新时代攻坚克难、勇攀高峰精神新高度，直面新冠肺炎疫情为公司经营发展带来的前所未有的挑战和困难，3年来谋划开展4次专项行动，夺取了疫情防控和生产经营“双胜利”，在国家和民族最需要的时候，书写了“航油国家队”的责任担当和保供主力军的绚丽诗篇。**展望未来**，中国航油完整、准确、全面地贯彻新发展理念，确立科技创新、绿色低碳等理念在企业长远发展中的突出地位，以国资央企担当作为、矢志争先的“二次创业”奋斗激情，在智慧航油生态圈建设、可持续航空燃料产业链研究和布局的道路上全速前进，擘画了中国航油新“金色三十年”的高质量发展蓝图。丛书全面展现了中国航油“金色三十年”的辉煌成就，以“科技创新引领智慧航油发展”“新建筑工业化推动航油工程”双引擎，创新打造中国特色航空油料供应体系，为实现民航行业的高质量发展贡献出宝贵的航油力量。

奋楫者先，勇进者胜。相信中国航油在新的发展阶段，定将一如既往、初心如磐，迎接新挑战、抓住新机遇，融入新阶段、发展新航油，坚持绿色发展，坚持科技创新引领，坚持不懈打造更加科学先进的中国特色航空油料供应体系，以科技赋能中国航油高质量发展，在中国式现代化建设的宏伟征程上贡献中国航油力量！

目录

CONTENTS

第 1 章

建筑工业化发展历史

PART 1

中国建筑文化源远流长，其历史可以追溯至几千年前。中国古代建筑在结构、材料、造型、装饰等方面都有独特的风格和特点。中国建筑工业化也随着历史进程而不断探索和发展，渗透到建筑设计、施工和管理等各个环节。

中国古代建筑经历了从原始简单到复杂精湛的演变过程，展现出独特的魅力和文化底蕴。无论是古代墓葬、宗教建筑、高耸塔结构，还是大跨桥梁结构、寺庙、宫殿等，都体现出我国古代建筑师的智慧与劳动人民的辛勤。中国古代建筑在发展过程中不断提高适用性和功能性，也在以不断丰富着建筑工业化的形式来满足不同阶层的生活和社会需求。

19 世纪末，西方工业化浪潮进入中国，中国的建筑业开始受到现代技术和材料的影响。这一时期，建筑业对机械化和标准化生产的需求日益增加，混凝土结构和钢结构建筑逐渐成为主流。20 世纪 60 年代，中国的建筑工业化开始逐步发展，大量建筑企业和生产厂家开始生产预制构件、预制板、预制混凝土柱等建筑材料，大大提高了建筑施工效率和工程质量。

随着科技的发展和数字化技术的广泛应用，建筑工业化进入了一个新的阶段。现代建筑工业化的核心是数字化设计、工厂化制造和现场装配。在数字化设计方面，工程可视化和集成化程度大幅提高。在工厂化制造方面，预制构件生产线和现代化的装配工厂可以大规模生产标准化、规范化的建筑构件，提高了装配效率和精度，同时减少了人力成本和人为失误。

中国建筑工业化的发展历程可以看作是一个由简单到复杂、由手工到机械化、由预制到数字化的演进过程。未来，随着数字化技术和智能化制造技术的不断发展，中国建筑工业化将朝着更高效、更安全、更可持续的方向迈进，助力中国建筑业实现转型升级和可持续发展。

1.1 中国建筑文化

1.1.1 中国建筑的文化底蕴

五千年华夏文明的土壤孕育了令世人叹为观止的中华文化，而建筑文化是其中一个重要的组成部分。从古代的宫殿、寺庙和城墙，到现代的高楼大厦、地铁和桥梁，中国的建筑历史包含了丰富的经验和智慧，反映了社会、文化和技术的发展。这些建筑作品不仅具有实用价值，更承载着人们对于美的追求和文化传承的责任。本节将从中国深厚的建筑文化入手，对中国建筑的文化内涵、中国建筑与文化的交织展开深入思考，并展望现代建筑的发展路径。

1. 中国建筑的文化内涵

何为中国建筑的文化内涵？在此我们需要先对文化及建筑文化的概念有简要的了解。文化是指一种社会群体的共同认知，是价值观、传统、习惯、信仰等的综合体，包括语言、艺术、宗教、哲学、法律、伦理、习俗、节庆等方面的内容。建筑文化是指一个地区或民族所特有的建筑风格、建筑技术、建筑艺术、建筑表现手法以及建筑和社会、文化、历史、地理等方面的关系，是建筑与文化之间相互影响、相互依存的产物。

文化与社会的发展和演变密不可分，它可以被理解为全部社会遗产的综合体；而建筑文化则主要表达观念形态，这种观念形态与社会的哲学、美学文化等有着紧密的联系。建筑是建筑物和构筑物的总和，构成了人类生活最基本的环境，而这也就要求其具有实用价值，《建筑十书》中指出，建筑需要兼备实用、坚固和美观等特质。

中国建筑在历史发展的长河中不断沉淀积累，形成了独具一格的中国建筑文化。经过岁月的冲洗，历朝历代的匠人们凭着格物致知的精神，坚守本心、淡泊宁静，创造了不同时代不同人文风貌的中国建筑。

（1）“天人合一”的整体观念

“天人合一”的哲学思想追求人与自身及其环境和谐相处，对古代政治文化、建筑美学的审美意识有着深远的影响。

“天人合一”的思想最早是在《庄子》中阐述的，其文有：“天地交，泰；后以财成天地之道，辅相天地之宜，以左右民。”庄子认为天地万物皆有其自然规律，而人类应该遵循自然规律，与自然和谐共处。在此基础上，庄子进一步提出了“天人合一”的思想，认为人们应该顺应自然从而与自然相融合，达成与自然之间的和谐统一。汉代儒学大家董仲舒在此基础上将其发展为天人合一的思想体系，他在《春秋繁露·阴阳义》中写道：“以类合之，天人一也”；而“天人合一”则出自《正蒙·乾称篇》，北宋大儒张载写道：“儒者则因明致诚，因诚致明，故天人合一，致学而可以成圣，得天而未始遗人。”简而言之，“天人合一”自然观就是把天地万物看作一个有机的整体，把人看作是自然的一部分。

中国古代建筑匠人继承并发扬了“天人合一”的思想。从建筑材料来看，古代建筑多采用天然材料，如木材、烧制而成的砖材；从建筑结构来看，历史上也有过墙体不承重、墙倒屋不塌的木架整体结构。由几万根木材建造而成的宫殿，便是“天人合一”的具体表现。

（2）唯变所适的辩证思维

“唯变所适”出自《周易·系辞传下》，其意思为只有随机应变才能适应各种不同环境，这一思想在古代建筑设计中得到了体现。在中国建筑的发展过程中，虽然存在一些共同元素，反映了中国传统文化和审美原则，但同时也有很多不同的风格和特点，反映了地域、民族、时代等多种因素的影响，中国建筑的发展既有统一性又有多样性。

中国建筑用材的主要特征是木材为主，砖石为辅，主张“就地取材、因材致用”，中国建筑讲究因地制宜，从宫殿建筑到居民建筑，从园林建筑到寺院建筑，都有块石砌墙、依卵作墙、垫石成墙的民间风俗。其次，中国建筑在不同的时代，又有不同的变化和发展。萌芽于原始社会时期的中国建筑，在跨越几千年的历史长河后，历久弥新。

2. 中国建筑与文化的交织

一定时期的建筑流派、风格和一定时期的社会文化相对应，共同记录着文化发展的诉求。在中国历史的长河中，建筑记录着这个时代的文化，与此同时，时代文化也赋予了建筑价值。

（1）文化对中国建筑的影响

文化对中国建筑的影响非常深远。从礼制建筑到坛庙、宫殿和都城等各种建筑形式中，都能够看到文化的影响。

在礼制建筑中，文化体现在建筑的设计、布局、装饰、构造等各个方面。建筑的设计和布局紧密依赖着礼制的规范，而装饰则以文化符号为主要元素，如龙凤、孔雀、花鸟、山水等，这些符号传达了丰富的文化内涵和价值观念。建筑的构造和结构也是受到文化影响的，例如古代建筑常常采用木结构，这也与古代文化中“木为贵”等思想有关。

坛庙、宫殿和都城等建筑形式是礼制建筑的典型代表，体现着文化的影响。例如，宗法礼制伦理观念深刻影响了宫殿和都城的设计和布局。在这些建筑中，皇权至上、等级观念、天人合一等思想得到了充分的体现。坛庙也深受宗法礼制伦理观念影响，其建筑形式和布局往往与儒家、道家、佛教等不同的哲学思想密切相关。其中典型代表为孔庙(如图 1.1 所示)。

文化对中国建筑的影响还体现在装饰艺术上。文字装饰主要是通过在建筑物上刻写或绘制文字，以表达特定的意义或象征意义。例如，在宫殿建筑中，会使用吉祥的文字、寓意吉祥如意的图案等来增加建筑的美感和神圣感。而在庙宇、陵墓等建筑中，则会使用一些具有宗教或祭祀意义的文字和图案。文字装饰在中国建筑中的应用最早可以追溯到商代的甲骨文和周朝的金文，在后续历代建筑中，文字装饰的形式和风格也不断变化和演变。例如，在唐代和宋代，建筑上的文字装饰更加注重书法和艺术性，采用了一些精美的篆刻和楷书，表现出了中国书法艺术的精髓。在此之上中国建筑形成了独特的装饰风格，文字与建筑构成中国建筑所特有的文化景观。

除了文字装饰之外，匾额逐渐成为一种不可或缺的装饰品类，不论内容、款式、材质、风格，都与建筑环境达到了浑然一体的境地，相映成趣。匾额(如图 1.2 所示)作为一种装饰艺术形式，最早可以追溯到秦汉时期。随着时间的推移，匾额在唐代和宋代得到了进一步发展和普及，成为古代建筑群中不可或缺的一部分。在明清时期，匾额的使用进一步普及，并逐渐形成了一些特定的款式和风格，例如“悬挂式”“立柱式”“龙凤呈祥式”等。在古代，匾额的材质主要是木、石和金属等。随着工艺技术的不断发展，匾额的制作材质也逐渐丰富，如漆器、玉石、象牙、竹子等。匾额的内容包括吉祥寓意、文化名言、人物传记等，它们不仅装饰着建筑物，同时也体现了文化的内涵和价值观。以古代匾和额为例，匾是悬在厅堂上，额则是嵌在门屏上方。古人常常在匾额上用精练的语言进行题刻，仅寥寥数字就可以表达深远的意义。不同的建筑类型采用不同内容的匾额，如寺庙匾额主要以精练的笔法刻画出寺庙的外观特征与内在感；皇家建筑以关注的事为主要内容；民居匾额则透着几分特有的智慧等。匾额作为中国古代建筑群中的一种装饰艺术形式，具有非常高的文化价值和历史价值，它们与古代建筑形成了一种相得益彰的关系，也是中国传统文化中不可或缺的一部分。

图 1.1　孔庙

图 1.2　滕王阁匾额

从上面可以看出，文化对中国建筑的影响是深远的，建筑不仅是实用的建筑物，更是文化的载体和表现形式。文化对建筑的影响不仅表现在建筑的设计、布局、装饰、构造等方面，还表现在建筑所承载的价值观和思想理念中。

(2) 用现代建筑语言表达传统文化的内涵

中国拥有五千年的华夏文明，是世界上最古老的国家之一，中国传统建筑承载着中国传统文化精神。时至今日，中国现代建筑也在传统与现代的追求中注重与本土文化的交融，尝试着用现代建筑语言表达对传统文化的理解。

传统建筑在历史变迁中饱经时间的洗礼，发生不同程度的损毁，人们缅怀先贤，追忆往事，往往会在原址上建造复古新建筑。在设计中，复古新建筑采用传统的平面布置、元素、理念等，以此方式再现了传统建筑文化的特点。这种做法既是对古建筑文化的保护，也是对建筑文化的传承和创新。通过复原、修复、重建等方式，传统建筑文化得以保留下来，同时也为现代建筑注入了新的文化内涵和价值观念。位于江苏南京的夫子庙(如图 1.3 所示)古建筑群的保护就是这种做法的代表。

此外，还有许多现代建筑将传统文化元素融入其中，以丰富建筑的内涵和表现力，营造归属感和历史感，同时也为传统文化注入新的生命力。例如，在城市公园、文化中心、博物馆等建筑中，设计师可以使用传统文化元素，如雕刻、绘画、题字等，来展现当地的历史文化和风土人情。这种方式不仅可以弘扬传统文化，还可以为现代建筑注入独特的艺术气息和文化魅力。在建造过程中，设计师也可以采用传统建筑的施工方式和工艺，例如采用传统的木构建筑或砌石建筑，使用传统的建筑工具和材料，以体现传统建筑的精髓和特色，同时也可以丰富现代文明的多样性。这种方式不仅可以实现传统文化的传承和创新，还可以加深人们对于传统文化的认知和理解。

除了复古新建筑和将传统文化语言局部赋予现代建筑之外，将传统建筑形式进行改造，结合现代建筑技术，以联想隐喻再现传统文化也是一种常见的方式。吴良镛先生的代表作北京菊儿胡同住宅群(如图 1.4 所示)的规划和建设就是很好的案例，住宅群不仅融合了北京传统四合院的空间构造特征，同时创造了“类四合院”的建筑空间。在这个住宅群的规划和建设中，吴良镛先生将传统胡同的形式与现代建筑技术相结合，以呈现传统文化的魅力。他在建筑外观和内部空间的设计中，运用了传统的布局、材料、手工艺等元素，同时又加入了现代化的技术手段，如通风、采光、保温等，使得住宅群既具有传统文化的韵味，又能够满足现代人的生活需求。这种方式不仅能够传承和发扬传统文化，还可以让传统文化在现代建筑中焕发新的生命力。

图 1.3 南京夫子庙

图 1.4 北京菊儿胡同住宅群

鲁迅先生在《且介亭杂文集》中写道：“只有民族的，才是世界的”，如何在当代建筑中利用好传统文化内涵，需要我们跳出形象和语言，将传统文化特色和现代建筑语言进行合理融合，探索能和现代建筑艺术和审美意识切合的创作之路。

1.1.2 中国建筑的人文情怀

自古以来，中国文化就是东方文化的典型代表，具有独特的底蕴和气质，万物皆以“人”为本质，处处彰显出人类的价值和精神表达。在中国建筑发展的长河中，同样流淌着“人文”这独特的血液，中国传统建筑融合了自然法则和人类法则，并将二者深层次的联系作为其重要且关键的功能，甚至在某种思路中明确，建筑是建立合理人类世界秩序的工具，是中国建筑体现人文情怀的关键。

中国建筑与西方建筑在诠释建筑的本质上有明显的不同，西方将绘画、雕塑、音乐等十分抽象的艺术元素与建筑本体归置一处，作为艺术的第四大部类。而中国却将建筑与车辆、服饰、用具归置一处，更体现出建筑的功用之处。在老子的《道德经》第十一章中将建筑的本质与车轮、碗盘等具有功能性的物品并置一处，古人将它们统称为“器”。中国建筑在人文精神层面对美学极致追求的诠释，像极了一位久居深山的匠人在打磨一件绝世宝器，其对艺术价值的追求往往出其不意，抑或是作为体现等级制度的工具。

1.“礼”学对中国古建筑的影响

儒家“礼”学的重要特点是追求有序的“合”，由此派生的思维方式是重视综合、笼统、含混、模糊，惯于进行“天人合一”式的综合思维。这里讲述的“天人合一”可以理解为利用共性揉碎特性的具象表达，是将自然法则同人类法则的规律加以修饰后合二为一。“礼”学所体现的“合”就是要将“天与地、旱与涝、水与火”这些不相交融的突兀相融合，而中国建筑中的“礼”学思想，就体现在建筑本体与自然法则之间的和谐共生、浑然天成。

大众所说的“礼”，在奴隶社会的夏、商、周时期，其概念有狭义和广义之分。人们经常将固有规矩理解为狭义概念的“礼”，而将天地之万物都能容纳其中，表现出“和”的思想称为广义概念的“礼”。无论狭义还是广义概念的礼学思想，其在人类文明的惯性力量下，都是利用人文培育的方式把这种礼仪系统代代相传地保存下来，在历史长河之中，中国建筑深受各种人文思想的影响，随着其表现形式的不同，其立意和所指也各不相同。

“礼”的外在表现形式是追求整齐划一，当然，整齐划一并不是指所有建筑呈现同一种外在模样，而是说何种环境适宜人居住，何种人能住何种建筑，都遵循一种标准，这在中国古代便有了可追溯的印记。

我国傣族的建筑风格，堪称将礼学思想中的“天人合一”彰显得淋漓尽致，这个民族绝大多数居住在我国西南地区。傣族的“竹楼”(如图1.5所示)多依山傍水，周围排列着竹制建筑和竹栅栏，让住宅隐藏在绿水的阴影之中，且有上下两层结构，上层距离地面2米，供人居住，下层用于饲养牲畜和堆放物品。傣族建筑有一千多年的历史，源于自然，融入自然，就地取材，因地制宜，将自然与环境作为一种民族符号，惟妙惟肖地体现“天人合一”的民族文化。

图1.5 傣族竹楼

2. 封建社会政治制度对单体建筑的影响

在中国封建社会时期的政治结构中，我们不难发现，宗亲关系驱动着宗法制度持续发展，宗族权利不断丰富着王权在社会意识层面的绝对掌控力。这种宗族观念，在那个时代可谓是根深蒂固，再与阶级专制相结合，形成“家国同构”的社会意识形态。在这种意识形态下，中国建筑呈现出等级思想的痕迹，如屋顶、斗拱、色彩、台基等元素，它们在建筑中的具象表达深刻地反映了当时社会等级制度的存在和影响。下面从屋顶、斗拱、色彩、台基四个方面，介绍等级制度的元素在建筑中的具象表达。

中国古代屋顶造型丰富，大屋顶和挑檐都是中国古代建筑最具特色的外观特征。屋顶可分为庑(wǔ)殿顶(如图1.6所示)、歇山顶、悬山顶、硬山顶、攒(cuán)尖顶和卷棚顶等形式。按屋檐的层数分，庑殿顶、歇山顶和攒尖顶又分为单檐和重檐两种。重檐等级高于单檐，重檐庑殿顶等级最高，重檐歇山顶次之，接下来是单檐庑殿顶、单檐歇山顶。明代以后规定，庑殿式、歇山式的屋顶形式，只能用于宫殿和寺庙，来凸显封建皇权的至尊地位。悬山顶等级高于硬山顶，这两种屋顶形式多应用于民居，攒尖顶常用于面积不大的建筑上，不受等级的限定，卷棚顶一般用于游廊。

斗拱(如图1.7所示)作为中国古代建筑特有的一种结构，是处在檩、柱、梁等建筑构件之中的结构体。斗拱需要拆分为“斗”与“拱”，“拱”是一种承重的结构体，出现在柱的上末端，呈有规律的参差弓形。而“斗”是规则的木条状，多数呈方形，多个方斗拼凑后称“斗拱”。除了拱形结构有受力优势外，最重要的就是对建筑等级高低的说明，有斗拱的等级高于无斗拱的，层叠量大的等级高于层叠量小的，以此类推。

图 1.6　重檐庑殿顶

图 1.7　斗拱

作为中国古代建筑等级制度的鲜明体现，色彩的运用起到了“明贵贱、辨等级”的作用。帝王宫殿柱子的颜色是红色(如图 1.8 所示)，诸侯的为黑色，大夫的为青色，士的为黄色，色彩等级排行由高到低依次为红色、黑色、青色、黄色。

台基亦有等级划分，最高等级的台基由几个须弥座相叠而成，用于最高级建筑，如故宫太和殿(如图 1.9 所示)和山东曲阜孔庙大成殿。

图 1.8　故宫乾清宫

图 1.9　故宫太和殿

次一级的台基用砖或石砌成，上有凹凸线脚和纹饰，台上建有汉白玉栏杆，常用于宫殿和著名寺院中的主要殿堂建筑。台基高度逐级降低，最低级的台基只用灰土或碎砖夯筑，约高一尺，用于小型建筑。

3. 封建社会人文伦理在建筑组合上的体现

中国传统古建筑群体与各个单体建筑之间的相互关系，看似是视觉层面的表现，实则是人文伦理的具象体现，是由君臣到父子的社会现实所决定的。不难想象，在中国家庭中，是以最为年长的长辈为核心，与其他人按照亲疏关系形成了由点到面的关系网络。这种人文伦理的体现，作用在成片的一座座建筑组合中，每一个建筑单体存在的意义和提供功用性服务按照其在组合中的分工和地位，有着呈规律性的差异，这种差异也按照亲疏关系的不同呈规律性地辐射开来。例如，建筑面积的大小以及其正厅的朝向，都决定着这座建筑在组合中的地位，其代表等级的装饰元素也同样佐证这座建筑不可动摇的根基，这就是当时社会秩序下的人文伦理在中国建筑中的表达。这种人文伦理的表达十分具体，但需要明确的是，在建筑组合体系中，只有将建筑与建筑之间相互对比、相互参照，才能从不同的差异中找到主从关系。

中国传统建筑在发展的历程中，把这种“主从有别”的人类法则同建筑本体融为了一体，甚至可以在自然法则中找到相通之处。所以历朝历代的帝王，都希望能将“主、从、尊、卑”的有序性在建筑本体和建筑组合中表达出来，他们也认为“建筑”的美学形态是可以满足这种人文伦理需求的。

4. 封建社会等级制度在建筑组合上的体现

在等级森严的封建社会时期，建筑群将主从差异表现得尤为明显。这种表现最常见于着重强调每个宫殿的形象，不可避免地将伦理规范和君臣有别的思想凸显得淋漓尽致。特别是当建筑的组合按照某种人类法则，呈现出的自然法则与人类法则融合后的建筑表现，体现了等级制度带来的差异化。建筑的规模和位置是根据其在政治上的地位来确定的。王族享有最佳的方位和最大的规模，而各种能够体现等级制度的建筑元素也是最全面的，并且核心象征也是毋庸置疑的。往外依次排列着逐级递减的官员，最后住的便是毫无地位可言的百姓，建筑矮小、色彩灰暗。明清时期的紫禁城（如图1.10所示）便是最好的例子，众星捧月的建筑组合形态诠释着帝王的绝对权威，呈棋盘布局有规律的规划，将尊卑有序、主从有别体现得恰到好处。

图1.10　紫禁城

5. 建筑的地域人文特点

中国古人在极具封建传统色彩的时代，通过建筑的外在表现形式，将那个时代的政治、伦理、等级、文化等人文元素表现得淋漓尽致。当代中国建筑的人文体现，莫不属于地域文化的写照。中国国土面积广大，横跨北温带、热带地区，南、北方人们居住在差异较大的纬度上，其建筑人文元素也表现迥异，其中蕴含着不同地域各自的文化，我们从南、北方建筑构造风格和建筑语言文化的特征来探寻属于中国建筑的人文情怀。

（1）建筑构造风格的特征

南、北方建筑在不同气候因素的影响下，其整体表现出“南薄北厚”的特点。人们为了适应南方常年湿度大、夏季炎热的气候，在进行建筑设计时，对房顶和外立面使用的材料十分考究，既不能使人住得憋闷，又不得不去湿避寒，适宜居住。从建筑构造的理念角度讲，南方居民更愿意让建筑自由地伸缩、呼吸，建筑整体营造出的通透性尚好；由于北方地区大多数处于温带，冬季气候比较寒冷，为了获得充足的日照和保温效果，北方居民往往在建筑设计中力求坐北朝南，同时墙体和屋顶也要尽可能厚实，这种建筑风格使得北方建筑的体量显得相对较大，给人一种拙朴的感觉（如图1.11所示）。

中国南、北方建筑因地域地貌的关系，使得宜居形式上产生了结构性的分歧。华北平原、黄土高原是北方极具代表意义的两大区域，是中国文化孕育之地，地域之辽阔，百姓之淳朴，一直是北方文化的表象所在。其建筑组群方整规则，造型上起伏不大，建筑风格以“院落”为主，环境比较封闭，屋顶坡度较为平缓，屋身普遍低矮，因而显得古朴、大气、幽静。最常见的代表形式之一“四合院”（如图1.12所示）外观规矩，中线对称，极具北方人文特点；以苏、浙、沪、皖为代表的长江中下游平原地区的传统建筑风格总是给人以精致富丽的感觉，在建筑外立面、内部装饰装修、庭院设计中，常以雕刻和彩绘作为修饰，令人印象最深的当属于小桥流水的“园林”风格(如图 1.13 所示)，南方很多人喜欢在建筑院落中修建花园，造就南方特有的园林风情，这和南方水资源丰富有着必然的关系，使得人们从思想观念上传承并向往着一种水从门前屋后过的人文景致。

(a)南方民居

(b)北方民居

图 1.11　南、北方民居

图 1.12　北方民居四合院

图 1.13　南方“小桥流水”

(2) 建筑语言文化的特征

中国幅员辽阔，南、北方建筑除了结构风格迥异之外，各个地区的人们在自己的人文情感共振的频段内，有着属于自身的建筑语言，这些人文情感的符号反映了当地的文化特征和居民的生活特征，所以从建筑语言中我们可以透视各地人民的人文情怀。

中国是个多民族的国家，民族和地域的差别，使得建筑语言呈现出多样、丰富、趣味的形式。这正是中国建筑在人文情怀方面浓墨重彩的体现，我们经常使用的专业词汇与地方俗语的碰撞，会让本就枯燥的工程词汇别有一番趣味。例如，北方人将粉饰屋内或房屋外立面称为“粉刷”或“抹灰”，而南方人却叫“批荡”；北方人将屋檐上密集排列于檩上的方形木条叫“椽(chuán)子”，也叫“楞木”，南方则称为“桷(jué)”或“桁(héng)”。

在南、北方建筑中还经常会出现方言俗语，这些极具地域人文特点的象征符号是由特定因素造成的，如气候因素、材料与工艺以及功用等。例如广东人为了通风避暑，将形似希腊帕特农神庙的外廊式建筑物称为“骑楼”，东北人为了冬季睡觉取暖，将灶台温热的烟气与床榻相连，称为“火炕”，这些皆是由于气候原因产生的；云南人用当地盛产的竹子制作竹楼；西北人在砌筑墙体时，在两块固定的木板中间填入黏土夯实的施工方式被称为“干打垒”；徽派民居的“五岳朝天”（如图1.14所示）是具有防火功能的呈现高低错落的山墙。在南、北方建筑中这些极具趣味性的辞藻，成了他们的专属。若是在外地，能在耳边传来熟悉的俗语，定会让人们心中不禁升起思乡的情愁。

图1.14　马头墙“五岳朝天”

俯瞰中国建筑发展史，人文素养所造就的建筑美学，就是放在中华文明的历史轨迹中，也堪称无与伦比的瑰宝。中国建筑自古以来的人文历程，值得当今的每一位中国人骄傲。

中国建筑之所以能够屹立于世界建筑之林，是因为从人性视角来看，越民族化、个性化，才能越国际化，得到全人类的认可。若是仅从中国建筑的功能性出发，我们永远无法找到其辉煌的具体原因，中国建筑就是汲取了人文历史中的精髓，进而将人文精神与功用融为一体。每一个时期的建筑都不仅仅只作为物质满足功用性而存在，更多的是那极其深厚的人文精神，使中国建筑让人回味不已，值得我们去探讨、研究和保护。

1.1.3　中国建筑的风水

何为风水？从古至今，风水都是一门历史悠久的玄术。从中国建筑的文化来讲，风水的核心理念依旧是达到人与自然的和谐统一。儒家与道家流传至今的古典书籍的记载中多处都表达出了人与自然的和谐统一思想，即“天人合一”。

建筑风水学、营造学、造园学是中国传统建筑三大理论支柱，其中，风水学可以称得上是古代建筑理论的灵魂。建筑风水学由古代的玄学理论通过历朝历代的发展以及西方文化的融入，逐渐进入了现代化的发展历程，现如今，在古今中外知名建筑中，融入风水学理论的建筑数不胜数，这便是风水学在建筑中的发展与应用。

1. 建筑风水学的发展历程

中华文化有着源远流长的历史，在漫长的历史进程中，无论朝代如何更迭，外来文明如何冲击，时至今日，中华文化始终坚如磐石、枝繁叶茂。各类学说在历史发展的长河中此起彼伏，其中最具适用性、最受各类人群追捧的当属风水学。

从考古遗迹中可以发现，原始人类一般选择背风向阳、水草丰茂的地方居住，这样不仅冬暖夏凉，而且还便于人类获得生存所需的基本资源。

随着风水学的发展，在封建社会的夏、商、周时期，易经的占卜功能已经开始慢慢运用到人们选地建房方面，这种卜卦而居的实践活动开始慢慢融入九宫、八卦、阴阳、五行等术数之中，逐渐发展成为建筑风水学的早期雏形。

先秦两汉时期，产生了地脉观念，风水的思想开始孕育。这一时期，相地、相宅、相墓等风水实践活动逐渐上升到了理论阶段，并主要流行于上层阶级。淮南王刘安所著《淮南子》一书首次提及“堪舆”一词，其大致意思是，窥探上天日月星辰、下界山河湖水的交替变化规律，这便是古人追求人与自然和谐统一的最好佐证。

魏晋时期，理论化的风水学和以此术谋生的术士渐渐开始将其研究应用于实践。这一时期，产生了两部风水著作，即陶侃的《捉脉赋》和郭璞的《葬经》。在这些理论的影响下，风水阴阳术大行其道，相地、相宅和相墓已遍及上至达官贵人下至平民百姓，人们都对阴阳二宅风水好坏能影响住者或葬者家人吉凶祸福的说法深信不疑。

唐宋时期，在总结前人学说的基础上，唐朝杨筠松（俗名杨救贫）开创了被称为“江西派”的新风水术理论，为风水地理的发展做出了重要贡献，享有很高的声誉。这一时期，还有曾文辿、赖布衣、廖金精等祖师，他们在堪舆学的基本理论方面，分别著书立说，从不同的角度完善了风水学庞大的理论基础，对汉晋时期以来风水学的发展起到了承前启后的作用，这一时期，建筑风水学空前盛行。

元朝时期，由于北方游牧民族蒙古人入主中原，对于以农耕为主的汉民族风水文化根本不屑一顾，而且游牧民族也不需要固定的居住场所，因此，这个时期算是建筑风水学的低谷期。

在明朝第五位皇帝明宣宗朱瞻基在位期间（即宣德年间），一位名叫张谷英的族长率领自己的族人来到现在湖南省一个小村落（史称渭洞乡）的周围。这座山脉延绵六百余里，东、西、北三个方位分别有三座高峰耸入云间，犹如三叶草的三个叶片一样将村落包裹其中，不但景色宜人而且依山傍水，安全感满满。于是张谷英族长在征求了族人们的意见后便在这里定居下来，代代相传，过着平静而又悠闲的生活。现如今这里已经发展成为有着五六百户、两三千人的古村落。这个故事多次成为历史、建筑、风水等专家研究风水与古代建筑的重要案例。

中华人民共和国成立直至现在，建筑风水学在港台研究及现代市场经济的影响下，结合古今中外的发展，进入了一个崭新的阶段。

2. 建筑风水学——建筑布局的对称之美

中国古代建筑深受风水观念的影响，虽然缺乏一套系统且科学的建筑理论体系，却有着多样化符号性质的表达。就像在中国古代城市的设计布局中，基本上都是以横平竖直的道路网作为基本架构。如作为十三朝古都的西安，横平竖直的主干道路一直延续至今。

功用与性质相差甚远但是外观却大同小异，这些建筑群坐落在像棋盘一样严肃整齐的城市构架中，所以整个城市其实像一座偌大的单体建筑，严格的轴线对称布局强调着内外秩序及尊卑分明，这便是中国古代建筑的对称之美。

建筑源于人性，自古以来中轴蕴含着人们对祥瑞的祈愿。中国建筑向来最注重的乃是中轴线之对称。从皇宫城苑到民居住宅，从群体建筑到一户一室，俯瞰之下对称的绝美让我们惊叹不已。对称源于对美的偏执，是一种有秩序的重复，呈现在空间中，给人一种有条不紊、庄严肃穆的感觉。

说起对称之美，那就不得不提北京城的故宫（如图 1.15 所示），这是最典型的对称建筑代表，北京故宫可谓是体现了对称美学的极致设计。在这里，所有的建筑都依照严格的中轴线进行分布，呈现出对称的特征。以皇城为中心，所有的宫殿和园林，都遵循着严格的“中轴对称”建造。沿着一条长长的贯穿故宫的中轴线，以地安门北的钟鼓楼为起点，以南边的永定门为终点，中间布置无数城阙和牌坊。在中轴线的左右两边，辅以巍峨壮观的殿堂，错落排列在紫禁城周边的建筑设施也都对称唯美。东面是太庙，西面是祭坛。在紫禁城午门之后，便是太和殿、中和殿和保和殿，这三大殿所有的建筑物对称排列得更加严格，这代表着皇权统治的至高无上、绝对统一。每座殿内的蟠龙宝座，正好都坐落于中轴线上。中轴式布局强调对称，追求恢宏气魄，演绎至高威仪，无不体现出皇家园林的礼序感和尊崇感，堪称无与伦比的杰作，建筑物的对称美是力的传递和美的表达，既顺应力学规律，又富有美学表现力，这是源于中国人骨子里对对称美的钟爱。

图 1.15　故宫

3. 建筑风水学——色彩装饰与和谐之美

中国建筑从某种意义上可以说是色彩的建筑。中国建筑外形方正，轮廓简单，因此在色彩方面，中国古代建筑色彩和花纹的装饰便十分考究，通过这些装饰的点缀使得建筑更加美观，这便是建筑的和谐之美。春天万物初始、气温怡人，相配的颜色为青，就像是树木萌芽的颜色，方位便是日出之东，也代表着一天的重新开始；夏天气温炎热、大地欲燃，相配的颜色为赤，就像烈火燃烧的颜色，方位便是南方，也代表着在我国南方由于更加接近赤道，气温更加炎热；黄色相当于土，这就更加好理解了，因为土的颜色便是黄色，十三朝古都的西安正处于黄土高原，方位也处于整个版图的中央；秋天清凉气爽、万物丰收，相配的颜色为白，就像是金属光泽的颜色，方位是太阳沉落的西方，也寓意着一天将要结束；冬季天气寒冷、万物沉寂，相配的颜色为黑，就像是深渊之水的颜色，寓意着一天走到了尽头，方位是北方，因为北方代表着极寒之地，万物静谧。

而颜色的区别又表明它们有着各自特定的意义：就比如黄色是皇亲国戚的专属颜色，其余人不能使用。在我国古代社会，将一切黄颜色的尊贵象征都赋予贵族、皇族。无论是古书中的记载还是宫廷建筑中遗留的痕迹，我们不难发现皇帝的装扮从头到脚都散发着耀眼的金黄色，就连平日的起居，所使用的器皿、家具等都添加着黄色的元素，以彰显帝王的尊严。

在中国古代建筑构件中，柱子的色彩元素往往彰显着房间主人的身份与地位，皇宫的建筑无疑是尊贵与权力的集成，多采用金黄色的元素，柱子则用红色；其他王公大臣则依次使用黑、绿、灰绿等色彩装扮，有文化的人或辞官归故里者，门柱只能用黈（tǒu），在古代封建等级制度下房屋建筑的着色是极其考究的。自春秋以后，宫殿成为重要建筑物的着色标准，建筑物的小构件涂青色（如图 1.16 所示）、柱子涂红色已成为重要建筑物的一种标志。到了明朝时期，颜色用来体现房主身份更像是不成文的规定。公主的房门用绿色钢质，诸侯大夫用金色锡质，一、二品高级官员用绿色锡质，三至五品中级官员用黑色锡质，六至九品官员用黑色铁质。

4. 建筑风水学——人与自然的生态之美

揭开建筑风水学神秘的面纱后，会发现风水学的结果往往与生态之美不谋而合。例如客家建筑福建土楼是一种人与自然生态之美的典型代表，福建土楼(如图1.17所示)作为世界文化遗产，诠释了人与自然、人与社会、人与人的关系。它将天人合一、自然法则和人类法则相结合的中国传统哲学作为理论基础，以道法自然、别具一格的物理表象共同反映了“天—地—人”三才合一的宇宙整体观念，呈现出具有东方智慧的空间美学，这便是最为纯粹的生态之美。福建土楼在建造前会请风水先生来勘测位置，最好是背后有山，前面有水，这便与前文所说的古代人类选择背风向阳、水草丰茂的地方居住的理论不谋而合。

图1.16　建筑装饰

图1.17　福建土楼

“纳福避煞”无不渗透在客家建筑的细节处理之中。如福建土楼的圆楼，圆楼无角，因此“煞气”便不能进入，就会擦边而走，所以我们现在去福建土楼参观所见的多为圆楼，也是旧时客家人笃信风水的表现。但有时因为生活需求不得不建造方形土楼，他们便会在楼角上刻上文字、画上八卦、放上桃木用以辟邪、制煞，这样多元化的生态建筑将吉祥的文化与建筑的风水紧密失联，并色彩纷呈地呈现在世人面前。

中国古代传统建筑经过上千年历史长河的洗礼，已逐渐形成极具涵养的体系风格，其中包含了多样的元素和哲学思想，是留给我们的优秀遗产。随着时代发展，建筑风格已从古代建筑逐渐演变为现代工业化建筑，但建筑风水学依旧在每个时期特色的建筑上若隐若现。

1.2　古代建筑概况与工业化

1.2.1　古代建筑的发展历程

我国国土辽阔，资源丰富，人口众多，具有悠久的历史和灿烂的文化。建筑是最基础的人类行为之一，也是文化的有机构成。中国古代建筑的发展历程可按时代进行划分，如图1.18所示。房屋的概念在原始社会晚期就已萌发，历经奴隶社会至封建社会前期，因种种需求及各民族劳动者的不懈奋斗，积累了大量的实践经验，逐渐发展成为一套具有特色的建筑学体系。随后，在漫长的封建社会中，从个体建筑到群体建筑，再到都市的设计，都产生了大量杰出的建筑。尽管它们在历史上存在着一些局限，但都体现中国古代工匠们的智慧和创造性，是中国古代文化史和人类建筑学的宝贵财富。

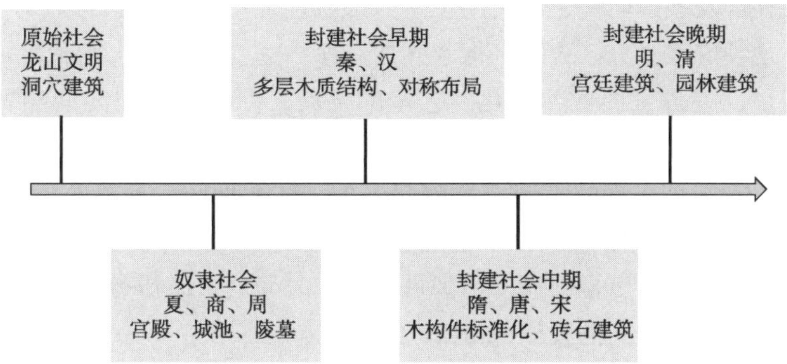

图 1.18　中国古代建筑发展历程

1. 中国古代建筑发展的若干历史时期

早在旧石器时期，中国古人就使用过自然洞穴。到了新石器晚期，中国的原始氏族社会就已经步入了母系社会。黄河流域中部地区的氏族，以简易的洞穴和洞穴建筑形式，逐渐发展成为地表建筑，成为居住社区。

中国第一个王朝——夏朝，诞生于公元前 21 世纪左右。自夏以来，中国出现了一个辉煌的青铜器文明，从夏至商末，共经历了 1600 多年的历史。在建筑上，殷商在夯土法上已经比较完善。在商晚期，大量的宫殿和陵墓被修建起来，与当时的奴隶们所生活的洞穴相比，这种差距是非常明显的。自西周之后，统治阶层建造了许多大大小小的宫殿，城墙是用夯泥土砌成的，宫殿大多建在高高的夯土台上。经过商、周时期的改良，原先单纯的木质框架已经变成了中国的主体结构形式。随着奴隶社会的发展，建立了专门从事工程的“司空”，形成了中国特殊的建造队伍。

大约在春秋时期，中国进入了封建社会，铁制品的大量应用极大地促进了生产力的发展，新出现的土地所有者经济正在逐步替代贵族的地位，它推动了工农业、商业和文化的发展，使得春秋时期的都邑面积较以往有所扩展，高台结构更加完善，并有了砖瓦和绘画。在中国早期的《考工志》里，也记载了很多关于春秋时期的重大工程，王城的设计理念和建筑、道路、门墙和宫殿的基本尺寸，都有一定的技术含量。秦灭六国后，建立了一个统一的中央王朝，建造了规模史无前例的宫殿、陵墓、万里长城、驰道、水利设施。从史料及其他遗迹中可以看到，汉代的建筑学有了长足的进步，例如：在汉代，人们广泛地采用了群落的对弈，木造亭台逐渐增加，砖造房屋得到发展，而砖式的构造也得到了极大的发展。东汉后期建造的邺城，其城址划分也较长安和洛阳更为完善。

自东汉末年到南北朝末期，中国社会经历了一系列的国家纷争与民族整合。在黄河流域，由于长期战乱，建筑水平一直没有较大的进展，而长江流域则处于相对平静的状态，人们的生产、生活水平持续提高。在此期间，许多新的建筑物被建造出来。例如，北魏洛阳的城市布局在汉代后期的基础上逐渐发展，位于都城中央的皇宫开始向北移动，并在城郊设置了两个城市。这时，统治阶层把佛教视为统治的工具，因此，佛教的建筑越来越多，出现了很多巨大的寺庙、宝塔、石窟(如图 1.19 所示)和雕刻。

隋一统天下之后，开辟了一条贯穿整个中国的南北运河，推动了其后1000多年的物质与文明的交往与发展，同时也对后世王朝的都城选址产生了重要的影响。大兴城作为隋朝的首都，规模宏大，分区分明，街巷井然有序，远胜于前几个朝代。农业与各类工艺品的迅猛发展，促进了商业、文化、艺术的发展，促进了各国间的经贸与文化的往来，促进了内地及近海地区的经济发展。

唐的都城长安则是在隋的基础上发展起来的。在此期间，现存的陵墓、木制殿堂、石窟、塔、桥及城市殿宇的遗迹，不论是在结构上还是在形式上，都达到了极高的水准，尤其是雕刻与绘画，更是彰显了中国古代封建时期的最高成就，也说明了中国古代建筑学发展到了一个相当高的程度(如图 1.20 所示)。

图 1.19　魏晋南北朝石窟

图 1.20　山西五台山佛光寺

宋初，农业发展迅速，随着农业生产的发展，其内部的产业和对外贸易变得十分活跃，中等规模的城镇数目也大大增加，城市的经济也比以前富裕了许多。在宋代后期，东京(开封)由于其手工艺与商贸发展的需求，将从汉代开始实行的封闭里坊制，改为沿边商铺。宫廷、寺院等为统治阶层所用的建筑，在布置上多了几种新的技法，使其形象趋于柔美。装修、彩绘和家具都有了很大的改善，内部装饰也有了新的思路。在此时期，木、砖、石结构也有了许多新的发展，并制订了以“材”为基准的模数体系，使得木结构的建造表现出相当的规范化，成书于此时期的《营造法式》(如图 1.21 所示)正是对这种方法的总结。宋代是中国封建时代的一个重要阶段，它影响了以后的元、明、清时期的建筑物。

尽管元的都邑是按照汉族都邑的格局来建造的，但由于不同民族间的交往，伊斯兰教和佛教的建筑工艺逐渐在全国范围内产生了影响，中亚地区的工匠们也给中国的工艺带来了许多外来元素，使得宋、金时期汉族工匠所建造的宫殿、寺庙、塔、雕塑等出现了一些新的趋势。

明和清时期，封建专制的政体更为严格，但是从明晚期就出现了资本主义，到了清代，经历了一系列的波折和发展，中国的封建社会逐渐瓦解。明代因制砖厂的发展，除扩建长城、南京、中都之外，其他地方都是砖石结构(如图 1.22 所示)，民房也大多是砖石结构，这一阶段的官邸已经完全定型，建筑的装潢也很烦琐，但建筑的形式却是多种多样的，种类和数量都比以前更多，而且质量也更好，各个民族的建筑也都得到了发展。与此同时，皇室和私家园林也在原有的基础上不断创新，出现了许多杰出的艺术作品。所以，在汉、唐、宋建筑之后，明、清建筑是中国封建社会建筑发展的最高峰。

图 1.21 《营造法式》

图 1.22 南京灵谷寺无梁殿

2. 中国古代建筑学

中国传统建筑在设计与施工过程中，非常注重立面构型、均衡、匀称等方面的考虑，并归纳了一些规则。中国的古代建筑在细节上常常和西方的古代建筑大相径庭，但是在立面上的布局规律基本一致。建筑学家梁思成曾经如此概括中国古代建筑的立面结构：“中国古代建筑的立面结构分为三大类：基础、立柱、屋面。每一处建筑，每一时代，每一种用途，每一座建筑的大小，都是这三大块。”事实上，“三分说”并非从现代中国的传统建筑学开始。千年以前，宋代著名工匠喻皓在《木经》中写道：“凡间三间，从梁上分者为上，地之上为中，下为下。”不但中国古代的建筑物、全世界古代的建筑物，甚至是近代的建筑物，都能从外观的结构上看到上、中、下三个阶段的不同。这是因为结构与功能的需要所导致的一般构图规律，从而固化成为一种通用的审美概念。中国古建筑的形态特征有三个方面的关系，其比例基本相同，而且还会进一步深化和突出各自的作用形态，自觉地将两者形成鲜明的反差。在组合方式上，一个平台可以在同一时间内布置多栋楼，台基看似连接而实际上又不连接是中国传统建筑常用的形式结构规律。这样，可以把一批建筑物看作是一个完整的集合，也可以看作是一个团体。

中国古代建筑最具多样性的代表之处是房顶，不仅具备实用性，还承载着文化和审美的内涵。中国古代建筑的房顶形式有非常多的种类，如悬山、歇山、拱券、檐廊、翘角、脊兽等，每种形式都有其独特的风格和造型(如图 1.23 所示)。悬山是中国传统建筑中最为常见的房顶形式，它的特点是悬挑在屋脊之上，形似山峰；歇山是一种两侧下垂的房顶形式，适用于小型建筑，如庙宇、楼阁等；而拱券则是由一系列的拱形构成，呈拱形的屋顶，体现了中国古代建筑中强烈的建筑美学意味。可以说，中国古代建筑的房顶形式是多样性的代表，它们不仅是中国建筑文化的重要组成部分，更是中国古代建筑技术和美学思想的集中体现。

中国古代建筑一般都是两个方向的，这里面具有独特的文化内涵。在中国传统文化中，阴阳、五行等哲学概念非常重要，建筑结构的双向形式体现了这些概念的应用。双向结构不仅让建筑在空间上更加自由和开阔，同时也符合中国传统文化的“和谐”和“中庸”思想。此外，中国古代建筑的双向结构还常常与庭院、花园等景观相结合，形成独特的园林景观风格，富有诗意和艺术感染力，这是数千年来的一种艺术创新。

3. 古代建筑的基础构造形式

中国古代建筑以木质框架为主体，创造出了不同的形式，一脉相承，独树一帜。中国古代建筑的木质框架主要有斗拱结构、榫卯结构、桁架结构和井干式结构。

斗拱结构是以斗拱为主要结构形式的建筑框架，多用于大型建筑的梁柱构造上，如寺庙、宫殿等。斗拱结构采用圆形或多边形的斗拱构成框架的主体结构，可以减少木材使用，提高建筑的抗震性能。榫卯结构则是采用榫头、卯榫相互连接来构成框架的建筑结构，常用于民居、园林等建筑中。连接处采用榫头、卯榫相互嵌合，不使用钉子和铁件，使建筑框架更加牢固，可以提高建筑的抗震性能。桁架结构是以直角三角形组合成的桁架为主要构件的建筑结构，常用于屋架、楼梯、门窗等建筑部件中。桁架结构具有轻盈、坚固、耐久等特点，可大幅度减少木材的使用量。井干式结构则以垂直的柱子和水平的梁板构成框架结构，常用于地面建筑、台基、城墙等部件中（如图 1. 24 所示）。井干式结构具有坚固、耐久、便于施工等特点，是中国古代建筑的主要框架结构。

图 1. 23 中国古代建筑屋顶造型

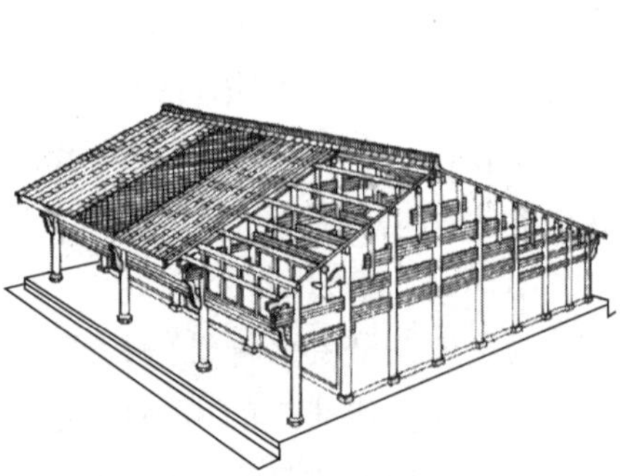

图 1. 24 井干式结构

这些结构形式在中国古代建筑中得到了广泛的应用，丰富了古代建筑的造型和结构。

1.2.2 古代建筑的特点

1. 旧石器——龙山文明

随着考古工作的进行，在过去40年中，我们已发掘出了多处旧石器时期的人类活动遗址。大约50万年以前，以北京人为代表的中国古猿人生活在北京周口店的一个自然洞穴里。中国古猿人以数十人为一组，以打猎和采摘水果为生。他们所处的岩洞位于靠近周口店的龙骨山上，东临一条河流。河边是他们狩猎的地方，河滩上的沙石、山上的燧石和石英都是他们的生活必需品。他们在山洞中避过了风吹日晒，用火烧食物和防备猛兽。从洞穴内部的情况来看，这些古人类在很久以前就生活在这个地方。

在山西垣曲、广东韶关、湖北长阳等地，都有“古人”在旧石器时期生活的洞穴被发掘出来。在50万年前，“新人”们生活在古代的洞穴里，这些洞穴分布在广西柳江、来宾、北京周口店的龙骨山上。洞的入口朝东，大约深12米，宽8米，内部分为两个区域：靠近洞口的上端是居住之所，而在更深的凹陷处则是死者的居所。此时的中国，已步入了母系社会。

在河南安阳、开封、广东阳春等地，除自然的岩洞之外，还出土过一些中国古籍，比如《易·系辞》所说的“远古穴居野地”；《礼记·礼运》中说：“古时，先王府不设，冬时营寨，夏而居书”，都是指当时社会生产力低下的时候，人们的居住场所。

2. 奴隶时代(夏、商、周、春秋)

在黄河流域，氏族社会发展到后期，逐渐出现了私人所有权。从几座龙山文明的墓葬中，我们可以看到不同程度的财富分配，这也是一个宗主与普通家族之间的差距。氏族内部的经济发展，以及对外征伐、抢掠，使奴隶数量不断增加，从而推动了阶层的划分，并产生了奴隶制。中国历史学家认为，中国历史上的首个王朝夏王朝是在公元前21世纪成立的，是一个具有奴隶性质的王朝。

黄河中下游地区是夏王朝的重要活动地，而河南西北部和山西西南部则是其核心地带。据史料记载，夏已经有了青铜器，有规律地利用了田赋，也有了对天象的认识，人类从被动顺应大自然，改为主动治理河流、防洪、开挖沟渠、兴建水利，以保障人民的生命安全、农业丰收和农业生产的发展。

根据对史料的考察，夏王朝建造了城郭沟池，设立了兵马、颁布律令、建造监狱，保障了奴隶主和王公的权益；与此同时，还修建了宫殿楼阁，享受着奢华的生活(如图1.25所示)。于是，在阶级矛盾不断加剧的情况下，夏王朝土崩瓦解，最后被一个新兴但发展迅猛的奴隶制王朝周王朝所取代，夏王朝四百多年的历史就此终结。

图1.25 夏朝二里头遗址宫城区

周王朝建立以后，按照父权制对奴隶制阶级进行了严格的划分；在这里，皇帝与王公可以建立“国”；由此产生了一批实行政治和军事统治的奴隶主统治的都市。《考工记》中记载：“匠人营国，方九里，旁三门；国中九经九纬，经涂九轨；左祖右社，前朝后市。”

在西周，诸侯只能建城池，城池大小由级别来定：大型城池不到王都三分之一，中型城池不到其五分之一，小型城池不到其九分之一。城墙的高度、道路的宽度和各类主要的建筑都要按照级别来建造，不然就是“僭越”。

3. 中国古代前期建筑(战国、秦、汉、三国、晋、南北朝)

汉代建筑是中国古代建筑前期发展的一个重要阶段，以汉代为代表，该阶段的特点主要包括以下几个方面：

① 结构特点：汉代建筑采用了横梁重叠和穿斗结构，以及水井和干水井结构，这些结构形式简单实用，易于施工和维护。

② 多层木质结构：汉代建筑的木质结构已经发展到了多层，反映出当时建筑技术和工艺的成熟程度。

③ 对称布局：汉代建筑采用了对称布局，即将建筑物沿中心轴线对称布置，这种布局在后来的中国建筑中也得到了广泛应用。

④ 斗拱形状：汉代建筑中使用了许多不同形状的斗拱，这种结构形式用于支撑建筑物屋顶和拱门，采用不同形状的斗拱可以建造出多种不同形式的建筑。

综上所述，这些特点表明汉代建筑在结构、技术和艺术等方面都有着很高的水平和成就，对中国古代建筑和现代建筑都产生了深远的影响。

4. 中国古代中期建筑(隋、唐、五代、宋、辽、金)

(1) 唐代建筑风格特征

唐代的建筑风格以气魄雄浑、严整、明朗为主要特征，反映出当时社会的豪迈和秩序的整齐。

① 规模宏大、布局严谨：唐代长安城坊制严谨、布局规整，城市规模宏大，反映了当时唐朝政治、经济和文化的繁荣。

② 木构建筑群：唐代木构建筑群技术难题得到了解决，例如大明宫的麟德殿，其木构建筑技术和艺术设计达到了相当高的水平。麟德殿的建筑风格庄重典雅，平面呈三进院落式布局，构造复杂且严密，使用了许多精雕细琢的木构件，如斗拱、椽子、楹柱等，这些构件按照严格的标准进行制作，拼装到位后能够很好地抵挡地震和风灾的影响(如图 1.26 所示)。

③ 木材构件标准化：唐代开始采用标准化的木材构件，提高了建筑的工程质量，例如南禅寺和佛光寺等建筑具有艺术美感和受力功能。

④ 改进设计和建造水准：唐代设立了“都料”职位，负责建筑设计和施工，提高了建筑工程的水准。

⑤ 砖石建筑的发展：唐代砖石建筑的制作更加精致，建筑艺术加工的现实性与成熟性得到提高。

总体来说，唐代建筑具有规模宏大、布局严谨、气势雄浑、明朗简洁等特点，展现了唐代社会的繁荣和文化的成就，对后世的中国建筑产生了深远的影响。

(2) 宋代建筑风格特征

宋代建筑建造标准和建筑材料已经发生改变，主要具有如下特点：

① 城市布局的变化：城市的基本格局和布局已经彻底改变，废除了“里坊制”，开放了街道，使得城市建设、消防、交通、商店、桥梁都得到了新的发展(如图 1.27 所示)。

图 1.26　大明宫麟德殿

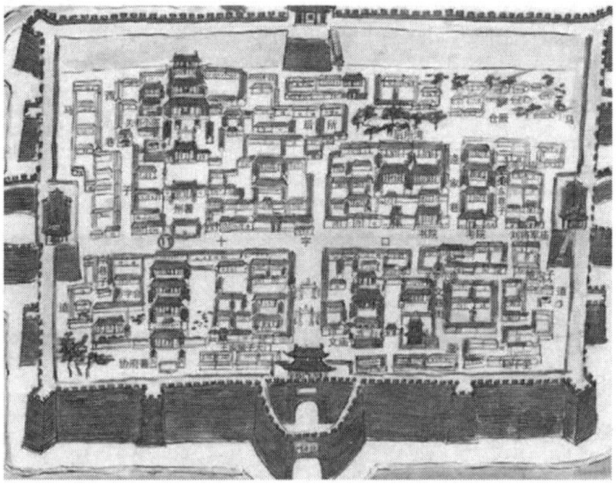

图 1.27　宋代胶东府平面图

② 建筑标准化：宋代建筑采用古典模数制，即将建筑尺寸按照一定的比例和规格进行划分，使得整个建筑具有一定的规则和对称美感，《营造法式》对古典模数进行了归纳，从而使古代的模数化在整个封建时代得以延续，这对建设技术的发展是有利的。

③ 增加空间深度：在建筑群组合中，增加了整体空间的深度，使主要建筑的空间更加丰富和复杂，层次感更强，主楼更突出，房顶变化多样。

④ 装饰艺术的发展：源自手艺的进步和对生活的追求，宋代的建筑装饰与颜色有了长足的发展。首先是改变了唐朝的直棂、板门，采用格子窗、格子门，加强了装潢的作用；其次是一反以往朱白二色的传统，有“五彩遍装”“碾玉装”“青绿叠罗纹”“解绿装”“丹粉刷”等各式彩绘；最后还大规模地采用了玻璃瓦片，开封义国寺就是我国第一座以玻璃装饰的建筑物。

⑤ 砖石建筑技术的发展：宋代砖石建筑技术得到了很大的发展，如河北定县开元寺，石质建筑的高度达 84 米。

⑥ 园林兴盛：宋代园林艺术得到了很大的发展，大量的宫廷园林和江南私人园林应运而生。

5. 中国古代晚期建筑(元、明、清)

(1) 明代建筑特色

明代是中国建筑史上的一个重要时期，它对中国建筑的发展产生了深远的影响。以下是明代建筑的几个特色：

① 砖石建筑的广泛使用：明代砖的品质得到了大幅度提升，砖石成为建筑材料的主要组成部分，尤其是在住宅墙体中，砖的使用变得十分普遍。

② 玻璃面砖和琉璃瓦的改进：明代的玻璃面砖和琉璃瓦的品质得到了改进，使用范围也有所扩大。这些材料主要用于建筑的装饰，可以增加建筑的美感(如图 1.28所示)。

图 1.28　明代琉璃瓦

③ 新型木结构：在元代的基础上，明代木结构开始出现新的变化。新的固定木结构出现，斗拱结构的功能减弱，梁柱结构整体增强，部件缠绕简化。这种变化使得木结构建筑更加牢固和稳定。

④ 完善的建筑群布局：在明代，建筑群的布局变得更加完善。例如，北京的十三陵和故宫都是以严格的对称布局为基础的。

⑤ 私人园林的兴盛：在明代，地主官僚的私人园林开始兴盛。这些园林通常由精美的建筑物和美丽的花园组成，展现了当时建筑的高超技艺和园林美学的成就。

⑥ 官式建筑的装饰：明代的官式建筑装饰、彩绘装饰趋于定型。这些装饰多采用铜铸、砖雕、石雕等方式进行，色彩绚丽，造型精美，体现了当时的文化和艺术水平。

总的来说，明代建筑的特点是砖石建筑的广泛使用、木结构建筑的稳定性提高、私人园林的兴盛、官式建筑的装饰趋于定型，这些特点共同为明代建筑的发展提供了新的方向和思路。

(2) 清代建筑特色

清代是中国建筑史上的一个重要时期，它不仅代表了清王朝的文化特色，也体现了中国传统建筑的发展演变。在清代，建筑的发展呈现出了许多新的特点。

① 宫廷建筑与园林的发展。在清代，宫廷建筑和园林的发展进入了一个新的高峰。清代皇宫建筑在布局和形制上延续了明代的传统，但在细节上更加精细、华丽。例如，清代的故宫建筑以黄琉璃为主，使用了大量的砖雕、石雕和彩绘装饰。而圆明园、颐和园、承德避暑山庄(如图 1.29 所示)等皇家园林，则以自然山水为基础，融合了中国传统文化、汉族文化和少数民族文化的特点，形成了清代皇家园林的独特风格。

② 喇嘛教建筑的繁荣。清朝时期，喇嘛教在中国地区的影响力不断扩大，喇嘛教建筑也在此时期得到了发展。喇嘛教建筑的特点是宏伟、雄奇、装饰华丽，例如布达拉宫(如图 1.30 所示)，以及大昭寺、塔尔寺等。这些建筑在传承了藏族和滇藏文化的基础上，还融合了汉族建筑和蒙古族建筑的元素，形成了独特的藏式建筑风格。

图 1.29　承德避暑山庄

图 1.30　拉萨布达拉宫

③ 住宅建筑的发展。清代住宅建筑在设计和装饰方面有了新的变化，例如府邸建筑多采用四合院式的布局，庭院深深，通透明亮，空气流通，使得居住舒适度得到了提升。此外，清代住宅建筑在色彩、造型上也有了新的发展，例如对窗棂、门扇、屏风等在细节上进行了精雕细琢的装饰。

④ 建筑单体设计的简化和装饰水准的提升。清代建筑在单体设计方面相对于明代有了更多的简化和规范化，例如统一了房檐高度和屋脊造型，形成了独特的清式屋顶。而在装饰方面，清代建筑不再像明代那样追求华丽繁复，而是更注重精细、朴素的装饰。例如，清代的房屋建筑的屋顶线条较为简洁明快，屋脊和房檐的造型也有所规范化，整体构造更加稳健，整体感更强。此外，清代的建筑中，檐口下方也采用了各种雕刻和彩绘，从而增强了建筑的装饰性和艺术感。

总的来说，清代建筑的特色在于其严谨规范的建筑风格，以及简约精致的装饰风格。同时，清代建筑也注重功能性和实用性，让人们在建筑中感受到了一种浓郁的时代气息。今天，这些优秀的建筑作品已成为中华文明的瑰宝，留存于世人的记忆中。

1.2.3 古代建筑工业化的具体形式

中国的建筑从古代开始就以土木为材料，形成了一个完整的建筑体系。在古代建筑中，四梁八柱、榫卯结构、一麻五灰、雕梁画栋等特点是比较普遍的。古代的工业化建筑包括立柱、斗拱、雀替和驼峰、护栏、门框等，它们和现代工业化建筑中的框架柱都是建筑结构中常见的竖向承重构件，之间有着一些联系和相似之处。

立柱、斗拱、雀替和驼峰等元素都是古代工业化建筑中常用的建筑结构构件，而框架柱则是现代工业化建筑中的重要结构构件。它们都具有承重作用，能够支撑建筑物的重量，并且能够分散建筑物上方的压力，保证建筑的结构稳定性。在设计上，这些构件都具有美学价值，可以作为建筑物的装饰元素，用于增强建筑的艺术感和美观度。同时，在实用性方面，这些元素和构件也能够起到一定的功能性作用，如门框和护栏等能够提供安全保护，斗拱和驼峰等能够加强建筑物的稳定性。

这些构件都是建筑结构设计中的基本元素，它们的形式和结构设计都具有一定的规律和原则，这些规律和原则在建筑领域中具有普遍的适用性，无论是古代工业化建筑还是现代工业化建筑，都需要遵循这些规律和原则进行结构设计。

1. 立柱

中国的建筑物早就有了符合房屋需要的“伸长比例”的规范，而非长久以来西方的传统做法。一些建筑的设计理念是：一座房屋的造型和结构，是由树木的形态所决定的，树身是支柱，树干是支柱，叶子是房顶。在木质建筑中，支柱由树身构成，其功能、形状都是和树身相同的。以树木为基础，建造一座房子，这已经是很常见的事情了，但树木会不断地生长，会随着时间的推移而改变，而使用自然的树干，则可以节省大量的人力物力，这也是可行的长远之计。

用直立的树干去解读中国的立柱，无论材料、功能和形状都大体上是一样的。由于树木自身具有良好的“自然模式”，所以通过计算圆柱的直径与高度的比例并不难发现其合理性。埃及人与希腊人之所以用“树干”来形容，是由于木石材质的差异，并不能作为衡量标准，所以对于“细长比”该怎么做，也是费了一番功夫的。在中国的房屋里，很久以前就采用了大致符合房屋需要的 1∶10 的直径和株高的比例。唐代和辽前期，石柱的直径与高度比例较大，一般是 1∶8 到 1∶9(如图 1.31 所示)；宋、金时期的檐柱仍然保持着这样的粗大，但是内部的柱子比较纤细，其比例大约是 1∶11 到 1∶14；元、明以后趋于拉长，其比例多在 1∶9 到 1∶11；清朝的时候，其比例为 1∶10。

图 1.31　复建的唐代三门楼石柱

古代大部分的木桩都是圆的，既符合房屋设计的需要，也方便了木料的处理。圆柱子分为两种，一种是柱子的直径从上到下都是一样的，而另一种则是柱子的直径在 2/3 左右就会变得更细，这是为了适应原料的外形。另外，还存在八角柱(八角柱可分为正八角柱和小八角柱)、方柱、梅花柱(如图 1.32 所示)、雕龙柱等样式的柱子。在没有统一的制式结构以前，由于木材容易处理，木质柱子有各种各样的风格和形状。现存山西晋宗庙的圣母庙始建于宋朝时期，庙内仅剩少数木质的盘龙柱(如图 1.33 所示)。明代之后，木质盘龙柱就很少见了，现在已经变成了石柱。

图 1.32　梅花柱

图 1.33　山西圣母庙木质盘龙柱

无论是东方西方，还是现代，很多经典的重要建筑物都是以柱子为主体，所以“柱的艺术”早就被人们所关注。一排与水平方向完全垂直的圆柱，由于视线上的偏移，看上去并不是那么的笔直。为矫正视线上的误差，人们有意把柱子稍微倾斜，让它们看上去既像是平行又像是竖立的，这种方法早在2000 年以前就被希腊人所采纳。中国的做法也是一样的，这是宋朝所谓的“柱侧脚”，即前柱的边腿是立柱高度的 1%，边柱的边腿是立柱高度的 0.8%(如图 1.34 所示)。《营造法式》中有这样一句话：“柱头稍收，柱头向里，柱腿稍稍伸出，即为侧足。每一间房屋的前部，都有一根横梁，每一根横梁的长度，都有一条斜腿，如果侧面的长度超过一英尺，那么，角柱其柱的两侧，就是一条直线了。”在多层建筑中，这种做法是被反复采用的，如宋朝有这样的记载：“如果在柱子的侧面，在柱子的上面，在侧面的腿上，在侧面的腿，在上面，都是这样的。”但并不是说宋朝才有，唐朝和元代的文物中也有这样的记载，但大部分都超出了这个限制，比如永乐宫内的“龙虎殿”。至于柱子有没有更大的倾斜，至今无法准确考证。

图 1.34　宋朝的“柱侧脚”做法

其他房间的立柱也均朝向明室内的中心轴线，也就是说，除明室以外，其余的立柱均朝左右两侧倾。在这里，人们总是很谨慎地处理这个问题。希腊帕特农神庙的神殿，东西宽 31 米，南北长 70 米，东西两立面山墙顶部距离地面 19 米，柱高 10.5 米，柱底直径近 2 米。轴线和竖直方向之间的斜率不足 0.6%，而它的前半部分则向内凹陷了 2.15%。中国“柱侧脚”与实测资料基本一致，并认为两者均为试验成果。“柱侧脚”(被西方称作“视觉纠正”)是一个众所周知的现象，但由于某种原因，几乎没有人提到过中国的传统建筑也有类似的结构形式。可能是由于“柱侧脚”在明、清以后已不再被当作一种器物而被人们所重视。

中国古代建筑早就意识到了“视觉偏差”，所以两个柱头的内部坡度基本一致，中国的“柱侧脚”与希腊的“视觉纠正”的内倾悬挂方式几乎是一样的。世界上所有经典的柱子都由柱头、柱身和底座构成，中国的建筑实际上也一样，但随着柱子的发展，柱头逐渐消亡，不再作为一种单独的构成。

房子里的柱子叫作“内柱”，也叫“金柱”。支撑屋脊的外立柱被称作“檐柱”，而在建筑的正面则以屋脊为主。尽管在建筑中，檐柱的承重比金柱要轻，但出于美观，檐柱的直径和金柱差不多(如图 1.35 所示)。除了屋脊，有些房屋上还设有用于支撑屋顶的爬架柱。根据考古发现，在殷商时期建筑中就有一根横梁，起初只是一根横梁，后来演变成了一根横梁对一根飞檐。人们推测，扶手柱子变成了支撑，接着变成了腰部支撑，然后变成了柱子和插拱，最后变成了斗拱，形成了一个具有遮阳作用的出檐，结果就是附着在桥柱上的细柱——攀檐柱最后演化成为斗拱。究竟是否属实，还需要反复探讨。

希腊、罗马和其他国家的柱子，大多有三个组成部分，即底座、柱身和柱顶，它们是柱子自身的一种功能性形式。最早期的一根柱子被“种”在地面上，为避免柱子的沉降，在柱子的底部加一块巨石，即最初的柱子。人们发现木头桩子深埋在土壤里，很快就会变得湿漉漉的，于是把原先在柱子下面的石头抬到地上，作为一个支柱。将地上有露明柱的支撑结构视为支柱，即柱基础。从木桩里钻出来以后，人们就开始关注起了它的外形，把它们逐渐地处理、修饰，从而形成了一套又一套的风格。

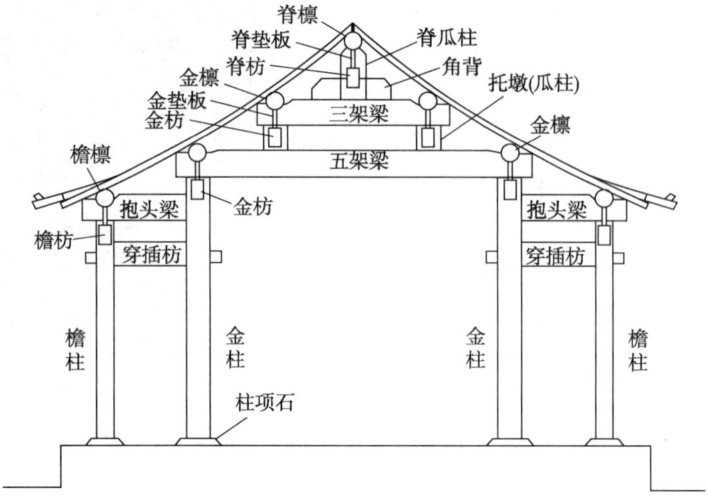

图 1.35　清制横排架图

根据《营造法式》的记载，一般的柱子都是这么做的："四根柱子的直径，一米四左右的柱子，一米八左右，三尺左右的柱子，三尺以上的柱子，就是三尺的厚度。"到了清朝，础石的规范就变得更简略了，《营造算例》中说："柱上(梁思成说'顶'，指的是清字中的'顶'，也就是柱子的顶)，而柱子的厚度则是圆柱直径的两倍。规定的边长度是圆柱直径的两倍，但其厚度略有增大。"从建筑角度讲，这种柱状物实际上是合适的。当然，这种规则很可能建立在鹅卵石夯实的基础上。

世界上经典的柱子都由柱头、柱身和底座三个部分构成，中国的建筑实际上也一样，但随着时代的发展，柱头逐渐消亡，不再单独形成柱形。由于柱头的缺失，关于柱子的工艺处理只能从柱身和底座上进行，这就形成了一种不同于其他结构形式的工艺。

柱子分为露台和平台，显眼法是在柱子的表面增加一个支架，以便固定柱子，这种结构在唐代被广泛采用，所以又被称作"覆盆"，清朝时，"覆盆"改成了"古代镜子"。或许，这种"踢脚线"才是最好的选择。这种做法类似现代工业化建筑中的钢结构柱脚的构造，即根据基础形式分为埋入式柱脚和非埋入式柱脚。支架也有较高、较复杂的"磉墩"，有单、二、三层，有正八角形，上面有鼓等多种不同的造型，类似非埋入式柱脚，通过加劲板固定柱结构。或许，以前的支架已经趋向于繁复而多变的风格，甚至已经成为一门雕塑的艺术。此后，这一现象被官府所重视。有些柱子，比如在墙上的柱子，都没有显出。唐朝的时候，人们喜爱把花瓣雕刻在覆花盆上；宋、辽、金时期，除了莲花花瓣，也有各种不同的图案；元代用的是素的，没有任何装饰；明、清两代在元朝的传统上再做雕刻，但在纹样上提倡朴素(如图 1.36 所示)。

"质"结构的使用由来已久，据推测始于青铜器时期，其底座为铜柱，以防止潮湿。有资料记载，春秋时期的董安在晋阳的王府是用铜制的。铜是一种珍贵的金属，并不是所有的房子都能使用，而且，随着宫殿的扩大，体积越来越大，就不能继续使用铜了，所以，就变成了石头和木头。木桩的底部为何还要加上一截木头？其原因是木质纹理的一部分是平的，可以阻止湿气顺纹理升高。分解后的木料也可以用来部分替换，而不用

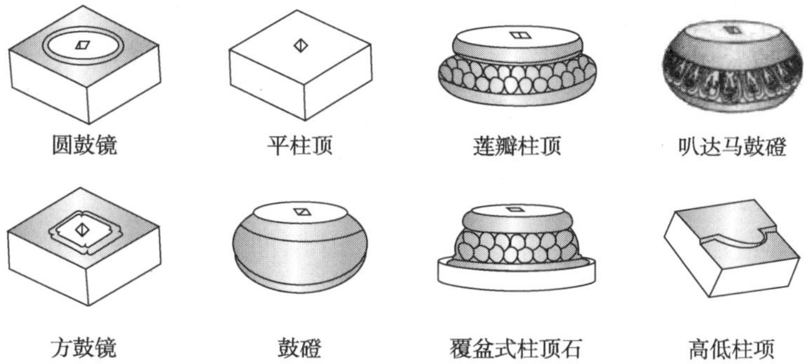

图 1.36　覆盆样式

对整个立柱造成整体的破坏。总体而言，“质”结构源于一种技术手段，以避免木质柱子和柱子底部被腐蚀。看起来，这是一根支柱中不可或缺的一环。

2. 斗拱

在经典的建筑中，柱子是最主要的构件，它在视觉和结构上都占有举足轻重的位置。所以全世界的建筑物都在柱子上下了很大的功夫。西方有名的希腊五种柱，长久以来都是西方的典型代表。有些人很好奇，世界上所有的建筑都是用柱子来支撑的，而中国的房子里却没有一根柱子。事实上，中国的建筑曾有一个有圆柱的时期，但是，因为过于强调了圆柱的重量，所以圆柱的顶端就变成了一种单独的结构——斗拱(如图 1.37 所示)。

图 1.37　斗拱

我们之前说到了，这座建筑的前身叫作“栌栾”。“栌”指的是石柱，在古时候有很多个名字，都是一种类似于斗形的石柱。在黄栌的上方，有“耕”，统称为“栾栌”和“薄栌”。“耕”字后来发展成了“曲耕”，又被称为“栾”，这时才有了最初的斗拱形状。大约从周朝到汉朝，中国使用了一种斗状的圆柱体。

尽管斗拱是从圆柱演变而来的，但已经不是一根圆柱了，而是一种单独的结构，具有特殊的功能。令人感兴趣的是，中国的立柱顶端的横梁弯曲起来形成了一个斗拱。而希腊的圆柱则是弯曲的，形成了一个纯圆柱形的装饰。希腊的“爱奥尼克”圆柱是指圆柱形的顶盖，它的四边形形成螺旋状的盘状结构。其结构也是从圆柱顶的支架盖演变而来。由于不再与其他部件发生接触，所以弯下了。

有些人猜测，斗拱源于树的形态，近来已有学者认为，斗拱是擎天柱子的演变。事实上，综合文献和实际数据，我们认为，斗拱的形成，应当是从柱的局部结构演化而来。栾栌正是这样一种建筑理念的发展，也可以说是一种更高级的美学方法。如果我们认为，拱门是一种从结构上创造出来的实用形态，那么，我们就不用去猜测其形状是什么了。到了晚期，大多数的斗拱都承担了吊梁的重担。不过在汉朝以前，大多只有水平的支撑，很难从外面拔出来，直到后来才发展成一种悬臂梁式的支撑。所以我们可以说，因为其发展，已经取代了天柱式。

最大的“栌”是一个斗形的圆柱，其直径大于圆柱体。这样一个“山”形的柱顶结构，既简单又笨重，仅表现出一种形态上的可变，无法充分地满足装潢的需要。古代“雕栾”二字，说明那时“柱头”尚有雕刻或绘画。或许我们可以得出一个观点：中国的建筑在汉魏以前尚处于有柱的时期，南北朝时期的“百楹列倚、千栌代枝”“层栌外周”等所描写的是有柱头的宫室景象，与今天我们见到的明清时期的古代建筑相比，简直有着天壤之别。

柱子顶端向下的弧度形成了一种希腊风格的“爱奥尼克”型柱子，而在顶部，形成了一种中国风格的柱子结构(如图 1.38 所示)。浙江南部的柱子顶端有一个“斗拱”，这表明当时的“栌”和“栾”是一种柱状结构，即“悬臂梁”式的斗拱。在斗拱变成一个单独的部件时，就不再需要与圆柱相连，而是可以随时随地使用的支架。

斗拱迅速地发展成独立于柱子之外的结构，从一楼发展到多楼，从单向发展到双向，形成了一种非常精密和精巧的结构，给人一种神秘而又巧夺天工的感觉。在建造方面，斗拱是中国独特的建筑形态，其独特的构造与造型，不管是在技术上还是在工艺上，都充分体现了中国传统建筑的精髓。

梁思成曾对此作了如下的说明：“为了减小剪力，梁脊和横梁之间有一种过渡段，由大量的圆木和弯曲的圆木支撑，将其伸展开来，在横梁下面增加了同样的承重，在屋檐下，可以增加横梁的承重。”随着时间的推移，斗拱越来越为人们所喜欢，越来越注重其装饰的重要性，使其结构更加精致，更加注重外观的影响和功能。在整体结构上，始终采取“倍斗而不是长宽比”的尺度布局，立面布局以斗拱为核心，清朝时以“斗嘴”为“模数”，而开室的大小也由斗拱的花瓣数量来确定。

在运用方面，不仅是在屋檐上，而且在屋内(屋脊)也是如此。在早期的时候，人们经常在屋檐上用到内檐斗拱(如图 1.39 所示)，到了唐代，这种情况就越来越少了，到了明朝，仅存一小半。除了一些主要的建筑物，清朝的大部分室内都没有使用过斗拱。屋脊的布局与改变，其关键是补间的形式与数目。唐朝的“补间”与“柱铺”两种形式之间存在着较大的差异。也就是说，在柱顶之上的斗拱与在柱之间的檐部之间的斗拱是有区别的，也有可能是不采用补间的。“人”字在南北朝和唐朝时仍在使用。此时的斗拱还没有被视为一个整体的屋檐装饰。到宋朝时，柱顶与补间斗拱的式样已趋向一致，但使用数量减少。有的房间里只有一株，有的房间里只有两株。明代，补间的铺架越来越多，有四至六株，到了清朝，最多的是八株。清代以前，斗拱与斗拱的间距并不是完全一致的，清代《工部工程做法则例》将“当”字的中距统一地定为十一个孔洞。它的宽度是“当”的乘积。拱形不仅会对建筑的结构产生一定的作用，而且还会对建筑的平面大小产生一定的限制。

从外表看来，这些拱门的样式大体上看来大同小异，其实它们的品种和做法五花八门。每个时代、每种类型的建筑都有自己独特的规范和不同，但总体上都是有规则的(如图 1.40 所示)。《营造法式》对这一时期的建筑形式进行了详尽的归纳。宋代之后，一般都是按照一定的规范样式来发展。宋代的斗拱分为四大部分：斗、拱、昂和枋。由于其地位和功能的差异，每个零件都有自己独特的名字。

图 1.38　宋式六辅作柱头斗拱

图 1.39　内檐斗拱

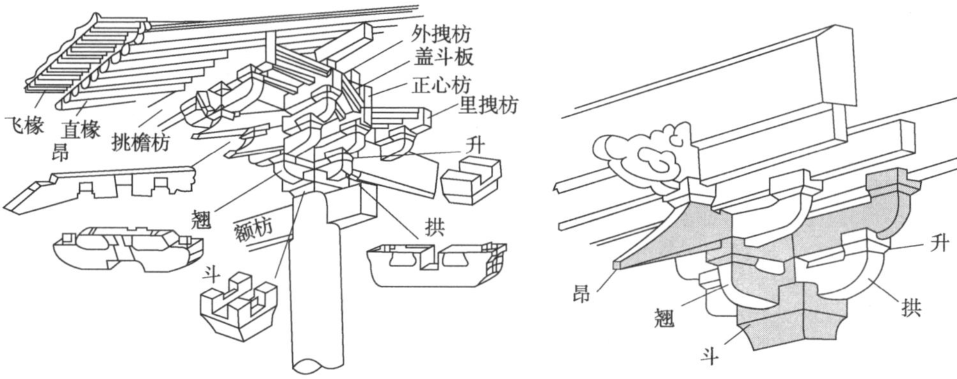

图 1.40　斗拱的基本构造

在最下面的位置是“栌斗”，栌斗原本是“栌”的支柱，后来发展成为斗拱之后又变得更小了。一对相互垂直的拱门从它的上方延伸出来。与外墙相平行的横向拱形叫“泥道拱”（如图 1.41 所示），竖向向内突出的被称作“华拱”。华拱有两种，一种是“单抄”，另一种是“双抄”。华拱以外，不需要向外凸起，要用“昂”字，而向外凸起或向上翘起，称为“跳”，由跳跃的多少来确定。昂的数目可达三个层次，即单下昂、双下昂和三下昂。

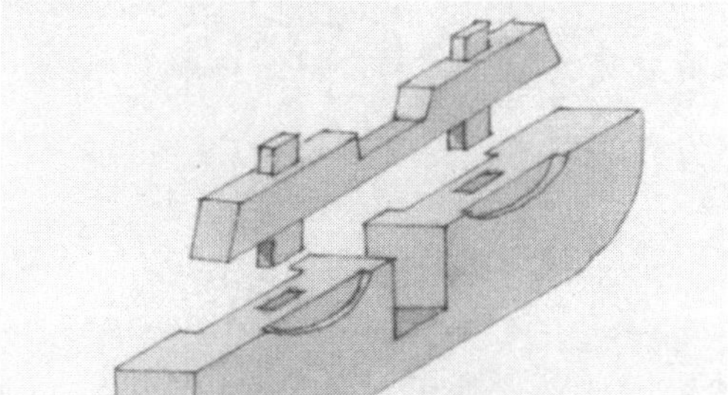

图 1.41　泥道拱

在拱顶和顶楼的上方，还有一排拱门一跃而下。在华拱或仰以上的横拱被称作“瓜子拱”，而“瓜子拱”与“泥道拱”均属于水平的首位拱，因而各拱形式基本相同。

在上一次跃起的是“令拱”，而不是“瓜子拱”。“令拱”和“瓜子拱”的区别在于，它使拱顶没有往上发展，并且在中央多了一个“要头”来做结构的结点。在“瓜子拱”及“泥道拱”顶的基础上又有一种发展。上面的拱叫作“慢拱”。慢拱是一种拱形，在结构上要稍微加长一点，这样上面的东西就不会叠加了。

斗拱的结构是一个斗又一个拱的循环。斗顶有拱顶，穹顶有一个斗篷。在“山”字形的拱中间，有一个小小的斗架，叫作“齐心斗”，而在这个球体的两端，都被称作“散斗”。由于直立的拱门支撑着与之相平行的拱门，因此，支撑着“转向”的斗架又被称作“交互斗”。“四斗”和“五拱”在标准上都有相应的布局。

在中国的建筑艺术中，斗拱的作用似乎越来越大。清朝时期的建筑采用“斗口”作为模型，整个建筑成为以拱形结构为中心的人造建筑。

其构成原理在历朝基本未变，但在形式和样式方面的表现却极为丰富和繁复。它的发展，仿佛与中国的传统美术一样，是“形之变化，神之不动”。

拱形的上部称为“柱头枋”，上下两层之间的缓拱顶称为“罗汉枋”，中间的一层称为“平棋枋”，而在顶上的称为“僚檐枋”。在第一重的时候，华拱的前部会被剪掉，由“两卷瓣”支撑，所以叫作“华头子”。

这些都是宋制的名字，到了清朝，所有的部分都有了很大的不同，比如，斗被叫作“坐斗”或者“大斗”，华拱被叫作“翘头”，“泥道拱”被叫作“正心瓜拱”，“瓜拱”被叫作“鹅蛋拱”。由于斗拱采用的是预制构件组装方式，因此，为了便于生产和组装，各构件必须使用相应的名字。

斗拱构件的大小应按“材”和“斗口”来确定，越大的建筑，其材料越多，体积越大，这是“模数”的缘故。它们和其他部件保持着固定的比例。如果失去了平衡，那就会给人一种不和谐的感觉。其中一个“朵”在外面可以做五个跳跃，在一个房间里可以做三个跳跃。斗拱的层数按顺序排列，称为“铺”，跳起称为“四铺作”。两个动作称为“五铺作”（内二、外二），三个动作称为“六铺作”（内三个），四个动作称为“七铺作”（内三个），五个动作称为“八铺作”（内三个）。“铺作”是建筑结构的统称，例如在塔楼顶部的就叫“柱头铺作”，在栏杆上做栌斗安铺的称为“补间铺作”（如图 1. 42 所示）。

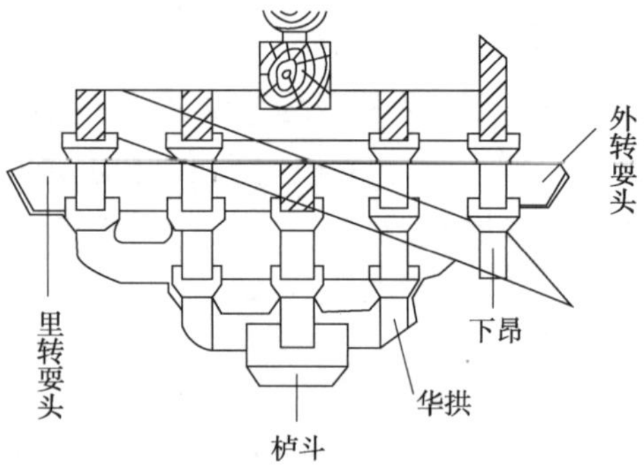

图 1. 42　宋制补间铺作

在建筑方面，不管是古代还是近代，关于斗拱的技术都要详细得多，可见它的重要性。

3. 雀替和驼峰

由于斗拱在离开了圆柱体的范畴后，发展成一个新的结构，所以中国的建筑物看起来没有柱，但在柱顶上的装饰却依然引人注目。“雀替”的改变与使用方法有很大的联系。到了唐代，“柱头铺作”几乎没有变化，而“补间铺作”则是人字形的拱形，甚至仅有一株。在建筑的结构中，斗拱起到了很重要的作用。渐渐地，这些补丁变得越来越密集，直到变成了一条飞檐，而拱门的作用也就荡然无存了。

从年代上看，雀替的发展与补间的发展正好吻合，说明了柱顶与雀替的相互依存。

在中国古代建筑发展史上，雀替(如图 1.43 所示)是一种较为成熟的建筑形式。其原型虽见于北魏，但宋朝时尚未被官方确定为主要的建筑形式。《营造法式》中仅提及“阑额”：“檐额下阔檐，宽削三尺，出柱长，长到补间，相较头部或者三个脑袋。”那是一块拱门，上面有一块横梁。它只是一个很小的装饰品，没有引起任何人的关注。“雀替”一词源于“绰幕枋”，清朝时“绰”被误作“雀”，而“替”为“代替”。大约在明朝以后，雀替有了大量的应用。至清朝以后，演变成一种很有特色的结构，极大地充实了中国传统的建筑形态。

雀替是建筑的组成部分，但后来的发展更多的是出于审美的考虑。由于它的形态不能被其他部件所束缚，所以可以任意地发展，因此，它的样式和形状都要多于任何一个部件。

尽管雀替看起来像是为了建筑的装饰而发展起来的，但实际上，雀替是为了结构的需求而演变出来的。在由四根梁柱组成的框架中，每一个角落都有一个三角形的木头，用来连接梁柱，一方面可以阻止矩形框架的弯曲，另一方面也可以增强横向结构的剪切能力，并在相同的净跨度范围内增加载荷。从结构上讲，这是一种常见的减少净跨度的方式，而拱门的出现也是建立在这种基础之上。

因为鸟身在柱子的上方，像一对羽翼般伸展开来，因此，柱顶的装饰性问题得以很好地解决，从而形成了一种活灵活现的柱状结构。这些框格之间的结构也发生了变化。从美术角度来看，这是一个非常成功的作品，也是明清时期的一项重大成果。

与其他的部件相似，鸟身的发展也从简单到复杂。雀替的种类和形态的改变要比斗拱大得多，也很好辨认。鸟身的形态可以分为七大类型(如图 1.44 所示)，它们是：大雀替、龙门雀替、雀替、小雀替、通雀替、骑马雀替和花牙子。雀替在户外和内部都很实用。“罩”作为室内装饰的主体结构，看来也是从“花”演化而来。雀替的发展就像是一种拱形，在早期的时候，主要是在内部使用，在后来，主要应用在外部的屋脊上。

图 1.43　雀替

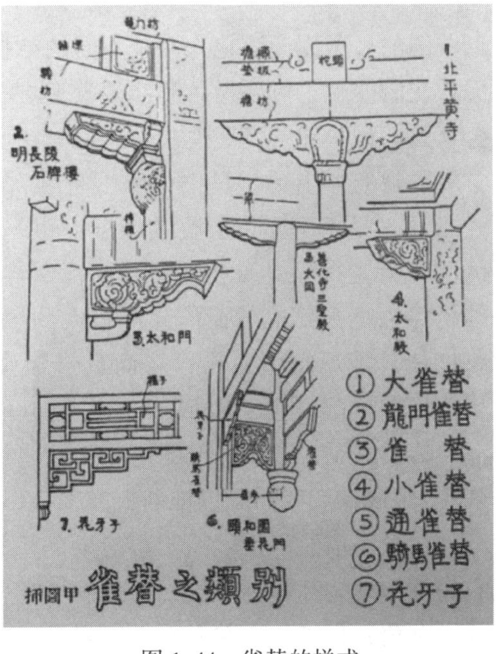

图 1.44　雀替的样式

“大雀替”指的是一种左面和右面相连的过渡结构，它的功能与“替木”相似，也可以看作是一种横向延伸的圆柱。它是用大块整木制成，上部宽，逐步向下收窄后，在底部再加一个大斗，然后再整体地放置于柱头上。“龙门雀替”多用在门楼上，其特点是造型格外华丽，常有“梓框”“云墩”“麻叶头”“三福云”等装饰物在其上。这意味着，它的高度从横向发展到纵向，这一段只是一种装饰物，无论它的结构和样式如何，对受力没有任何用处。“小雀替”是一种仅在梁柱与立柱之间形成一个很微小的倾斜角度的雀替。“通雀替”的“通”字，指的就是连接，只不过不是用来做柱子的，而是用在了柱子的顶部，这和“孔雀替”的结构完全不同，多见于家庭，到了明朝以后，就很少见到了。“骑马雀替”是指两根木桩之间的距离过短，两边的木桩就会互相连接，所以干脆就做成了一块人字形的门框。骑马雀替多用在悬挂的门框上，高按绦环，宽度为七，榫头内，高折半。“花牙子”只是一种轻型雀替，用来模拟鸟的形状，由于是一种单纯的装饰物，所以在设计上显得很随意。花牙子常用木板进行雕刻，常见的图纹有卷草、梅竹、葫芦、葵花等，如图 1.45 所示。在相交的位置，雀替看起来是必要的。因为地理环境的差异，导致了各种形式和风格的变化。

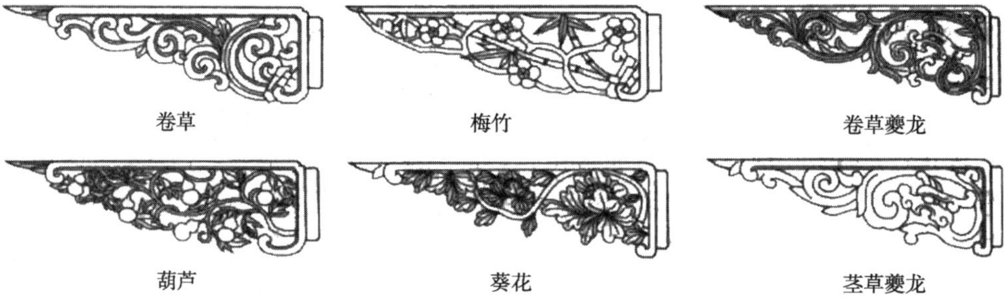

图 1.45　木刻花牙子图纹

中国的柱子逐渐演化为两种不同的结构：斗拱和雀替。西方的经典建筑物尽管曾有过无数次的变化，可是最后的结局却依然是柱冠，没有“质”上的飞跃，在建筑艺术史上，这是两种不同的发展模式。

中国建筑学上另一种类似于“鸟”的结构，即“驼峰”。驼峰的位置和功能与雀替是截然不同，是用于支撑层叠的横梁，也就是在梁架之间的横梁上的短柱。以近似三角形的驼峰为支撑，具有较高的结构稳定性。首先，这使得该中心更加稳固。其次，这种结构可以把上部的载荷传递给较大的区域，从而降低下部横杆的受力，同时，平缓的弧度使其外观发生变化，从而具有极强的装饰性（如图 1.46 所示）。宋代《营造法式》里，有四个不同的驼峰图案。

驼峰其实是一根二棱形的木头，或者说，它是由一根圆锥（短杆）和一根拐杖（两边的圆锥）组成的。我们可以推断，在很久以前一定会有分件，后来又合并成了一座驼峰，而分件的做法依然保留，即明清时期的瓜柱、角背。清朝时，人们把它称作“荷叶墩”，把它的整体结构称作“柁墩”。“雀替”和“角背”的制作方法差不多，都是在竖杆的两边各加一个角，只是一个在上面，一个在下面。这就是在任何相交的点上加一个“固定点”的概念，直到今天，它还在许多框架中被使用。

(a) 结构照片

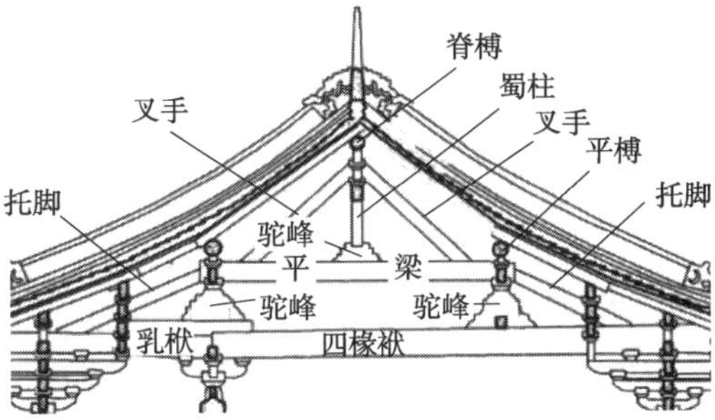

(b) 设计图

图 1.46　驼峰

无论是驼峰、柁墩还是角背，都是这一段的整体支撑，往往会有许多不同的构件结合，比如驼峰上的另外一个斗拱。在两个水平方向相同的横杆之间经常有一种连接的部件，由于其功能仅仅是把两个梁连接得更紧，而不承担传力的功能，所以它的外形很随意，在明清时期，驼峰、斗拱、雀替等组合在了一块，叫作“隔架科”(如图 1.47 所示)。在装潢方面，隔架科是一个非常有趣的结构，将中国的经典元素集合起来。

(a) 结构照片

(b) 设计图

图 1.47　隔架科

“驼峰”“雀替”和“隔架科”是三种不同的结构形式，从这些图形和样式上我们可以看出，这些都出自同一源头，因此，这三种结构的联系十分紧密。这些作品都非常成功、完美地实现了“造型效用”“统一中求异”的目标。

4. 护栏

或许只有在古代，才会把护栏当作主要的结构，甚至可以说是占有很大的比重。我们可以想象，没有护栏的天坛(如图 1.48 所示)、太和殿、中和殿、保和殿会在瞬间失去光彩。

如果说台基是中国建筑物的一个重要组成部分，那么护栏往往是构成结构的一个基本要素。护栏作为古代建筑的重要组成部分，其根本与“栏”密不可分，其“栏”必定与“台”相连，而台基的形态与结构则多由护栏构成。此外，寻求“空间流动”是中国建筑最根本的理念。在组织和分割的

图 1.48　天坛

时候，往往要有限制而不能关闭视野，所以利用护栏的可能性尤其大。因为护栏有很多运用的机会，并且在人们的视野中占有很大的比重，所以人们很容易把护栏的结构和形状提到一个很高的层次。

“阑干”是古代的一种形式。纵为阑，横为乾坤。“阑”，是一种遮挡，也是一种阻碍。“干”字古代有“楯”“栏”之意，汉代的文献中，大多用“槛”或者“阑槛”来形容栅栏，而“槛”则是用来表示牲口的，也就是最初的“栏杆”。“槛”分为“阑槛”“轩槛”“槛栏”和“阶槛”，分别代表着不同的栏杆形态，如：“阑槛”是用方格子做成的花纹，“轩槛”用的是坚固的栅栏，“槛栏”是由线条构成的，“阶槛”就是楼梯的栏杆。

按照材质护栏可以分为石护栏和木护栏，石护栏仅在室外使用，木质护栏并未随着其发展而消亡，两者共存。唐宋以后，也曾有过砖造的栅栏，也有过铁的栅栏，但都是偶然的，没有形成一种常见的规范形式。

实际上，最基础的护栏结构是从一个长方形的横梁“阑”开始的，被称作“阑”的长方形框架之后，就是“望柱”，而“楯”的横梁又被称作“寻仗”，而“地栿”就在下方。望柱、寻杖、地栿构成了最大的框架，而每一种类型的改变都是由方块中的图形来决定的。

在古代的石雕、壁画中，有一种由单纯的横向线条组成的“寻杖”式扶手（如图 1.49 所示）。或许“阑干”一词的原意就是这样的。有时候，“阑”和“干”都是由一根圆筒做成的，看上去赏心悦目，可以说是最早、最合理、最简便的一种柱子。“寻杖”既可以作为一种结构，又可以作为一种辅助，这是必需的。框格的形式与虚实的运用，在很大程度上取决于具体的情境，比如建筑立面的布局、使用要求和现代装修风格的倾向等。

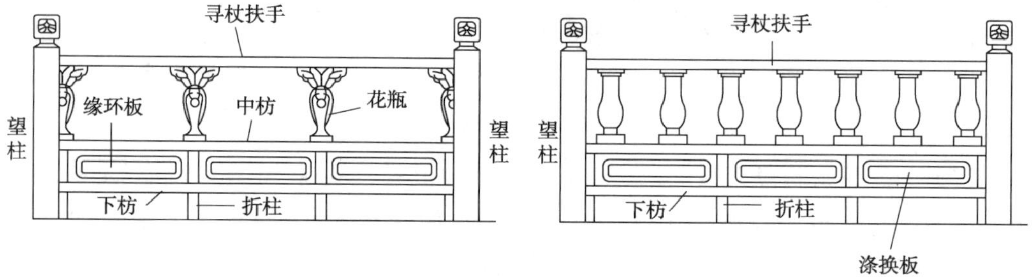

图 1.49　寻杖栏杆

虽然每一代的护栏上都有很多的装饰，但随着时间的推移，它们已经形成了一种基础的结构，比如用透明的栅栏和坚固的栅栏，再加上与窗户下面的结构相结合，这是我们在古时候的图画中常常见到的。在一套比较完善的标准中，寻杖由一个装饰支架支撑，底座下面是“盆唇”，再加上“地栿”和“蜀柱”，形成一个“华板”，上面装饰着各种各样的图案。

从《营造法式》中所述的“重台钩阑”“单钩阑”等，可以看出这是一种明显的木质结构。拐杖是一个圆圈，口缘是扁平的，不适合用石头做。据说《营造法式》中所记载的宋式石勾栏，到现在还没有被人找到，也许是因为它与石头的特性不符，所以并没有被广泛地应用。当然，这个结构以前就有，也有很大的影响力，只是在使用的时候因人而异。

“重台钩阑”与“单钩阑”不同之处是“重台钩阑”高（四尺），而“单钩阑”稍低（三尺五)。“双钩”是由“云拱”与“瘿项”组成。

宋代的石钩子依然保留着很强的艺术气息，到了清朝，才慢慢地演变成了一种更适合于石头的形式。宋式的勾栏通常只有在拐弯处和起始处才会有，这就说明了它的木质特性。在唐朝赵伯驹的《仙山楼阁图》(如图 1.50 所示)和李容瑾的《汉苑图》中，只有在拐弯处或更远处，才会有一根柱子。

图 1.50 《仙山楼阁图》

清代勾栏是出于审美需要而非其他理由，它的高度依赖于建筑立面的布局，而非按人的比例来衡量，“一段一望”柱设置的目的是增强装饰的趣味，并形成一种强烈的节律。清时期的石柱发生了很大的变化。第一点，便是加强瞭望塔的功能，由于石头的数量太少，所以每个标准的柱子都被固定在瞭望塔上。长度太长容易断裂，所以要在上面加上一个观察柱子。各标准节的高与长之比由宋朝的 1∶2.25 增加到 1∶2，八边形的柱子变成了四四方方，但柱身简单，而柱顶的装饰品则增加了，因此，它的结构和形式更符合石头的特性，尽管基本形状仍然很接近，但很明显地表明了木头和石头在材质上的区别。

“清式钩阑”的观景柱的高度由底座的位置确定，其余部件则以“长身柱子”为材料。如《营造算例》所述：“高按台，基明高二十七成九。一寸三寸。明高十一尺二。”从这里可以看出，在这种情况下，栅栏在结构上的作用要大于它的围护作用。但是栏杆的形状却是和宋代勾栏一模一样。栅栏的高度随平台的高低而不同，大小也不同，不再被用来作为栏杆。

没有什么比改变柱子的形状对外观的改变更大了。宋式的柱子为一只身高一尺五的雄狮，坐在覆盆莲华的宝座上。到了清朝，这种栩栩如生的造型变成了有花纹的柱子，柱子不仅增大了，而且越来越高，最重要的是，柱子的数量越来越多，形成了一种很有节奏的感觉。从建筑的工艺上来看，这是一个很大的进步。

在扶手和扶手之间，一般都会画出一个类似于“引子”的图形，一般都会将一块“抱鼓石”(如图 1.51 所示)放在上面，还有一些则是以“水波”“祥瑞”等为题材。这就是为什么中国的建筑结构都是有“终”和“始”的，很难突兀地出现和消失。不管是宋式的，还是清代的，都不要忽略其比例的大小。这种比例使得各个部分之间的结构保持着一种均衡的关系，比如，每个中间的拱形都与观察柱子的角度成一条直线，如果失去了这个平衡，拱形的形状就会发生变化，整个结构就会不稳。

另外，扶手也存在着“一物多用”的发展模式。走廊上，栏杆由扶手下降到椅子的水平，圆环断面的寻杖变为能坐下的平板“平盘”，因而形成“坐凳栏杆”(如图 1.52 所示)。现在，这些东西成了栅栏和长椅。“平盘”与支柱相连，它的宽度有时候像一根柱子，因此它可以被认为是框架的一部分。在“平盘”的下面，一般都是用格子做的，尽量保持栅栏的形状。更有甚者，把长凳改成了一把椅子，在圆板上面再加一个靠背作为

“靠背栏杆”。这种情况经常出现在凉亭里，一些有弧度的靠背使得“栏杆”的形状非常有意思，呈现出浓厚的中式“诗情画意”内涵与格调。

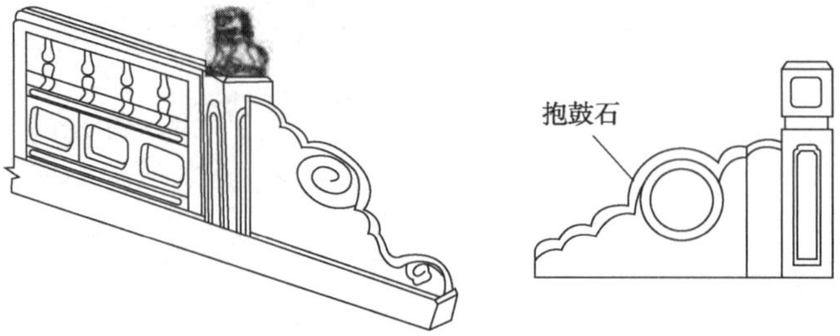

图 1.51　抱鼓石

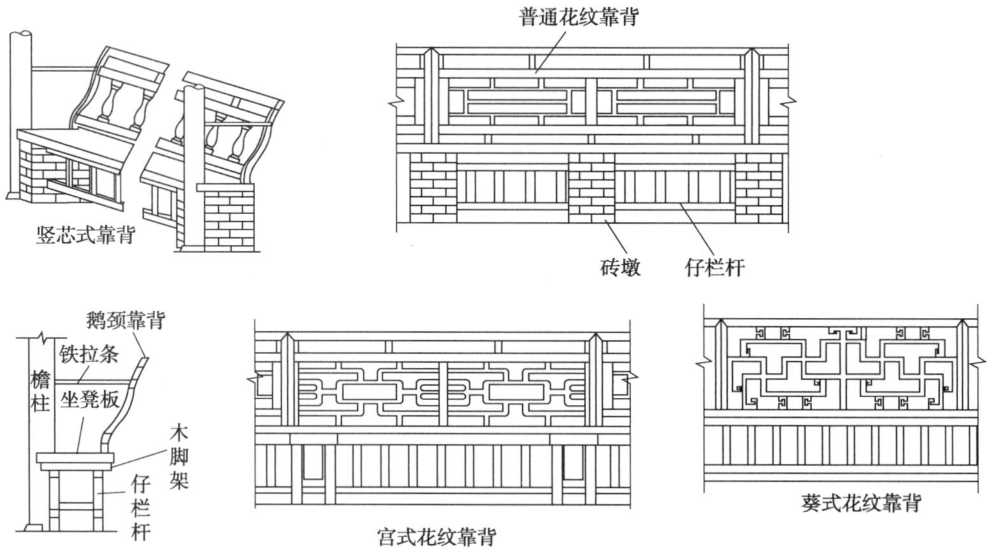

图 1.52　坐凳栏杆

如果说“半截间隔”是栅栏，那么它的形状就会变得千奇百怪。但更多的时候，它们只是和其他部件结合在一起，而不能算是护栏。中国的建筑也曾有砖墙、竹栏和铁栏，也有石质、木质、铁质栏杆，这些都没有一一列举。护栏自身的设计往往是一个完整的艺术品，它的两端都是有始有终的，极少数会忽然消失。

5. 门框

类似现在的铝合金、塑钢等工业化、便捷的门框形式，古代往往使用木结构门框，而门框(即“槛”)一直以来都是用来固定窗户的。在古代文言中，“槛”原本是用来关牲口的，即一种篱笆。诗仙李白在其《清平调》中写道：“解释春风无限恨，沉香亭北倚阑干。”如果非要区分的话，“槛”字的含义要宽泛得多，可以用来指“槛墙”，也可以用来表示结构的方框。到清朝，全柱间板“幕式墙”的窗框被称作“槛框”(如图 1.53 所示)。在槛架上，既可以装窗，也可以贴上实木板。

可以说，门框的形状和框架一样，都是从墙体中延伸出来的。这就是“壁带”。在唐、宋以前，许多实壁上都有“壁带”的木质框架。在框架之间，有一种虚幻和真实的感觉，它是那么的灵活。明末清初，这种木质结构的墙体已经绝迹，或许与砖墙的出

图 1.53 槛框

现有关系，砖块的硬度更高，不需要在墙体上增加框架，所以“槛框”才会被保存下来。

在“台架”中，横截面的横梁称为“槛”，在檐柱或金镶柱上的称为“上槛”，在底板上的则称为“下槛”。房子越高，门槛和门槛的间距就越大，所以在上面又增加了一条“中槛”，也就是“挂空槛”。对于竖直的柱子，我们称为“柱”。靠墙的方格叫作“抱柱”，也叫作“抱框”。在大面积的“抱柱”中，又设有“间柱”。因此，上、中、下三槛，左、右两根柱子和两根中间的柱子构成了“槛框”(如图 1.54 所示)。宋朝的时候这种方块的组成并非必然，那时的一切都叫“额”，“博柱额”是指一根柱子，窗的门板称为“立额”，门楣的门板称为“地栿”。所有的方框都被称作“额”，实际上，可以把这个方块称作“额框”。但从来没有人提到过这个概念，大概是“额框”的概念比较宽[redacted]，还没有发展成为一种规范的体系，所以并没有形成“槛框”的概念。

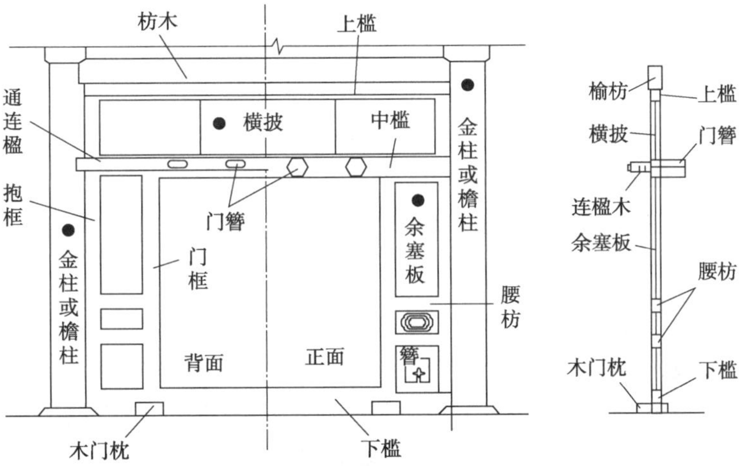

图 1.54 槛框示意图

中槛一般在门的位置，在上槛与中槛之间，又称为“横披窗”。在门的上方，又有一个格子，叫作“横披”(如图 1.55 所示)或者“走马”。窗下的低壁称为“槛墙”，而在槛墙上的窗台板则称为“榻板”，在宋代，它被称为“槛面板”。在榻板的上方还加上了“风槛”，这就是宋人所说的“腰串”。门框的作用主要在于安装窗户。

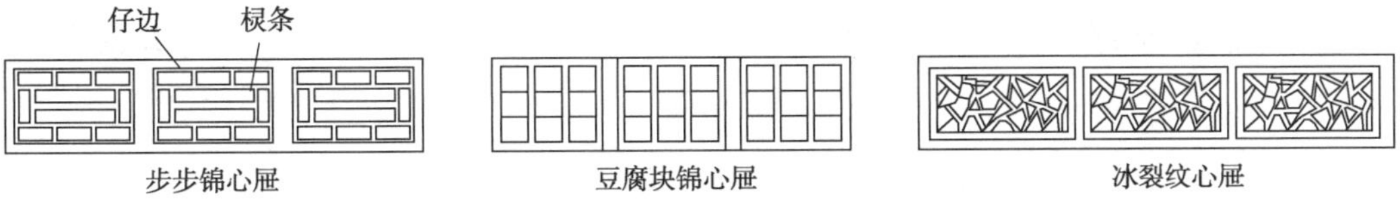

图 1.55 横披

在“槛框”以前，这个窗框的设计是非常重要的，在汉朝的明器和肖像中，我们可以发现很多不同的窗框。在明、清以前，大部分墙体都是以框架形式组成，窗框自然要与其搭配；另外，当时所用的窗户大多是直的，窗户的样式都很简单，用框架来改变建筑的外观。明、清以后，露出框格的实壁已经不复存在，窗户的式样也越来越精致、华美、繁复，框格的改变不仅是多余的，而且要尽量把它遮住，不然的话立面看上去会显得很凌乱。

“隔扇”“槅扇”等通常指中央镶有镂空花纹的门窗，在宋朝称为“格子窗”。“隔扇”源于古代的“阖扇”。所谓“阖扇”，其实就是指门扇。一是中国传统的门窗同时具有窗户的作用；二是在建筑中还没有采用玻璃的情况下，只有在窗上镶上纱布或纸张才能起到遮阳和通风的作用。

古人所说的“窗”，其含义与今天的“窗”并非一模一样。根据《说文》的说法，古代的窗户是“壁为板，在星为柱，为象为象，为万物为从”潘鸿和吴承志在《窗牖考》中指出，可以在墙壁上打开和关闭的是牖，在屋顶上不能打开的是窗。今天我们所说的窗户，在古时候叫作“牖”。但古时候的门窗通常都很小巧，就像今天的窗户一样，大部分的通风和采光都是由“阖扇”承担。《淮南子》中记载“十窗之门，不如一家之亮”。从这一点就可以看出，在那个时代，照明的问题大部分都是“户”来处理的。到了后来，这栋房子的“门”不仅仅是一个出口，还有窗户的作用。

这种结构的形成首先是一种门框，宋朝的框架称为“捏”，清朝的戏院称为“边梃”，横的戏份是“抹头”。它分为三个部分：上半部分是透明的，上面是“窗棂”，俗称“格眼”“花心”；下半部分用硬质木料制成，宋代称作“障水板”，清代称为“裙板”；在花心与裙板间经常加上一条叫“腰华板”的皮带，清代称为“绦环板”。上、中、下三个部分都是用“抹头”分间的，如果扇子很高很长，就会在裙边和中间各放上一圈带子，绦环板越多，抹头越多，所以就有了“四抹”“五抹”和“六抹”这三种类型(如图 1.56所示)。

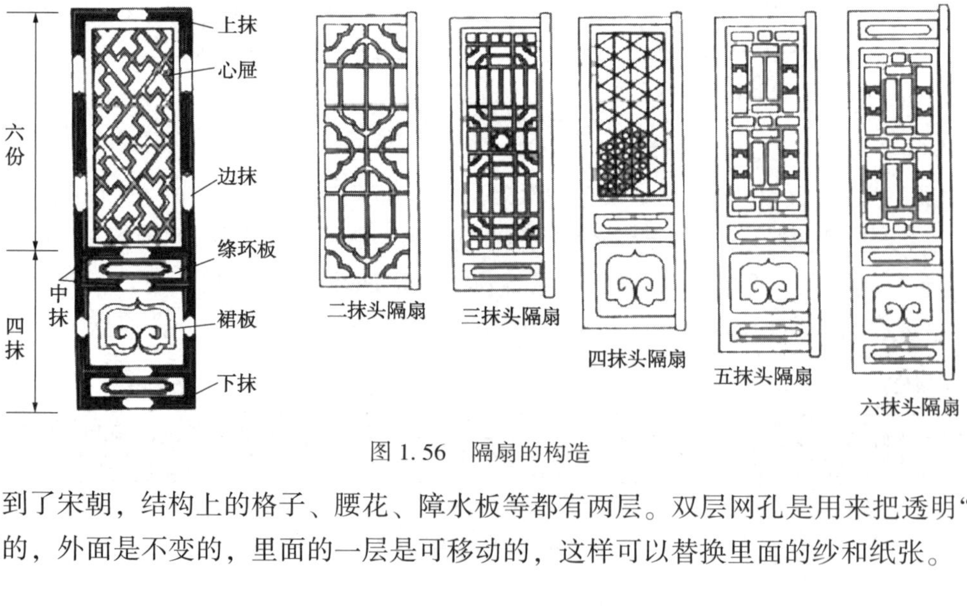

图 1.56　隔扇的构造

到了宋朝，结构上的格子、腰花、障水板等都有两层。双层网孔是用来把透明“纱”包住的，外面是不变的，里面的一层是可移动的，这样可以替换里面的纱和纸张。

每一扇的宽度和高度比大约在 1∶3 到 1∶4 之间，挡水片和网孔的高度之比为 1∶2，而裙片与网孔的比为 2∶3，这说明清朝已经缩小了网孔的大小。清朝的扇面与模数有联系，材料及部件的大小以圆柱直径为参考。总体而言，这与清初注重建筑形式有着密切关系。

由木条或竹条构成的花纹，被称作“棂”和“条棂”，清朝称为“棂子”，所以，整体的形状被命名为“窗棂”，格心也被称作“窗棂”。在现代化的建筑里，所有的窗棂都被玻璃所取代，在作用上，窗棂当然比不上玻璃，但就其表现形式而言，窗棂所带来的乐趣和吸引力是任何一种玻璃都无法比拟的。隔板的设计和艺术的影响，全部都集中在了格子上，格子不仅是建筑立面的“肌理”，更是由不断变换的图案构成。这些作品既强调了各种形式的精神，又表现了各自的艺术语言，表现了各自的特点。

《楚辞》中的“朱缀刻方连者”“以少雷而精”“网户”“灵琐”等都是早期对窗棂图案的描写。后来在文学方面，有“绮疏青琐”“网户翠钱”“青项银楼，是为闺阁”“窗台不开，钩错矩成”之类的句子，用来描述窗户和窗户的方格图形。在窗棂上常有宫式、葵式、整纹、乱纹四种图案类型(如图 1.57 所示)，各种复杂构造的纹理图案体现了古人的高超技艺。

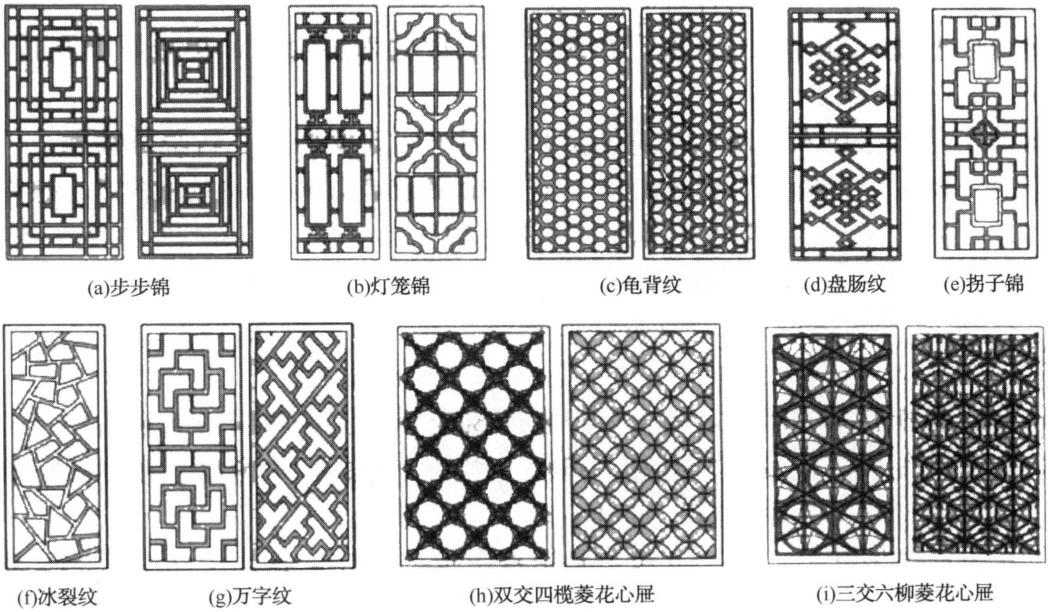

图 1.57　窗棂常用图案

“格心”“窗棂”的作用是非常大的，是一种有规律的、变化丰富的、有象征意义的图形。当代的建筑也经常追求这种效应。让我们来看看柯布西埃在印度建造的昌迪加尔的外观，其原理无非就是用方格构成图案，其设计宗旨与中国传统建筑中使用的窗框相同，但是，由于材料的原因导致了外形不同。诚然，前者是一种形式上的功能，而后者则难以说是出于遮阴的意图而有意地渲染“通花”效应，以突出情趣来实现“艺术”。格子的造型与样式是随时间变化的，体现了现代艺术的水准。门楣曾经有一段时期是由窗户组成的，后来又变成了一种装饰。在过去，室内的自然光大部分来源于房门而非窗户，而窗户则是为了达到通风的目的而设计的。在建筑物的结构中，由于光的照射，形成了一个非常强大的影子。随着工业化进程发展，采用钢、铝等新型材料的门窗逐渐成为市场的主流，今天的建筑很大程度上还是在追求采光、通风等目的，只是实现的方法在一代代改进，但始终延续着古代建筑的思想和文化。

1.2.4 古代建筑工业化的典型实例

每个时代都有其建筑的特征，本节将结合典型建筑案例，将古代建筑划分为五个时代，具象化剖析古代建筑的典型代表、特点和发展规律（如图 1.58 所示）。

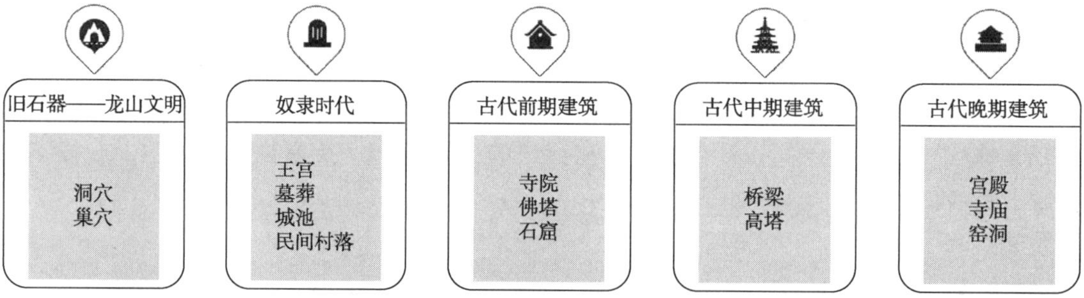

图 1.58　古代建筑工业化典型实例

1. 旧石器——龙山文明

旧石器——龙山文明时代，人们为了满足基本的驱寒避暑需求，建设了原始时代建筑。考古研究发现了洞穴、巢穴以及大量生活用品，证实了历史上建筑的起源。

① 巢穴和洞穴出现于距今约 1 万年前的旧石器时期，人类居住的场所开始逐渐形成。由于中国南北方气候和地理环境的差异，在南方地区，为了避免湿气和蛇鼠虫蚁的侵袭，人们在树上筑巢而居，我们称为“巢居”；在北方，为了抵御冬天的暴风雪，人们挖了一个洞，就是所谓的“穴居”。

② 黄河中部地区的仰韶文明：河南仰韶村出土了一座新石器中古村庄，出土了大量石器、骨器和陶器，在这些石器、骨器和陶器中，有一种陶器外表光洁、上有彩画，因此被称为“彩陶文化”。

③ 龙山文明出土于山东章丘龙山镇，出土的陶器以灰、黑色为主；当时农牧业同时发展起来，商品交易也随之展开，建立了一个父系社会。

2. 奴隶时代（夏、商、周、春秋）

奴隶时代已经具备基本的手工业，能够采用土、木等材料人工建设房屋。在各朝代历史遗迹中，发现了奴隶时代建筑的遗迹。

①王宫。在河南偃师二里头西亳王庙遗迹中，发现了一座西亳王宫，这是迄今为止发现的最早的全封闭院落和最大的木质结构夯土楼。

② 墓葬。商、周两国的墓葬，主要是用来放置棺材的，从四面八方都有斜坡，通往棺材，故名“羡道”。皇帝可以使用四种“羡道”，而诸侯的“羡道”只能使用南、北两种。

③ 森严的等级。在西周时代，只允许皇帝和诸侯建造城市，根据级别而定：贵族城市最大的不到王都的三分之一，中型城市不到王都五分之一，小型城市不到王都九分之一。城墙的高度、道路的宽度和各类主要的建筑都要按照级别来建造，不然就是"僭越"。

④ 民间村落。陕西岐山凤雏村发现的西周时期的建筑群是一处较为规规矩矩的四合院，具有鲜明的中轴线，有两个院落，是国内现存最早的四合院。

3. 古代前期建筑(战国、秦、汉、三国、晋、南北朝)

古代建筑时代是中国领先于世界的时代，按照朝代更迭和历史发展可以分为前、中、晚三期。前期历史久远，能够保留下来的建筑主要集中于墓葬、宗教建筑等。

① 墓葬。墓阙是位于墓道两边的墓门，起源于古代的社交场所入口两边的木质结构。到了西汉时期，为了祭祀，人们出于对上天的尊敬，也出于对死者身份和地位的考虑，就有了陵寝。汉代是陵寝发展的鼎盛阶段。在封建社会的全盛时期，隋、唐、宋时期，墓室只属于皇帝，到了元、明、清三代，墓室逐渐淡出了人们的视线。四川雅安的高义古墓是其标志性的建筑。

② 寺院。在洛阳，许多寺院都是以士绅的府邸为主体，也就是"舍宅为寺"。前殿变成了大寺院，后殿变成了学堂，佛教的中国化程度又提高了。

③ 佛塔。佛塔是用来放置佛像供佛教徒膜拜用的，传入中国之后，又与中国的多层木质建筑融合在一起，成为一种中式的木质建筑。其中最具代表性的是河南登封的嵩岳寺砖塔(如图1.59所示)和山西应县木塔。

图1.59　嵩岳寺砖塔

④ 石窟。石窟是在岩壁上挖成洞穴状的寺庙。有名的有甘肃敦煌莫高窟、河南洛阳龙门石窟、山西大同云冈石窟、甘肃天水麦积山石窟。

⑤ 辟魔。辟魔是中国古老神话中的一种降妖除魔的灵物，石像通常是成对地排列在墓穴的道路上。

⑥ 规划图。河北省平山县中山王陵中发现了一幅金银镶嵌的铜板兆域图，为中山王陵进行了整体的规划，是目前国内最古老的一幅地图。

4. 中国古代中期建筑(隋、唐、五代、宋、辽、金)

古代中期建筑已经具有明显的先进性，涌现出一批同时代世界之最建筑，包括高耸塔结构、大跨桥梁结构等，还流传下来了建造方法。

① 桥梁。赵州桥(安济桥)位于河北赵县，建于隋朝。这是一条跨37.47米的单孔石拱桥，在拱身两侧设有两个较小的拱门，既减轻了桥梁的重量，也有助于减轻水流对桥梁的冲刷，是目前全球首座敞肩桥(如图1.60所示)。

图 1.60　赵州桥

② 高塔。河南开封的开封铁塔，是国内现存最古老的一座琉璃塔楼；宋代福建泉州开元石塔，是两座典型的石头塔，均为 40 多米高的石头结构，为国内最大；辽代山西应县的木塔，是中国仅存的一座木质高塔。

③ 建造方法。《木经》是中国古代最早的木质建筑书籍，由五代喻皓撰写。《木经》的出现，不但推动了当时的技术水平的交流与提升，也极大地影响了以后的建造技术。一百年之后的《营造法式》就有许多地方都参考了《木经》。

5. 中国古代晚期建筑(元、明、清)

古代晚期建筑很多能够得以保留，具有代表性的建筑主要集中在寺庙、宫殿等建筑类型，建造技术得到明显提升。

① 寺庙。清代的康熙和乾隆时期，在承德的东、北两个斜坡上修建了十一个寺院，供蒙、藏等民族的王公大臣朝拜，也就是所谓的“外八庙”。

② 宫殿。明代，由于砖瓦工艺的进步，所有的建筑都是砖拱式结构，叫作“无梁殿”。南京灵谷寺的无梁宫就是例子。

③ 窑洞。山西、河南、陕西等地的黄土地带，掘土作洞，以砖作内衬，或在地上建穹庐，称为“窑洞”。

自旧石器——龙山文明时代到中国古代晚期(元、明、清)，中国建筑呈现出了明显的特点和发展规律。建筑的适用性和功能性得到了不断提升，能够满足不同阶层的生活和社会需求。早期的建筑以洞穴和巢穴为主，以满足人们基本的驱寒避暑需求。奴隶时代开始出现手工业，人们能够采用土、木等材料人工建造房屋，建筑业逐渐发展起来。古代前期建筑主要集中于寺院、佛塔等，虽然历史久远但仍能见证建筑史的发展。到了古代中期，中国建筑已经具有明显的先进性，涌现出了一批同时代世界之最的建筑，包括高耸塔结构、大跨桥梁结构等。在这一时期，建筑的功能性和适用性更加完善，能够满足各种生活和社会需求。古代晚期建筑主要集中在寺庙、宫殿等类型，建造技术得到明显提升。该时期的建筑大多数得以保留，具有代表性，其中的“外八庙”就是一个很好的例子。同时，建筑的功能性和适用性不断提高，能够满足人们更多的生活和社会需求。

在漫长的历史长河中，中国古代建筑经历了从原始简单到复杂精湛的演变过程，展现出独特的魅力和文化底蕴。无论是古代墓葬、宗教建筑、高耸塔结构，还是大跨桥梁结构、寺庙、宫殿等，中国古代建筑在发展过程中不断提高适用性和功能性，也在不断丰富着建筑工业化的形式来满足不同阶层的生活和社会需求。这正是中国古代建筑在世界建筑史上的独特之处，更是中国传统文化的重要组成部分，承载着人们的美好愿望和历史记忆。

1.3 近代建筑工业化

1.3.1 近代建筑形式与分类

中国近代建筑所指的时间范围是从1840年鸦片战争开始，到1949年中华人民共和国成立为止。

1. 起源阶段

工业革命后，西方文化试图入侵闭关锁国的清王朝，但始终遭到封建社会的阻挡。到了19世纪中叶，除了北京、广州以及个别地方出现了教堂等少数西式建筑外，其他地方基本上没有接触西方近代建筑文化。直至鸦片战争之后，中国各地相继涌现出了各类西洋风格的建筑群，并很快形成了中国风格。

中国近代建筑由新、旧两个体系构成。旧体系是对原有体系功能布局、技术体系和形式的继承，但在新体系的作用下，又发生了一些局部的改变。新体系既包含了从国外引入的，也包含了中国自己开发的新的功能、新的技术和新的样式，甚至一些被引入的西洋式的建筑，都或多或少地带有中国特色。从数目上来说，旧体系的建筑物依然占有很大的比重。中国大片的旧城区和农村地区，仍然是旧式的房屋系统。

2. 发展阶段

中国近代建筑大致可以分为四个阶段：

(1) 鸦片战争到甲午战争(1840—1895年)

这是西方近代建筑开始传入中国的阶段，主要有两方面的新建筑活动。一方面，中国的商业港口和城市的各个地区都出现了大量的新式建筑物，其中绝大部分为当时西方盛行的砖、木混搭的住宅，其外形以欧洲古典风格为主，也有少数为拱形，后一种是从西洋传入印度和东南亚的建筑风格，因其适合当地的酷暑气候，在此基础上增加了一道环状的拱形走廊。另一方面，则是由洋务派和资本家建造的住宅，这种类型住宅数量虽少，却使中国建筑打破了传统的封闭性。

(2) 甲午战争到“五四运动”(1895—1919年)

这是西式建筑影响扩大和新建筑体系初步形成的阶段。19世纪90年代后，中国出现了一些资本家为了采矿和修建铁路而相互竞争的现象。第一次世界大战期间是中国轻工业、商业和金融业快速发展的“黄金时代”。在此期间，中国陆续引入西方建筑，居民住宅、工业和公共建筑的基本形式基本齐全，建筑原料的生产也得到了一定程度的发展。采用更多的砌块、砌体和钢骨复合构造，采用了钢筋砼框架。中国的现代建筑业不断发展。

(3) “五四运动”到全面抗日战争爆发(1919—1937年)

这是中国近代建筑事业繁荣发展的阶段。20世纪20—30年代，在上海、天津、北京等主要城市以及部分省会城市出现了大量的行政建筑、文化建筑、居住建筑，尤其在上海，高楼甚至超过十层。很多复杂的项目建设都已进入了较高的发展阶段，有些建筑物的结构和技术装备都与当时世界先进的技术水平相当。1927 年，中国建筑师学会与上海市建筑学会相继成立，并先后发行《中国建筑》《建筑月刊》等专业期刊。1929 年，中国建筑学会创立，由梁思成和刘敦桢两位建筑师参与，他们根据中国的现实创造出具有中国特点的现代建筑，为中国建筑的发展打下了良好的基石。

(4) 全面抗日战争爆发到中华人民共和国建立(1937—1949 年)

这是中国近代建筑的停滞时期。“二战”结束后，许多国家积极进行战后建设，建筑活动十分活跃。我国现代建筑思潮兴起，为中国的现代建筑实践埋下了种子。

3. 建筑技术

近代中国的大城市最先使用了近代建筑技术，现就建筑的结构技术及施工技术作简要介绍。

(1) 结构技术

中国近现代建筑物的主要结构可以分为三类：砖木混合结构、砖石钢筋混凝土混合结构和钢筋混凝土结构。20 世纪初期，钢筋砼混建的建筑形式逐渐出现，哈尔滨的中东铁道公司大楼以及青岛的总督府都采用了这种形式。后来，钢筋混凝土代替了钢梁，砖、砼的复合构造就是现代多层楼房的常见形式。从 20 年代到 30 年代，钢骨结构的数量在逐渐增多。以上海国际饭店(如图 1.61所示)为例，它有 84 米，共有 24 个楼层，曾是远东中国第一高楼，也是当时中国最大的钢梁结构建筑。现代机械与新技术的引入与发展，使得国内的建筑师和工程人员对其进行了科学的研究，为国内的施工技术提供了新的思路。

图 1.61　上海国际饭店

(2) 施工技术

中国近现代建筑团队在近现代建设中，主要是以“大包”“中包”和“小包”为主，担负起了近现代建筑的艰巨工作。一整套钢结构、钢筋混凝土结构、大跨度的施工工艺、机械、预制构件及设备的装配技术，迅速为中国的施工团队所应用，并已进入了一个非常细致的阶段。近现代中国的建设者善于运用简单的技术装备和技术手段，解决各种技术问题，建造出了大量品质优良的建筑物。而拥有近现代建筑技术的建设团队则相对较少，而且都集中在大、中城市，新的建筑技术与乡村建设基本没有联系。

4. 建筑类型

中国近代建筑主要有下述五种类型。

(1) 居住建筑

近代中国的农村、城镇、中小城市和大城市的旧城区，仍然采取传统的住宅形式。新型住宅建设以大城镇为主，新的居住形式有：独栋、联栋、多层等。

单元房是当时西方高档住宅区的复制品，通常位于都市周边的位置。中国的高档房屋在 1911 年左右相继兴起，主要是采用了西洋风格的建造方式和技术装备，而在平面布置、装饰、园林绿化上，保留了中国的传统风格。

20世纪末，建筑数目不断增加，天津、上海、南京等地也出现了大量的园林小区、联户式及多房式住宅。其中里弄住宅、居住大院和高层住宅三种类型，大多是地产开发商出资，并将其整合起来，然后按家庭的比例进行租赁和销售。

（2）工业建筑

到20世纪30年代，中国已经有了各种近代工业建筑，大体上可分为三种类型：

① 木构架厂房。中国传统作坊一向采用木构架结构。中国近现代产业初期，很多工厂还采用了这一传统的建筑形式，但到了后来，老式的木质框架厂房在新的、中等规模的工厂里已经被废弃。

② 砖木混合结构厂房。以砖墙、砖柱承重，上立木屋架的砖木混合结构厂房，是19世纪下半叶大中型厂房最通用的形式，到了20世纪，中小型工厂也仍在继续沿用。

③ 钢结构和钢筋混凝土结构厂房。中国自20世纪初就有了钢结构的工厂，到1930年前后已经被广泛地用于工业建筑物。20世纪初期，纺织业单层建筑最先使用的是钢筋砼框架。在多层建筑中，最常见的还是钢筋砼，主要有三种类型：框架、无梁、混搭。1930年前后，很多工厂的生产车间和库房都发展成了多层建筑，其中五层楼以上的钢筋砼结构建筑比较普遍。

（3）公共建筑

近代各种类型的公共建筑在19世纪下半叶陆续在中国出现。到20世纪30年代，公共建筑类型已相当齐全了。主要包括以下几种类型。

① 行政建筑和会堂建筑。20世纪20年代以前兴建的行政大楼和礼拜殿，多为外籍人员的办公场所、“新政”组织、商会等。这种风格的建筑大部分是模仿欧洲、美式的王宫和古堡。自20世纪20年代末以来，中国政府先后在南京、上海、广州等地兴建了大量的写字楼和大厅，例如上海市政府大楼、广州中山纪念堂(如图1.62所示)等。

② 银行建筑和交通建筑。金融、交通建筑包括银行、邮电局、火车站等。银行为了展现资金雄厚，博取客户信任，纷纷兴建高大宏伟的建筑物，大部分都是古典风格。车站的外形主要是借鉴了外国的风格，其建筑水准与当时的外国铁路车站大致相同。

（4）文化教育建筑

近代文化教育建筑包括博物馆、图书馆、大学、医院、体育馆、公园以及各类纪念性建筑等。国内建筑师以及为数不多的国外建筑师都投身于此类建筑，进行艺术创作，成果璀璨，如南京中山陵(如图1.63所示)、北京图书馆、南京中心博物馆等。

图1.62　广州中山纪念堂

图1.63　南京中山陵

(5) 商业服务业建筑

这种类型的建筑物是中国近现代数量最多、分布最广泛、与大众联系最紧密的。

传统的商务服务大楼为拓展活动场地，增加客户数量，增加展示空间，同时增加商铺立面的广告效应，如百货公司、西装店、理发店、照相馆等，大多采取拓宽出口、开设玻璃窗、突出标志、仿效外国风格的方法。大的绸布庄、酒馆等，都进行了重新装修。比如谦祥益绸缎庄，这个建筑是由老房子改造而来，而那些大的市场也会打破原有的格局，在狭窄的街道上建起顶棚，在地面上设立摊位，将外面的街道改造为内部区域，形成一个巨大的购物中心。例如北京东安市场(如图 1.64 所示)，面积超过 20000 平方米，拥有 600 家商户，是近现代综合购物中心的典范。

图 1.64　北京东安市场

1.3.2　近代建筑的特点

中国近代建筑学的形式和面貌是十分复杂的，既具有中国特有的民族风情，还具有西式风格。因此，中和西、新与老、民族与现代之间的关系，呈现出一种错综交错的局面。

1. 近代外来形式的建筑风格

19 世纪下半叶到 20 世纪 30 年代，中国建筑从古典复兴到浪漫主义，再从新艺术运动到近代建筑，再到现代建筑。在上海、天津和汉口等一些被外国联合占据的城市中，建筑形式是多种多样的。最早传入中国的是西方人的“古典与殖民式”。19 世纪后半期修建的国外使领馆、洋行、银行、饭店、俱乐部以及 20 世纪初期由外籍建筑师为晚清改革而设立的内阁、大理院等均属于此类。20 世纪以后，在国外的建筑形态中，“折中”的方式逐步占据主导地位。一种是根据不同的建筑类型，使用不同的古典风格，比如古典的银行、文艺复兴式的商店和俱乐部、西班牙式的房屋；另一种是将古希腊建筑、罗马建筑、文艺复兴建筑、巴洛克建筑(如图 1.65 所示)、洛可可建筑等多种形式混合在一起，构成了单一建筑的形式。

20 世纪 80 年代以来，由于欧美国家的现代派风格的不断发展与扩散，中国新型的风格也在向现代风格转变。从具有芝加哥特色的上海沙逊大楼到模仿美国摩天大楼的上海国际饭店都能看到这样的影子，但是，在那个时代，能够真正地反映出现代建筑精髓的建筑实践却是凤毛麟角。

2. 近代民族形式的建筑风格

19 世纪后半期出现了近现代国家形态建筑物。起初，一些功能新颖的大楼开始涌现，比如江南制造公司的机械工厂，1865 年建成，这座建筑保留了现代的作用，保留了庙宇和衙门的传统形态，本质上是在用老式的建筑物来适应新的功能。后来又有许多中式的教堂和建筑物，比如圣约翰学院、中华圣公会教堂(如图 1.66 所示)，这些建筑都按照新的特点来进行平面的规划。

图 1.65　巴洛克建筑风格

图 1.66　中华圣公会教堂

现代国家形态建筑物建设从 20 世纪 20 年代开始，30 年代发展至顶峰。其产生的原因是：

① “五四运动”以后，全国人民的情绪空前高涨，“弘扬我们国家建筑的内在颜色”已成为中国建筑业和整个社会的共同要求。

② 由于传承中国文化的原因，中国政府在《首都计划》《上海市中心区域规划》等方面均规定了“中国的固有形态”。

③ 教堂体系在文化建设上，有意识地运用中国的建筑形态，表现出对中华文化的尊敬。

④ 中国的建筑师在设计理念上依然是以学术为主体，他们将西方特色融合了中国的风格。

通过这种方式，南京、上海、北京的行政建筑、礼堂建筑、文化教育建筑，甚至一些银行大楼、商业大厦，都出现了中国和国外的一些建筑大师所创作的各种风格。这既是中国近现代建筑现代化与民族性的一次富有意义的创造，也包括了外国建筑的引入和近现代建筑技术如何融入中国的实际，以及对如何继承、借鉴和发扬传统建筑文化予以指引。这种创造性的探究大致可以分为三类。第一类为古式(亦称为宫殿式、复古式)，这种类型的建筑物在整个结构和细节上都保留了传统的风格，有些是仿照古代建筑的陈规，比如南京中山陵仿照喇嘛庙、燕京大学正门(今天北大西门)仿照清朝府第。第二类是混合体(也称为古典式)，这种类型的建筑在平面布置和空间组织上侧重于实用，而在外部表现为“中西合璧”，仅保留了一些主要区域的传统风格。上海市图书馆就是一个例子，虽然为现代建筑形式，但是中央有一座有重檐的歇山式建筑。第三类是“现代式”，即“现代”。它是一种新功能、新技术、新造型的建筑物，但通过一些简单的传统元素和细节的装饰来达到国家风格。例如南京外交部大楼、中央医院等。这种追求新功能、新技术、新造型与民族性相结合的新的设计理念，是对当代艺术形式艺术创新的一个重大突破。

1.3.3 近代建筑工业化的特征

1840年鸦片战争爆发，西方人建造的“洋风建筑”在中国兴起，西方的建筑科学技术和新的建筑类型传入中国。

西洋建筑对中国传统建筑的影响是多方面的，最主要的是将传统的中国古典结构体系转变为西方现代建筑体系。西方现代主义建筑与传统风格建筑在许多方面存在着很大差异，最显著的是，它更多地应用于工业、农业、城市规划等领域。这是因为当时的中国处于一个内忧外患、风雨飘摇的时期，传统文化观念也随着社会结构与政治体制的变化而发生了深刻变革。工业化生产取代手工劳动，成为改变中国经济发展现状和提高人民生活水平所必须采取和依赖的手段之一，工业化生产也逐渐取代了过去传统农业生产方式。

在传统农耕文化和现代工业文明之间，工业化生产和工业化建筑之间不可避免地存在着一种相互依存、相辅相成的关系。

中国的工业化从一开始就是以引进、移植西方先进技术为主导的，其目的是“自强”。在经济发展的同时还要发展文化，工业技术要达到世界先进水平，这是一个非常复杂的过程，不可能一蹴而就。但是，这种进程却是一种必然趋势。

1895年至1937年“七七”事变前的四十几年时间，中国近代工业和科学技术迅速发展。尤其是中国的民族工业获得了空前发展。工业的发展为工业化建筑的建设提供了契机、物质基础和技术保障，带动了工业化建筑的发展。工业化建筑的数量大大增加，功能和形象都得以改进，分布范围继续扩大。这是中国工业化建筑发展最为兴盛和最为重要的时期。

这一时期是中国近代历史中建筑技术发展最快的时期。钢筋混凝土结构技术传入中国，并且被最先应用在工业化建筑中，而后在各类建筑中得到广泛应用。近代工业化建筑是由传统作坊的生产模式向专业化、规模化的施工模式转变，并在城市公共设施、工业化建筑中得到广泛应用。而在近代城市建设中，出现了一些现代技术和材料在近代工业化建筑中的应用，包括钢筋混凝土结构和钢结构。我国基本实现了建筑材料和部分现代建筑设备的国产化，建筑施工技术和装修工艺水平也得到了提高，同时管理方面也进一步得到重视。国外先进的建筑设计思想和技术传入中国，推进了中国建筑的发展，建筑施工方法不断成熟。工业化建筑形态得到前所未有的关注，其结构样式多种多样。注重功能性和注重形式表达的两种设计趋势并存。

从20世纪30年代中期至40年代末，中国一直处于战争之中，近代建筑发展陷于停滞状态。抗日战争期间，国民政府的统治中心转移到西南，一些沿海的工业也随之向内地迁移，四川、云南、湖南、广西、陕西和甘肃等内地省份的工业有所发展。因而，近代建筑活动也开始扩展到一些内地的偏僻小镇。但由于财政困难，除了少数供政府部门使用的建筑外，一般都是简陋的临时性的工程。

在中国共产党领导下的革命根据地，为革命集体生活服务的公共建筑如学校、俱乐部、健康站、托儿所等，都具有了新的功能意义，而且需求量很大。据统计，仅中央苏区在江西、福建、广东等近三千个乡中，就利用旧屋修建了300余所小学。礼堂在新公共建筑中具有特殊的作用，它成为具有供群众集会、演出、进餐、阅览等多方面用途的建筑，是根据地规模最大的建筑物。较著名的有延安中央大礼堂、延安陕甘宁边区政府大礼堂、吴忠马兰大礼堂、中央党校礼堂、河北阜平南庄八角沟参议会礼堂等，这些礼堂大都可容纳一千多人。

为纪念革命先烈，进行革命传统教育，革命纪念性建筑在根据地的建筑中也占有突出的地位。其中有规模较大的烈士陵园，也有小型的烈士纪念塔、纪念碑等。瑞金叶坪的纪念碑、纪念亭和纪念堡是第一个革命广场中的一组纪念建筑。陕甘宁边区的志丹陵、子长陵，苏区赣榆的抗日山陵园等，都有一定的规模。

革命根据地的新建筑，是在党的自力更生精神指导下，依靠群众建设的。这些建筑继承和发扬了民间建筑的优良传统，一般都能做到适用、经济，并照顾到一定的美观。用料都是因地制宜，就地取材，构造技术和施工方法简便明快，符合省工、省料、实用的原则。

1.3.4 近代建筑的工业化施工

近代中国的广大农村、中小城镇和少数民族地区，主要通过人力进行施工，但在大城市中已经出现了部分机械施工方式，采用了近代建筑技术。

1. 营造厂的建设

近代建筑业的发展，除结构技术与施工技术的发展外，同时也不可忽视工程队伍的建设。工程建设人员的素质对工业化建筑的品质有很大的影响。1840年以后，中国的建筑产业发生了变化。在建设机构中，出现了以资金运营为主导的营建公司，与水木作坊、农村个体工匠形成三足鼎立局面。与此同时，外国银行也有了混业经营的现象。建筑工程的某些重要环节，如建筑材料、土木工程、水电设备安装等，都是外资或买办在运作。而那些劳动繁重、环境恶劣、效益不高的建筑项目则由乡村作坊实施。

20世纪60年代以后，中国工匠通过工程合同的形式进入了建筑市场，并逐渐发展为中国的近现代建筑业。传统的建筑工人从建造技术到管理方法都有了质的改变。例如，1851—1908年，上海川沙的建筑工人杨斯盛创办了上海近代历史上首个中国建筑工厂杨瑞泰营造厂，类似现在的施工单位。工厂根据西方施工合同管理方法，设立了一个经理，聘请一群专职会计、工程监理和材料管理人员来承接工程。营造厂早期的业务是由公平洋行出资兴建的工厂建设项目，例如光华纱厂等。

营造厂的兴起，使建筑工程完成了从传统的手工作坊到科学管理的转变，向近现代化的建设发展迈进。采用先进的工艺技术，使工程建设的质量得到改善。

2. 施工技术的飞跃

甲午战争后，中国也逐渐意识到工程技术的重要性，建筑施工技术开始紧跟世界潮流，涌现出一批有专业技术教育背景的人才。施工技术的飞跃主要表现在两个方面：一是根据现实需求开发出许多新的施工方法；二是引入新型施工机械设备，提高了机械化程度。

(1) 新的施工方法

在基础工程方面，津、沪、穗等大工业城市因地质状况相对较差，加之工业大楼的建设越来越多，因此许多新地基类型相继问世。如木桩、钢筋混凝土地基、砂沉地基等。起初是以木桩为基材，例如中国银行仓库、中央铸币局、国库等都是以洋松木为基材，上海蜂花绒工厂采用的是纯红木地基。之后又有了钢筋砼地基，例如天津永利碱厂的主体结构，沙市包装工厂都是用钢筋砼来做地基的。

随着多年的使用，人们渐渐认识到木材在潮湿、炎热的土地里很容易发生腐蚀，所以20世纪20年代末，就有了现在的混凝土桩基。根据资料推断，有如下几种施工方式：一种是将一根钢管插入地面，将一根“钢柱帽”插入一根“钢柱帽”内，然后在一处浇筑水泥或在现场进行浇筑，然后将其拔出，只剩下一根带有盖板的水泥柱。还有一种叫“雷蒙式桩”的方法，就是把钢筋制成桩型，在桩身外面包上一圈金属外壳，把模具打进泥土里，把金属外壳拉出来，然后浇上水泥。比如上海杨树浦水电站，就是以现浇式的钢筋砼作为桩基的。另外，砂沉地基也是一种新的地基处理方式，比如液化土，当地基达到某一深度时，会向地基中注入大量的沙粒，而这些沙粒的密度要比其他地方高出一倍，从而使地基更容易沉降。随着新的施工技术的应用，工厂化建设的效率得以提升，建筑质量得到了明显的改善。

(2) 新型施工机械设备与仪器

甲午战争之后，从国外引进了许多新的施工技术和工程机械，并逐步实现了国产化，被大量应用于建筑工程，如水平仪、经纬仪、蒸气(电)打桩。此外，地基上的排涝问题大多采用蒸气(电能)式离心水泵，也就是俗称“帮浦”的新装置，已全部由国内生产。各类挖掘设备也被用于工厂、码头等项目。

随着建筑工程越来越多，混凝土搅拌设备或砂浆泵房已被广泛应用。第一台混凝土搅拌设备是从外国引进的。到1919年，第一台国产的搅拌设备已经被中国人开发出来，到了1920年开始普及。水泥搅拌车和砂浆车的问世使工程建设速度大为提高，同时也促进了当时的工业厂房建设。

3. 建筑施工队伍的壮大

19世纪末至20世纪30年代中国近代建筑施工队伍不断发展，作坊型的建筑工人逐渐被有一定规模的建筑企业所取代，其中多数建设工厂和施工企业都拥有较为严格的组织结构，其经营实力和技术实力日益增强。部分具有高科技含量的工程如水力发电、设备的安装工程也由中国人来完成。拥有较强的文化素质和技术素质的工程技术人员队伍逐渐壮大，建设工程的行业组织逐渐成形，并成立了自己的报刊、教学组织。19世纪末期，在许多经济发达的大城市里，建筑行业已经成为一个单独的行业。

在此期间，国内的大多数地区都设立了建造工厂或建造公司。例如天津的建设单位有50余个，其中有慧通成、鸿美、申泰、鑫泰、升大等。上海建筑公司和水木厂最多的时候超过了3000个。1900年之后，哈尔滨的建筑工人开始建造“大柜”，承包房屋建筑、铺设铁路、运输建筑材料等项目。1917年，傅巨川联合于喜亭、胡润泽等著名房地产商合伙成立了东北地区首个民营国有建设公司——阜城地产集团。

大部分的建设工厂或者建造公司都是中国的资本家创立的。当时大部分现代的建筑都是这些公司修建的。例如，上海魏清记建筑公司修建的无锡毛新面粉工厂；上海面粉市场是由大昌建设公司修建的；武汉隆茂包装有限公司是明昌玉石建筑有限公司建造的；武汉和记鸡蛋加工厂是长泰复兴公司与汉康盛建筑公司共同建设的；武汉合力冰工厂是陈茂盛建筑公司建造的；上海榆林路美电气酒店是昌升建设集团的施工单位建造的；开滦矿业公司的办公大楼是唐山当地建筑公司建设的；王信伯在上海的沙城纱厂是新金记建筑公司建设的；华西兴业集团建设了重庆供水有限公司；杨树浦电厂厂房由邵大保施工；上海沪南港货场的建筑工程是由董瑞和建筑公司修筑地基，震昌木行提供材料，琅记公司负责安装供水、电力等设施，并派专人监督完成的。

另外，也有一些建筑由外商承包的建造工厂和建造公司建造，他们建造的房屋并不多，在当时中国的建设工程中，中国的建设工厂和建设公司占据了主导地位。在这些建设团队当中，上海现代建设团队发展得最为迅速和完善，是中国当时最优秀的建设团队。1919 年上海注册建造工厂 60 余个，其中外资 20 余个、华商 30 余个。1921 年，在上海的公用事业单位已有三百余个。上海的建筑行业在 20 世纪 20-30 年代达到了顶峰，建筑工厂有 2000 多个。大小建筑公司、水木厂，最多的一年有 3000 多个，员工超过 10 万，各种类型的工作岗位 20 多个。在此期间，建筑工厂主要由中国企业组成，其内部结构较为完善。建筑企业也有比较稳定的劳动力，少量发展为股份制公司，吸收银行界、实业界、房地产界等的资本。上海地区当时已经拥有一支由工程建设和工程技术人才组成的专业团队。

上海拥有大量的教学资源，对加强建筑工程技术人员的专业素质具有重要意义。例如圣约翰大学、沪江大学、大夏大学、同济大学、震旦大学、中华工业学校、中法大学等。此外，建筑行业还自己出资开办了几所建筑工程的技术培训学院。通过上述的教学手段，许多建设工厂的经理和技术工人都具有了建筑工程的技术和管理水平。

1.3.5 近代建筑工业化的典型案例

工业化建筑是人们为了进行生产而建造的一种特殊的空间形态，它对推进都市化具有重大意义。随着人们的生活和生产模式的变化，工业化建筑在形制、风格和技术上都在发生着变化。英国是工业革命的发源地，它的工业化建筑最早是从纺织厂开始的，它的建筑风格是从当地建筑的风格中衍生出来的，空间上也是为了适应机器设备而设计的。从那以后，工业化建筑就成了建筑的主流，这种潮流对现代建筑的发展也有很大的冲击。相对于欧美，我们的工业化发展较为滞后，19 世纪中叶的“洋务”运动开始了对欧美工业革命的借鉴，从而使中国出现了工业化的建筑群。此处将以两个具有近现代工业影响力的城市为实例进行详细阐述。

1. 北京近代工业化建筑

北京作为中国近代以来北方最大的城市，它在清末首先受到了西方工业革命的影响，较早迈出工业化的步伐。北京历经清政府、北洋政府和国民政府的治理，逐渐从农业社会走向了工业化社会。现代工业化进程对北京城市格局的演变、建筑风格等都有着重大的冲击，从而使其具有独特的历史文化价值，成为具有北京地区特征的工业化建筑风格。工业的兴起，不但对城市的发展模式产生了巨大的冲击，也对城市的风貌和建筑风格产生了巨大的冲击。相对于其他开放的港口，北京早期的工业化建筑在形式和风格上有着自己的特点：继承传统民居的建筑形式，采用地域风格的装饰，并对新型建筑形式大胆运用。

北京是中国近代史上最早的首都，它是中国近代史上影响力最大的一座城市。北京是清朝的政治和力量的中枢，它在“近代化”问题上始终保持着审慎和保守的姿态，1895年签订的《马关条约》企图把北京变成一个开放的港口，但被清朝政府否决了，所以北京的现代化进程比沿海港口城市的发展要稍迟一些。

北京水务局原为京华水务局，始建于1908年，1910年竣工并投入使用，以“官督商办”的方式运作，曾是晚清、民国期间北京唯一一家水厂。水务局办公楼源于北京一座二进四合院，建筑面积2700平方米，现有建筑30户。其外立面以四合院住宅为主，以砖雕、彩绘等为饰，部分以西方巴洛克风格为主，融合了西方的建筑风貌。

又比如1909年建成的清河溥利呢革公司，是当时国内规模最大的一家毛纺企业。1912年孙中山访问工厂时，曾经在这里作过讲话，说这是向西方先进企业学习的榜样。公司大楼总体上是西式的二层结构，但在大楼外侧设有圆柱状的走廊、柱顶和飞檐，以简化后的中国式雀替为装饰，构成了中西结合的建筑形式。2014年，公司大楼被列入海淀区第4个重点文物保护项目。

图1.67　京华印书局

1884年，满清政府开办撷华书社，该书社主要负责印刷诏书，后来撷华书社被上海商务印书馆收购，改名为京华印书局（如图1.67所示）。这幢四层楼建筑是北京首栋以钢筋砼框架为主的多层楼，其平面为三角形，中部较高，左右为扁舟，有北京仅存的一台木质轨道升降梯，目前为新华书店、咖啡厅、画廊等。

近代建筑是现代工业的实物证明，也是现代工业文明的载体。近几年，北京地区的各种“身份”工程项目不断增加，有国家和北京市文物保护单位、北京市近代史优秀文物名录、北京市工业遗产名录上的“工业遗产”，其中有17个建筑是近代工业遗产。

就工业类型而言，北京近代工业遗产涵盖铁路、煤炭、钢铁等重工业，以及酿酒、印刷等轻工业，显示了北京在现代工业上已具备相当的工业力量；而就其文化内涵而言，北京近代工业遗产在四个层面上呈现了鲜明的特征。

（1）政治和经济的价值

北京的产业传统中，最具特色的就是其政治和经济。北京工业发展的轨迹折射出中国近现代工业发展的历程，尤其是北京在西方工业革命的影响下，所作的一系列自我建设。从京西煤田的中外合营，到石景山钢铁公司的成立，从紫禁城引进了火车，再到中国首条自主建设的京张铁路，现代的重工业发展，为北京的早期工业化发展奠定了基础。

（2）民族资产阶级的产生与发展的社会历史性

现代工业的遗产记载了北京从封建社会到共和国的历史性的工业发展历程，从封建统治阶级到北洋军阀的战争，再到日本帝国主义的入侵，伴随这些变迁，我国民族资产阶级也经历了诞生、发展和灭亡。尽管在中国的近现代历史上，民族资产阶级的出现时间并不长，但是它对促进我国由农业型经济向工业型社会转变具有十分重大的意义。

（3）近代工业建筑的艺术性与审美意义

近代工业遗产是近现代工业的重要组成部分。从都市的观点来看，为了适应工业化的需要，建筑逐渐在都市中大量涌现，并逐渐形成了一个具有工业特色的工业区，并且至今仍有其独特的效果。从建筑设计观点来看，不论是采用了新的建材如预制水泥，还是融合中西风格的新工业风格的涌现，都标志着中国的近代工业大厦的落地生根、成长。

（4）存量更新和文化遗产的经济和文化价值

在很多时候，传统的"福尔马林"式的工业建筑遗产的保存，应该从传统的历史文化的角度来寻求改造，"以用代保"在我国的工业化建筑遗产的保护中起到了很大的作用。由于具有高度的历史意义和特殊的历史回忆，现代工业建筑在转变为博物馆、纪念馆、遗产公园或创新公园等方面具有显著的优越性。近代工业化遗产是挖掘中国工业化遗产核心价值的实物载体。这些实物不仅仅是物质文化遗产，更重要的是它们反映了人类历史的进程和精神内涵。北京的近代工业化发展与国家命运紧密相连，反映了统治阶级对工业化发展的态度和目标。这一时期，工业化门类逐渐建立并健全，覆盖多个领域，包括官办企业、民族资本企业和外国企业。北京的近代工业化建筑遗产反映了经济建设与城市发展的关系，是中西文化融合的体现。

北京的近代工业化遗产是中华民族近代史上的重要组成部分，是中国现代化进程的重要见证。这些工业化建筑和设施代表了当时的工业发展水平和技术水平，具有非常高的历史和文化价值。近代工业化发展历史值得铭记，为北京工业化发展奠定了广泛而坚实的基础。通过研究北京工业化建筑遗产的核心价值，可以建立更加全面而微观的工业化建筑遗产保护体系。对这些工业化遗产的保护，不仅仅是保护物质文化遗产，更是保护人类文明进步的历史过程和文化精神的传承。同时，北京近代工业化遗产对于了解中国工业化发展历史、中西文化融合以及建立更加全面的工业化建筑遗产保护体系都具有重要意义。因此，加强对这些遗产的保护和研究，对于推动中国的文化遗产保护和传承具有重要的意义。

2. 上海近代工业化建筑

上海是中国近现代工业化最早、工业发展最集中、工厂最多、外资最多的地方。上海的近现代工业化是从1840年鸦片战争开始的，一百多年的发展历程中，大量的工业遗产不仅记载了上海的建筑业发展历程，更体现着中国近现代工业化萌芽、崛起的历程。上海近现代工业发展包括军事、交通、电力、水利、纺织业、造纸工业等。

上海也是中国的民族产业发祥地。在国家资本工业化方面，1925年全国共有117个工厂，1927年是243个，1931年是1087个。国外资本在上海的发展速度很快，它们借助资金和技术的力量，使上海的外资企业在1895—1913年之间达到了43个，占据了全国的 45%。20 世纪 40 年代，上海已经是中国最大的工业基地。上海杨浦区现有 30 余处近现代工业遗址，1 处为上海市重点文物古迹，4 处为杨浦区重点文物古迹。杨浦滨江地区全长 15. 5 千米，曾经是工业生产的集中地区，涵盖了军工、纺织、电力、水利等工业领域，现有的厂房占地超过 100 万平米。杨浦滨江被誉为“中国现代工业文化走廊”，并被联合国教科文组织的有关人士誉为“全球最大的滨江工业区”。

杨浦是现代上海工业化的发源地，也是中国工业发展道路的见证者。杨浦工业总产值在 20 世纪 70—80 年代达到了上海总产值的 1/4。

“八厂一桥”包括上海杨树浦自来水厂、上海杨树浦电厂、上海造船厂、上海烟草厂、上海杨树浦燃气厂等。“八厂一桥”是杨浦区工业发展的一段难忘的回忆，对上海乃至中国现代工业的发展都起着举足轻重的作用。文物学者认为：“杨浦地区的发展历程是上海现代工业发展的一个缩影，既没有外滩的高楼，也没有法租界的洋房，但确实是上海这个工业中心的一个缩影，是上海最具代表性的城市回忆。”

上海是中国近现代工业化的重要基地，现存大量的工业旧楼。自 19 世纪以来的这些工业遗迹，代表着中国近现代工业文明的发展，有着深厚的历史和人文背景。上海工业发展与其他沿河型工业城镇类似，按照“以河兴市，以港口兴城”的方针，工业化建设的区域以黄浦江和苏州河为连贯，在两江交汇点聚集了大量的工业遗迹，形成了以现代工业为主的城市建筑和历史景观。

上海的工业发展吸取了大量国外的先进制造技术，结合了国内和国际的生产水平、产业材料和工艺技术。上海的近现代化工业时期的各种建筑形式中西合璧，包含新古典主义、巴洛克、哥特、包豪斯、上海的乡土风格等，结构形式多种多样，包括砖木结构、钢结构、钢筋混凝土结构等。据上海市文物局在 2007 年度第三次全国文化普查中发现，上海共有 290 多个工业遗迹，其历史时期、产业类型、结构形式和行业类型与公司类型不尽相同。

图 1. 68　上海杨树浦自来水厂

在这些建筑物中，最具代表意义的是上海杨树浦自来水厂（如图 1. 68 所示）。上海杨树浦自来水厂坐落在杨浦区杨树浦大道 830 号，是杨浦滨江地区最引人注目的景观。

杨树浦自来水厂从 20 世纪开始进行了大规模的扩容。1911 年，该厂扩建到 140500 平方米；1930 年，该厂扩建到 257000 平方米，成为远东最大的自来水工厂。上海政府于 1945 年抗日战争后接管了自来水厂；1952 年，杨树浦自来水厂更名为上海市供水公司。杨树浦自来水厂在一百多年的扩容工程中，供水量得到了极大的提高。

杨树浦自来水厂经过一百多年的发展，一直保持着独特的建筑形式，该厂的建筑形式结合了英国古典建筑和中国建筑的特点，整个厂房外观为古色古香的哥特风格，厂房和行政楼的高度都是一致的。女儿墙部分是之字形的，这让整个建筑物的外形显得非常独特。只有欧洲的古堡才会采用这样的城墙，城墙上的凸起可以让城墙上的战士在战斗中避免被敌军袭击。这些建筑形式原来具有很强的实用价值，却成为杨树浦自来水厂丰富建筑细节、强化建筑特色的一个重要元素，在国内是十分罕见的。墙壁上的装饰也有很多的细节。每面墙的顶端都是一个双层斜面的房顶，并且还有一个突出的飞檐。这一点与中国传统的斜屋顶相吻合，丰富了建筑的细节，是一种中西方融合的巧妙表现。除了这个，每个窗户都是圆锥形的，外墙的每个角落都是石头建造的，这种精细的设计给人一种高耸的感觉，就像是一座哥特式的大教堂和古堡。尽管大部分的主楼都是两三层楼的高度，但是通过女儿墙、外墙转角、窗户等巧妙的布局，使得整个建筑看起来并不会太显矮。

此基础上，建筑物的砖间距和屋檐的轮廓都是英国古典式的，特别是窗户外面的红砖与大楼主体的黑砖构成了强烈的反差，使得建筑物在使用同一材料的情况下更加突出了其外观的表达。同时，由于窗格和红砖的拼贴方法都是错开的，这种错落导致了外墙上的红色和黑色的砖块相互交织。在屋檐的划分上，该建筑整个屋脊都采用红色，与外立面形成鲜明的对比，与窗户外面的红砖颜色相对应，达到了立面颜色的协调。在这一理论的指导下，采用了横向的横梁来突出建筑物的动力。横向的倾向性与垂直的哥特风格形成了鲜明的反差，创造出一种微妙的紧张，它与建筑物的平面布置相一致，同时提升了建筑物的体量。

该建筑将英国的设计元素和中国本地的建筑细节相结合。除上述小斜顶的详细规划之外，该自来水厂主要建筑物的外墙还采用了红色的砖石装饰，在平面布置中利用庭院的空间来安排各种功能的建筑。此外，在主要的楼顶上，设计师还把突起的房顶设计为双层斜顶。这一切都充分地体现了中国的建筑风格。

杨树浦自来水厂的建筑尽管经历政府换届、年代变迁，但始终保留了英国传统建筑的历史风貌。更难得的是，为了保持水厂的历史风貌，水厂的百余年扩充工程除了保留原有的风貌外，还增加了一些新的维修区域，使新老建筑之间的区别更加清晰。杨树浦自来水厂是上海最早的一批优秀历史建筑和上海市不可移动文物，2013 年被列入第七批国家级重点文物，2018 年被列入国家首批工业遗产保护名单。

杨树浦自来水厂 140 多年的发展历程为我们留下了宝贵的文化遗产，以及别具一格的建筑风格。目前，经过保护、修缮、维修、再利用等多种形式的改造，既传承了悠久的文化，又肩负起了崭新的历史任务。

1.4 现代建筑工业化

1.4.1 现代建筑工业化发展历程

从世界范围来看，现代建筑工业化的发展历程可以追溯到 20 世纪初期，直到“二战”后，随着新的技术和经济条件的出现，工业化建筑才真正成为建筑行业的主流趋势。

而我国现代建筑工业化的发展可以追溯到1949年中华人民共和国成立初期。当时，中国政府开始推行“大型工业与大型建筑相结合”的政策，鼓励建筑业与工业生产相结合。这一政策推动了建筑工业化的快速发展，预制构件、钢结构和混凝土梁柱等构件开始被广泛使用，从而拉开了我国建筑工业化发展的大幕。

建筑活动是了解一个时期建筑特征的关键，包括建筑工程过程中进行的各种活动，如设计、施工、监理、验收等。影响建筑活动的因素有很多，如建造的物质手段、建筑科学的发展、社会构成因素和自然条件等都会直接或者间接地影响到建筑活动。建筑活动的目的是通过各种手段，按照设计方案和技术规范，将建筑工程从规划、设计、施工、竣工到验收等各个阶段有序地推进，最终完成一个安全、美观、实用的建筑物。综合考虑以上建筑活动的特征，可将中国现代建筑按时间划分为五个时期(如图1.69所示)：国民经济恢复时期(1949—1952年)、第一个五年计划时期(1953—1957年)、“大跃进”和国民经济困难及调整时期(1958—1964年)、“设计革命运动”和“文化大革命”时期(1965—1976年)、建设社会主义现代化国家的新时期(1977年至今)。

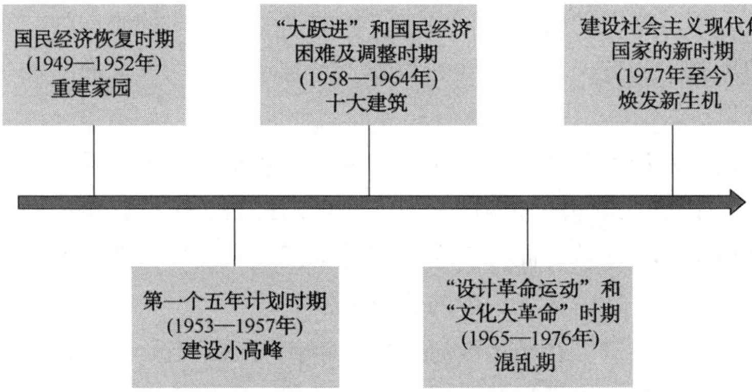

图1.69　中国现代建筑发展历程

1. 国民经济恢复时期(1949—1952年)

中华人民共和国成立后，百废待兴。到1952年末，工业产品产量已经达到了历史新高，相应的建筑材料产量得到有效提升，水泥年产量约为267万吨，钢材年产量约为158万吨，比1949年增长了30多倍，为建筑活动的开展提供了有效的建筑材料基础。

在中华人民共和国成立初期，受国内外严峻形势的影响和限制，此时建筑活动的总体特征是：规模较小、进度较快、结构简单、装修较少，以防止不法营造承包商人在工程建设中进行破坏。在此情形下，1952年7月第一次全国建筑工程会议提出了我国基建工作的方针：国防优先，工业优先，普通建设次之，一般维修次之；在此基础上，提出了建筑设计的总体原则：讲究适用、坚固安全、经济，适当照顾美观。

在此期间，我国从事建筑设计的人员虽然不足200人，但在当时政策和主管领导的支持下，他们在设计中延续了过去各自的创作倾向和流派，各抒己见，所设计的建筑以功能性为主，建筑意象既有现代化的特色，又有多元化发展的倾向，经济效益良好。这一时期存在的代表性建筑活动为：

(1) 改善居住条件，重建城市

在20世纪50年代初期，中国的建筑工业化水平还比较落后，人民群众面临着严重的住房短缺问题。据统计，当时中国的人均住房面积仅有不到4平方米，远远不能满足人民的基本住房需求。为了解决住房问题，中国政府采取了一系列措施，其中最重要的是推进大规模住宅建设。这些住宅通常都是低、矮、面积小的单元式住宅，设计简单，类型单一，布局紧凑，施工快速，以满足人民的基本住房需求为主要目标。

此外在上海、北京等地也修建了少量的工人新村，例如上海的曹杨新村。社区的规划与住宅的设计都很经济实用，它是我国社会体制变迁后首次出现的一种新的居住区，鞍山工人住宅区(如图1.70所示)、沈阳铁西职工居住区等都是此类建筑物的典型代表。通过对部分地区的道路和排水系统的改造，使城区的面貌得以改善，居住条件得到了明显的提高。

图1.70　鞍山工人住宅区

(2) 政府行政办公场所建设

在这期间建设的行政办公场所主要为钢筋混凝土框架结构。其特点主要是大开间、大进深、平屋顶，采用了填缝式墙体，部分开式窗户，少量装饰部件，可见设计师对现代建筑设计的理解。典型的代表性建筑为武汉洪山礼堂(如图1.71所示)、济南的八一礼堂等。

武汉洪山礼堂采用方形立柱支撑，形成了建筑的主要外立面，室内装饰适度；室外台阶、花坛与建筑物经过整体处理构成了极具现代感的建筑意象。

(3) 建设文化教育、生活福利设施及大型公用建筑

文化教育、生活福利设施及大型公用建筑也是这一时期兴建的建筑类型。这类建筑物比较注重功能性，外形简单，创意十足。主要典型代表包括上海同济大学文远楼、武汉医学院附属医院、广州第一人民医院、北京儿童医院、重庆工人文化宫剧场、北京和平宾馆等。

上海同济大学文远楼(如图1.72所示)是典型的三层不对称的错层式、钢筋混凝土框架结构建筑，主要建筑师是黄毓麟、哈雄文，主要结构工程师是俞载道。文远楼作为教学楼，平面布局流畅，立面布局简洁有力，采用了阶梯式的教室与普通教室相结合的方式进行排列，立面采用了台阶式的采光设计，称得上"现代主义建筑在中国的第一栋"。由于其形象简洁典雅，文远楼于1993年被中国建筑学会评为"优秀建筑创作奖"，入选《世界建筑史》和《中国建筑史》。

北京儿童医院(如图1.73所示)由华揽洪主持设计，并于1954年落成。该建筑具有良好的功能性和简洁的外形，平顶的拐角微微隆起，扶手上的中国古典图案简洁而富有中国传统的韵味。如山壁开窗、烟囱水塔合一等，体现了建筑的发展理念，后来北京儿童医院还被载入英国著名的《弗莱彻建筑史》。

北京和平宾馆(如图1.74所示)是杨廷宝于1951年主持设计的北京第一座高层建

筑。该建筑采用了巧妙的艺术技巧，将保留的庭院中的树与非对称的布置相融合，并在大楼的一层设置了过街亭，以满足人们的出行需求。建筑具有简洁、大方、朴素、明朗的特点，将建国初期的客观需要与现实情况完美地结合起来，得到肯定和赞扬，赢得了国内外建筑界的好评。

图 1.71　武汉洪山礼堂

图 1.72　上海同济大学文远楼

图 1.73　北京儿童医院

图 1.74　北京和平宾馆

2. 第一个五年计划时期(1953—1957 年)

第一个五年计划时期的建设规模在中国历史上是空前的。建设工程的主要任务是集中主要力量进行一系列工业建设，主要为以苏联帮助我国设计的 156 个单位为主体，包含 694 个其他建设单位为辅的工业建设任务，建立我国社会主义工业化的初步基础。

“一五”计划期间，全国经济建设和文化教育建设的支出总数为 766.4 亿元，其中用于基本建设投资 427.4 亿元，占支出总数的 55.8%。五年来我国共修建了 26640 万平方米的房屋面积，其中住房面积为 9454 万平方米，办公、学校、医疗等建筑 4687 万平方米。为了满足大型的工业化生产需求，原工程公司下属的各设计单位全部转为了工业设计研究院。在此期间，我国已初步建立起了工业建筑的工程技术与管理体系。从建筑的角度看，我国的住宅已经实现了从工业化到现代化的转变，住宅的设计也开始注重功能性与经济性的关系，并对住宅的形态进行了新的探讨。

那时中国有大量的苏联技术人员。在建设上，开始了对苏联的借鉴。从对苏联经验学习的实践来看，中国在城市规划、一般建筑和工业建筑的设计、建造和管理上都有了长足的进步。

当人民群众怀着极大的热情对祖国进行大规模的建设的同时，中国的建筑师们也通过各种方式对具有不同民族和地域特色的建筑物进行了探索。大致可以分为以下四种。

（1）具有大房顶的民族风格的建筑物

该类房屋一般都是由砖、石、水泥和混凝土建造而成，顶部有一个巨大的顶棚。普通房屋由竖向三层（基座、墙身、屋顶）构成，而较大的房屋采用横向五层结构（中部为主要结构，两侧各有两个侧向和两个联结）。屋面采用钢质或木质构造，部分屋面采用水泥浇筑，并在墙面上涂上颜料。这种结构可以在一些特殊的情况下起到一些作用，比如北京友谊宾馆（如图 1.75 所示）。友谊宾馆的设计思路出自梁思成先生的建筑，该建筑以其突出中华民族传统的建造风格而闻名，这一风格体现在建筑群落呈对称的扇形分布、5 栋大楼的绿色琉璃屋顶、飞檐流脊、雕梁画栋等方面。值得一提的是，主楼中部屋顶采用重檐歇山大屋顶式的设计，并将传统手法中的吻兽改为和平鸽。友谊宾馆以其恢宏的规模和浓郁的民族特色被载入英国剑桥大学出版的《世界建筑史册》中，是中国建筑史上一座具有重要意义的建筑。

（2）具有少数民族风格的建筑物

受少数民族文化的影响，这些建筑物的建筑形象具有典型的民族特征，例如蒙古族的蒙古包、回族伊斯兰教的尖顶。其中的代表有中国伊斯兰教经学院、内蒙古伊克昭盟的成吉思汗陵（如图 1.76 所示）、新疆乌鲁木齐的人民剧场等。其中成吉思汗陵是一座圆顶建筑，建筑主体采用白色大理石材质，高 28 米，顶部覆盖黄色琉璃瓦，非常华丽。建筑采用传统的蒙古族圆顶建筑形式，立面有浮雕和彩画描绘成吉思汗的历史和战功。白色和金色是主色调，象征高贵和华丽。它是蒙古族文化和历史的重要代表之一。

图 1.75　北京友谊宾馆

图 1.76　成吉思汗陵

（3）发掘当地与民间传统融合的国家建筑物

这种类型的建筑物通过使用当地的材料以住宅的形式营造出一种朴实而又温馨的画面。上海鲁迅纪念馆（如图 1.77 所示）及鲁迅陵园由谢旦如主持设计，1950 年开始建设，1951 年正式开放，以白墙、灰瓦、马头山墙等为代表，体现了鲁迅朴素的性格。周恩来总理还专门为此建筑题写了馆名。

（4）融合新职能新功能等对民族建筑形态的探讨

这种类型的建筑，基于现代的建筑构造与功能，合理地运用了构件的形态和装饰品，在当时的社会生活中占据了很大的比例。北京天文馆（如图 1.78 所示）于 1957 年正式对外开放，占地面积 20000 平方米，建筑面积 26000 平方米，建成时为亚洲第一座大型天文馆。其中央是一个圆形的天象厅，简洁而又充满了个性。目前是北京市重点文物保护单位。还新增了 4D 剧场和 3D 剧场，成为天文科普活动的主要举办场所。除此之外，北京首都剧场、北京电报大楼、北京友谊医院、南京曙光电影院、杭州饭店、兰州饭店、广州华侨大楼等都属于这一类型。

图 1.77　上海鲁迅纪念馆

图 1.78　北京天文馆

3.“大跃进”和国民经济困难及调整时期（1958—1964 年）

这时期的主要建筑活动如下。

（1）“大跃进”时期

1958 年，“大跃进”在中国兴起。建筑业的“大跃进”是以“技术革新”为主要内容，以“快速设计”和“快速施工”为中心。在此期间，对薄壳结构和悬索结构进行了初步的探索，取得了一些成绩，部分设计单位在设计手段上进行了创新，例如对活版设计、图表设计等的创新。

“大跃进”时期，由于指标高、指挥混乱、浮夸风等因素，造成了工程建设中存在不科学的思想，工程建设工作粗糙，工程质量普遍降低。然而，在众多建设者的努力下，诸如国庆工程等建设项目依然取得了令世界瞩目的成果。

为了庆祝中华人民共和国成立十周年，北京国庆工程修建积极，到了 1959 年 10 月，所有的建设都已完工，成为“十大建筑”，即人民大会堂、中国革命和中国历史博物馆、中国人民革命军事博物馆、全国农业展览馆、北京火车站、北京工人体育场、民族文化宫、民族饭店、钓鱼台国宾馆和华侨大厦（已完工的“十大建筑”，与原来的规划相比，稍有变化）。

人民大会堂（如图 1.79 所示）于 1959 年竣工，占地 171800 平方米，东立面 336 米，大厅宽 76 米，深 60 米，3 层坐席，可容纳 10000 名代表。会堂内有音响、灯光、电力、空调等现代化设备。会堂对结构、安全、电信、机电设备、花园、道路、市政管线等的品质要求之高是前所未有的。

民族文化宫（如图 1.80 所示）由科研、礼堂、文娱馆、招待所四个区域构成，中心塔有 13 层，60 多米高，顶部采用青砖双层四角攒尖顶，整体颜色鲜明，风格雄伟。

图 1.79 人民大会堂

图 1.80 民族文化宫

北京火车站(如图 1.81 所示)于 1959 年 9 月正式建成，成为当时全国最大的铁路客运站。中央大厅及高架式站台均为钢筋砼平面箱体，主楼为 35 米×35 米的双层平板箱体。对称布置的两个高度为 43.37 米的塔楼在建筑风格与国家风格的融合上做出了一次很好的尝试。毛泽东主席亲笔题名“北京站”，目前仍是北京市主要客运站。

民族饭店(如图 1.82 所示)共 12 层，楼高 48.4 米，是一座采用中式宫殿式建筑风格的五星级酒店，建筑主体为三进式，屋顶以黄色琉璃瓦覆盖，立面以红色墙体为主，点缀有传统的雕刻和彩画，富有浓郁的中国古典建筑风格。建筑结构采用钢筋混凝土结构和砖木结构相结合的形式，屋顶结构以木质榫卯连接，力学性能优异。酒店拥有多种规格的客房、餐厅、娱乐场所等设施，宴会厅和会议室内部装饰精美，是举办各种大型活动和会议的理想场所，曾接待过多位国内外重要人物和外国元首。

图 1.81 北京火车站

图 1.82 民族饭店

同时，天安门广场的改造也已经完工。改造后的广场宽度为 500 米，长度为 1090 米，左右的建筑物高 30~40 米。中央是一座高 37.94 米的人民英雄纪念碑(如图 1.83 所示)，建筑于 1958 年建成，采用了中式宫殿式建筑风格，主体是花岗岩砌筑结构，碑顶是庑殿式，碑座采用钢筋混凝土结构。碑座上部为八块巨型浮雕，描绘了中国近代以来的重大历史事件。整座纪念碑庄严肃穆，气势雄伟，是中国人民纪念英雄烈士的重要场所。

北京国庆工程是这个时期建筑工程的高峰，是当时中国建筑的巅峰。

其他地方也在“大跃进”时期完成了部分优秀的作品。上海“闵行一条街”(如图 1.84 所示)于 1959 竣工，采用“先造街道，再造方巷”的理念，以街道为基础，周边建筑物高

图 1.83　人民英雄纪念碑

低错落，色彩鲜明。“闵行一条街”的建设反映了时代精神，反映了党对人民生活的关怀，被誉为新型工人住宅区成街成坊的典范。其在 1949 年至 1989 年上海十佳建筑评选中，被推荐为上海市 30 项精品建筑之一，2009 年更是获得了中国建筑学会建筑创作大奖。

（2）国民经济困难及调整时期

1960 年冬，我国决定实行“调整、巩固、充实、提高”八字方针，以调整经济。因为建筑工程大幅减少，所以建筑活动就比较少了。建筑工作者们在政策回顾、规章重建、住宅调研、新风格研讨等领域都进行了较多的研究，并在这段时间内相继进行了一些重大工程的建设。

《关于设计工作的条例》是中国政府为了改变“大跃进”引起的建筑行业的混乱局面而出台的条例。

在这段时期，有几个尚未完工的项目相继完工。北京工人体育馆（如图 1.85 所示）是为 1961 年 4 月在北京举办的第 26 届世乒赛而建造的，工程于 1961 年建成，体育馆能容纳 1.5 万名观众。顶棚为辐轮式悬索结构，跨度达到 94 米，共设固定坐席 12000 个，临时坐席 1000 个。2017 年工人体育馆入选第二批中国 20 世纪建筑遗产。除此之外，中国美术馆、中央党校办公楼、青岛 1 号俱乐部、上海虹桥机场等都是该阶段重点建设项目。

图 1.84　上海闵行一条街

图 1.85　北京工人体育馆

从 20 世纪 50 年代后期开始，在城镇住房紧张方面出现了一些问题。为此，各个建筑设计单位和学术团体进行了广泛的调研和探讨，并给出了相应的对策。1961 年 12 月召开的中国建筑界协会第 3 次会议，专门探讨了房屋问题，并举行了一次展览会。但是受当时的环境所迫，这个问题一直没有得到有效的解决。农村房屋和其他乡村建设也得到了广泛的关注，1963 年 10 月至 11 月举行了乡村建设工作讨论会。《农业生产性建筑设计参考资料》就是在这一时期编制的。

在建筑工程急剧减少的同时，对建筑的研究工作逐步变得非常积极起来。在探讨住房问题的同时，也探讨了中国社会经济、政治、文化和人民的生活方式，同时也探讨了建筑的艺术问题。

一部大规模的建筑设计工具书《建筑设计资料集》的第一卷、第二卷和第三卷分别于1964年、1966年和1978年相继出版，颇受建筑界人士的喜爱。

4.“设计革命运动”时期(1965—1976年)

1964年，国民经济调整工作已经基本结束，我国的经济进入了一个新的发展时期。这一年，在我国掀起了一场以“四清”为主要内容的“社会主义教育学”。“设计革命”于同年11月展开。

中国的建筑制度是在“第一个五年规划”时期仿照苏联的方式确立的。在10多年后的当时，迫切需要一种与中国实际情况相适应的设计体系与理念。

部分地区的建设工程，却能在特定的“小气候”环境下，取得一定的成果，体现出建设者在艰苦环境中的奉献和不懈努力。

5. 建设社会主义现代化国家的新时期(1977年至今)

在1978年12月中国共产党第十一届三中全会以后，我国进入了建设社会主义现代化国家的新时期。

从1976年10月到1978年12月，工程建设主要沿用了之前的设计理念与建造方式，兴建的主要建筑物有毛主席纪念堂等。

从1979年开始，建筑界的学者们逐渐摆脱了观念上的束缚，他们的设计思维变得更加积极，这主要体现在：①重新解读西方建筑学与西方现代的建筑实践；②发表中国著名建筑师的一系列学术论文；③广泛进行专业的建筑设计比赛及专业问题研讨；④鼓励营造良好的文化氛围，组织各类优秀的建筑作品的评选。这些活动得以让思维重新焕发生机，中国的建筑学科得到了极大的重视。

在不断改善的条件下，中国的建设事业呈现出新的、全方位的、欣欣向荣的景象，主要体现在以下几个方面。

（1）居民住宅

居民住宅的整体设计水准不断提升，主要体现在对道路、绿地、休闲空间等布局的处理上。在室内装修中，平面布局和设备条件也都得到了改进。居住形态呈现多元化发展的态势。

（2）高层建筑

从20世纪70年代开始，北京和上海等大城市就出现了高层建筑。自1979年以来，我国住房建筑数量急剧增加，大城镇土地供应日益紧缺，而高层建筑则成为解决土地紧张问题的一剂良药。1982年至1984年，北京和上海几百幢高楼相继建成。广东深圳的新建筑多是以综合型的高层建筑为主，下层是商业和服务业，上层则用于居住。

（3）酒店宾馆

自我国开放以来，来华访问、旅游、观光的人数不断增多，宾馆的建设热潮也随之兴起。很多饭店都是由外商或者中外合资经营，所以有部分建筑是由国外的建筑师来完成，有部分则是由中国和国外建筑师合作设计的，因此形成了一种中西文化交流、比较、融合的局面。

由国外建筑师设计的宾馆有北京香山饭店(如图 1.86 所示)。香山饭店是一座由贝聿铭主持设计的四星级酒店，它的设计融合了中国古典建筑艺术和园林艺术，以江南民居作为外部造型。设计者在保留中国传统营造手法的同时，还巧妙地融合了西方现代建筑原则，打造出一座既有东方韵味又具有现代感的建筑。香山饭店的设计提供了一种有意义的新思路，既保留了传统文化的精髓，又满足了现代人对于舒适和便利的需求，成为了一处独特的文化遗产，入选第一批中国 20 世纪建筑遗产。

由中国的设计师们建造的高级酒店也相继落成。广州白天鹅宾馆、上海龙柏大酒店、上海宾馆等都是此类酒店中的佼佼者。

广州白天鹅宾馆(如图 1.87 所示)建于改革开放之初，由霍英东先生与广东省人民政府共同投资兴建，由中国著名的建筑设计大师佘畯南和莫伯治共同设计，是中国第一个采用大型室内中庭设计的酒店，也是中国第一家中外合作的五星级宾馆。白天鹅宾馆引进了当时世界上最受欢迎的四季房，设计了“故乡水”的内部景观，将岭南的园林风格与当代建筑融为一体，洋溢着浓厚的中国文化气息，体现了改革开放时期我国既追求开放包容与国际接轨，又时刻保持独立自主的精神。

图 1.86　北京香山饭店

图 1.87　广州白天鹅宾馆

上海龙柏大酒店(如图 1.88 所示)在建筑设计方面进行了创新，主楼为欧洲孟莎式建筑，是一处优雅浪漫的园林式酒店，与周边的自然景观相结合，给人一种山林间的清新感受。

上海宾馆(如图 1.89 所示)楼高 12 层，于 1983 年开工建设，1985 年建成。其标志由三个“S”组成，坐落于深圳市华富路与深南中路交会处，创新式地采用了蓝色的立面与白色的罗马穹顶，其内部装饰体现了古典的典雅风格。上海宾馆是深圳发展史上一个重要的记忆存储器，凭着自身特有的优势成功荣膺深圳市十大历史建筑之首。

酒店和宾馆的设计也是新时代的一个重要的转折点。中国的建筑师们从实践中了解国外在设计、技术、设备、材料上所取得的成绩，通过比较和碰撞而获得灵感，与本国的情况相融合。

(4) 海外建造的项目

在此期间我国在海外所建设的工程多为高档公共建筑物、运动场馆等。由罗仁熊和王天锡设计的塞拉利昂警察局办公大楼在一开始就充分考虑了当地潮湿和炎热的环境，做到了建筑和环境的协调一致，因此得名“友谊大楼”(如图 1.90 所示)；喀麦隆文化宫与小山融为一体，通过不对称的建筑形式，体现了别具一格的艺术感。贝宁友谊体育场、毛里塔尼亚国家体育场、巴基斯坦伊斯兰堡体育馆等，都是该阶段的精品之作。

图 1.88　上海龙柏大酒店

图 1.89　上海宾馆

(5) 特别行政区建筑

深圳经济特别行政区于 1980 年前后开始建设，到 1985 年，全市投入 64 亿元，建筑面积从 10 多万平方米增至 927 万平方米，人口达到了 47 万，工商企业由 200 家发展为 7000 多家。比较有代表性的是深圳国贸大厦(如图 1.91 所示)，大厦高 159.5 米，地上 50 层，于 1982 年 10 月开工建设，1985 年 12 月竣工，以三天一层楼的速度创造了建筑史上的新纪录，成为享誉中外的“深圳速度”的象征。建筑顶层设有可容纳 380 人的回转式餐厅，顶部设有直径为 26 米的直升机停机坪，是一座由中国人自己设计、施工和实施物业管理的综合性超高层楼宇，素有“中华第一高楼”的美称。国贸大厦是深圳接待国内外游客的重要景点，党和国家领导人也先后多次光临。此外还有南海酒店、东湖宾馆、雅园宾馆等建筑。

图 1.90　塞拉利昂友谊大楼

图 1.91　深圳国贸大厦

1.4.2 现代建筑的特点

当代社会对建筑的需求日益多样化，建筑设计不再只是简单地追求美感，更需要满足实用性、经济性和环保节能等方面的要求。现代建筑作为一种新型的建筑形式，正是在这样的背景下应运而生。相比于传统建筑，现代建筑的特点如图 1.92 所示。

1. 适应时代需求

现代建筑必须适应工业化社会并紧跟时代潮流。因为这类建筑风格强调与时俱进，因此能够很好地契合时代的发展，所以建造出来的建筑物也更容易得到广泛的认可，并迎合人们的审美需求，更好地适应社会的发展。

国家体育场(鸟巢)就是这方面的代表性例子。鸟巢(如图 1.93 所示)的灵感源于中国传统编织技术，以钢材和先进材料为主体，构成了一个外观类似鸟巢的结构，其宏伟的设计和先进的技术令人惊叹。鸟巢是为 2008 年的北京奥运会建造的，它不仅在奥运会期间吸引了世界的目光，也成为中国现代建筑的代表之一。此外，“鸟巢”还成为北京奥运会的象征，为中国在国际上树立了重要的文化形象。

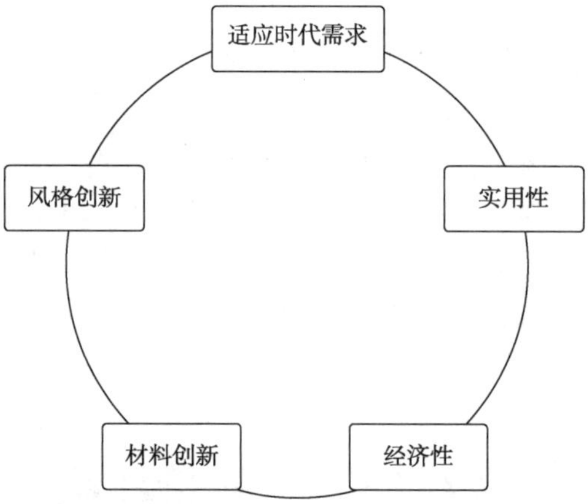

图 1.92 现代建筑的特点

图 1.93 鸟巢

2. 实用性

现代建筑的形态和样式始于 20 世纪初期，一方面源于现代技术与建筑材料的支撑，另一方面则是对过去传统古典建筑形式的主观批判。

① 现代建筑的内部空间宽敞，建筑面积利用率高，采光效果良好。加之现代工业和工厂快速发展，需要大量的办公楼、工厂、大型社交场所和适于火车通行的铁路线，促进了现代建筑空间的扩大。现代主义风格的建筑摒弃了传统古典风格华丽和昂贵的装潢与构造，注重其自身的用途和人民的需要，强化了建筑的人性化，并尽可能地在建筑的设计和建造中充分体现了这些要求。

② 随着经济和社会的发展，建筑在注重室内空间的需求的同时，建筑结构自身的高度也在不断增长。在这一过程中，市场的发展催生了新的建筑形态，追求大空间、大尺度也逐渐成为一种新的美学形态。另外，现代技术和科学技术的进步，推动了建筑的发

展演变和完善，使其更好地满足了人们在建筑高度上的需求。结构设计合理简洁，相较于以前建筑的结构形式，造价较低，建设时间较短，满足了当今社会快速发展的需要。这种实用性和经济性的建筑成为市场的宠儿。

③ 现代建筑以实用性为起点，优先考量其用途。其前期作品多为四四方方的火柴盒子形状，缺乏个性，例如北京市前三门大街两边的住宅。然而，正是这种实用简约风格的设计，才能够满足当时社会的需求，以较低的造价提供经济实惠的居住环境。

④ 在工业发展和资本运作兴起的时代，现代建筑造价低、建造效率高。建筑项目的造价成为重中之重，力求实现最低造价的同时使建筑物自身的使用效率达到最高。因而，对建筑物自身强调外观简约、坚固耐用，以适应当时经济和社会发展的需要。另外，在某些经济落后的地方，现代建筑也是非常受欢迎的。在 20 世纪 60 年代建造的居民区中，人们尽力在不增加装修费用的前提下做一些简单的装修。尽管当时大多数建筑的设计都相对单调，但是现代建筑通过各种形态的结合、变化以及颜色的搭配，仍然展现了多样的美感。

⑤ 现代建筑形式具有多样性特点。在不同需要和功能下，可以采用不同流派的建筑形式，从而使建筑形式更加繁荣和多样化。就目前来看，上述各种风格建筑都有很多的例子。在实用的基础上，加上新的理念，加上新的建筑结构方式，加上新的建筑工艺和不断更新的建筑材料和装饰材料，使各式各样的现代建筑充斥在城市的各个角落。

⑥ 旧建筑改造也是现代建筑特点之一。现今，为了实现经济实用和适应环境的目标，许多设计师采用了新的建筑理念来改造之前的建筑，旧建筑经过新的建筑风格和新的建筑材料的改造，不仅外观更加漂亮，而且还增加了新的实用功能，这是一种非常有效的改造旧建筑的方法。

在当今社会，尽管现代主义建筑风格已经存在了相当长的时间，但它并没有被完全淘汰，反而在某些方面仍然具有重要的实用性和美学价值。人们更加注重实用、美观、独特的建筑风格，而这正是现代主义建筑风格所具备的优势。

3. 经济性

经济性的含义包括：一是经济收益，二是经济反应，后者是最直接的经济表现，又是最基本的经济要素。这二者的内部关系使我们对建筑的经济观念有了一个完整的认识。

项目的经济效益是指从项目的初期阶段构想和规划，到工程建设和运行，到最后的实施过程所产生的经济效果。在初期，人们精心规划和设计，使得中期能够充分地运用各方资源，从而达到最高收益。

由于社会的经济观念是随科技、社会、经济发展而变化的，所以，其并非一成不变，而人类与经济和环境之间的联系也在持续地发展。这些因素将会影响到开发者的动力以及设计者的想法，从而对城市的形态和外观产生作用。

随着封建制度的解体，资本主义社会进入了机械大工业的时代，随之也出现了技术变革和生产模式的变革，现代建筑也随之出现。随着商品经济的迅速发展，人们对于建筑的经济观念也有了很大的转变，其设计方法、施工组织、管理方式、外在表现方式都随之发生了变化。

4. 材料创新

现代建筑提倡采用新材料和新结构，充分发挥新材料和新结构的特点，打破陈旧的建筑样式，提倡大胆创新。

在建筑的绿色材料系统中，要从多个层面进行革新，做到材料生产、规划设计、施工和维修等各个环节的最优，以环保和节约资源为基本原则，以达到最优的生态平衡。

绿色建材是一种新型的建筑材料，被广泛采用，具有良好的使用效果，但同时也可能对人体造成伤害。因此，企业对绿色建材的重视程度逐渐提高，并形成了标准化的流程模式。在选择绿色建材时，需要考虑其环保性、安全性、节能性等因素，以确保建筑物的安全、环保和节能。选择绿色建材的好处不仅在于提高建筑的安全性和环保性，还能为用户节省能源，降低使用成本，因此绿色建材越来越受到大众的关注和青睐。

在人类社会的发展和演化中，建筑材料逐渐摆脱了自然界的束缚，建筑材料也从一种单一材料，逐步变成了一种更加复杂的具有高性能的复合结构。例如，钢筋水泥这种材料可以使建筑物的结构相互兼容，从而促进建筑向更多元化发展，解决建筑高度问题，并将建筑物引入地底，提高建筑的使用效率。随着时代的进步，人们的生活水平不断提高，建筑材料的革新和发展变得越来越重要，人们需要更加环保、更加高效、更加耐久的建筑材料，以适应现代人们对建筑品质的要求。

5. 风格创新

现代建筑艺术代表们探讨了新的建筑审美理念，其中包括建筑形式和建筑方式的整合。他们从不对称和单一体量的结构中，通过建筑意象的逻辑，展现出了新的视觉效果。

（1）科学之美

约翰·诺伊曼曾写道：“一位数学工作者在挑选一门学科或衡量一个人是否取得胜利时，最重要的因素就在于他的美学。建筑师使用一定的逻辑性方法来创造空间，这是建筑学中的数学表现。”法国的庞加莱曾说过：“数学工作者很看重自己的研究方式和理论的美感。所以，是什么原因让我们相信一个结果是美丽的？实际上，它们是一种和谐，一种对称，一种平衡。总而言之，就是秩序、统一、和谐，让我们能够掌控全局和细节，这就是最好的。”毕达哥拉斯曾提出“万物皆数”，指出数字是纯粹的灵魂，它是一种数量的美感，他将它运用到了音乐和建筑中，毕达哥拉斯定律也被运用到了他的设计中。柏拉图从数学角度出发，把世界的概念看作是一种美丽的几何，并着重指出，几何学对于逻辑思考的发展非常关键，而柏拉图的三维模型则是对当代模块化思想的启发。数学家路易·莫佩尔蒂说：“在数理中，在所有的美感中，最值得称道的是简洁。”简单，本质上是一种美感，也就是建筑的一种节约，简单的数学本质来自数学的抽象性，它可以将许多东西的共性和特性都抽丝剥茧，从而得出一个通用的定理。所以，要使数学的认识得到简单和一致，就必须要有抽象性。

为了追求建筑的严谨与和谐，建筑师通常使用数学的原理来创造建筑的对称性。美学的本质在于和谐，而和谐又源于数学的严谨和形式化。通过数学，建筑师可以推导出尺度和意义上的平衡，从而实现建筑的对称性。

数学家和建筑师之间存在着最本质的联系，即对美学的追求。对于他们来说，美学是几何与数字的协调，他们认为这种美是客观的、规律的，并可以用简单的量的方式得到。这种联系的实质在于，数学学科和建筑学科都在寻求通过对称、比例和秩序等概念的运用，创造出一种视觉上的和谐感和美感。

(2) 结构之美

部雷和勒杜创立了几何学建筑的先河，他们的弟子迪朗也深受启发。迪朗曾说，最好的装修方法是不要过分强调装修，而应注重简洁、经济和实用。他认为，建筑的根本在于其结构之美，而这种美感源自纯粹的几何美学。迪朗同样赞同这种纯粹的几何形态是通过一定的规律和对称原理来表现的，这种规律和几何性在一定程度上呈现出清晰的秩序。他认为，这种形式可以被解释为一种不变的形状，就像孟德斯鸠将对称性转换成一种学说一样："对称的美感在于它的形象容易被人接受并且记忆。与错综复杂的形状相比，简洁、规整的形式更适合人类的审美，因为它们的体形非常优美。"法国巴黎由迪朗设计的一些小型房屋就可以证实这一点，它们的平面和立面都展现出严格的几何结构，这体现了迪朗对于几何学的探索和他的美学思想。这些作品在当时和之后都得到了认可。

(3) 简朴之美

"简"是由《周易》衍生出来的"白"的美学理念，它所倡导的"质朴之美""天生丽质"，历来是中国士大夫们所寻求的"至善之道"。在社会动荡的唐朝中后期，极简主义审美主要体现在以下几方面：一是园林建设从自然走向抽象化，二是绘画中留白的运用，三是朴实的文学艺术。

宋代文人绘画通过用淡淡的水墨汁在纸张上自由地书写的技法，创造了一种如烟如水的幻境，这是宋代山水绘画的基础手法。这种画面将"活跃"的空白转换成一种富有象征意味的画面表达。例如宋代马远的《寒江独钓图》，只用寥寥数笔画出了一艘渔船和渔民的闲适，而在大量的空白中，显示出了广阔的天地，表现出一种简约、抽象、意境深远的审美趣味。

现代建筑形式的美感问题是相对的。古典建筑形式的形成有其客观的理由，因为古时的生产方式和生活方式缓慢且落后。然而，现代社会的外在环境不同，人们对建筑物的功能性提出了新的需求，并且审美心态也随之改变。现代社会更加强调实用、节奏和简约的美感。"简约"体现了人类的"人性"。这是一种与过去美学心态相矛盾的表现，它的意义并不是"美"的大小，而是"时代"的进步，是"进步"的时代对人类的"主观美学"的客观反映。因而，我们回过头来看它的美学特性，就可以感受到它的客观性和存在的合理性。

随着社会经济和科技的发展，人们的审美也随之不断变化和更新。现代主义建筑以其实用性和功能性而成为建筑设计的重要流派。后现代主义和新现代主义是建立在现代主义基础之上的新兴建筑流派，它们通过将不同的建筑元素融合在一起，强调建筑的意境表现和对人类精神层面的影响。在当今建筑设计中，后现代主义和新现代主义在建筑设计中得到广泛应用，并成为重要的建筑设计风格之一。

1.4.3 现代建筑工业化的特征

1. 建筑工业化概论

建筑工业化是以现代化的制造、运输、安装和科学的生产模式取代了传统的分散、低水平和低效率的手工作坊。其重要特征为建筑设计标准化、构配件生产工厂化、建筑工程自动化、科学的组织和管理。

工业化是伴随工业革命而来的，工业革命让造船和汽车生产效率得到了极大的提高，同时欧洲也掀起了一股新的浪潮，开始了工厂预制和现场组装，这才有了工业化的初步设想。第二次世界大战后，西方面临着劳工短缺和住房紧张问题，这大大推动了工厂预制和现场组装的发展。

人民日報
REN MIN RIBAO
从拖泥带水到干净利索

图 1.94 《人民日报》1962 年 9 月 9 日头版

建筑工业化是由联合国于 1974 年发表的《政府逐步实现建筑工业化的政策和措施指引》确定的：对建筑业进行大工业的改造，从而逐渐由手工制造转变为社会化大生产。其根本路径是：建筑规范化、设备制造工厂化、施工自动化、组织化、信息化、智能化等，并逐渐应用新的科技手段来促进劳动生产率、加快进度、节约投资、改善工程品质。建筑工业化的最终目的在于以科学技术的发展来达到高质量、高效率、高造价的目的，以实现我国建筑业的现代化改造。

回到 1962 年 9 月 9 日，梁思成在《人民日报》上发表了一篇名为《从拖泥带水到干净利索》的文章（如图 1.94 所示），指出："标准化设计，预制构件工厂化，施工机械化，把施工现场从'拖泥带水'变为'干净利索'；与此同时，建筑师又要做到'千篇一律'中的'千变万化'，达到规范化的输入和多元化的产出，以完美地处理建筑物的艺术性问题。"梁教授的这篇文章已发表六十多年，我们一方面感慨于这位高人的远见，另一方面也深感中国的建筑工业化道路还很漫长。

虽然现在的装配式大楼看上去组装效率很高，但它们的设计依然遵循手工工艺，首先是建筑师，其次是建筑图纸，最后才是机械设计，而装饰设计师则是可有可无的。在某些装配式工程中，虽然组装比例较高，但其产品的规范化、规模化并不明显，主要原因在于：在进行空间的设计过程中，将室内的空间分割为部件，部分工程一组样板仅重复使用 3 次，且模具费用较高；同时，由于标准化水平较低，构件运输、现场堆放和装配的工作效率较差。这样，整体造价就比较高了。在现场组装中仍然存在着许多人工切割的现象。虽然"拖泥带水"的工作人员数量有所减少，但比起"干净利索"来，还是差得太远了。

2. 主要特征

制造业的工业化有七个主要特点：

① 标准：例如，在全世界的每个地方，相同的轮胎都能装配到车上。工业化最根本的是规范化，只有在规范化的前提下，手工作坊才可以向大企业转化。

② 标准化：标准化的制造工艺，标准化的装配工艺。标准化可以让每一个接受过基本知识的人都能用现代化的方法来学习如何去做，而不用经过师傅的教导。换言之，将高技术变成易于操作的基础技术。标准化既涉及人才的培训，又涉及企业的经营模式。标准化可以减少经营的困难，减少经营费用。

③ 规模化：规模化生产以标准化、规范化为基本特征。通常来说，越是大的公司，成本就会越小，收益也就会越高。但随着公司的发展，经营费用会越来越高，利润也会越来越少。目前的建筑业，无论是结构部件，还是装饰部件，都没有大规模生产，只需要将生产流程搬到生产车间，其生产效率要比人工生产高得多。

④ 社会化：在标准化的前提下，通过大规模的社会化合作来制造部件，制造场所分散。随着互联网技术的发展，协同制造、共享制造等新的制造方式，促使制造场所由集中转向分散，跨行业、跨企业、跨地域的协同已是常态，使制造业能够实现全球协同。

⑤ 专业化：社会化、分散化生产的部件，在技术上都独树一帜，无可取代。就拿瑞士的一些家族企业来说，具备专门生产腕表的核心技术，从而世世代代流传下来。

⑥ 控制：既能控制设备，又能控制整个生产过程。只要能够控制，就可以确保质量稳定。

⑦ 可测性：任何一种商品在生产之前都可以进行试验，没有试验基础，就没有安全、性能和质量保证。

要实现工业化，须满足上述七项特性，这样建造房屋就像建造一辆车一样。一般的轿车都是用一套标准的零件组装起来的，所以一般的房屋也可以用一套标准的零件组装起来。一座建筑是由建筑、结构、设备和装饰部件四大系统构成的一套完整的产品。

1.4.4 现代建筑工业化建设要求

习近平总书记高度重视生态文明建设和绿色发展，多次强调生态文明建设是关系中华民族永续发展的根本大计。

改革开放以来，建筑业在推动社会经济发展、城乡建设和改善人居环境等领域起着举足轻重的作用。但在施工中，存在着许多问题，如资源浪费、能耗过高、环境污染、质量通病、安全隐患等。出于人们对更好的居住需求的向往，建筑行业在科技创新、效率提高、质量提升、污染减排等领域仍有着广阔的发展前景。

推动新一轮的建筑产业化，与我国加快建设行业的现代化同源。新的建筑业是在工业发展成就的基础上，结合现代信息技术，采用智能化生产施工，使产品质量和工程质量得到提高，从而达到高效益、高质量、低消耗、低排放的目的。

自从国家发改委发布《关于大力发展装配式建筑的指导意见》后，我国的建筑业迅速发展，其建设质量得到了极大的改善。根据国家发展规划的整体要求，我国住房和城乡建设部大力推动装配式建筑的发展，并在全国范围内制定了相应的技术和措施，先后制订了《装配式混凝土建筑技术标准》《装配式钢结构建筑技术标准》《装配式木结构建筑技术标准》《装配式建筑评价标准》等行业技术规范。在全国范围内建立了一大批装配式示范工程和工业基地，建立了一大片的“样板”，为我国“新基建”的发展打下了坚实的基础。然而，与世界先进水平相比，我国的建筑业现阶段仍存在着较大的问题：

① 高消耗。我国建筑使用能耗占全国总能耗的将近30%。

② 污染严重。我国建筑垃圾每年的排放量就超过了20亿吨，建筑物的二氧化碳排放量也在逐年增加。

③ 效率低下。根据相关数据，我国目前的建筑业的劳动效率只有世界平均水平的三分之二，其自动化和信息化水平还不够高。

④ 质量不高。从整体上讲，我国目前的建筑质量不高，漏雨、噪声等问题依然十分严重。

要真正落实好习近平总书记关于住房与农村工作的各项任务，促进我国绿色建筑的高品质发展还有较长的路要走。

在城市和农村的发展中，发展新型的建筑业是绿色发展和低碳循环发展的重要措施，它是稳定增长、改革和结构调整的一种有效途径，对于推动我国的生态文明建设和推动我国新型城市化的发展具有重要的意义和深远的影响。

① 贯彻落实党中央、国务院关于推进新型建材产业化的重大决策部署。新型建材的产业化发展在近年来已取得进步，然而为了跟上绿色生态发展的需求，仍需不断提高生产技术与品质，同时进一步深化先进工业化和信息化的融合。因此，需要加快推进新型建材领域的转型升级。为此，党中央和国务院出台了相关政策，以推动新型建材产业的发展，带动经济高质量发展，拉动国内投资和消费。这些政策旨在引导企业投入更多的资金、技术和人力，促进新型建材行业的技术升级和转型，提高产品品质和技术含量，从而更好地满足人们对绿色环保建材的需求。

② 推进建筑行业产业化，是推进建筑行业节能和减排工作的重要举措。目前，我国的发展模式还没有从根本上改变。在建筑行业中，施工场地中仍存在着大量的资源和能量利用效率低下、工程质量和安全无保证的现象。从建筑材料的耗能来看，钢材和水泥是能源消耗最高的行业，我国钢材和水泥产量已连续数年位居全球首位，而且我国的建筑材料回收利用率较低。若不进行产业结构转变，将会导致传统建设模式下的资源、能量的过度使用和浪费，严重地制约了我国的可持续发展。实践表明，装配式建筑在节能、节材、节水、减排等领域取得了显著效果。相关的调查资料显示，与常规方法比较，装配式混凝土工程可以减少70%的建筑废弃物，节省60%的木材、55%的水泥砂浆、25%的水。此外，装配式房屋能够彻底扭转工地“脏乱差”的状况，并能有效地减少施工中产生的固体废物、废气、废水、噪声等，为改善城市的环境、促进生态文明的发展做出贡献。

③ 大力发展新型工业化建设，以推动我国经济平稳发展。自改革开放以后，建筑行

业产值从占我国 GDP 的 3.8%增至 7.0%，已成为支撑国民经济发展的主要支柱行业。我国经济发展正由快速发展转向高质量发展，需要建筑行业焕发出新的力量。发展新型工业化建设是实现高质量发展的关键之一。新型工业化建设可以培育出新的产业，例如咨询服务、部件生产、专用设备制造、物流运输、装配化维修等，这些新兴产业的发展将促进产业升级，增加就业和带动行业专业化、精细化发展。

④ 大力推进新型工业化建设，促进技术进步，提高生产效率。近年来，我国城市化进程加快，建筑行业劳动力数量逐年减少，高素质建筑人才紧缺，对建筑行业发展的“硬约束”日趋严重，一方面体现在劳动力成本的持续上涨，另一方面体现在建筑形式的传统、简陋，劳动的低效。发展新型建筑产业化涉及设计标准化、工厂化、施工装配化、管理信息化和智能化等全过程、全要素、全系统的建设。要发展装配式建筑，需要采用内涵式集约发展的方式，依靠科技进步、提高劳动者素质和创新管理等方面进行发展。在实践中，必须实现建筑结构的改造，采用现代化的生产工艺，以减小劳动强度和提高生产施工效率。同时，还需要突破建筑行业发展瓶颈，采用创新的思维和方法来提高工程建设水平，使其在技术、质量、效率等方面达到全面提升的目标。

⑤ 大力推进建筑产业的发展，是提高我国建筑行业国际竞争能力的重要途径。自 WTO 成立后，我国的建筑行业已经与国际市场进行了深入整合。在经济全球化的大环境下，我国应积极“走出去”，积极参加世界范围内更多领域和更高层次的国际竞争，并充分发挥全球市场的优势，为自己的发展提供有效的支持。提高企业的核心能力是“走出去”的先决条件。

新型工业化建设可以改变传统的技术水平低、技术含量低、单纯依靠劳动力的竞争格局，把工业和建设与信息化相融合，采用大量新技术、新材料、新设备，强调科技进步和管理模式创新，重视提升劳动者素质，注重塑造企业品牌和形象，以此形成企业的核心竞争力和先发优势。发展新的建筑行业产业化，有利于各大公司通过自身的努力，以资金、技术、管理等方面的实力来占领世界，并通过项目合同带动国产设备和材料的出口，从而在全球经济一体化的竞争中占据主动。

⑥ 发展新的住宅产业化，是提高住宅的整体素质和质量的唯一途径。新农村建设是以“人”为中心的“城市化”，是“以人为本”的重大问题。开发新的建筑行业产业化，以构件生产代替常规的建设，以组装代替人工进行的工程，可以极大地降低工程的工作误差和人工差错，有效地消除了工程系统性的质量问题，降低了工程的后期维修和保养成本，提高了工程的使用年限。通过对住宅质量和功能的综合改善，可以让广大居民享受到改革发展的果实。以北京市为代表，北京市公租房工程在预制构件生产和装配式施工中，工程的共性问题显著降低，内部维修与报修率降低了 70%。

1.4.5 现代建筑工业化的典型案例

现代建筑工业化是建筑行业的一个趋势，旨在提高建筑质量、降低建设成本和缩短建设周期。为了实现这一目标，许多建筑企业正在采用装配式建筑和 BIM 技术。在实际应用中，这些技术已经取得了显著成果。鄂州花湖机场项目是全国首个应用数字化技术实现正向设计、招标、建造、质量验评、计量计价、运维等全生命周期的试点项目，通过建立工程管理模板、制定 BIM 模型计量计价规则等手段实现了全生命周期数字化管理。本书将结合实际案例，探讨现代建筑工业化的典型应用和发展趋势。

1. 装配式建筑在首都国际机场实际案例中的应用

首都国际机场东区机坪管制塔台是塔台管制人员倒班休息、开展会议的场所，整个建筑由 44 个标准集装箱柜体组合而成，项目采用标准化、模块化箱体设计，将绿色智能设备与装配式建筑相结合。该项目旨在打造一个“超低能耗”的实体绿色装配式示范建筑模型。目前该项目已正式投入使用，运行状况良好。该项目有以下四个特点。

（1）高性能外部结构

建筑外墙、屋面和地面均选用具有一定强度的隔热材质，材质具有多层结构，既具有优良的隔热和绝热效果，又符合国际航空公司的隔音降噪标准。外墙结构（从里至外）：饰面+防水灰+水泥纤维片+瓦楞片+轻型龙骨+耐火石膏+防水腻子+油漆。屋顶结构（由里至外）：瓦楞屋顶+结构檩条（100 毫米厚度的岩棉）+混凝土纤维板+空心（内填充岩棉）+耐火石膏板+涂料。地面结构（由里至外）：胶泥黏结+防滑层+PU 防水层+双重胶纤石棉+防水、透气、彩色钢板。外部窗户为双膛窗，各窗户均采用双层有机玻璃，并增加了玻璃的厚度，提高了窗户的密闭性（例如，窗户与墙壁的间隙由气密性物质进行密闭），从而提高了窗户的隔音效果和保温效果。

（2）建筑隔音减震设计

项目位于机场附近，周边比较空旷，24 小时都有飞机在跑道上起飞和降落，最高噪声高达 67 分贝。为此，现场采用了声环境测试、围合式建筑布局、封闭式走廊隔音等措施，取得了良好的隔音和减震作用。

（3）节能环保、安全高效

该项目主要在室外进行（室内装饰达到 90%），整个施工过程不仅无污染、节约成本，而且对机场安全运行影响小，项目用时 3 天完成了现场吊装，以及所有主体工程的组装，大大缩短了项目的整体工期。

（4）绿色科技产品高融入性

工程采用标准化设计，可以自由组合，并且可以在场外进行预制。此外，本工程可以按照需求与各种环保技术相结合，包括光伏建筑一体化系统、储能逆变系统、EMS 智慧能源管理系统、高效直流变频 VRV 空调系统、石墨烯碳纳米电动膜采暖技术、高效新风热回收除霾系统、太阳能热水系统、光伏板智能清扫机器人系统。这些技术的结合，使得该工程具有多种功能，能够高效地运转，并且在使用过程中能够提供更好的能源管理和环境保护效果。

2. BIM 技术在鄂州花湖机场实际案例中的应用

（1）项目简介

鄂州花湖机场项目（如图 1.95 所示）通过建立工程管理模板、制定 BIM 模型计量计价规则、优化各项工程建设方案、解决大量工程技术难题、培养信息化技术人才、积累数据库与行业知识等，实现了项目数字建造和全生命周期数字化管理，对促进行业的数字化转型有较大推动作用。

图 1.95　鄂州花湖机场

鄂州花湖机场项目占地面积 106.9 万平方米。2030 年近期规划总建筑面积 90 万平方米，旅客吞吐量 150 万人次，货运吞吐量 330 万吨；2050 年远期规划总建筑面积 140 万平方米，旅客吞吐量 2000 万人次，货运吞吐量 908 万吨。建成后，将成为亚洲第一、全球第四大货运机场。机场定位为货运枢纽、客运支线、公共平台、航空基地，是我国首个自主设计的大型专业货运枢纽机场，也是亚洲第一个专业货运机场。

作为国家民航局首批“四型机场”建设示范项目和住建部首个基于 BIM 技术的工程造价管理改革试点项目，鄂州花湖机场致力于采用数字技术，对规划设计、施工建造、投资造价全过程进行精细化管控，旨在打造国内机场类工程第一个全过程 BIM 正向设计实施应用的成功案例，树立建筑工程和机场工程两个行业领域的 BIM 标杆，实现建造“数字孪生、数字运维”的“四型机场”总体目标。按照“建设工程全生命周期管理”理念，工程开展以 BIM 实施的模型创建和应用管理。通过实施全参与、全过程、全专业的 BIM 技术，以及全流程数字化平台的项目管理模式，构建了以 BIM 模型构件大数据为基础的全要素、精细化的数字底盘，实现了全记录、可追溯、动态追踪的数字化建造。

（2）打造全要素精细化数字底盘

BIM 整体规划：考虑到项目全生命周期 BIM 应用需求，规定了各阶段、各专业的 BIM 实施目标和规则，并在实施阶段得以严格执行。从建立标准体系到成果交付，从数字招标到计量支付，BIM 应用技术路线有的放矢，确保项目顺利落地。

BIM 技术标准：结合国家标准和机场项目特点编写了 36 万字的项目级 BIM 标准，共涉及 3 个行业 29 个专业，为鄂州花湖机场 BIM 技术应用提供统一模型语言；创造性地将 BIM 模型构件的信息拉通到一张表上，并研发构件信息的管理系统，实现构件数据的唯一性、标准性和准确性。

BIM 正向设计：严格执行 BIM 技术标准，完成了横跨民航工程、市政工程、建筑工程 3 个行业，涵盖建筑、景观、装饰、市政、勘察、场道等 29 个专业的 BIM 正向设计，实现了跨行业、多专业的 BIM 设计协同和管理。

BIM 底层数据：创建具有 3700 万+构件、10 亿+属性信息的全专业高精度 BIM 模型，为数字建造、智慧运维等项目全生命周期数字化应用和管理提供了坚实的数字底盘基础。

（3）实现全流程数字化管理

项目管理以管理制度化、制度流程化、流程表单化、表单信息化为主导思想，贯彻高标准、强管控、广协同、严执行的原则，结合“线下审核+线上审批”手段，实现全生命周期的 BIM 项目管理。

平台管理：自主研发从模型搭建到成果审批、从数字化施工到质量验评的四大数字管理平台。所有建设参与方都通过责任清晰的矩阵式组织架构来管理，提高了信息反馈速度与工作效率；通过平台流程审批，实现了 40 家参建单位、29 个专业工程、5 个实施阶段的全数字化管理。

协同设计：在多标段、多子项、多专业间实施协同设计，通过 BIM 标准化，对设计深度与维度的数据进行管理，建立提资与合模的协同、协调机制，解决了机场建设工程体量大、工艺全、碰撞多、周期长的工程痛点。

模型审查：根据工艺流程复杂、相关方众多的项目特点，采用“外部+内部”双管控的管理形式，“线下+线上”的成果审查机制，自主研发 BIM 模型校审工具，形成各阶段、全专业 BIM 模型，内外审查 9000 多份报告，实现了 BIM 模型的精细化管理，对项目的质量、进度、成本进行全方位把控。

综合会审：建立多方会审制度，在标段边界、专业边界的交叉，全场设计多标段、多专业、多轮次的综合会审，并执行关联方边界确认的制度。通过对 BIM 模型精细化管理、全流程数字化平台管理，将技术问题前置，提质增效，避免了工程中的拆改与返工。全流程数字化平台管理的创新，解决了传统项目管理中存在的数据可见性低、碎片化、非结构化、缺少几何图像数据、管理过程不清晰、责任不明确、流程不顺畅等问题。

（4）BIM 技术应用创新

BIM 计量计价规则：研发基于 BIM 的计量计价规则，实现全过程造价管理和 BIM 模型计量支付。推行“控制量、放开价、企业自主报价，最终由市场形成价格”的新模式，与国际惯例有效接轨，使得鄂州花湖机场成为全国首个采用 BIM 模型进行计量计价的工程项目。构建信息总表和管理系统：集合了 BIM 模型规则、构件编码规则和计量计价规则等，形成了鄂州花湖机场数字模型构件库。

BIM 模型仿真模拟：以三星级绿色建筑为目标，采用 CFD 技术，从自然通风进风量、气流轨迹以及工业吊扇性能等角度，分析、优化通风方案。通过 BIM 模型进行热岛分析、消防疏散模拟、自然采光分析、室内通风分析、空间净高分析、绿建分析等性能分析，验证、优化设计成果。

BIM 模型校审工具：自主研发基于 Revit 的 BIM 项目标准校审管理软件，对模型构件的建模规则、命名、属性等进行自动审核，实现模型校审自动定位、问题销项验证等功能，避免人工审核的烦琐及易漏、易错等问题的发生，极大提升了模型校审标识和修改的效率。

自动桩长建模工具：自主研发自动桩长插件，基于地质模型自动计算并调整桩长，生成准确桩长的桩基 BIM 模型，实现精准计算，满足了 BIM 模型计量支付的要求。同时，依据模型指导施工，实现了材料和工程质量的精细化管控。

内装自动生成建模工具：自主研发内装插件，可自动识别不同高度楼板，建立顶棚、墙面、地面装饰模型，极大提升了粗装修建模效率。此外，可依据模型提取准确工程量，满足了计量计价的需要。

模型一键扣减工具：自主研发一键扣减软件进行自动节点连接、扣减，通过逻辑运算，极大提升了设计模型的质量。

跨平台协同设计：采用 OPEN BIM 通用格式 IFC，进行全场坐标核对、模型整合与接口侦错工作，保证各行业模型在 Revit 和 Bentley 软件平台无缝衔接。

从设计的“图模一致”到建造的“物模一致”，从“实体建设”到“数字孪生”，从“应用技术创新”到“项目管理创新”，鄂州花湖机场建设项目极大地促进了行业数字化转型升级。

第 2 章

民航建筑工业化的发展趋势

PART 2

最近二十多年来，随着我国民航事业的快速发展，对于机场航站楼、机库、空管塔台等建筑的需求也日益增长，这促进了民航建筑工业化的发展。

在建筑工业化发展方面，经历了由小至大、由外到内、由远及近的过程，围绕旅客航站楼建筑设计工艺流程，产生了一系列工业化变迁。智能化、数字化、信息化的有效应用，使得标识系统更加智能化，从而更好地为乘客提供服务。

根据“平安机场、绿色机场、智慧机场、人文机场”的机场顶层设计，正在逐步发展新时代特色机场，发挥市场主体作用，强化资源配置功能，发展智能建造和绿色创新，对机场设计和建造提出了要求。

国内、国际大型和中小型机场的工业化实施案例，充分体现了民航建筑工业化的优势。采用标准化的设计和建造方式，不仅提高了建筑质量和建设效率，还显著降低了建设成本。案例的成功证明了建筑工业化在机场建设中的应用具有广阔的前景，同时也为促进全球机场建设的可持续发展做出了积极贡献。

总之，民航建筑工业化的发展在推动我国建筑业的现代化和可持续发展方面发挥了重要作用，也为其他领域的建筑工业化发展提供了借鉴和启示。未来，随着数字化技术的不断发展，民航建筑工业化将继续推进，为我国民航事业的发展提供有力支撑。

2.1 航站楼建筑形式

民用机场航站楼常常被人看作某个城市或区域的标志。建筑的基础构造形态是构成建筑的关键要素之一，是施工活动中影响房屋的整体外形、内部空间、造价质量等方面的关键要素，而航站楼设计也不例外，除了满足正常使用功能之外，恰到好处的基础构造形态还可以展现出建筑的艺术审美，因此优秀的航站楼设计往往是将建筑艺术和设计美感有机融合。

航站楼建筑需要具备高效便捷的旅客和行李处理能力以及空侧和陆侧转换能力。合理的航站楼构型可以建立交通与建筑、旅客与飞机、机位与跑道之间的高效连接。溯源民用机场的发展历程，基本的航站楼构型有八种(如图 2.1 所示)。

① 简单式航站楼：简单式航站楼是民用机场最早出现的航站楼构型。这类机场航站楼面积较小、设备简易，有较少的候机空间和办公室用房。值机前，乘客必须徒步通过停车坪抵达飞机舱门，之后利用手扶梯登机；下飞机时，乘客必须利用手扶梯下机，之后再由停机坪徒步到达机场航站楼的到港出口。这类航站楼建筑具有设备集中、投入较少、建设成本低的优点，特别适合航班客流量极小的城市。

② 摆渡式航站楼：摆渡式航站楼产生的时间也比较早，它是在简单式航站楼的基础上逐渐演变而来的。由于使用摆渡式航站楼的机场通常机位数量较多、分布较散，所以摆渡车辆成为联系航站楼和停机坪之间的重要纽带。摆渡式航站楼的优缺点也非常明

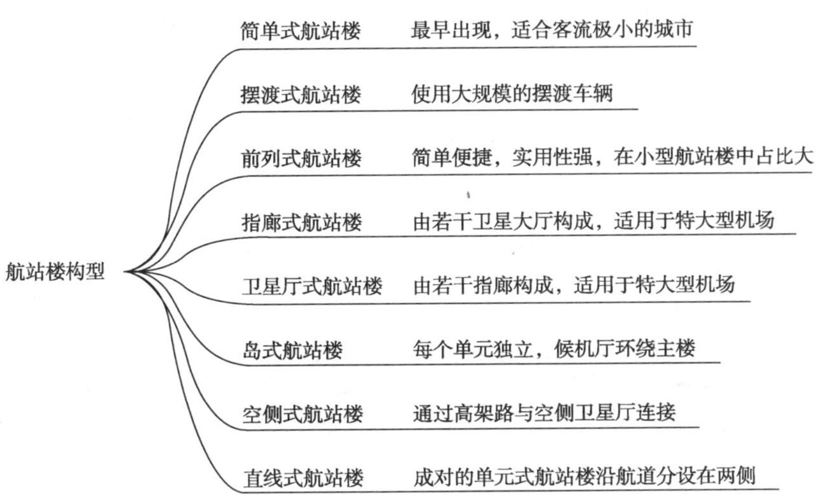

图 2.1　基本的航站楼构型及特点

显，好处在于航班的安排更具备机动性，对航空器数量、体型约束较小，对航站楼的需求更小，既可减少航站楼费用，也有利于飞机数量的扩大；弊端也显而易见，对于乘客而言提高了进出港成本，在提高了进出港过程复杂性的同时，也减少了舒适度；对航站楼而言，大规模摆渡车辆的使用加大了停机坪的运输负担，进一步增加了交通成本、人工成本，运营成本也随之增加。目前的航站楼建筑设计过程中，通常不会使用独立的摆渡式航站楼，但在中国的一些航站楼近机位不足的前提下，交叉采用摆渡车的形式运载乘客上机仍是最合适的选择。

③ 前列式航站楼：这种航站楼简单便捷，极具实用价值。客机依次停靠在航站楼空侧，乘客经过登机廊桥就可以前往登机口。前列式航站楼的设计优势非常明显，因为流线结构简单、登机花费时间较少，且陆侧车道多，改扩建也相对方便。不足之处是当数量超过一定限度时，会造成航站楼空间过长，且登机受理点较为散乱，给乘客查找值机柜台和登机口造成了麻烦。前列式航站楼在全国较小型的航站楼设计中占比较大。如合肥新桥国际机场 T1 航站楼(如图 2.2所示)等一些比较大型的机场也有采用这种形式作为航站楼的建筑方式。

图 2.2　合肥新桥国际机场 T1 航站楼

④ 指廊式航站楼：指廊式航站楼特点明显，在航站楼主楼上有一条或多条指廊直接伸入站坪区，指廊即候机厅，形状细长，停机位布置在指廊的两侧。指廊式航站楼建筑设计在能够供应容量庞大的行李口和停机位的基础上显著增加了空港停机速度，且指廊与主楼的联系比较单一，在改扩建上相对其他形式航站楼具有一定优势。指廊式航站楼的主要缺陷也同样明显：乘客的行走距离过长、指廊结构不适合过度延伸、牵引飞机较不便，尤其在高峰期容易导致站坪混乱。指廊式航站楼在中国大中型机场和特大型机场中较为普遍，目前中国许多主要机场航站楼都采用的这种形式。例如广州白云国际机场 T1 航站楼(如图 2.3 所示)、深圳宝安

国际机场 T3 航站楼、杭州萧山国际机场 T3 航站楼等均为指廊式航站楼。

⑤ 卫星厅式航站楼：这种类型航站楼最突出的特点是将候机室和航站楼完全分离，一般利用地下通道、地面管道或架空管道相互连接，且一般由若干卫星大厅（如图 2.4 所示）环绕同一楼层布置。好处是办理登机手续的地点更加集中，便于乘客、航班灵活操作，便于卫星大厅灵活扩建。不足之处是乘客行走距离过长、站坪占地大、主楼建设灵活性弱、底层转运设备投入较大。通常大型机场和特大型机场的设计会采用这种形式。

图 2.3　广州白云国际机场 T1 航站楼

图 2.4　深圳宝安国际机场卫星厅

⑥ 岛式航站楼：岛式航站楼是在卫星厅式航站楼的基础上发展而来的，候机厅呈圆弧形环绕着主楼。与卫星厅式航站楼不同的是，岛式航站楼每个单元都是一个独立的系统，可以完成取票、安全检查、行李寄存和各种登机程序。乘客利用陆侧通道直接抵达终点站后，在航站楼主楼内办完登机手续后再经过中央连廊或地下通道抵达地面候机厅，并且行走所需时间短。岛式航站楼与卫星厅式航站楼相似之处是同样适用于大型和特大型机场。

⑦ 空侧式航站楼：空侧式航站楼是在卫星厅式航站楼和岛式航站楼的基础上演变而来的。以陆侧航站主楼为枢纽，通过高架路与空侧的卫星厅连接，通常来说，一个卫星厅就是一家航空公司。旅客乘坐高架路上的电车可以快速往返于航站楼主楼和卫星厅之间，在极短的时间内便可以实现乘客转港。空侧式航站楼也可以增设卫星厅，但是受到航站楼主楼负荷的制约，实际上不适合扩建。相对于岛式航站楼而言，客流量较大的航站楼不适宜采用空侧式航站楼。

⑧ 直线式航站楼：直线式航站楼是将成对的单元式航站楼沿着航道依次分设在两侧。因为两端都是敞开的空间，陆地交通发展优势较为明显，空侧与陆侧的功能可以得到充分的发挥。直线式航站楼容积大、流程简单、步行时间少，大大提高了乘客的登机效率，类似于早期的小型航站楼，适用于运输量巨大的机场。

2.2　航站楼建筑工业化发展进程

最近二十多年来，世界各地尤其是亚洲地区不断涌现出建设大型空港和航站楼的浪潮（如图 2.5 所示），例如中国香港国际机场（Hong Kong International Airport，1998，建筑师：诺曼·福斯特）、马来西亚吉隆坡国际机场（Kuala Lumpur International Airport，1998，建筑师：黑川纪章）、日本关西国际机场（Kansai International Airport，1994，建筑师：伦佐·皮亚诺）、韩国首尔仁川国际机场（Incheon International Airport，2001，建筑师：芬特雷斯·布拉德伯恩建筑师事务所）。毫无疑问，航站楼已成为当代最具特色和代表性的建筑之一，并且常常被认为是一个国家或地区的标志，是通向世界的大门。

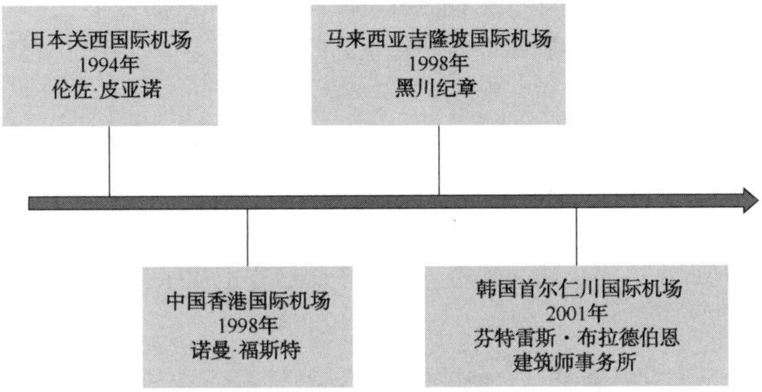

图 2.5　亚洲地区大型空港和航站楼的建设时间

机场航站楼作为交通枢纽、物流中心和商业综合体，需要提供各类服务设施，如票务受理柜台、休息等候室、购物商场、餐厅、银行等，以应对大量出入港乘客及他们行李托运和货运的需求。航站楼规模不亚于一个小型城镇，内部复杂程度也很高。

民用机场早期的航站楼着眼于满足功能需求，中期的航站楼则力求体现宏伟的城市形象。航站楼内部如果没有心理层次上的人文关怀，仅强调作为交通建筑的基本功能，则难免会给人一种“千楼一面”的观感。随着中国民航业务的高速发展，对航站楼建设的需求日益增加，航站楼建筑也将逐步回归理性，对于办票、安检、行李提取、商业、展示等不同区域的划分愈加体现出人文特色。设计工作者在航站楼整体规划设计中试图探寻质量与数量、空间与长度之间新的平衡点，更加重视对旅客集疏运体系的运用，既体现了城市风貌，又满足了多元化发展需求。相比于几十年之前，我国更加完善的航站楼外观结构已经展现出了大量的本地化经验，在许多先进的航站楼建设中已不难看出借鉴国外航站楼设计与中国本土文化相契合的建筑多样化尝试，航站楼的建设质量正在不断提高。

2.2.1　由小至大的航站楼

在建筑内外空间设计方面，航站楼作为功能多元化、路线复杂的建筑物，在其建筑设计施工中空间结构最重要，如何利用空间的功能导向与组合是两个重点考虑方向，根据客流运动方向对其进行空间的合理安排，包括离港及进港大厅、候机室等，同时又在其中适当增加次要利用空间，包括适应客流需要的商铺、食堂等，利用过厅、安检口、入（出）港通道、升降机等，使以上各空间密切衔接，并形成较完整的空间系统。满足自身需求与对外要求是进行航站楼建筑设计的主要原则，所以在航站楼建筑设计工作中应重视空间结构的弹性问题，以保证建筑的安全性为基本前提，加强建筑的拓展功能。

中小型航站楼[如图 2.6(a)所示]建筑规模相对较小，内部构造也较为简单，利用航站楼内面积便可达到地面与空中、陆侧交通系统的有效连接，并全面考虑了旅客的生活体验、空侧运行便利等诸多因素。与大型航站楼设计有着鲜明差异的是，中小型航站楼的明显特点就是其空间尺度小，空间层次也比较单纯，从而能够更有效地把控尺度，增加了设计的可控性。中小型航站楼的合理规划既可全面适应现代航空公司要求，同时也与未来的航空公司发展趋势相互衔接。

大型航空港[如图 2.6(b)所示]因为客流量巨大，而航班业务量又不断增长，这就要求航站楼的规模必须很大，既要满足空侧站坪的停机数量，也要符合陆侧乘客对舒适性、方便性的需求，从而减少乘客的行走距离与行走时间。所以效益优先成了大型机场航站楼的基本设计理念，而集约的管理、高效率的运作也成了航站楼内部功能布置的主要目标。

(a)中小型航站楼

(b)大型航空港

图 2.6 中小型航站楼与大型航空港

2.2.2 由外到内的航站楼建筑工业化

从国际航站楼建设的演变历史看，在第二次世界大战前后，随着全球各国经济的逐渐复苏，民用航空运输业也逐步繁荣了起来，过去的航空港已无法适应可持续性发展的需要。

在 20 世纪 40 年代中期，美国对指廊提出了首次设想，从中心航站楼经过一条封闭式的指形道路，逐步扩展到飞机舱门附近。这个通道称为指形廊道或指状码头。指形廊道一般只是用作旅客通行，安检、值机、托运、候机等仍需在主航站楼里解决。

20 世纪 60 年代，出现了卫星式站坪系统。卫星式站坪体系由一座主体航站楼建筑和一座或许多单独的进出港休息室(小型候机厅)所构成，像是在主楼的旁边环绕着一些小卫星，卫星和楼层之间以地道或走廊相连接，既保证了敞开式站坪体系的弹性，也延续了传统指廊式站坪体系的优势。以卫星式站坪体系为基础的空侧站坪体系相继出现，即所谓的“空侧-陆侧”系统，例如美国佛罗里达州的坦帕国际机场，其空侧、陆侧就分别相对集中。

20 世纪 60 年代后期，开始出现线型站坪系统。1971 年，美国休斯敦国际机场率先部分使用了线型站坪体系。航站楼连续布置在主干道一侧，四角设置圆形卫星厅，航站楼通过架空通道与卫星厅连接。美国达拉斯-沃思堡国际机场首次完全使用线型站坪体系，它的诞生代表着航空港建筑设计的一次崭新的技术革命。从 20 世纪 60 年代初到 70 年代末，欧美等国家和地区的高技术建筑设计都取得了飞速的进展，建筑设计要求新功能、新技术、新形式，并强调建筑构造和材料效能。

到了20世纪80年代，欧洲各国再次定义了航站楼。随着国际商务的蓬勃发展，欧洲各国政府在新航站楼的建造中，开始将商务功能提高到了一个全新的层次。航站楼也不再单纯是一座交通运输大楼，而更类似于一座集中了各类交通系统功能的国际商业综合性建筑。例如英国伦敦希思罗国际机场、德国法兰克福国际机场等欧洲大型机场都把商业作为机场营收的一个重要环节。通过扩大商业区面积、提高商业服务水平、降低商品价格等方式，尽力使机场商业蒸蒸日上。

进入20世纪90年代以后，由于世界能源消耗增加、环保意识上升，绿色生活、节能减排一系列倡导绿色环保的设计理念渐渐在西方盛行开来，这一时期国外航站楼也陆续掀起了绿色的热潮。进入21世纪，国外机场航站楼建筑形式也逐步多样。例如美国丹佛国际机场新航站楼，以“社区”的设计概念，创建了一个集航空、商业、休息、娱乐功能于一身的综合型国际航站楼。新加坡樟宜国际机场T3航站楼(如图2.7所示)也引入了大量墙面绿植，既营造出一种大自然的感觉，也具有调节温度的功能。

航空港作为商业营利的重要场所，对航站楼建设费用、建设周期和运营费用等都有严格的要求。在航站楼的设计过程中，设计类型对工程造价和工期具有重要的影响。航站楼规模巨大、功能复杂，因此在设计时需要兼顾城市地标和效益等多方面因素。对于大型航站楼来说，现代意义的国际机场航站楼从一开始便与现代结构设计分不开，纽约肯尼迪国际机场TWA候机楼(如图2.8所示)(1962年)和华盛顿杜勒斯国际机场航站楼(1962年)是现代航站楼的起源。TWA候机楼运用了隐喻的设计方式，由混凝土薄壳所构成的巨大弧形外墙，犹如一个展翅欲飞的大鸟，代表着飞翔。而航站楼内部结构的跨层尺寸也较小，设置了柜台和行李设备，两端距离较大，巨大的空间也便于灵活运用，这些设计都给后来的航站楼建设带来了启发。

图2.7　新加坡樟宜国际机场T3航站楼

图2.8　纽约肯尼迪国际机场TWA候机楼

韩国仁川国际机场航站楼是现代航站楼建设的典型案例，2020年被SKYTRAX评为“世界最佳过境机场”“世界最佳机场航站楼”。自1990年T1航站楼设计初期至2018年T2航站楼投入运营，该航站楼工程始终将构建文化空港的理念贯穿整个设计工作的全过程。T2航站楼交付后，进一步提出了2030年“连接人与文化，奔向未来”的目标，明确了以人为本、文化传播、创新技术三个发展方向，并同时广泛地对外传达了新航站楼的三个特色：文化、艺术、科技。仁川国际机场融合了传统民俗文化特色，采用独创的节目形式和展示方式，将现代文化表演、古老物品陈列、传统民俗体验、非物质文化遗产展示等融于一身，在提升游客体验的同时，也把机场建设成韩国传统民俗文化的重要传播场地。受到中西方文化的共同影响，韩国在文化输出与艺术创作过程中有大量将现代国际观念和传统民族文化融合的尝试。在仁川国际机场航站楼建筑顶部的观景展示区中，3D 投影技术运用到了机场的展示中，丰富多彩的多媒体投影内容在可升降的航站区进行直观展示，将国家的传统文化精髓与航站楼整体设计与规划理念相结合，让旅客在传统文化浸润中感受机场发展的脉络，提供了视觉与感官上的体验。T2 航站楼运营伊始，仁川国际机场就开始构建全新艺术机场“Artport”的理念，把艺术品陈列与航站楼规划、室内装修、多媒体宣传等充分融合在一起，彻底改变了传统机场内独立设置艺术品展陈专区的模式，在保留航站楼效率的同时将航站楼国家文化“形象门面”的作用发挥得淋漓尽致。在迎客厅、值机大厅、商业区、候机室、行李提取室，利用各个区域游客停留时段和心理体验的变化，将国内杰出艺术家们所创造的传统建筑抽象艺术、动感灯光悬挂雕塑、平面艺术品展览灯箱以及动感水幕装置等贯穿其间，从而达到了游客移步换景的效果。

中华人民共和国成立以来，我国民航机场建筑大致经过了以下四个发展阶段：20 世纪 80 年代以前，建筑风格受苏联影响，规模较小、造型朴素、功能简单。20 世纪 80 年代至 20 世纪 90 年代初，由于国内各项技术的发展，在建筑规模、风格、构造形态等方面脱离了传统苏式的建筑设计风貌，简单实用成为其主要特点。20 世纪 90 年代至 21 世纪初，国外设计机构的介入使航站楼的建筑规模和质量以及建筑美感得以明显提升。进入 21 世纪后，随着国民经济的高速增长以及对国际前沿理念的消化吸收，航站楼的自主设计能力也得到了明显提高，超大体积航站楼、一体化综合交通枢纽等新理念也在航站楼建筑设计中大量涌现，人性化设计和生态化的风格尤为明显。

在 20 世纪 50 年代初到 70 年代末的近三十年里，中国第一代民用运输机场航站楼度过了 30 年缓慢成长的阶段，而在改革开放以后的 30 年里，中国民用运输机场航站楼也已经过了第二代、第三代、第四代。从规模上来看，中国的第一代航站楼规模通常在 1 万平方米以内，而第二代航站楼的整体规模增加到了 3 万平方米以内，第三代航站楼的总体规模则增加到了 9 万多平方米。目前，我国第四代航站楼平均面积达到了 26 万平方米，其中最大的北京首都国际机场 T3 航站楼更是达到了近 100 万平方米。

我国航站楼建设从小到大、从单体到复杂、从仿制到再创造，与外国民用运输机场航站楼建筑设计的差异也越来越小，尤其是从 20 世纪 90 年代开始，大量外国设计师进入中国民用运输机场航站楼的建筑工程市场之后，为中国国内建筑工程单位学习外国建筑设计理念与方法提供了良好的发展契机。近二十多年来，中国民用运输机场航站楼建筑水平有了质的飞跃。这一时期，航站楼的设计通常采用国内设计院与国外设计师合作形式。比如诺曼·福斯特与北京市建筑设计研究院有限公司合作设计了首都国际机场 T3 航站楼(如图 2.9 所示)；保罗·安德鲁与现代建筑设计集团华东建筑设计院合作设计了上海浦东机场 T1 航站楼等。

步入 21 世纪，随着国内外建筑设计界对中国文化的热烈探讨，促使了航站楼建筑设计更加注重中国文化底蕴，对国内民航机场航站楼建筑设计也有了更高标准的要求。

1. 国内大型机场航站楼

大型航站楼是一个具有相对复杂的功能和流程、系统的设施，同时其使用的技术和材料也相对较新，是一种资金投入很大、建筑规模也很大的交通建筑形式，已成为中国各领域高度融合发展的建筑典范，有待人们展开更广泛的探索与研究。例如广州白云国际机场在 2013 年旅客吞吐量就已超过了 5000 万人次，达到了 1998 年规划的总量，进入世界机场旅客吞吐量前 15 名。其 T2 航站楼(如图 2. 10 所示)是目前国内在建的规模最大的航站楼综合体，一期面积超过 65 万平方米，配套的交通中心(GTC)及停车楼面积达 21 万平方米，设计年旅客吞吐量 4500 万人次，旨在为亚太地区建立一个连接世界各地的新型航空枢纽，从而向世界级机场跃进。

图 2. 9　首都国际机场 T3 航站楼

图 2. 10　广州白云国际机场 T2 航站楼

广州白云国际机场 T2 航站楼采用“指廊式+前列式”的混合构型，具备飞机可停靠面积大、近机位和大机位多、乘客步行距离短、国际与国内间转乘便利等优势，其建筑特点主要体现如下：

第一，在构型设计方面，充分满足了“空、路、轨枢纽”的实际需求。为了提高航班的运营质量，在进行新航站楼工程设计过程中，为了适应了新航站楼的整体规划理念，充分发挥既有的场地优势，进行了更有效的机坪与机位分配，从而更好地满足大型航站楼的实际需求。航站楼的境内、国际运行高峰时间不同，因此为了提升机位的利用效果，在设计时导入了混杂航空位置的设计理念，在流线最快捷、线程最短的前列式机位上，配备了能够实现境内、国际间随时转换的混杂航空座位系统，以提高机位利用的可靠性和旅客处理效果，从而良好地适应了当前国际客户数量快速增长的实际需求。同时，还推出了能够使大客机与小客机一起停放的组合式机位。另外，双滑道的指廊长度也参照了同类机位设计，在保证滑行质量的同时节约空间。

在与空侧容量相匹配的路侧交通设计方面，航站楼路侧区域设计了贯通南北的道路系统，用于提高航站楼与外界城市交通连接的可靠性、便捷性。利用东西环路完成了 T1、T2 航站楼之间和南北出口间的快捷连接，使内部道路既不影响交通，又降低了因机动车长途绕道和机场环路所造成的交通压力，在做到了有效分流的同时，也保证了航站楼的交通顺畅。在交通中心和停车楼建筑基础上，为保证了旅客换乘交通的便利性，在交通中心设置上，按照公共交通为先、公众乘客为主、离港乘客为主的原则，把公共汽车诸如城轨、长途大巴、租赁车等全部前置，减少了旅客行走的距离和时间。在地铁站与城轨站的设计上，将其分列于交通中心大厅的东西两侧，做到了对乘客的合理分流，同时，私家车乘客能够利用垂直道路抵达各层车库。在与轨道交通的连接方面，在地下二层中间设有专门的换乘渠道，提升了交通换乘的便捷性。陆上交通系统采用人车分流方式，乘客既可从步行通道抵达市区的巴士上客区、长途巴士候车区，或私家车停放处，也可通过垂直交通道路抵达站厅，或城轨大堂和停车楼的其他楼层。

在航站楼流程的设置方面，以旅客和行李为主线。这种流程设置既是航站楼内部交通功能的基石与核心结构，也确定了整个航站楼内部功能组合架构，是影响航站楼整体运营效果的关键因素。具体来说，分为如下几部分。第一，从客运过程设计上，T2 航站楼承揽的各类客运业务包括国内出港、国内进港、国外出港、国外进港、国内转国际、国际转国内等。这些业务相互交叉，又彼此联系，或关联，或融合，随时可能产生全新的商业流程。因此，可以通过内部混流、向国外分流和混合机位的方法，更有效地改善大型航站楼的管理架构和楼层的合理性。对单一方向的客运流线而言，因为国际航线繁多，因此采用单一流线方式，可以增加流线方向的清晰度，从而减少了旅客的客流选择点。当进入办票大厅之后，只要跟随一个方向，而不需要做选择，就能够进入安全检查厅，在完成安全检查后即可选择到登机口登机。在国内与国际出口处均有一个迎客口，以建立大厅和国际交通中心之间的联系，在乘客引导方面，通过简明的工作流程引导，使乘客对空间结构更加明了，而且导向清晰。

在国内流程上采用混流设计的方式，不仅降低了独立的楼层通道和业务机房的规模，而且做到了对商店、洗手间、问询柜台等公共服务设备的共享，从而降低了登机口工作人员的劳动成本，节约了投资，并有助于提升资金使用率。对国际贸易而言，仍采用分流工程设计，这主要是出于对通关人员和边境检疫机构的统一管理要求，这样能够更好地提升安检效率。而在国内国际可切换的混合流程之下，竖向还设有四个功能楼层区块，其中第四层为国际起飞层，第三层为国际抵达层，第二层为国内外出入港混流层，第一层则安排了装备、办公工作以及机坪服务等。境内与全球乘客均可进行分层候机，这也就大大提高了转换行李的速度，使机位利用率大大地提升。

2. 国内中小型机场航站楼

航站楼结构的确定是航站楼总体设计的前提条件与基础，而航站楼的总体规划设计必须与机场的总体规划建设相互融合，从而在将综合交通枢纽概念与机场设计相结合之后，实现整体与局部的有效融合。由于交通的日益复杂，航站楼的结构设计不再是简单地将航站楼与空侧进行二维思考，而是就航站楼、空侧、陆侧、时间之间的复杂性进行四维思考。对于年吞吐量 1000 万人次左右的中小型航站楼来说，在规划上主要有如下 3 个特点：

① 与主城区距离较近，通常在 20~40 千米，极端情况下会达到 70 千米。

② 对于进场的公路交通来说，主要采用高速或全程高架的形式。

③ 轨道交通以轻便列车的地上或地下方式进入。

由于中小型航站楼的建筑设计较为简单，且对交通影响不大，所以，应最大化顾及近机问题。应充分利用航站楼的规模，搞好空陆间的交通连接，同时，也要为其长远规划留足充分的空间弹性，充分考虑旅客的活动空间，以及航空中转的便利性和空侧服务的便捷性，实现有效衔接。

由于航站楼建筑设计中必须结合多方面的因素考虑，如技术设施、功能规模、运行过程和结构特点，所以对于中小型航站楼来说，在设计时既要服从内部变化，又要适应外部发展，也使得航站楼在设计时既要保持空间的灵活性，又要保证局部和整体的可拓展性，使其在不影响整体运行的情况下，空间可以不断扩大。此外，旅客在航站楼内还要进行安检、值机、托运、边检等，因此，航站楼建筑在设计时就必须设置设施空间，并分设了隔离区与非隔离区，这也是航站楼建筑与其他交通建筑相互区分的一个主要特点。具体而言，关于中小型航站楼建筑设计的主要特点如下。

第一，在交通流线建设中必须遵循流线管理的准则，防止各内部空间交错，并将安全区域与非安全区域严格分开。针对客运流线而言，应简洁流畅，以便乘客可以通过各种指示牌顺畅抵达终点。同时，旅客在客运流线上，也需要经常变换不同地面高度，按需要设置适当的坡度。在人流聚集的地方，若要办理手续或进行安全检查，必须有充足的工作面积，同时，还要确保乘客的排队等待范围，让人流能不受影响。对航站楼而言，主要起到的是交通枢纽功能，所以，要求在建筑物的布置上保证相应的人流、物流的通畅。一般而言，客流量越大，流线就更复杂。流线设计必须考虑乘客上机时间，目前常见的登机手段还有步行登机桥、摆渡车等，其主要原则就是缩短乘客手提行李的步行路程。在中小型机场航站楼的流线设计过程中，还必须充分考虑到离港乘客的混流与分流问题。因为中小型机场内部运营人数限制，所以，目前中小型航站楼更加偏向于到港分流模式。针对小型航站楼，各类贵宾服务的流线设置必须涵盖不同类别，并考虑到行政舱、商务舱、头等舱服务等功能，其中行政贵宾流线不能与普通流线交错，商务旅客流线则必须满足对近远机位的便捷分层，而头等舱流线则通常采用与一般乘客流线并列的设计，这一类流线设置不仅是小型航站楼改善其非线条化运营收入的主要渠道，同时也是为了满足当地政府对接待出行能力的统筹考量。

第二，就中小型航站楼而言，在内部功能设计上，必须兼顾乘客与行李两大主体的公共空间，同时需要平衡乘客、航空公司、地方政府部门等设施空间之间的相互关系。在内部空间方面，中小型航站楼本身空间复杂多变，内部流线丰富，空间只是其基础部分。航站楼的设计重点是利用空间的导向与组合，并根据人流的顺序以及具体的操作需要加以安排，从而使大部分的使用空间都得以合理使用。同时还要穿插安排各次要的利用空间，包括主要交通道路、出港通道、入港道路，以及垂直通道，比如升降机、台阶、自动扶梯等，从而将不同空间既彼此连接又进行独立划分，从而构成整体有序的空间结构系统。

第三，对中小型航站楼建筑而言，其建筑的最大特征就是改扩建工程，这也是随着国内航站楼客运量不断扩大而产生的。针对中小型航站楼的改扩建工程来说大致上可分成两种，一种是基于现有航站楼建筑而进行的改造，另一种则是对新增航站楼而进行的建设。改扩建设计的难点就是新旧楼间的相互连接，以及旧建筑改造的复杂程度，这就要求新旧航站楼之间在功能构造、外立面设计、空间内涵、道路流线等方面保持协调。

新航站楼的改扩建设计原则主要包括以下两点，首先，必须充分考虑新航站楼运营的现实需要，从而预先提供发展弹性。其次，在改扩建过程中，必须确保航站楼正常运营。

第四，地域性的风格营造也形成了中小型航站楼的重要特点。不同的城市都有着各自的独特文化与精神特征，而这种文化特征又是城市内在的DNA。这些地域文化特征又往往表现在城市居民的实际生活之中，这就要求建筑设计师去感受，去考察，去发掘，并利用建筑的语言与方式，使其与建筑空间巧妙地融合起来，从而构成城市独特的文化航站楼。

在中小型航站楼的建筑中，对地域城市文化特征的提炼和表现，是形成中小型航站楼地域性文化风格最直观有效的方式。而文字、美术、传说、戏曲等是能够直接反映区域人文特色的文化要素，可以经过适当的抽象与提炼，将其融入中小型航站楼建筑之中，使建筑自身变成历史文化展现及传播的重要媒介。

敦煌T3航站楼(如图2.11所示)就是一个典型案例。它的设计立意为“汉风唐韵，中华之门”，设计概念源于汉唐恢宏大气的宫殿建筑，整个建筑很好地体现了力鼎万钧、同舟共济、团结向上的敦煌精神，加之中间高起的门户形象，勾画出敦煌面向世界的“中华之门”形象。

对建筑所在区域和场址、地形地貌和周围气候、自然环境的重视，是对地域性建筑物的最基本要求。因为机场跑道和机坪的特点，常常要求大规模的平整用地，因此在国际航站楼的建筑设计中，常常能够因势利导地合理使用场地地形，这并不仅仅是为了节约投资的考虑，更主要的是表达了地域性建筑的绿色设计理念。在对气候的处理时，利用对本地气候特征的认识和对以往施工方法的分析总结，选择比较适宜的方法来应对本地的天气条件，这才是航站楼施工必须采取的天气处理方法。长白山机场航站楼(如图2.12所示)，就是一种合理地利用了建筑造型与地区气候特点的建筑方案。因为长白山处于温带大陆性高山气候区，冬天漫长而且严寒，夏季短暂且天气变化无常，所以在建设之初就选择了大面积的三坡屋顶的建筑结构，除了能在冬天很好地除雪，还能在夏天的雨季中达到良好的排水效果，而且建筑外形上远看显得比较敦实、厚重。

图2.11 敦煌T3航站楼

图2.12 长白山机场航站楼

针对中小型航站楼建筑，其主要趋势包括如下三点。

第一，在交通集约化的发展趋势带动下，促进了多层立体模式的出现。传统航站楼在设计上更多地采取了起飞与到达的二层设计，但目前由于中国航空客户流量的日益增加，以及更多交通模式换乘越来越常见，多层空间结构能够有效地解决目前的交通压力。它主要功能是把行李分拣用楼层和到达层分开，并安排独立的步行楼层，用于联络陆侧通道。

第二，要提升空间的舒适度，这也是航站楼发展的重要趋势之一。通过增近机位，提高航站楼的服务水平，就能够减少行走距离，提高服务质量。特别要减少飞机换乘中的上坡，同时通过设计清晰的标识体系，更好地满足地面空间的通透性和舒适度的要求。

第三，在航站楼中采用可持续发展的能源。航站楼一般以大面积玻璃幕墙为主，高效保温材料的外墙体系和复合型外墙，包括密闭隔热性能好的外窗和幕墙，开始被普遍使用。

2.2.3 由远及近的航站楼建筑工业化变迁

航站楼可以说是供数千万人使用的大型公共建筑，它是一个系统工程，从现代航站楼的建筑特点来看，主要包括以下几点。

第一，在总体策略及基本维度上，放眼未来，由远及近，立足本期，同时，适当留白，近远兼顾，灵活考虑。现代航站楼建筑在建设中要确定远期的整体规划架构，并在此架构基础上，实施本期(近期)的具体实施方案。分期建设规划是保障航站楼建设可持续发展的关键手段，同时也是工程建设不能忽略的重要环节。在设计时，需要充分考虑的要素主要涉及各阶段建设的经济效益、后续阶段工程建设的衔接实施难度和时间把控，以及后续阶段工程建设对经营的影响，主要涉及：陆侧道路经营，码头的经营，航班、机坪、跑道、塔台等的调度，航线运行管理，及各阶段建设航站区域的总体景观。

第二，航站楼在数量上实行弹性设置。就一家小型航空港而言，其终端年客运能力不到2000万人次，从土地的集约利用和长远的经济效益来考虑，打造一座当前可自主运营，未来可快速扩展的航站楼，会是一个极佳的选择。首先，在主楼的弹性设置上，主要包括办票设备及空间，境内安检、海外联检设备及空间，行李处理设备及机房，以及行李提取设备及空间的扩容。其解决方式有：其一，前期留足土建施工规模和机电设备容量，未来进行工程设备扩容。这种方式是未来扩张的最快捷的方法，由于本期工程规模和投入很大，适合未来扩张不会较大，且前期工程规模和投入相对宽裕的工程。其二，本期工程在主楼的相应地方设有户外天井院落，并留足机电设备容积，未来将户外天井院落逐步拓展为室内多功能空间。但在天井院落内的建筑施工却困难很多，建议本期工程就把天井院落的基础部分一次完工，在未来建筑施工时尽可能使用钢构或厂房的预制构件，以降低建筑施工期限和复杂度。其三，本期在主楼一侧或两侧留下扩建条件，并留下充足的水、电、能源接口，未来如有需要即可进行扩容。虽然说这种做法不失为一个好的方案，但由于航站楼的特殊性，扩建很有可能破坏现有功能布局的合理性。因此，要想实现航站楼工艺流程的合理性，还需要对既有设备进行调整，有可能会对航站楼的运行产生影响。其四，在候机点的弹性设置方面，最主要目的就是增设登机门和近机通道，最常见的设计方式包延长候机廊门和增设候机指廊，延长候机廊门是未来扩展的最快捷的方法，增加候机指廊则是较为便利的扩容方案，但这会对空侧运行造成一定压力，尤其是增加中部指廊对空侧的影响会比较大。因此，尽量选择在端部增加指廊。

第三，为了满足未来航空交通运输的发展需求，航站楼的设计需要考虑可变性。可变性设计要预留足够的空间和预案，以适应未来发展的需求。在进行可变性设计时，需要考虑航站楼各主要功能系统未来发展趋势的变化，提前制定预案。

① 对于具备国外综合业务功能的航站楼，在进行可变性设计时需要充分考虑国外各种功能服务设施的融合性；

② 对于具备国内、全球综合业务功能的航站楼，在建造时应考虑国内、全球可转换候机区域和机位的设定，以充分利用空间资源；

③ 对于具备国外综合业务功能的国外机场航站楼，在建造时也要充分考虑各种国外转机空间和设施的设置；

④ 针对较大型的国外机场航站楼，在本期施工时使用人工分类行李管理系统的还应保留未来发展自动分类行李管理系统的可能性；

⑤ 较大型国内机场航站楼还应保留未来发展捷运系统(联系卫星厅)的可能性。

1. 区域功能集中化

航站楼归根结底还是建筑空间，而它所围绕的核心问题就是旅客航站楼建筑设计工艺流程，大致涵盖：旅客的通行过程、托运行李的输送体系布局、航空码头设备的工艺、功能模块的布局、标志引导体系的设计、控制调节体系等。建筑物的规格、尺寸、形式、构造及其服务配套都应当遵循旅客航站楼建筑设计工艺流程的要求，工艺流程计算是设计的前提条件，而工艺流程设计则是建筑布局的基石。旅客航站楼建筑设计要满足空港飞行区的变动、航班业务量的变动等。同样，航站楼建筑的工作空间设计要具备高度灵活性与通用度，应充分考虑分期施工、程序改变、机型调整、航班变更、工艺设备增减等方面因素。正是现代结构与工程技术，带来了营建这种开放式的大空间的机会，使航站楼建筑功能单元、工艺流程布局、工艺更新等可以随意而灵活地合并与分割。

早期的机场，因为规模有限，旅客的数量也非常有限，所以，常常被设计为专门使用的建筑物。后来随着社会的日益开放，以及航班架次的增加，客流量的增加，人们对服务设施的种类的需求也越来越多。因此人们在航站楼内的商务活动也日益频繁，而相应的配套基础设施也日益齐备，商业、饭店、宾馆、餐厅、银行、邮政、汽车租赁服务公司等都出现在了航站楼建筑内。从以前只有一个交通运输职能的航站楼建筑，开始逐渐成为与社会文化和商务功能紧密结合的现代化综合交通建筑物。

航站楼内有两个重要的空间：出港区和到港区。出港区主要由大厅、安检、信息咨询处、值机柜台、商店、餐厅、候机区等组成。到港区则是由大厅、海关、边检、商店、餐厅、行李提取处等组成。另外，在航站楼建筑物内还有占一定体积的办公室等。此三者共同组成了航站楼建筑物最重要的功能架构，具体而言，现代航站楼建筑内部的功能区域主要包括以下几方面。

第一，登机手续办理处。这是每位乘客在航站楼内获得的最直接的服务，也是用来评价服务的最直接的标志，登机检票柜台以及与之结合的排队等候区域也是进出港大堂的最主要部分，通常有以下两种安排形式。第一种是横列式柜台，沿着出港大堂的横向一侧一字排开，并直面航站楼出入口。另一种则为自由单元式柜台，布置的地方位于进出港大堂的正中央，各个单位沿着纵向方向排列。

第二，行李管理。出港行李通常都会经历托运检查、行李分类、装车运送等阶段。而进港行李则要经过从航空器上卸下、运输至码头、取出行李和海关检查等多个阶段。对规模较小的航空码头来说，大多采取同层式布置。同时，在行李运送上应注意尽量避免发生转弯和层次的变化，传送带的斜率不要大于 15 度，同时应防止与旅客和货物通道交错，尽可能让分拣线接近停机坪。

第三，购物和饮食。这一直是航站楼内零售业的重要部分，大多分布在乘客的行进路线上，航站楼设计最基本的思想就是避免把客人的经济活动与其他商业活动分离。而现在要求的则是空间上的统一，并有目的地指引乘客通过商业区，在保证安全的前提下获得最大的商业利益。在欧洲，顶级的机场购物商店当属巴塞罗那机场的拉姆布拉斯购物中心。

第四，候机厅的设置。候机厅作为出港码头区的主体，能够看到停机坪上的工作状态。对指廊型航站楼的候机厅而言，这个大厅可以分割成若干个小的区域，各个分区都有一些小业务单元，如专门销售书报杂志的较小的零售区，以及公用卫生间、餐饮区等。在卫星式航站楼中，每一座卫星室都相当于一个分区。

第五，资讯提示。航站楼十分关键的作用便是及时地向乘客提供所有需要的资讯，包括飞机动态、登机的时间、路线导航、地点提示、时间、行李到达与取出等（如图 2. 13 所示）。在航站楼中，为乘客提供的公共场所以及乘客通行的主要通道上，均必须设有导向标识，导向标识通常由文字与图形构成，通常以蓝、绿、灰和黑、白中三种颜色为主，以给人一种放松的视觉效果。在台北国际机场航站楼内，进出港大厅安装着六个巨大的液晶航空动态显示屏，为旅客提供航班信息，同时还有四面电视墙展示其他资讯；在值机岛和隔离区还装有彩色显示屏，可以展示进出港航班信息和登机程序。

总的来说，航站楼是一个内部复杂、功能交织的综合性建筑，各类功能的设施都需要进行专业化设计。在目前交通高度发达的背景之下，航站区内部建设从原有的功能分区更多地向着区域功能集中化方面拓展，尤其是对大型、超大型航站楼来说，区域功能的集中化设计可以相对节省建设投资，同时还可以方便国际航站楼内公司、查验机构等的集中操作，便于国际业务的开展，便于运输服务集中配置，便于陆侧交通设施集中配置，便于行李集中处置，便于商务、贵宾等服务设施集中配置，以增加人气。

图 2. 13　导向标识系统

2. 航空、铁路、公路一体化

进入 21 世纪，随着中国经济的高速发

展，中国民航业也在不断保持着高速发展，据有关统计资料表明，中国民航业每年旅客运送数量增幅巨大，2006 年中国民航旅客吞吐量为 3. 32 亿人次，而到了 2013 年，这一数值已经上升至 7. 54 亿人次，增加了一倍多，中国已经成为世界上第二大航空运输强国。在建筑方面，特别是以航站楼为代表的高科技建筑领域，我国经过了学习、仿制的发展阶段之后，已经步入了完全独立自主蓬勃发展的阶段。步入 21 世纪之后，中国国内建筑设计界已经拥有与国外建筑机构和各大国际级建筑大师同台竞赛的平台。国内建筑设计机构已经基本能够自主进行大型航站楼的建筑设计，民航机场规划设计研究总院、北京市建筑设计研究院、中国建筑东北设计研究院、中国建筑西北设计研究院、中国建筑西南设计研究院等一些老牌建筑设计院也都进行了相当多的航站楼建筑设计实践，它们也是在步入 21 世纪之后才开始进行航站楼建筑的自主设计，比如，北京首都国际机场 T3 航站楼、昆明长水国际机场航站楼、成都双流国际机场 T2 航站楼、广州白云国际机场航站楼等。

现如今机场航站楼早已不仅仅是交通类建筑物。随着航空港规模日益扩大，航空港也渐渐向着航空港城市的趋势演变。未来的航空港还将作为我国经济增长的重要动力和外贸的重要门户。大都市化背景下的新空港建筑将涵盖交通运输、商贸、娱乐、办公等多项功能，新机场航站楼的建筑规模也将更大、业态更加多样。在这个前提下，目前对中国第四代航空码头建筑最重要的改变便是加强与大都市的交通运输连接，以满足未来庞大的交通运输需求。以北京首都国际机场 T3 航站楼和上海虹桥国际机场新航站楼为典型代表的中国第四代航站楼建筑，相继把城市综合交通枢纽及换乘中心的构建作为新航站楼工程的重要目标。

航空业的高速增长导致航站楼旅客量持续增长，同时航空、铁路、公路一体化已成为国内轨道交通建设的一个主要目标，轨道交通集约化的发展趋势，导致航站楼向多元立体化扩展。多层立体交通运输系统使航站楼旅客入港过程、出港过程和中间环节的分层设计变为可能，便于更迅速方便地运送乘客。

第一，路侧进出港的层次布局。目前，中国大部分机场航站楼一般采用始发与抵达层次布局，一般第一层是抵达，第二层是始发。这样进出港流程的优点是：在乘客流量很大的情况下，能够做到进出港乘客迅速分流，减少拥堵。目前这种进出港层次布局的形式在不少机场航站楼被使用，如北京首都国际机场 T3 航站楼、上海浦东国际机场 T2 航站楼、广州白云国际机场 T1 航站楼、西安咸阳国际机场 T2 航站楼等。一般设置方式大致是：

① 行李分拣用房和直达楼层分开，设置于底层或半地下室；

② 单独的行人层，联系陆侧公交枢纽(都市公共汽车或轻轨、大巴、租赁车等)、停车库；

③ 陆侧或空侧的捷运系统站台层；

④ 商品服务层(饮食、商场)设置在始发办票大厅的上方或下方，或设置在指廊的上方；

⑤ A380 机位的分层候机区和登机门；

⑥ 上下相连的始发办票大厅。

第二，便捷有效的换乘环节。对客流量超过1000万人次的各大航空港而言，有非常大比例的旅客都是转机乘客，所以，对大型枢纽的航站楼建筑而言，在进行建筑设计前，就必须充分考虑转机过程，同时减少换乘次数，便于航空公司形成枢纽航班网。按照国际航站楼类型的不同，分别选择集中或离散转机过程，并适当布置国外转机厅及换乘中心，或适当布置转机及联检室，以实现全球转境内、全球转全球、境内转境内、境内转全球的转机过程。其中，境内转全球及全球转境内过程都相对而言比较复杂，在航站楼过程设置时，可主要参考境内与全球之间互转的过程设置。

第三，有效提高近机位使用率。在机场航站楼设计中应该尽可能增加近机位的比例，降低远机位的数量。远机位给国际航站楼的业务流程设计增加了一个环节，既增加了业务流程的复杂度，也降低了旅客搬运的效率。机场航站楼的近机位比例直接关系着航站楼的业务质量，采用复合机位或可转换机位能够大幅提高近机位的使用率。重要设计手段还有：

① 国际、国内机位转换，例如浦东国际机场T2航站楼，在42个近机位中有26个国际、国内可转换机位，国际、国内候机厅分层连接同一个登机桥，可以根据实际需求随时进行调整；

② 一个大机位兼容两个小机位，如1F兼1D和1C，1E兼2C；

③ 两个机位共用一个登机桥交错登机；

④ 平面复合机位，用隔离廊连接若干个机位，达到国际、国内互转；

⑤ 剖面复合机位，上下层共用登机桥，国内上下层共用登机桥、国际和国内上下层共用登机桥。

综合交通枢纽在交通集约化理念的指引下应运而生。区别于传统意义上的注重飞机之间相互换乘的飞机综合交通枢纽功能，综合交通枢纽功能更加注重各种运输形式之间的衔接，尤其是飞机和高速公路之间的换乘。总体而言，机场综合交通枢纽还需要同时具备如下特征。

① 从运力规模的角度考虑，在通常情况下年均旅客运输量超过2000万人次；

② 从中心区域的高度考虑，通常位于一个核心都市，并以此为基础向附近卫星城市及中小型城市辐射；

③ 从用途的角度出发，不仅承担单纯的交通运输转换功能，而且作为城市道路的主要部分，也正由于这样，其陆侧交通方式将更加趋向复杂和多样。

图2.14　上海虹桥国际机场

目前，在中国航空港综合交通枢纽设计方面，走在国内前面的主要是上海虹桥国际机场(如图2.14所示)、上海浦东国际机场、北京首都国际机场、广州白云国际机场、深圳宝安国际机场、昆明长水国际机场。上述机场所在城市已成功地实现了航空、铁路、公路融合，其城市转乘中枢的交通融合和一体化发展程度高，且已充分发挥和完善了城市轨道交通的核心作用，在城市转乘中枢的总体布置过程中，城市轨道交通往往处于中心地位；同样，根据不同的城市轨道交通连接形式，城市换乘中枢和地面航站楼的连接形式也不同，而城市轨道交通线路的设计和地面车站的布置，也较大程度制约着城市换乘中枢的总体布置；在实现基本轨道交通服务的时候，还利用换乘中心内部空间，设置了包括商务、办公室、无行李值机、食堂等设施，实现了换乘中心服务的多元化；在设置流程上优先考虑到公交和航站楼的连接；旅客的换乘行走流程在一个比较密闭的系统内完成，整个流程中人车不交叉。

综上所述，在航站楼设计上，各种运输方式(机场高速、地铁、城际铁路、水运)共同运营的城市轨道交通系统将是未来的主要发展方向。但目前中国国内航空业仍处于高速增长阶段，客流量的提升尚有较大的空间，在未来的航站楼规划设计中，还需要考虑航站楼与城市轨道交通系统的连接，以构建便捷有效的城市轨道交通系统。

3. 乘客出行智能化

复杂的航站楼建筑整体运行离不开智能化设计技术和智能交通系统的支持，它就像建筑有机体的中枢神经系统，布局广、规模大、结构严密、控制精度高，智能化是目前交通领域的一大发展趋势，对于航站楼建筑来说同样如此。

如今，由于现代数字化科学技术开始进入人类的生活，数字化技术把大数据资源转化成数字信号，再经由计算机储存、处理后，由计算机网络实现信息传播。虚拟现实科技、人工智能技术、大规模数据库和计算机网络技术对现代建筑方式、方案的设计，以及现代建筑控制等方面，均有重要的影响。现代数字化技术已经彻底改变了人类以往的建筑方式和建筑施工工艺，并刷新了人类在信息化社会中对建筑技术的认识。电子化技术在建筑设计中的运用使施工方法和建设手段进一步信息化，现在从方案设计到实施阶段全部使用了计算机控制，应该说，推进了建筑设计的系统化发展。同时数字化技术的引入也促进了建筑构造在航站楼结构中的运用，它使航站楼构造框架更加适应动力学要求和稳定支撑的需要，增加了建筑构造形式的多样性。

航站楼本身作为具备公共交通功能的公共建筑，其标识体系的设计对于乘客的智能化出行具有重要作用。智能化、人性化的标识体系设计，必须根据乘客的身心、生理需求而展开，以便设计出最适合其视觉体验的标识。

在航站楼的识别体系中，一般按照具体的特征分为引导性标识、说明性标识、局限性标识和禁止性标识四大类(如图 2.15 所示)。标识的样式必须坚持规范化、明显性和可识别性的原则。标识必须用数字来表示，辅以相应的文字。在标识版面设计上，包括文字、图形以及颜色三大要素，标识设计需要对三种元素进行科学设置。

图 2.15　航站楼内标识体系

从目前民航业的发展现状来看，标识系统更加智能化，智能化的电子标识系统具有灵活性、动态性和易变性，可以根据乘客实时需求进行动态调整，从而更好地为乘客提供服务。例如，某些机场的电子标识系统可以根据航班情况及乘客需求实时调整，包括航班信息、登机口和候机室的位置等信息。同时，引导机器人也成为标识技术的新方式。通过图像扫描和语音处理技术，引导机器人可以完成对特殊人群的针对性指导，例如盲人、听障者等。此外，标识配备三维导航系统可以帮助旅客准确定位，提供从起点到终点的最短路径规划，提高旅客的出行体验。例如，中国香港国际机场引入的“乐行宝”App，便于旅客在机场进行导航和预订服务。

2.3 民航建筑工业化顶层设计

党的“十九大”报告提出，要坚定不移实施创新驱动发展战略，推进建立创新驱动强国，做出了建设交通强国的重大决策部署。中国民航局党组以创新发展理念为导向，根据国家“一二三四”总体设计研究工作基本思路，确定了“一加快，两实现”的民航强国发展战略，提出了全力推进“平安、绿色、智慧、人文”四型机场建设的工作要求。《新时代民航强国建设行动纲要》(如图 2.16 所示)中明确要求实施智慧机场示范工程，加强机场新技术、新产品研发应用，推动机场管控模式、服务模式的革命性变革，实现“智慧运行”“智慧服务”“智慧管理”。

2.3.1 “四型机场”的建设要求

在 2018 年第三届中国机场服务大会中民航局提出：以打造“四型机场”为抓手，努力实现机场运营发展提质升级。“平安机场、绿色机场、智慧机场、人文机场”是对机场规划设计、机场建设和对机场运营管理、服务保障方面的要求，是未来机场的发展方向。其中，“平安”是基本要求，“绿色”是重要内涵，“智慧”是创新动力，“人文”是根本目标，各机场要对标全球一流机场，建立“四型机场”标杆体系。

2019 年第十届中国民航发展论坛(如图 2.17 所示)在北京开幕。中国民航局局长冯正霖以“以智慧塑造民航业的全新未来”为主题发表演讲，提出“未来随着以‘高速互联、泛在移动、天地一体、智能便捷、高度集成’为主要特点的新型智能化设施的发展，中国民航运营管理将越来越智能化、网络化，对空间资源的有效利用将大大提高，整体运营效能将出现质的提升，在中国经济社会建设中的战略地位和重要战略意义将越来越突出，在新型综合运输网络建设上将比较具有优越性。航线、机场等业务主体将经过数字化转换，公司组织架构将更为灵活，客货管理效能会提升，经营成本将进一步下降，同时可以给乘客和货主带来更多的选择权、更大的话语权、更便利的金融服务等，在国际市场竞争中更具有经营优势。”

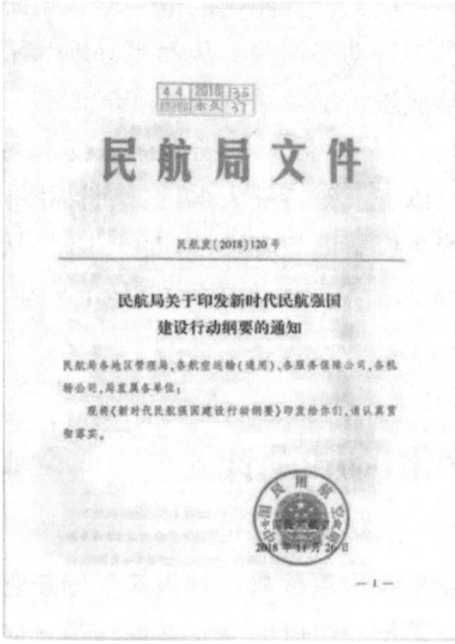

民航局文件

民航发〔2018〕120号

民航局关于印发新时代民航强国建设行动纲要的通知

民航局各地区管理局，各航空运输(通用)、各服务保障公司，各机场公司，局直属各单位：

现将《新时代民航强国建设行动纲要》印发给你们，请认真贯彻落实。

2018年11月26日

—1—

图 2. 16 《新时代民航强国建设行动纲要》

图 2. 17 第十届中国民航发展论坛

2020 年 4 月 20 日，国家发改委在新闻发布会上首次确定了“新基建”的范围，并提出新基建将是以技术创新发展的理念为导向，以技术创新为驱动，以信息网络技术为基石，面对高品质的需求，实现数字转化、智慧提升、融合创新等业务的综合基建系统。中国民航局印发《中国民用航空局关于推动新型基础设施建设促进民航高质量发展的实施意见》及《中国民用航空局关于推进新型基础设施建设五年行动方案》，由此可以看出，数字化将是现代产业的一次变革，是行业发展的一个趋势。

民航机场建设是建设交通强国的重要基石，我国“十四五”期间将继续加大民航建设的投资力度，加快北京、上海、广州等国际航空枢纽建设，推进天津、沈阳、济南等区域枢纽机场扩能改造，迁建厦门、大连等机场。新建一批非枢纽机场，加密中西部地区和边境地区机场。机场建设对于推动地方经济所起到的作用有时候比新建一条高速公路更大。作为一个城市的重要门户，机场建设具有一种示范性，不论是枢纽机场还是支线机场的建设，都要着力增强机场内在能力，建设“质量系统工程”，实现“以人为本、高品质保障、功能应用、绿色低碳、智能效率”的建设宗旨，实现建筑工业化、装配智能化。

2020 年 7 月住房和城乡建设部等部门印发《关于推动智能建造与建筑工业化协同发展的指导意见》，提出建筑产业化转型、强化技术、提高数字化管理水平、培育产业体系、积极地推进绿色生态建设、拓展应用环境、革新产业管理与业务方式这七个工作目标。意见中明确：促进建筑工业化升级、提高工程建设质量和智能化管理服务水平、大力发展建筑产业化、积极推进房屋绿色建设、革新行业管理方式五大重点工作。其中对于民航建筑工业化的具体规定：航站区和服务区域的建设，按照不低于全国各地预制装配式建设标准的条件进行，鼓励符合建设要求的地方民用直属单位，优先采取装配式方法建设，通过项目实践形成适应民航特色的装配式建筑物设计方案，发布相关图集和指南。机场建设更注重机场的规划与航站楼内部的功能定位，更注重智慧航站楼的建设，以实现“四型机场”的建设目标。以数字化手段优化方案论证，开展建设智慧工地，加大装配式建筑应用比例。

2.3.2 新时代的民航建筑

1. 利用数字化仿真技术进行机场规划

机场选址影响到整个城市的经济布局，依靠机场建设带动周边的航空产业发展，已经是很多地方的发展战略，机场不单纯是一种交通设施，而是航空城、交通枢纽。整个机场从空间进行划分，包括飞行区、航站区、货运区、机务区、工作区、航油及空管保障区等。航站区由站坪、航站楼、陆侧交通中心组成，其核心就是航站楼。航站楼由于其特殊的交通属性，被很多地方政府当作城市的名片，而被赋予更多的社会属性，往往显得“高大上”，而除了运营方关注外，政府主管部门则很少关注其后期的运营成本。机场作为一个资产运营管理单位，势必要兼顾社会效益与自身的经营效益，这就要求从设计、施工阶段努力降低工程建设成本以及后期的运营成本。按照智能化发展的要求，避免过度超期规划，同时也避免投产之日就是扩建之始。

航站楼的整体建筑设计要依据当地经济发展速度和客货运需求量等数据确定当期发展规模，首先确定的是空港跑道和重要滑行路线布局及其航站区的使用区域、飞机等级，其次才进行航站楼的整体建筑设计，有些机场把航站楼建筑结构放到总体规划阶段加以研究制定，一些机场甚至将航站楼建筑的基本功能的平面和竖向布局也放在了整体规划阶段研究制定。航站楼的规划与建设就是要兼顾其他交通的联络方式，为旅客出行提供便捷的服务。大部分的机场航站楼是分阶段建成的，很少是一次性建设。集中式的航站楼以内部设备集成运转有效、乘客换乘速度快、商品服务设施聚集、乘客数量多、管理工作简便、陆侧交通运输基础设施聚集为主要特征，但同时也产生了设计体系庞繁、施工规模大、客流路线长等突出问题。当然航站楼设计与航站楼建造还需要考虑土地利用、城市建设、航空公司运营等因素。有调查指出，航站楼管理人员和中转旅客更偏好大型集中式航站楼，商业客户更偏向于中小型疏散式航站楼。在大型航空港的前期建设阶段，面临着许多问题，因此作为规划设计研究人员应该利用相关规划理论开展大数据调研工作，为机场航站楼方案设计提供支持，并对不同交通方式出现的问题进行合理划分，从而明确规划模型，处理好在各种模式下航站楼建筑中的具体问题。

我国民航机场航站楼建设取得了突出的成绩，其中北京大兴国际机场、上海虹桥国际机场、上海浦东国际机场卫星厅建设都充分利用数字模型进行规划研究。

上海虹桥国际机场的规划设计在采用常规的定性研究方法时还借鉴了国外先进机场规划设计经验，引入了大规模计算机仿真模拟技术，通过在数字化模型上模拟运行，对主要规划设计指标进行量化评估和验证。在此研究路线下，课题组完成了上海虹桥国际机场总体规划研究、T2 航站楼综合体设计研究、上海虹桥国际机场飞行区及西航站区站坪运行模拟研究、T2 航站楼客流模拟研究等工作。

上海虹桥国际机场总体布局采取双航站楼体系，运营管理模式主要是西边跑道主起、东边跑道主降，因此航空地面滑行或者空管机构对跑道的管理都相对繁杂，而东西航站区的运营分配方法也将对整体的运营绩效产生重大影响。根据上海国际机场股份有限公司总体规划，T2 航站楼在未来将主要服务上海国际机场股份有限公司大多数的国内外定期及商务飞机运作，而东航站区内也将基本保持既有的设施及其现有容量，并重点服务廉价航空运营或者国际包机运作。本次调研还对东西航站区域之间旅客量及其航班架次的不同分担比例，和各种机型组合对飞行区运营业绩的影响进行了模拟数据分析。虹桥国际机场 T2 航站楼客流模拟是一项长期的探索项目，从既有的西航站楼规划设计入手，根据航站楼运行经验，贯彻可持续的策略，使航站楼所有子阶段的建筑设计和谐一致。各种优秀的设计软件和方法的导入，将对上海虹桥国际机场 T2 航站楼各部分规划设计进行更加严谨缜密的研究与完善，以最大限度地保障虹桥国际机场打造国内外“最具人性化机场”的战略规划实施，以期使中国机场的设计和建设更具先进性。

上海浦东国际机场卫星厅的机位布局是通过使用美国联邦航空局机场空域模拟模型（SIMMOD）来进行研究的。研究解决南航站区机位数量和布局问题，从而实现浦东国际机场总体规划的年均客运吞吐量 8000 万人次的要求，机位布局及数量需要保证空、陆侧设施的平衡。根据计算仿真得到的信息，跑道运营能力、飞机的滑行时间等信息将可以决定飞行区的总体运营能力和绩效，用以实现卫星厅的计划调整与经济效益评估。

图 2. 18　VISSIM 交通仿真模型

北京大兴国际机场陆侧交通规划也需要进行仿真研究，以满足未来机场交通量的基本要求。在这个过程中，首先需要建立一个 VISSIM 模型（如图 2. 18 所示）来处理交通流信息。然后，使用 CAD 绘图软件绘制机场陆侧交通规划设计图形。接下来，根据交通调查数据设置路段流量、路径及各路径比例，分析停车线的排队长度、停车线流量、车辆的行程时间等。根据这些分析结果，可以得出北京大兴国际机场规划设计方案，该方案可以满足未来机场交通量的基本要求。最后，根据仿真研究成果，规划设计出进出道路系统、楼前交通系统、容错系统、航站区和工作区衔接系统，以满足各类社会车辆的需求。例如，进出道路系统需要包括高速公路、出租车道、巴士道等，以提高交通效率；楼前交通系统需要考虑客流、行李流等因素，设计出最佳交通路线；容错系统需要保证交通系统的稳定性和可靠性等因素；航站区和工作区衔接系统需要考虑空中交通和地面交通的衔接等因素。

2. 用智能设备使航站楼更具有人性化

“智慧机场”大致涵盖了三层意思：一是智慧城市的有机部分。智慧城市是建立在自身信息系统基础上的，将智慧机场整合到城市环境系统中从而与智慧城市有机融合。二是人工智能建筑是智慧城市设计的基础工作。信息是释放潜能的基础，机场必须突破目前的运营模式，同时寻找更好的途径来提升信息利用，提升乘客的满意度与安全纪录，降低成本。三是乘客出行和机场管理系统是目前国内外智慧机场的重点探索目标。针对乘客的智能服务与便利的管理系统成为智慧机场的关键构成要素。

航空港现代化建设的任务是通过大数据、物联网、云计算技术、新一代人工智能等新型技术的发展与运用，向资源共享、数据整合和一体化乘客服务发展，使航空港现代化、智慧化，全力建设数字化未来航空港。智慧交通管理系统、智慧泊车服务、人脸识别安检、行李跟踪服务、人工智能服务等新技术将给大家带来更便利的生活服务。而随着人工智能的进一步发展，更多的新科技也将得到开发与运用，而智慧城市的发展道路也会越走越广。

航站楼设计的基本目标就是：流程通畅，旅客步行尽可能短；楼层标高合理，建筑构型符合时代及当地的特点，功能配套齐全、结构安全、应急疏散快速、绿色节能、可持续发展。机场出行应当更加便捷，无纸化出行、自助行李托运、自助值机等都应在航站楼设计时重点考虑。作为具有推广效应的航站楼设计除了在功能上结合旅客及货物吞吐量进行考虑外，还应结合我国装配式建筑的建设要求，在节能减排、工业化制造方面下功夫。

航站楼的建筑空间需求将会发生变化，满足航站楼工艺流程的需要，有足够的换乘、服务、安检、值机区域，远近机位结合，让旅客从安检到登机口的距离尽可能缩短，一般步行不超过 20 分钟。随着自助值机、自助行李托运等人工智能设备的使用，原来各航空公司的值机柜台、问询台将逐步减少，也许大体量的航站楼的空间也会发生改变，如利用 RFID(无线射频识别技术)技术进行行李全流程跟踪的应用。

RFID 技术不仅被应用到装配式建筑构配件的跟踪管理设计中，也被广泛应用于其他领域，如行李识别系统(如图 2.19 所示)。RFID 技术的特点：

图 2.19　RFID 行李标签

① 抗干扰能力超强。它的一个很主要的特性就是非接触式的，而且在极度恶劣的条件下也能够运行，并且穿透力极强，能够迅速辨认和读取标记。

② 数据容量庞大。可以根据需求扩充到 10kB，远远高于二维码 2725 个数字的容量。

③ 能够动态操作。它的标签数据可以进行编程修改，并且只要 RFID 标签所附着的物体出现在解读器的有效识别范围内，就能够实现动态追踪和监控。

④ 应用期限长。由于其抗干扰能力好，使得 RFID 标记无法被损坏，且使用寿命很长。

深圳宝安国际机场在 2018 年建设行李运行管理系统时，实现以 RFID 技术为基础的行李全流程跟踪系统建设，并率先在东航、上航的深圳—虹桥航线试点运行，实现全国首条航线(深圳—虹桥)的双向行李全流程跟踪。截至 2020 年 3 月，已实现东航、上航从深圳往返浦东、虹桥、西安、武汉四个机场的行李全流程跟踪服务，东航、上航行李错运比例较项目上线前降低了 16%，目前覆盖 8 个值机岛、CIP 值机区、高舱值机及早到行李区域，实现支持所有国际、国内出港航班行李全流程跟踪服务，通过对托运行李的实时追踪监控，降低了行李错装错运风险。

3. 低碳运行打造绿色机场

为了规范航站楼建筑运行能耗总量控制，2016年民航局出台了MH/T 5112—2016《民用机场航站楼能效评价指南》，该指南也是中国第一个以量化指标来评估机场航站楼节能管理水平的技术标准，体现了机场航站楼的规模与区域特征，具有重要的开创意义。根据国家发改委、国家能源局《关于完善能源绿色低碳转型体制机制和政策措施的意见》，民航局组织开展民用运输机场“双碳机场”的评价工作，这一工作的开展将之前的航站楼能耗由企业内部的软约束变为政策层面的硬约束。航站楼内的能耗主要集中在四个方面：行李运送、照明、暖通和电梯。降低能耗，打造绿色机场需要从航站楼设计规划阶段开展工作：

① 采用能耗运行感知传感器进行能耗统计及设计优化。航站楼面积过大通常会导致暖通控制困难，如上海虹桥国际机场面临旅客舒适度需要不断提升、能耗压减以及行政管理部门考核压力加大的问题，更需要依靠科技的力量来解决，如通过传感器进行数据采集，建立一套数据库，来确定哪些电机需要打开，哪些需要关闭。

② 分区管理。如今更多的机场航站楼已经把客流疏导至机场航站楼的某一分区，以便降低一些分区的使用能耗。经过优化管理，航空机场运营商可以把部分建筑系统的照明设备调至“睡眠模式”。在上述应用领域的节能减排项目，要求机场、航空公司、施工机构以及工程组织等各方通力合作，通过联合方案的共同制定，融合各自经验和知识，从而实现巨大的合作效益以及未来发展的灵活性。

图2.20　挪威奥斯陆国际机场

③ 新型保温材料的应用。奥斯陆国际机场（如图2.20所示）在这方面就是一个很好的例子。建造商为奥斯陆国际机场建立了新的大楼围护结构，能用较低的能耗来适应不断改变的外部环境，并对大楼进行了精心的构造设计与分析，采用了弯曲延伸的全景玻璃窗，不但能得到充足的照明与太阳能，还可改善游客的观光视角。在建材上，新航站楼大量使用了当地材料，而扩建指廊的主要材料则是由再生的建筑材料与火山灰搅拌而成的，这些建筑材料都比现代标准的砂浆混凝土结构更加绿色环保。全新的可持续发展理念的实施，使奥斯陆国际机场航站楼变成了世界第一家BREEAM（建筑研究院环境评估方法）最先进等级的航站楼建筑，同时也为绿色国际航站楼建设提供了全新标准。

④ 光伏发电。清洁能源的使用，不仅改变了能源的来源，也改变了相关的供电设施的建设规模及配置。如电动车的使用、充电桩的设置等，这些都将改变机场的设计。

4. 运用BIM设计，强化智慧工程建设

《建筑工业化发展纲要》中对建筑工业化发展做了这样界定：“建筑工业化是建筑业向社会化大生产方式的过渡，在建筑标准化的基础上，发展建筑构配件、制品及设备的生产，使建筑业的发展走上专业化、科技化和社会化的道路。”实现建筑工业化，要有相关的配套法规与相关的基础设施。建筑工业化最早是在住宅领域提出并开始实施，无论

是国内还是国外均是如此。

航站楼的设计要求避免屋面过于复杂、天窗过多，不然会导致施工复杂且带来施工成本的增加，还会给运营维护带来较大的成本。同时过多的天窗会造成屋面排水不畅，带来房屋渗漏等问题。空间尺度过高、幕墙过大，不利于节能。

BIM 信息技术的合理应用对施工行业而言是新时期下的发展机遇，同时对绿色化建筑概念下的机场施工建造而言，也带来了很大的方便。合理运用 BIM 信息技术可以进一步完善机场施工建造流程，进行机场的实施规划、施工设计，并进行模型规范的建立等，有利于提高机场建筑施工的质量水平。

民航机场建设中建筑体量最大的是航站楼，航站楼的结构千差万别，在建筑标准化方面有一定难度，特别是构配件的标准化生产与实际需求存在较大的差距，更多的是网架结构、异型构件，建筑施工更多靠二次钢结构设计，机场普遍采用异型结构来做空间造型，这与我们讨论的建筑工业化存在一定的差异，并不是标准化构件而是采用一楼一式。

与传统建筑相比，工业化建筑的建造成本较高，但是后期使用维护成本降低。选择合理的工业化方案将有助于降低建筑全生命周期的综合成本。工业化建筑的成本增量主要包括：材料费用、工厂预制费用、运输费用、现场安装费用。成本减量主要包含：工期缩短、人工减少、资源消耗减少、环境污染减少、后期维护成本减少。

调查结果表明，航站区大部分耗能为电能，约占航站区总耗能的 66%，其中航站楼为电能消耗的主体部分；航站楼中的空调系统能耗约占航站楼能耗的 35%，空调系统中空调箱风机能耗最高，约占总空调系统能耗的 50%。通过空间设计，降低能耗，如考量窗墙比例，防止由于窗墙比例过低，导致白天房间采光不够，需另外添加人工采光的情形。同时，还应避免大面积门窗或使用玻璃幕墙，出现由于阳光热辐射导致室温过高的状况。

在设计阶段避免非必要设备的设计，也就减少对此类设备的使用与维护，如将一些低成本航站楼设计为一层式，飞机停靠在航站楼附近，减少使用登机桥、扶梯、电梯等。如上海虹桥机场 T1 航站楼在改造时，用登机桥将 2 层与 3 层连接，减少了电梯的使用。

充分利用自然资源。据统计，从航站楼或建筑外部投射的光通常只能够覆盖整个建筑物的 10%。航站楼的中央区通常需要大量电力进行充分照明。为此，航站楼建筑设计与施工队伍力图突破设计的边界，以利用更多自然光。

航站楼内明亮均匀的自然光线环境是室内环境质量的关键影响因素，但鉴于航站楼建筑内大进深的空间特性，平稳柔和的自然光环境是无法实现的。尽管有些航站楼建筑内部设计已经可以满足照明标准，但较暗的内区空间与外幕墙处明亮的户外光线所产生的巨大反差却不尽如人意。深圳机场 T3 航站楼布满天窗，指廊也使用了玻璃幕墙，能够获得较好的室内光线，但同时也需要考虑投资、散热、防水等因素。行李大厅自然采光不足或基本没有自然光是近期国内航站楼在设计中普遍存在的问题，一些机场的行李大厅还比较低矮，主要是因为行李大厅一般会位于办票大厅之下的底层。在行李大厅中的旅客较集中，旅途疲累还要在此等候较长的时间，因此改善这里的环境质量很有意义。新加坡和马德里机场通过采用加大航站楼主楼的进深，上下平面错动，从而使行李大厅得到了屋面的天然采光。

广州机场新航站楼以不同的功能组合方式将行李大厅完全脱离办票大厅之下，从而使行李大厅得到了较好的自然光照。

图 2.21　新加坡樟宜国际机场

新加坡樟宜国际机场（如图 2.21 所示）的“星耀樟宜”项目使用了独特的玻璃设计。“星耀樟宜”建筑外层由约 1 万片的三角形幕墙块构成，由与约 1.8 万根钢柱相连的约 6000 个铸钢节点相连，以最大限度地引入自然光。而各幕墙块由左右两个玻璃片构成，其之间的 16 微米缝隙可以达到防噪隔热的作用。窗户外形虽然看起来一样，但实际形状都是经过量身定制的。玻璃建筑对暖通控制系统形成了联锁影响，而 BIM 建筑设计对实现建筑的每个要素和谐整合至关重要。玻璃建筑旨在最大限度地利用自然光，同时窗户熔片处理也有助于减少对太阳光热的获取，以便于给在建筑物中生活的人和植物提供最适宜的生存环境。利用隐藏在花园叶子之间的通风口，室内温度能够得到有效控制。

2.3.3　发挥市场资源配置

“十四五”规划提出，以深化供给侧结构性改革为主线，加快构建以国内大循环为主体、国内国际双循环相互促进的新发展格局，从供给侧改革到刺激需求，从而促进经济的良性循环。民航作为经济新常态中的先行者，国内外环境的不断变化对民航市场提出了全新的要求和挑战。

20 世纪 70 年代至 80 年代，旅客乘坐飞机的程序十分烦琐。旅客必须有单位开具的介绍信等证明材料才可购买机票。随着改革开放，市场经济体制逐渐确立，人们出行变得方便起来，国家从 1993 年起取消了购买机票必须持有介绍信的规定，普通市民只需出示身份证等有效证件即可购票。进入 21 世纪，随着信息技术越来越发达，人们可以随时随地在电脑上或者手机上购买机票，不再需要到航空公司的购票柜台进行购票。随着信息技术日益发展，民航市场也随之不断推陈出新。2019 年 5 月，时任中国民航局局长冯正霖就以“以智慧塑造民航业的全新未来”为主题发表了演讲，他指出：“未来的智慧民航将以数据流为载体，形成一个业务流、信息流、资金流、价值流等各类资源要素有机融合的民航生态圈，‘全面感知、泛在互联、人机协同、全球共享’将是未来智慧民航的基本形态。”不可否认的是，基于大数据的创新将成为民航市场的常态。

目前，航空运输在国民经济与社会生活中占有重要地位，国家也加快了各主要航空港和基础设施的开发和兴建。近年来航空运输范围逐步拓展，航班的布局也随着城市经济的发展逐渐增加，因此国内民航的市场容量将相应增加。“一带一路”倡议被提出以后，中国民航业进一步推动了国外重要航线的建立，增强我国国际空运能力的综合竞争力，并推动了国际贸易合作的蓬勃发展。但目前中国民航业在海外市场上的发展还相对偏弱，亟须进一步做好基础建设。各产业若要得到长期平稳的发展，需要依靠较高的社会经济管理水平。目前各行业相互交融，民航运输业的发展需要使用多样的工具和设施，同时民航运输业的发展能够有效衔接各种运输手段，并建立稳定的运输产业链，使得民众出行能够更为方便快捷。近年来，中国民航业的服务水平逐步提高，给民众出游带来了巨大的便利，同时也让中国和全球实现了良好的互动与交流。中国民航业的发展有效提升了我国的发展层次，使得越来越多的公司愿意在我国投资，有效改善了人民的生活品质，满足了人民的交通生活需求。现阶段，乘飞机旅行已成为一个十分普遍的现象，中国民航每年运送的旅客量日益扩大，在给乘客旅行带来方便的同时，也有效推动了航空事业的蓬勃发展。

网络购物的流行也间接促进了航空运输的发展。尽管中国民航业已蓬勃发展了许多年，但是航空运输在中国仍然处于发展潜力很大的阶段，还需继续加以完善。而且，随着旅行人次的增多，人们对民航运输业也越来越重视，包括安全性、价格等都已成为人们关心的重点问题，对中国民航事业发展而言，在把握机会的同时又面临着巨大的挑战。

民航服务和人民群众日常生活有着密切的关系，也为当地的经济改革与发展提供了充足的经济动能。在市场竞争下，中国民航拥有的经营机会越来越多元化，同时也存在着诸多的风险。要把中国民航的巨大作用发挥出来，需要有关机构对中国民航予以巨大的投入，完善配套设施建设。同时，我们需要对以往的经营模式做出彻底的革新，为国民经济建设做出努力。

如今我国正大力推动供给侧结构性改革和"双循环"经济发展格局，分别体现出了供应变革提升与需求刺激扩张，并且民航业也获益于上述宏观利好政策。

首先，供给侧结构性改革已奠定了民航供给的良好基础。但当前，国内消费市场供给的结构性失衡问题正在逐步显露，市场供求难匹配已成为我国经济良性发展的主要障碍之一。同时，产能过剩也已成为制约我国经济社会转型发展的主要障碍之一。针对国内外航空运输市场而言，供给侧有各地民航管理机构、航空公司以及机场。但是，由于航权、时刻资源虚占，航空公司运力虚耗、机场空域资源过量耗费等不利因素，导致人力、物力、财力、时间等成本费用始终处于高位，影响了产业的成长。所以供给侧结构性改革已迫在眉睫。在供给侧制度下，经济的计划性不断加强。整个制度是从生产、供给侧出发进行经济生活的。伴随供给侧结构性改革的进一步推进，中国市场经济将逐渐走向新的消费模式，在新的消费模式下，一切产品都会根据消费需要进行设计。而厂商间竞争的并不仅是航班产品价格，同理航空公司间也不仅是单纯的航班价格竞争，而是看谁能最先掌握消费者的实际需要，并同时实现与消费者需要的精确匹配。其次，"双循环"发展将是国民经济恢复所需要的主要助燃剂。随着新冠疫情的发生，全球经济受到了重创，而各个发达国家的民航市场首当其冲。得益于对疫情的全面有效管控，出于整个社会国民经济的长期健康发展需要，我国在此时期明确提出了"双循环"经济发展格局。

民航业的发展还可以通过以下几个方面来支持经济和其他行业的建设：

① 运输业：航空运输可以带来便捷、快速、安全的物流服务，能够更快地将人员和货物从一个地方运送到另一个地方。它可以加速商品和人员的交流和流动。此外，航空

运输的时效性非常高，所以能够带来更高的效率和更低的成本。由于航空运输可以在短时间内完成大量货物和人员的运输，因此可以在更短的时间内完成更多的运输任务，这提高了效率。同时，随着技术的进步和运营效率的提高，航空运输的成本也在不断降低，这有助于企业和个人节省成本，提高效益，助推经济的发展。

② 旅游业：由于航空运输具有高速、便捷、安全的特点，因此可以加速旅游人员的流动，游客能够更快地到达目的地，更快地开展旅游活动，从而增加旅游业的收入。航空运输可以使得远离大城市的景区和旅游目的地变得更加容易到达，可以开拓新的旅游市场。例如，通过航空运输可以更容易地前往一些偏远的自然景区、历史文化遗址等，这些地方通常是陆路交通不便或者距离较远的地方。民航业的发展更能够带动当地服务业、酒店业、餐饮业等产业的发展，促进地方经济的增长。航空公司和机场也会产生大量的就业机会，为当地居民提供更多的就业机会和收入来源。

③ 经济结构调整：民航业的发展能够促进旅游业的发展，从而带动当地酒店、餐饮、旅游等服务业的升级和转型。同时，随着机场和航空公司的发展，还能带动机场服务、航空安全等相关服务的提升。

民航业的发展可以促进各地区之间的联系，推动区域经济合作的深入发展。例如，航空公司开通的航线可以将不同地区的产业和资源相互连接，实现优势互补，促进区域间的贸易和投资。民航业的发展也可以带动相关产业的转型升级。例如，航空制造业的发展可以带动航空零部件制造业、机场设备制造业等产业的发展，推动当地产业升级和转型。

④ 技术创新：民航业在飞行、安全、航空材料、航空设备等方面的技术创新，可以促进技术和科学的进步，推动各种高新技术的应用和发展，加速产业结构升级和转型，从而推动经济的发展。随着技术的发展，航空公司可以引入更高效、更节能的飞机和设备，从而降低生产成本，提高生产效率。民航业的技术创新还可以推动航空工业的发展，加速航空制造业的升级和转型，进一步提高国家航空工业的技术水平和市场竞争力。

民航业的发展对经济和其他方面都有着积极的影响。随着技术和服务的不断升级，航空运输可以为社会带来更多的便利和效益，同时也可以推动相关产业的发展和转型升级，促进经济结构的调整和优化。因此，我们应该继续加强对民航业的支持和投资，推动其不断创新和发展，为经济和社会发展做出更大的贡献。

2.3.4 强化市场主体地位

由于服务对象不同，以及具体的功能应用、产品特性等的差异，传统意义的工业建设与商业航站楼建设之间有着巨大的区别。随着中国经济的发展以及时代的需要，随着飞机业务量的增加和科技进步，航空港、航站楼的规模也越来越大，复杂程度也越来越高。航站楼的设计内容就是流线空间，包含了旅客的行李操作，以及进港与出港过程等。航站楼越来越繁杂的信息系统和业务流程更需要合理的规划与指导。航站楼内主要包括客运服务设施、经营维护服务设施、生活保障服务设施、行李管理与工艺设备和管理办公服务设施等，内部空间十分繁杂。建筑空间一般都要求标准化和实用性的融合。航站楼建设通常选择了比较通透的内部柱网或者空间标高，各空间结构通过模块的自由组合、灵活分割，从而增强其空间结构的通用性，以满足对生产工艺和流线布置的改扩建的需要。

英国工业革命期间，为适应现代机械化生产设备的工业制造，建筑设计者和工程师们探索并发展了钢材、玻璃和水泥工艺，以区别于19世纪的传统建筑材料，完全摒弃了机械设计、结构导向，工业设计已成为当时英国社会现代化的重要标志。工业大厦是现代设计的先锋，它为现代设计的发展提供了参考。航空港建筑，尤其是航站楼常被冠以城市门户形象、地域标识，但这些导向也必然使建筑的创作逐渐失去其本真。

建筑设计中以“功能理性”为原则的理性主义，是基于环境、空间、需求等因素的逻辑推理过程。在建造过程中借助技术手段、材料、结构、使用功能等展现出的美感，也正是把建筑语言转化为技术理性之美的体现。航站楼建筑成为一个主要功能十分复杂的工程系统，从旅客需求量预期、场站选择布置到空间结构设计、流程策划，以及建筑结构设计等，都应当建立在理性的规划和设计之上。随着客流量的增加，加上现代人对出行舒适性的需求，航站楼内部的各种功能越来越繁杂。而随着施工技术的提高，最新的科技和建筑材料的应用，航站楼建筑内部出现大量的无柱空间结构、单元式空间结构和大跨度屋顶等。

2.3.5 发展民航智能建造

航站楼作为现代化建筑，具有运行时间长、空间尺度庞大、功能和流线复杂等特点，且单体建筑规模不断扩大，建筑能耗巨大。为了优化航站楼室内环境质量，达到可持续发展目标，近年来，发展民航智能建造成为一种趋势。通过引入人工智能技术和物联网技术，民航智能建造可以提供更加优质、便捷的服务。例如，智能化温度控制系统可以根据人流量和环境变化自动调节室内温度，从而提高舒适度并降低能源消耗。此外，智能化灯光控制系统、智能化安防监控系统等也可以优化航站楼的管理效率和服务质量。民航智能建造具有重要的应用价值。

第一，在建筑构型与空间设计中发展智能建造。航站楼构型依据总体规划进行设计，结合空侧、陆侧以及航站楼内功能组织这三大要素。合理的航站楼构型能够使三者之间实现良好平衡，土地资源可以得到充分利用，实现最佳的整体运行效率，在降低建设成本的同时，也为中、远期发展留下足够的空间和弹性。这就需要在新机场航站楼建筑设计过程中，根据航站楼建筑内部功能与空间特征，对各重点功能区域的空间尺寸进行精细研究，对中心区和各候机指廊的空间宽度进行多次优化调整，设计重点主要围绕建筑物主体形态、愉悦的内部空间体验、适宜的空间体量、完善的技术实现要求等几个要素进行，一方面实现功能性需求，另一方面创造愉悦的内部空间体验。

第二，在业务流程方面的高效性。有效的业务流程是航站楼最基础的功能要求，是航站楼系统得以合理实现基本功能的决定性要素，它直接影响航站楼的服务水平与乘客体验。航站楼通常包括国内出港流程、国内进港流程、国际出港流程、国际进港流程、国内中转国内流程、国内中转国际流程、国际中转国际流程、国际中转国内流程等。此外，又根据机场定位、规模大小、航线规划、管理模式等方面的差异性而有着各自的特色。

除了基础的客运业务流程以外，还要高度重视后勤业务流程，妥善解决人员、设备、物流、垃圾处理等服务流线，充分处理好各种客运流线的关系。这对改善航站楼的总体运营质量和服务质量有着直接的作用。

航站楼的服务要求和流程设计，随着我国经济建设、城市发展、服务模式、企业经营模式、社会科技进步等的变化而不断完善，包括自助值机服务、城市远端值机服务和远端辎重托运服务。

第三，在行李处理系统中，航站楼行李的交付、运输、提取是与旅客流程息息相关的基本功能。行李处理系统是航站楼内专用的功能设备，主要负责完成乘客行李的搬运、输送。行李处理系统须按照航站楼功能定位、技术标准、规格等确定自身的相应设计条件与技术标准，由具备专门设计资格的设计单位进行。主要根据航站楼结构与设施，妥善设计行李处理机房与相关传送系统，并且协调相应的结构、机电设备条件，具体的表现一方面取决于行李处理系统本身的设计特点，另一方面取决于设计体系与设备系统间的设计集成性。这也再次反映了建筑整合技术对系统优化、高效运营的巨大作用。而由于目前信息技术的不断进步，部分大型航站楼也已初步实现了自助分拣服务，并设置了将柜台安全检查与集中安全检查有机结合的新安全检查方式，从而有效提高了行李处理体系的运行安全性。

第四，在数字化和信息化的发展中，航站楼要紧跟时代步伐完成转型。在我国经济发展方式转变的关键时刻，国务院层面一再提出重大基建，并将其提高至我国发展战略、占领世界科学发展高地的战略层面。一时间，新基建成为我国企业转型升级的热点词汇。新基建成为新时期建设大潮中新的基因，民航机场建设必须深入了解这一新情况和新特点，进一步强化理解和掌握新基建的工作特点和变化规律，使新基建成为正确处理能力、效益、质量和效率问题的关键抓手。为此，对民航机场建设项目从整体规划建立、总体方案设计工作等各个阶段都要加强顶层设计和规划，逐步提出机场新基建的长期发展规划和短期发展规划，逐步厘清存量和增长工程、传统和新兴基建方面的相互关系，分阶段确定机场新基建的重点发展方向和重点使用场景，逐步确定机场新基建的主要建设内容和总体目标，逐步提出新基建的实现途径要点和建设工程项目要点，并在相关的财务优惠政策和融资政策中予以适当倾斜，为发展国内机场新基建工程作指导；加速制定国家新基建工程的技术规范、管理措施、规章制度等，进一步强化政府对新基建工程的安全监管，以维护国家网络安全、信息网络平台健康与数据安全。

在新基建的大时代下，中国民航业需要将5G技术充分应用到航空运营中，以提高效率和服务质量。5G技术具有更高的带宽和更低的延迟，可以支持海量数据的传输和实时决策。例如，利用5G技术可以实现飞机的自主导航、机场设备的自动控制、无人机的远程控制等新业务，提高航空运营的智能化水平。同时，5G技术的应用可以实现机场内海量设备的互联互通，以及实时数据的传输和共享。这将帮助机场管理人员更好地监控机场的运行情况，及时发现并解决问题，提高机场的管理水平和服务质量。同时，通过5G技术和公共服务网络的融合，可以实现双向漫游和数据共享，降低成本，为智能航空港的更多服务要求提供支持。

智能运营在未来也是智能航站楼建设的核心内容，可以有效提高机场运作效率，节约经营成本。另外，在提高乘客的出行满意度方面，5G技术也大有可为。比如，在机场服务业务领域，将移动5G技术和带镜头的智能移动机器人技术结合起来，就能够迅速完成人脸识别和身份验证，进而精准对应旅客的航班信息，为乘客提供包括航班信息搜索、路线引导等多项业务服务，对乘客进行体贴周到的服务；和AR眼镜技术有机地结合，在收集人脸信息之后，再利用5G和云数据实时完成AI比对，让机场对重要客户提供精细化服务。融合基建也是新基建的主要内容。所谓融合，主要是指利用5G信息技术、网络、大数据分析、人工智能等现代信息技术的深度应用，以此支持传统基础设施建设转型提升，从而产生的融合基础设施，如智慧城市交通基础设施、智慧电力基础设施等。以智慧机场的构建为例，虽然不同的主体对智慧机场的认识不同，但是从技术演进的视角出发，业界关于智慧机场的演进轮廓也更加清晰。目前，智慧机场的构建最少要涉及7个“智能应用领域”：智能生产、智能安保、智能管理、智能教学、智能运输、智能商务、智能环境。所有这些过程都要求云计算、信息化、物联网、新一代人工智能等方面的新型技术的融入，同时也要求民航公司以更为积极的态度在相关领域开展合作。

2.3.6 推动民航绿色创新

改革开放以来，中国民用机场交通业务量快速增长，运营管理水平取得质的跨越。另外，随着国家对航空运输环保的日益关注，在节能减排方面也已初见成果。“十三五”时期，各个航空公司周转油耗和碳排放量不断下降，在全世界已经处于领先地位。“十四五”时期，中国生态文明建设已进入积极努力实现“双碳”目标的关键时期，继续推进中国民航绿色生态发展战略对航空公司进一步提升产业实力和争取未来发展空间具有重大的意义。面对新形势，我国在推动民航业绿色发展上做出的积极尝试在国内外都取得了不错的反响。

民航机场的基础能源管理工作在实施的过程中依然存在着一些不足，问题主要表现在民航机场的管理人员对于能源消耗的实际数据掌握不足，在数据管理方面缺少科学的方法以及管理措施，当机场的能源出现储备不足的情况时，没有恰当的预警机制进行提醒。为实现能耗的高效管理，要对使用资源进行时间和空间上的分析，使能源储备既能够满足机场用量需求，又能够符合机场区域的需求，这样才能保证机场的能源系统运行稳定，保持足够的可持续发展动力。首先，机场在运行过程中水资源浪费现象较为严重。机场本身对于水资源的需求量就较大，再加上客流量大，更加增大了对水资源的需求。其次，机场在运行的过程中为了优化旅客的服务体验，无论是航站楼还是站坪都需要消耗大量电力。机场的用电类别更是多种多样的：设备运行用电、照明用电、制冷供暖用电、电梯用电、商业用电等，耗电量最大的就是航站楼。最后，机场在运行的过程中存在着比较严重的环保问题，机场每天都有许多飞机滑行、起飞和降落，每一次都要消耗大量的航空燃料。作为化石能源，航空燃料在燃烧后会产生二氧化碳、氮氧化物、一氧化碳等，这几种气体是诱发全球温室效应的主要因素，对机场周边大气环境造成了十分严重的影响。统计表明，机场排出的气体中，约有5%的气体都属于温室气体。不仅如此，机场在运行过程中还会产生严重的噪声污染问题，噪声来源主要有喷气式飞机的发动机尾气排放和飞机螺旋桨旋转，这些噪声对机场工作人员以及周边居民都造成了严重的噪声污染，特别是会对人体的听力系统、神经系统以及心血管系统造成损伤。

1. 建筑工业化在绿色机场建设中的作用和意义

从20世纪50年代开始，国内就已经开始推广建筑工业化，当时的房屋使用各类预制板，还有大面积预制的大板楼层。但从整体而言，由于当时的建筑产业化不足，总体技术水平较低。近年来，随着中国市场经济的迅速发展，所带来的气候、资源和环境污染等问题引起的社会关注度越来越高，同时中国建筑业作为国民经济增长的重要支柱也长期存在着能耗过高的致命弊端，导致了我国政府三令五申地要求建筑业升级产业经营模式。所以，在国家以及全世界正在大力提倡可持续发展规划和优先发展绿色建筑的背景下，中国建筑行业重新选定以建筑工业化为主要产业转型的发展途径，并同时提出了在十年内实现中国住宅产业化投资占比超过30%的总体目标。目前，从中央政府到全国各地都在积极地引进各种装配式结构、钢结构施工技术和由此带来的各类新型健康环保的建筑材料。

按照国际航空运输组织和中国民航局关于普通航空运输机场的规定，专为民用航空业进行普通航空运输任务而起降的机场也可定义为民用机场，其本质上是隶属国家的民用机场。为保护和推动我国民航业的发展，普通机场以及其附近相关基础设施的建设也成为当务之急，所以近年来我国不断推出对民航业以及民航机场建设的利好政策。民航局于2011年5月出台的《中国民用航空发展第十二个五年计划》，就明确指出要推动民用机场的建设和布局；2021年6月，中国民航局又制定了《通用机场建设指南》，从而确定了民用机场的建设规模；2016年5月公布的《关于促进通用航空业发展的指示意见》中明确提出，到2020年，我国要建设500个以上的民用机场，并基本达到地级和以上的城市拥有民用机场，或者建设能够满足普通飞行的运输机场，并涵盖全国主要农产品的主产区和国家5A级旅游景区。

在《中国民用航空发展第十三个五年规划》中，再次提出“民用机场建设目标为500个”，预计到2020年民用机场建设等相关产业规模可达千亿，增量规模超过400亿元。在未来的航空发展中，我国潜在机场建设需求达2000多个。

2. 航站楼绿色设计理念与方法

2006年，建设部发布《绿色建筑评价标准》(GB/T 50378—2006)，对“绿色建筑”给出了官方定义：“在建筑的全寿命周期内，最大限度地节约资源(节能、节地、节水、节材)、保护环境和减少污染，为人们提供健康、适用和高效的使用空间，与自然和谐共生的建筑。”由此可知绿色建筑的几大本质特征：环境友好、节约资源，健康、适用和高效的使用空间。

机场、航站楼由于用地、位置、规模、功能、内部空间要求等特点，对大气环境的影响，以及其所受自然环境的约束都远比其他各类建筑物更大。在航站楼前期规划、选址等阶段，决定性因素往往更多来自更宏观的政策决策，如区域经济社会发展的实际需要，以及航站楼的总体空间结构、地理条件要求等，而不是单纯出于对航站楼单体工程的考量。所以，航站楼设计、施工都需要立足于整体规划的全局性要求。

节地、节能、节水、节材是对所有绿色建筑设计的共同要求，也是航站楼设计的重要内容，是对环境功能的最根本的考虑。航站楼是以功能性为主导的建筑，规模巨大、系统复杂，需要占用大量社会资源，同时产生较大的社会影响力。与其他常见的公共建筑相比，必须更加重视技术的成熟度和实效性，强调技术的系统整合，强调技术的细化与优化，保证实际运营的稳定性和可靠性。更具体来说，在航站楼设计的过程中，还必须根据特殊环境进行绿色建筑设计，包括根据当地的自然地貌环境进行的抗震设计。建筑对自然界天气环境的适应性设计又构成了被动型建筑设计的重点部分，即通过建筑自身利用各种天然的手段获取和贮存能源，在建筑与环境之间建立血液循环，并通过建筑自身实现对自然界环境的适应性设计，使建筑以趋利避害的形式节省了资源。这些被动式建筑设计一般包括建筑构造、防护构造等内容，形成了整体建筑绿色规划的基础。

其中，由于建筑物外围防护结构的热工特性是确定建筑物冷热能耗比的关键因素，因此外部幕墙系统设计对于航站楼建筑外围防护体系意义重大，并从建筑功能和当地的自然环境条件考虑，综合了热工特性、安全性能、声学特性、光学性能等的特点与要求，一方面提供了具有地方特色的建筑物外观形式，另一方面，又为实现天然采光、自然通风提供了可能，从而在满足安全、卫生、舒适的条件下，创建出了以人为本的优质室内环境。因此，玻璃幕墙的使用将可以最大限度地使用自然光源，从而缩短了人工照明系统开启的时间，实现了节能降耗的目的，而其无法取代的视觉体验也将成为创建现代化室内环境的主要方法。

首先，航站楼外墙设计是与航站楼功能布局相配套的，它体现了内部空间的功能属性，是建筑物内部空间特征的外在表现。同时还需要与幕墙体系相互衔接共同组成航站楼外围防护体系，并与其内部的结构、机电体系互相配合，是多学科、综合性、一体化的工程。它从建筑内部的旅客公共活动空间设计入手，以维护、提高建筑内部空间的完整性、连续性、流畅性为主要出发点，在进行外墙设计时，必须兼顾热工特性、自然采光和通风效果等实际要求，因此，屋面天窗重点控制了阳光透射，在利用釉面玻璃提高防晒系数的同时，还应适当保持必要的透明度。而屋脊通风天窗为防止太阳直射，结合了内部吊顶设计，设置了室内遮阳设备，使光线较为柔和。

其次，在采光设计方面，由于空间的需要，航站楼内的主要开放空间通常采用相对敞开的空间设计，而建筑外立面则主要采取通透的玻璃幕墙方式，以期在环境许可条件下实现自由通风，并提供较好的视觉效果。自然采光不仅仅是节能技术手段，更大程度上是为了满足旅客身心的需要，减轻客人候机、长途旅行的压力与疲惫。对于航站楼建筑核心区以及纵深大、立面天然采光被大幅降低的建筑内部地段，可采用在航站楼建筑外墙、屋脊上安装透风天窗作为补偿措施，并用作航站楼内自然通风、灭火排烟的途径。

最后，植物景观设计也是绿色航站楼设计的一个关键方面，应根据地方实际的环境条件，合理运用本地植物，创造出富有当地特点的航站楼植物景观。

3. 绿色航站楼节能方式

航站楼节能设计要尽可能利用太阳能，提高外保温隔热性能；使用新技术、新材料和新设备等，从多方面达到节能降耗的目的。具体而言，可以将节能方式划分为被动式和主动式两种。

首先，从被动式节能来说，是指建筑物自身利用各种自然的手段来获取和贮存能源，在建筑物与其周围的自然环境之间建立自循环的体系，不需要额外的机器来进行维护也可以充分利用能源，从而实现节省能源的目标。这些技术通过结构本身来实现对自然界的适应，使建筑物以趋利避害的形式来降低能耗。在被动式节能系统中，重点考虑利用自然地形的有利因素，适当遮蔽或充分吸收太阳辐射，并采用或控制主导风向，以提高或减少环境温湿度。想要让机场航站楼实施被动式节能需要关注场地地形、风速风向、日照等。因此，机场航站楼要充分考虑利用风能进行的被动式节能建筑设计，那就是首先要兼顾热能平衡，而节约的能源在北方地区主要是采暖，在南方重点是保温隔热，目前国内建筑的采暖与隔热重点还是在建筑物内部结构上下功夫。

其次，从主动式节能来说，是指通过利用各种机械设备(自身需要耗能)来获取、转换和贮存电能，以充分利用风电、水能、生物质能等可再生能源，同时改善常规燃料的利用效率。主动式节能的缺点在于对设施与工艺的要求较高，一次性投入较大。而对机场之类的大型建筑而言，主动式节能是必要的而且也必将是大有可为的。

主动式节能的方法也有很多，但覆盖范围都较广，主要是以对电能和热能的节约利用为主，如河水天然冷源中央空调技术、冰蓄冷空调、余热运用、新式节能灯具技术、中水雨水处理利用等均是常用的主动式节能技术。

智能控制技术指在没有干扰的状态下能独立地控制智能设备。在机场节能应用中，可以在一些高功耗的电器设备上获得显著效果。对航空业务量较小的航站楼场区灯光而言，一般包括路灯照明、道路景观灯光、停车位灯光、站线泛光照明等。配备有自动控制和人工控制功能的控制系统，使灯光可按时段进行调光，这样可使开灯的平均时间缩短以及光照强度减小，从而实现节能降耗的目的。

航站楼节能研究包括许多新技术、新装备、新建筑、新设备，必须从航站楼建筑的节约降耗与航站楼建筑的经济性两个角度寻找平衡点，这也是航站楼建筑节能研究的另一方面。在航站楼环保领域采取适当的节能技术或手段，能够获得良好的经济效益和社会效益，并符合机场的可持续发展目标和整个社会节能环保的发展需要。

4. 基于绿色理念提出民航机场节能环保管理措施

对机场空调系统实施的节能环保管理措施。机场航站楼因为需要满足大量旅客的舒适需求，空调系统的规模相对较大。由于航站楼内部空调系统需要配套设备建设，并且设备通常位于距离航站楼1千米左右的位置，因此在设计时需要充分考虑到这些设施的合理布局。此外，空调参数设置也非常关键，冬季空调供水温度为60摄氏度，夏季空调供水温度为30摄氏度，可以根据实际情况进行调整。通过以上的措施，机场空调系统可以实现对不同区域的温度调节，同时也能够更好地控制能源消耗，实现节能环保的目标。例如，北京大兴国际机场采用了先进的空调系统，可以根据实时人流量智能调节空调设备的运行，从而节约能源并保持舒适度。

为了提高民航机场的节能环保水平，需要加强环保技术创新工作并将创新应用于民航机场。一种途径是采用节水、低碳或低污染的环保技术，以提高资源利用效率和节能环保水平。为了处理民航机场内产生的空气污染物和生活垃圾，需要加强环保技术研发，采用先进技术设备提高资源利用效率并减少温室气体排放。在噪声控制方面，可以使用最先进的飞机发动机来减少噪声产生，并在机场附近安装收集噪声的设备防止噪声传播。此外，运用噪声监测技术进行噪声监测，有助于控制机场噪声污染。通过这些环保技术的应用和创新，民航机场可以实现更好的节能环保管理。例如，厦门高崎国际机场就在节能环保方面做出了一定的努力。机场采用了大量的太阳能板和地源热泵系统，将太阳能和地热能转换成电能和热能，为机场提供能源，并减少了温室气体排放。此外，机场还采用了循环水系统、光伏板等节能环保措施，有效地提高了资源利用效率和节能环保水平。

2.4 民航建筑工业化实践分析

2.4.1 国际大型机场民航建筑工业化实例

近十几年来，随着全球航空运输业的发展，国际大型机场的建设已经成为世界各国经济发展的重要支撑之一。伦敦希思罗国际机场和东京成田国际机场作为两个典型的例子，充分展现了现代民航建筑工业化的快速发展。伦敦希思罗国际机场作为欧洲乃至全世界最繁忙的机场之一，其 T5 航站楼不仅设计独特，从施工技术到自动化系统的应用更是充分展现了现代工业化的水平。东京成田国际机场则通过环保材料和智能化的运营方式，致力于打造生态机场，并为旅客提供更为便捷的出行体验。可以说，伦敦希思罗国际机场和东京成田国际机场的建设和发展，不仅是民航建筑工业化的一个缩影，更是现代化社会进步的重要标志。

1. 伦敦希思罗国际机场

伦敦希思罗国际机场(如图 2.22 所示)位于英国英格兰大伦敦希灵登区，距伦敦市中心 23 千米，为 4F 级国际机场(4F 级机场代表可以起降各种大型飞机)，是欧洲乃至全世界最繁忙的机场之一。

伦敦希思罗国际机场的前身为大西部机场，始建于 1930 年，是一座仅有一条草地跑道和几栋简陋建筑的私人机场。第二次世界大战期间，被政府征用建设军用赫希顿机场。随着第二次世界大战的结束，1946 年 1 月 1 日，英国皇家空军正式将赫希顿机场移交给英国航空部作为民用机场。早期的航站楼是过去留下的军事帐篷，旅客通道用木板搭设而成。1961 年，旧航站楼关闭，启用欧罗巴航站楼(今 T2 航站楼)和海洋航站楼

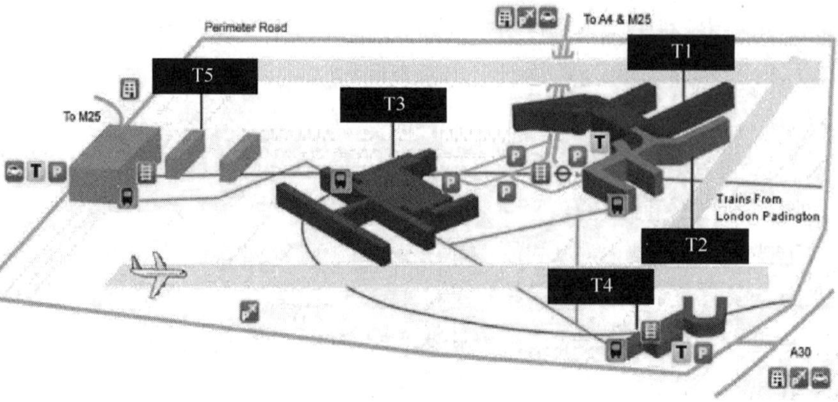

图 2.22　伦敦希思罗国际机场分布图

(今 T3 航站楼)。1966 年，伦敦机场正式更名为希思罗机场。1969 年，T1 航站楼投用；1986 年，T4 航站楼投用；2008 年，T5 航站楼投用；2014 年，T2 航站楼(女王航站楼)完成扩建并投用；2015 年，T1 航站楼关闭。

图 2.23　伦敦希思罗国际机场 T5 航站楼

希思罗国际机场 T5 航站楼(如图 2.23 所示)于 2008 年 3 月 27 日建成，由设计师理查德·罗杰斯设计，曾被评为 2007 年世界十大建筑奇迹。该航站楼建筑面积 35 万平方米，共设 65 座登机廊桥，46 个廊桥近机位。无论是施工技术还是自动化系统应用，都充分展现了现代航站楼建筑工业化的快速发展。

(1) 先进施工技术应用

希思罗国际机场 T5 航站楼的楼顶是一个没有柱做支撑的巨型天幕，是欧洲最大的单顶棚建筑。主楼玻璃幕墙面积超过 33000 平方米。航站楼外墙两侧长 400 米、高 27 米，向外倾斜 6.5 度，如何在与地铁工程存在交叉作业面的情况下安装又大又重的玻璃幕墙成为一大难题。

由于脚手架会影响到玻璃幕墙的移动，此方案在施工初期就被否决，而使用桅杆升降机又无法方便快捷地安装倾斜的幕墙。为此，升降机制造公司安利马赫专门设计和生产了双桅杆的升降机，在原有 A 形支架的基础上进行改进，组成两个 A 形支架，下部装在同一台车上，可沿跨距 6 米的轨道移动。这不仅确保了桅杆的稳定性，也保证了每一块玻璃都能快速定位。升降机载重能力达到 2900 千克，能够承担机械手(1700 千克)、4 名工人(400 千克)和玻璃(500 千克)的重量。升降机平台的作业斗也进行了改装，使工人不必将身体探出作业斗进行作业，有效保证了施工安全。

利用新型升降机，使得希思罗国际机场 T5 航站楼玻璃幕墙的安装工期缩短了 3 个月，无论进度、质量、安全都得到了有效的控制。

（2）自动化系统应用

伦敦希思罗国际机场T5航站楼在20世纪80年代规划之初，就计划乘客运输量要达到3000万人次/年，作为吞吐量如此之大的一体化设施，必须寻求一种智能控制方式来提升管理效率。

T5航站楼拥有超过50个不同的系统，通过一个中央终端服务中心（TSC）和移动装置进行监测，要求有通用用户界面，可接入加热、通风、照明、消防、电梯、电视及安全系统，并能够实现报警管理与自动化系统之间的交互作用。英国机场管理公司（BAA公司）的一级供应商奥卓机场电气公司因此选定创世纪32组态监控系统（ICONICS GENESIS32 OPC Web-Enable HMI/SCADA），它具有强大的处理功能，可以通过通用界面使多种工业设备与控制系统相连，基于OPC（OLE for Process Control）技术，实现用户的可视化与可操作性的整合，给操作者提供了一个全方位监控航站楼内所有系统的界面，并允许用面板来查看任何内容，使操作者能够更快地做出反应。此外，创世纪32组态监控系统还实现了OPC开放，为未来的扩展和整合提供便利。

2. 东京成田国际机场

东京成田国际机场位于日本千叶县成田市，距东京市中心63.5千米，为4F级国际机场，是日本最大的国际航空港。

东京成田国际机场（如图2.24所示）目前共有航站楼3座，机位171个，跑道2条。成田国际机场原名新东京国际机场，由日本政府于1962年开始计划建设，原计划通过填海造陆兴建，但遭到大量民众反对。1971年，日本政府开始使用强硬手段推进新东京国际机场的搬迁进度。1972年，T1航站楼竣工，1978年5月20日正式通航。1992年，新东京国际机场T2航站楼启用；1998年2月，T1航站楼一号卫星厅启用；2000年7月，T1航站楼二号卫星厅启用。2004年4月1日，新东京国际机场正式更名为成田国际机场。2015年4月，T3航站楼启用。

图2.24 东京成田国际机场

受地理环境因素影响，日本是一个自然资源极其匮乏的国家，工业生产所需要的主要原料和燃料都必须从国外进口。东京成田国际机场始终致力于“生态机场”建设，在建设过程中运用了环保材料。同时，随着近年来智能化的迅速发展，许多先进的科技手段也被运用到了机场运行中，为旅客的出行提供了便利。

（1）环保材料的应用

东京成田国际机场T3航站楼使用了吸音防火涂料。这种涂料是以纤维吸音材料为主，为建筑基材增加有效的吸音防火性能，能够喷附于混凝土、钢结构、复合板、玻璃幕墙、机械、汽车、船舶的表面。这种涂料具有施工便捷、造价实惠、色彩可塑性强等优点，被广泛应用于各种工业、生活场所中。同时它也是一种环保产品，不会对人体和环境产生毒害。吸音防火涂料的应用，实现了“一举多得”的效果，既防火又降噪，既经济又美观，同时也为绿色机场的建设提供了强有力的保证。

(2) 智能化系统的应用

东京成田国际机场在行李托运方面使用了 RFID 系统，其原理为阅读器与标签之间进行非接触式的数据通信，达到识别目标的目的。

早在 20 世纪 90 年代，东京成田国际机场就成为全球第三个引入 RFID 系统的机场，目的是让旅客能够体验到“空手旅行”。旅客将行李拿到柜台后，由工作人员贴上 IC 标签，在行李运送的各个环节中都能够通过读取设备识别行李的信息，确保行李正常运送。此外，东京成田国际机场还计划将此项服务延伸至人们的家里，旅客可以事先在家中提前预约好航空公司的货运服务，航空公司在指定时间上门收取行李后贴上 IC 标签，直接运送到机场，送上正确的飞机，让旅客能够彻底轻松出行。在航空业日益发展的今天，旅客及行李数量呈现逐年攀升的态势，RFID 技术的应用为提升机场的生产运营及服务效率提供了有力保障。

目前，我国民航局也在大力推广此系统的应用，诸多国内机场也已纷纷上线 RFID 系统，同时旅客可以通过 App、公众号、小程序等实时跟踪行李的动向，为机场工作人员和旅客都提供了便利。

2.4.2 国际中小型机场民航建筑工业化实例

机场建设是各国重要的基础设施建设内容之一，随着人们对于旅游和商务活动的需求不断增加，越来越多的国际机场开始探索建筑工业化的实践。萨摩亚法莱奥诺国际机场和圭亚那切迪·贾根国际机场作为中小型机场的代表，是建筑工业化的典范，为其他国家和地区提供了借鉴和参考。在建设过程中，两个机场充分发挥建筑工业化的优势，采用标准化的设计和建造方式，不仅提高了建筑质量和效率，还显著降低了建设成本。这些成功的案例证明了建筑工业化在机场建设中的应用具有广阔的前景，同时也为促进全球机场建设的可持续发展做出了积极贡献。

1. 萨摩亚法莱奥诺国际机场

萨摩亚(如图 2.25 所示)，原名西萨摩亚，是位于南太平洋的岛国。该国于 1962 年脱离新西兰管辖，获得独立。首都阿皮亚和法莱奥诺国际机场均位于乌波卢岛。萨摩亚保持着自己的历史风俗、建筑、社会和政治系统、舞蹈及语言。法莱奥诺国际机场(Faleolo International Airport)距离首都阿皮亚约 40 千米，占地约 5600 亩，处于乌波卢岛西北海岸。法莱奥诺国际机场是进出萨摩亚唯一的空中门户。

法莱奥诺国际机场改建是我国首个海外民航建设援建项目，主要得益于我国“一带一路”倡议的契机，项目资金主要来自中国进出口银行优惠贷款。项目于 2014 年签约，历时近 5 年，于 2019 年 5 月完工。工程建设总建筑面积约 1.4 万平方米，包括航站楼、能源中心、培训中心、消防站、停车场、登机桥等设施。

机场的设计单位是华东建筑设计研究院有限公司，工程建设采取施工 EPC 总承包模式，整个项目对机场(如图 2.26 所示)进行全面改建升级，尤其是对航站楼进行了全面改建，新的航站楼采用前列式布局，登机桥能够直接连接航站楼和飞机。整个项目完成后，新的法莱奥诺国际机场拥有年吞吐量60万人次，高峰时期300人/小时的能力，成为南太平洋地区最好的机场之一。

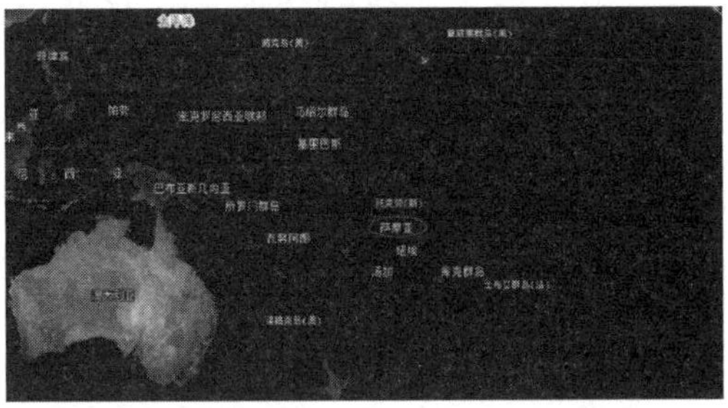

图2.25　萨摩亚

图2.26　升级前的法莱奥诺机场航站楼

通过萨摩亚法莱奥诺国际机场升级改造项目建筑工业化的实践案例，我们可以看到国际项目与国内项目管理模式是完全不同的，国内民航施工企业到国际民航建设市场承揽工程项目，利用海外项目建设平台，强化工程管理，在技术水平、品牌升级方面有所建树。在民航智能建造与建筑工业化的大潮下，提升设计精细化水平和施工管理效率，才能在转型中开拓海外市场。下面就本项目的建设做详细介绍。

(1) 法莱奥诺新航站楼建筑工业化设计理念

新航站楼总面积为12573平方米，整个航站楼工程分为三期建设，一期在现有航站楼东侧进行接建，所有出发航班就位于新航站楼，二期将现有航站楼进行改造，出发区域及公共大厅服务区域为到达区域，三期将改造现有航站楼到达区域为新的公共大厅。

本工程在不停航情况下进行施工，整个工程的功能要满足航站楼各项流程，做到出港旅客及进港旅客流线清晰、高效便捷，空侧及陆侧商业运行合理、面积适宜，海关检疫等办公空间功能设计清晰。

为完美体现当地人文特点和城市风貌，法莱奥诺机场新航站楼充分考虑作为波利尼西亚传统文化的中心，彰显萨摩亚人淳朴憨厚、乐观洒脱的文化背景；航站楼的设计充分借鉴当地的一种独特的建筑形式——“法雷”，这种建筑形式是在萨摩亚常年日照充沛，同时又多雨的热带海洋气候环境产生出来的。“法雷”有顶无墙、坡顶高斜，既可遮挡日照又可快速排水，开敞的四周保证了良好的通风效果，屋顶下的开放空间便是生活起居、休憩和交流的场所。这种开放式的形态满足了现代交通建筑空间开敞、视线通透、方便旅客移动的空间要求。因此，“法雷”的空间形象成为新航站楼建筑空间和造型的基础。

法莱奥诺国际机场新航站楼坐落在老航站楼的东侧。远远望去，新航站楼(如图2.27所示)形似展翅翱翔的飞鸟，银色金属屋面在阳光的映衬下格外耀眼，犹如南太平洋上一颗熠熠生辉的珍珠，同时起伏的线条也形象地表达了萨摩亚蓝色海岸线的形状，它在造型上高度融合了萨摩亚当地传

图2.27　萨摩亚法莱奥诺国际机场新航站楼

统的文化，所以萨摩亚总理图伊拉埃帕称它为“最先进的设施”。新航站楼以木色为主色调，采用当地传统建筑形式“法雷”；整个航站楼通过连续的拱券造型创造出丰富的建筑形象，形成了“天、地、海、人”的完美融合，是一座极具地域文化特色的现代化航空港建筑。

新航站楼在设计上采用单元化的设计手法，把开敞连续的空间形态予以重现和加强，新建部分和现有部分重复造型按子母单元分列，形成统一而有韵律的形象，屋顶结合功能要求有节奏地放大和升起，在外部组合成完整有辨识度的建筑形态，使其符合交通建筑的空间尺度。另外，在立面设计上契合地域色彩和纹样的表达，体现对气候与文化的尊重。

新航站楼充分结合建筑工业化的理念，采用建筑、结构、装饰、节能一体化的设计策略，强化设计单位和建筑构件生产、工程施工等单位的对接合作。在设计过程中运用数字化手段优化方案论证，在机场初步设计及施工图设计阶段综合运用 BIM、RINO、动态模拟仿真等手段，进行模型构建、整体方案分析、流线动态分析、光照风场分析、绿色节能分析，提升设计方案论证工作的精细化水平。运用一体化模式统筹建设过程，强化对项目全生命周期的统筹考虑，将国内机场建设先进的“四型机场”“新型基础设施”“品质工程”等理念和建筑工业化具体要求贯穿到建设各阶段。主要体现在以下几方面：

① 科学处理屋面造型。从方案设计阶段开始，设计单位和金属屋面生产厂家研究屋面的主要构造和材料运用，开展技术适用性、可靠性、抗风性等研究，经研究验算，系统解决了超大风压条件下建筑造型和功能。

② 通过工业建筑一体化设计，有效解决了室内结构与机电设备管线外露问题，在室内视觉效果上达到统一。新航站楼室内很多结构构件需要同时作为室内装饰构件全部外露，机电管线等很难隐藏。在建筑、结构工程、机电等专业的协同设计下，通过统一模数，对机电设备的位置和颜色等进行整体考虑，使结构部分构成室内装饰的一部分，满足整体装饰效果。

③ 自然通风和自然采光的设计理念。考虑到大空间的运行能源费用比较高昂，为此，充分利用自然通风和自然采光实现绿色、环保和节能的目标，值机大厅、接机大厅采用了开敞式设计，外立面安装穿孔遮阳板，底部大面积打开，加强自然通风，再辅以电扇，既节约了能源又满足了旅客的舒适要求。将屋面出挑，采用深色的遮阳玻璃雨棚，雨棚立面采用穿孔板将大部分的直射阳光遮挡，室内由直射光改为散射光，提高了日间室内舒适度，同时也营造出内外交融的空间效果。

④ 充分使用装配式建筑构件。对于萨摩亚这样的太平洋岛国，几乎所有的建筑材料都需要进口，因此既要便于施工，又要控制工程造价，减少从国外进口构件的运输费用，是整个设计、施工阶段必须着重解决的问题，建筑工业化对项目起到重要作用。EPC 单位结合机场航站楼空间需求，采用钢结构方式并进行标准单元设计，同时对幕墙进行构件标准化、模数化设计，利于工厂生产和运输，便于施工的同时也可控制造价，使整体工程质量得到控制。

（2）法莱奥诺新航站楼建筑工业化施工应用

萨摩亚当地建筑水平相对落后，施工条件差、机械设备陈旧，且工程中的材料大都依赖进口，给工程建设带来了很大的困难，使得该项目施工管理人员不得不精心做好每一个细节。从项目起步阶段就进行统筹考虑，EPC 单位全程统一把控设计、施工，并根据建设及运行需求强化设计、生产、施工、管理的衔接，施工阶段大规模应用工厂化预制构件，运用 BIM 等手段深化施工方案，进行不停航施工及关键施工方案的模拟论证，充分体现出我国在制造业和建筑工业化方面的优势。

法莱奥诺新航站楼施工过程中，在幕墙工程、钢结构屋面、防水工程、民航弱电等关键分项工程上充分体现了建筑工业化。

① 幕墙工程。在法莱奥诺国际机场新航站楼建设中，幕墙工程是最为重要的施工内容之一。萨摩亚地处太平洋南部，当地每年 10 月到次年的 4 月均会遭受台风严重影响，增加了幕墙施工的难度。项目实施阶段充分运用建筑工业化思维和技术解决难题，制定相应的控制方式，在强台风地区完成了幕墙加工、制作、施工等关键环节。

萨摩亚当地没有建筑加工业，因此大部分建筑所需的原材料、设备和成品都需要从中国进口。由于萨摩亚位于南太平洋中部，因此这些物资需要通过海运运输，最快需要 45 天时间才能到达目的地。为避免在建筑施工过程中由于材料不足而导致停工，需要提前备足备品备件。例如，需要备好足够数量的框料、玻璃和转接件等建筑材料，以确保在建筑过程中任何时候都有足够的材料可供使用。这样可以保证建筑工程的顺利进行，并避免造成不必要的时间和经济成本浪费。

EPC 单位也进一步优化了幕墙的加工方式，确保幕墙的整体稳定性，确保施工安全，幕墙组装前进行了三维模拟动画演示，有效提高了施工的整体精度，同时对材料堆场也进行了合理的安排。

EPC 单位对幕墙加工制作过程信息进行录入，做到构配件可控可查；同时根据新航站楼幕墙实际情况，确定幕墙的加工程序。首先，需要认真研究订单和施工图纸，以便制定适当的加工计划。其次，需要确定加工工艺，编制零部件工艺卡，以便确定合理的工时。再次，在车间中加工幕墙的各个构件，确保它们符合预定的规格和尺寸。然后对幕墙进行质量检验，以确保所有构件都满足质量标准。最后，进行组装和运输幕墙至机场施工现场，确保在机场现场组装时幕墙能够顺利安装。

② 钢结构屋面工程。法莱奥诺国际机场新航站楼屋面南北跨度 51.8 米，东西跨度 63 米，是萨摩亚目前跨度最大的单层网壳结构建筑。航站楼设计基于仿生学理念，模仿贝壳纹理并结合当地“法雷”造型。网壳通过圆管焊接，沿空间螺旋线交织布置，整个网壳凹凸有致，造型优美，结构轻巧，与周围环境完美结合。

网壳结构以杆件为基础，按一定规律组成网格，按壳体结构布置，具有结构变形小、跨越较大、稳定性高的特点，网壳结构技术的发展和应用，成为一种新颖的建筑结构形式，网壳结构可以用小构件组成大的空间，便于工业化生产，综合经济指标较好，符合建筑工业化的发展方向。

法莱奥诺国际机场航站楼单层网壳结构的杆件均采用 Q235b 钢材，不同部位的杆件类型和截面大小不同，因此高精度的构件加工制作是难点。构件制造单位江苏徐州八方钢结构公司采用先进的专业钢结构设计软件 SFCAD、PKPM、MST、3D3S 等进行深化设计，严格控制构件生产的每个环节，这些重点环节包括：

a. 相贯口切割。通过数控相贯线切割机进行自动化切割，高精度、一次成型，切割机加工的最大切割管径为600毫米。

b. 主桁架、边桁架弦杆煨弯的工艺控制。杆件的煨弯精度要求非常高，主要采用机械热煨弯，通过事先绘制好的大样检查煨弯精度，对于局部的超标进行补煨。

c. 选择合适的产品出厂方式。综合考虑运输成本与构件运输中的安全可靠，简单的构件采用工厂煨弯、切割，运输到现场进行组焊；对于组焊较为复杂的杆件，则采用工厂组焊，整体运输的方式。

d. 焊接质量控制。由于杆件以不同的角度相贯，因此，相贯口的坡口角度变化很大。针对这一点，管件加工时在三维模型中将贯口进行分区，分为熔透区、半熔透区、角焊缝区，根据不同的分区制定不同的焊接工艺与检测标准。在桁架组装的过程中，严格控制焊接顺序，避免焊接过程中因焊接收缩导致弦杆曲率发生变化。

e. 采用CAD/CAM集成技术进行钢结构制作加工。CAD/CAM是我国钢结构制造较为新颖的加工技术。该技术的应用省略了从施工图纸向加工图纸转化，由加工图纸生成构件加工数据，因此不仅减少了加工过程信息错误，还节省了大量时间，提高了钢结构的加工效率和加工质量。

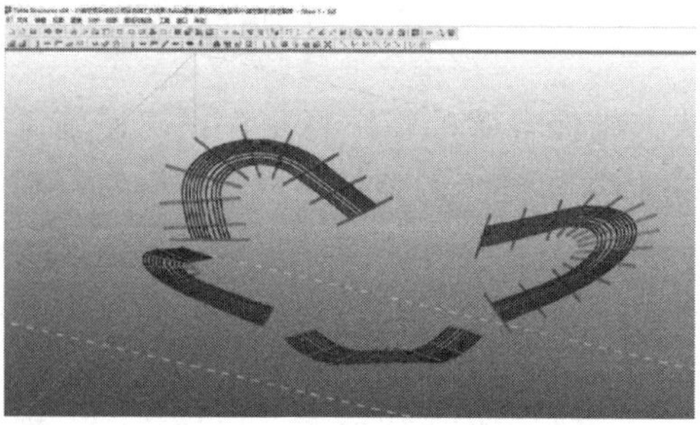

图2.28 TEKLA建模软件

f. 钢结构建模技术。为达到设计要求，确保外露杆件表面平直，曲线匀称，曲率过渡自然，在深化设计时采用TEKLA建模软件(如图2.28所示)对节点进行1∶1放样，精确建模，并将建模数据提交加工车间，保证钢构件与非常规节点的施工精确度。

g. 预拼装阶段。材料到达机场施工现场后，根据出厂杆件编号，参照三维模型投影数据在纵向直杆上定出斜杆交会位置，根据直杆上已定出的交会位置和斜杆空间角度及间距，安装斜杆。对不能准确对接的杆件进行修整，保证节点的拼装精度。

③ 防水工程。法莱奥诺国际机场新航站楼屋面围护结构依次为彩钢板、保温棉、铝镁锰板、铝板。屋面采用紧密型防水保温系统，主要包括泡沫玻璃保温系统以及SBS防水系统，具有独特的防渗保温效果。萨摩亚一年分旱、雨两季，平均年降雨量为2850毫米，做好防水保温对机场的运行极为重要。

传统金属屋面保温、防水层往往被大量的屋面金属支座穿透形成热桥现象，热桥产生的冷凝水容易造成钢板穿孔处锈蚀，同时大量的热桥降低了整个屋面系统的保温性能。法莱奥诺新航站楼屋面防水保温系统采用了SBS改性沥青防水卷材，并使用带沥青基贴面的泡沫玻璃板作为保温隔热材料，将泡沫玻璃板和SBS改性沥青防水卷材作为整体来考虑。金属屋面结构的基层、泡沫玻璃板和SBS改性沥青防水卷材之间均互相黏合、连接紧密，使整个金属屋面防水保温系统形成了一个密闭空间，使屋面防水保温结构层形成多重设防，避免了热桥现象的出现，既到达保温效果，又大大降低了屋面渗漏风险。主要施工步骤为：基层处理及验收→保温板预排板→铺贴保温板→铺装金属钉盘

→保温细部处理→保温板铺贴验收→热熔铺贴 SBS 防水卷材→防水细部处理→防水验收→金属屋面施工。在防水保温层的施工过程中，对屋面划区编号，通过软件三维大样图进行施工技术交底，使得施工有条不紊。

④ 民航弱电工程。法莱奥诺国际机场航空弱电系统工程由我国民航二所旗下民航成都电子技术有限责任公司承建。该项目民航弱电系统实施内容包括信息集成系统、离港控制系统、航显系统、时钟系统、内部调度电话通信系统、网络系统、综合布线系统、自动广播系统、行李系统，为机场生产运行提供了稳定保障，大大提升了法莱奥诺国际机场的现代化、信息化水平。

萨摩亚法莱奥诺国际机场航站楼建造年代较早，设备陈旧，故障频发，难以应对日益增长的航空业务量和长远发展需求。为满足机场发展需求，民航弱电系统需要进行升级，包括广播系统和自动航班广播等。然而，由于升级信息系统范围大，只能在夜间停航时段进行切换升级。为确保施工期间机场不停航，民航弱电施工人员采用软件模拟技术，对新广播系统与老系统的切换进行流程模拟，预测升级过程中可能存在的风险，并制定应对措施。例如，民航弱电施工人员对自动航班广播与航显、集成的接口切换以及原有广播设备的固件升级进行风险预测，确保新建广播系统与老系统的顺利切换，从而为机场的未来发展提供了可靠的技术支持。

在海外施工中有很多要求是特殊的，施工设备零部件基本无法在萨摩亚当地买到，而若从国内购买，必定会因运输时间太长而影响工期。因此施工企业必须在设备材料供应上做好充足的准备，严格按照计划使用，这也就使得在整个施工过程中几乎不允许出现差错、返工、损耗。施工单位严格计划施工进程，及时协调其他施工方的进度，规划分配好人力、物力，脚踏实地走好每一步。在施工阶段，还有世界银行项目经理进行全程管控，对项目有严格的管理程序。在施工过程中，通过建造样板墙、放样比选等方法对材料及构造节点仔细推敲，获得较高的施工质量，使项目完成度很高。2018 年 5 月 10 日，新航站楼(如图 2. 29 所示)整体完工并交付使用，经过两年多的运行，萨摩亚机场旅客吞吐量及货邮吞吐量迅速增长，该航站楼已经成为南太平洋地区重要的航空门户。

图 2. 29　改造一新的萨摩亚法莱奥诺国际机场

(3) 法莱奥诺国际机场项目总结

整个机场在建设过程中，有超过 160 名中国技术人员和工人、超过 80 名萨摩亚当地工人参与。同时，萨摩亚当地的建筑分包商也参与到了建设中，如 OTT 公司参与了停车场的沥青道面施工，Silva 公司负责所有运输工作。通过机场的建设，两国人民紧紧联系在了一起，法莱奥诺国际机场成为两国人民深厚友谊的象征。

法莱奥诺国际机场项目的建成极大地提升了萨摩亚的航空运输业务能力，法莱奥诺国际机场已成为南太平洋地区重要的航空物流港，极大地带动了当地综合交通、商贸物流、旅游等产业的发展。在航站楼出发区域完成移交仪式上，萨摩亚总理图伊拉埃帕赞扬新航站楼是萨摩亚最先进的设施，新机场的建成让萨摩亚成为太平洋地区航空枢纽的计划推进了一大步。

通过法莱奥诺国际机场升级改造项目的建筑工业化实践，我们可以发现海外民航工程成功的关键是要根据当地建设条件灵活选择设计、制造、施工方案，最大限度地采用装配式建造方式，最大限度地利用我国工业优势，最大限度地统筹项目建设管理。可以说，法莱奥诺国际机场项目贯彻了民航发展新理念，是民航建筑工业化、数字化、智能化转型升级的典型代表，是转变机场建设管理模式、实施工程要素精准管控的样板工程，是我国民航建筑工业化走向世界迈出的坚实一步，值得民航建筑业学习借鉴。

2. 圭亚那切迪·贾根国际机场

圭亚那位于南美洲东北部，东邻苏里南，南临巴西，西邻委内瑞拉，北邻大西洋。首都乔治敦是圭亚那的政治、经济、文化和交通中心。切迪·贾根国际机场距市区约 40 千米，每周有多个国际航班起降。原有机场航站楼为主体 1 层、局部 2 层的钢混建筑。航站楼几经改扩建，设施陈旧，保养一般。按照可行性研究报告，升级改造后的机场旅客年吞吐量将达到 70 万人次，航站楼高峰客流人数约 700 人/小时。

图 2.30　圭亚那切迪·贾根国际机场

航站楼改扩建工程包括新建到达大厅、旅客登机长廊，增设 4 条登机桥以及对原有航站楼功能布局进行升级改造(如图 2.30 所示)。新建到达大厅正门设置大雨棚，形成开敞式的通廊作为到达区车道边，以适应当地多雨潮湿的气候环境。在建筑外墙的处理上，设计偏向于实体砖墙开竖条形窗，在满足内部采光的前提下，减少热传导，做到绿色节能。在空侧的行李分拣区，同样设计半开敞的空间满足行李分拣工作的需求，让地处热带的机场工作人员减少在封闭空间的工作时间。而对于登机长廊的立面处理，使用了通透的玻璃幕墙。这样的方式首先减少了长廊建筑的闭塞感，减少了旅客通行的局促感；其次钢结构配上玻璃幕墙可以展现出建筑的现代感，可以加深旅客对圭亚那的第一印象。

2.5　航油工程工业化实践案例

2.5.1　国内大型机场民航建筑工业化实例

随着我国经济的快速发展，民航业也得到了蓬勃的发展。在大力推进工业化和现代化的背景下，我国的大型机场建设也在加速推进。北京大兴国际机场和成都天府国际机场作为两个典型的实例，展示了国内大型机场民航建筑工业化的最新成果。其中，北京大兴国际机场更是成为一项世纪工程，得到了全球的瞩目。从项目提出到建成投运，仅用时 4 年 9 个月，创造了世界工程建设史上的奇迹。而成都天府国际机场则是一项规模庞大的未来工程，将在未来几年内建设完成，并为我国民航事业的发展注入新的动力。

本节将重点介绍这两个典型机场建设的情况和工业化建设的实现过程，以期为国内民航业的发展提供有益的借鉴和参考。

1. 北京大兴国际机场

(1) 机场建设概况

北京大兴国际机场(如图 2. 31 所示)是举世瞩目的世纪工程，是习近平总书记亲自决策、亲自推动、亲自宣布投运的国家重点项目。从提出建设到确定选址，再到党中央、国务院决定建设，前后历经 21 年，体现了党中央、国务院对大兴国际机场的高度重视。从 2014 年 12 月开工建设到 2019 年 9 月正式建成投运仅用时 4 年 9 个月，创造了世界工程建设史上的一大奇迹。

图 2. 31　北京大兴国际机场

2019 年 9 月 25 日，北京大兴国际机场正式投入运营，这标志着中国航空业进入了一个新时代。在投运仪式上，习近平总书记出席，并对该机场的规划设计和建筑品质作了高度评价。他赞扬该机场体现了中国人民的雄心壮志和世界眼光，以及民族精神和现代化水平的大国工匠风范。习近平总书记认为，该机场所呈现出来的高质量建设和服务水平，代表了中国航空业的新高度，向党和人民交上了一份满意的答卷。

大型基础设施是民族振兴的重要基石。2017 年 2 月 23 日，习近平总书记考察建设中的大兴国际机场时强调，北京新机场是国家发展的一个新的动力源。大兴国际机场代表了我国民航基础设施的最高水平，不仅仅是因为它的规模、航班数量和建设速度等方面，更因为它创造了许多世界之最。该机场开发应用了多项新专利、新技术、新工艺、新标准，现代化程度大幅度提升，承载能力、系统性和效率显著进步。大兴国际机场建设历时不到 5 年，高标准、高质量完成建设任务，并且按期投运，展现了中国工程建设的雄厚实力。这一建设成果也体现了中国共产党领导和我国社会主义制度能够集中力量办大事的政治优势，同时也展现了民族精神和中国的强大力量。

在机场建设与运营的全生命周期，大兴国际机场始终秉承“资源节约、环境友好、运行高效、以人为本”的理念，为公众提供健康、便捷、舒适的使用空间，为飞机提供安全、高效的运行环境，并与区域协同发展。

1) 建设绿色机场。大兴国际机场通过采用全球最大的耦合式浅层地源热泵系统、太阳能光伏发电、太阳能热水等设施，全场可再生能源利用率达到 16%以上。通过推行绿色建筑，减少建筑能耗，大兴国际机场国家三星级绿色建筑比例达 70%以上，建筑面积超 280 万平方米。大兴国际机场航站楼作为国内单体规模最大的取得绿色建筑三星级设计证书的项目，也通过了全国首个节能建筑 3A 级评审，航站楼照明系统采取自然采光和智能照明，配合高漫反射板和铝网遮阳玻璃等高新科技，更加环保节能。

大兴国际机场的停车楼总面积约25万平方米，提供4228个车位。该停车楼建设遵循了“平安、绿色、智慧、人文”的四型机场建设要求。为实现“绿色”要求，大兴国际机场与驿停车合作开展了光伏发电项目。具体来说，将太阳能电池板安装于停车楼屋顶，通过这种方式实现了光伏发电系统的自发自用，并将多余电量送入当地配电网，为地区的电力供应做出了贡献。这种做法不仅符合可持续发展的理念，还为大兴国际机场的环保和节能减排做出了积极贡献。

大兴国际机场的照明设计采用了“照明见光不见灯”的原则，虽然机场有9万多盏照明灯，但是整体照明效果看起来非常自然。机场航站楼被划分为310个区域，能够根据客流、室外光线等综合因素实现智能控光。此外，机场还配备了智能化的照明控制系统，使得机场内的灯光可以根据环境条件和使用情况智能调整，为旅客提供更加智能化、人性化的服务体验。与此同时，大兴国际机场在主要区域实现了恒定照度模式。阴天时灯光会自动变亮，晴天时光线就会变暗，休息区可根据生物钟的不同逐渐调整亮度，实现较少的耗能和较好的体验。

大兴国际机场在2020年出色完成了碳排放达标的核查任务，实现了绿色发展目标。2021年上半年单位旅客电耗较2020年同期下降43%，单位旅客综合能耗比上年下降26%，单位旅客耗水量比上年减少26%。

大兴国际机场坚持环境友好的原则，秉持“海绵”机场这一环保理念，建设高效的复合生态水系统，雨水收集率、雨污分流率、污水处理率等都能达到100%。大兴国际机场地势西高东低，加之机场硬化面积较大，雨来得急，去得也快，防汛威胁大。在建设之初，大兴国际机场就协调好了绿色和安全的关系，在东北方向同步修建了40余万平方米兴旺公园，如今已成为集蓄洪、绿化、休闲和娱乐为一体的综合性公园。其中，景观湖可蓄水300万立方米左右，相当于1.5个昆明湖。

为了更好地解决机场内涝这一世界性的问题，大兴国际机场第一次完整、系统地运用了各种绿色机场标准与技术。大兴国际机场是全球绿色机场的典范和领导者，通过实施多项环保措施实现了“小雨不湿鞋、大雨不内涝、水体不黑臭、热岛有缓解”的目标。其中，大兴国际机场采用了透水砖、虹吸雨水系统等绿色技术，收集的雨水可以用于浇花、清洁道路、作为空调冷却水补水等。这些雨水经过管网和净化设施处理后得到循环利用，年利用降水达1000万立方米以上。通过采用这些环保措施，大兴国际机场成功地实现了绿色化的目标，并为全球绿色机场建设树立了榜样。

除了“海绵”机场之外，作为环境友好的践行者，大兴国际机场建立了国内第一个机场环境管理信息系统。飞行区78%的车辆实现电动化，汽车尾气排放量大幅度降低；系统化噪声监测系统能够实时收集机场周围噪声数据。令人骄傲的是，大兴国际机场是目前世界上噪声影响最小的大型国际枢纽机场之一。

在冬天乘机的时候，乘客们常常看见飞机在除冰，然后除冰废液排到什么地方去？如果废液不及时处理就随意排放，会不会污染大气和水源？会不会对环境产生污染？如何对其进行回收再利用？大兴国际机场提出了一个完善的方案，那就是启用飞机除冰废液收集系统。目前大兴国际机场除冰废液治理再生系统已经建成，实现京津冀“三地四场”除冰废液的集中处理，以及机务维修区含油污水和航空器清洗污水100%收集处理。

2）建设人文机场。使残障旅客独立出行，是大兴国际机场无障碍建设的初衷。大兴国际机场无障碍设施始终坚持行业最高标准，如无障碍停车位侧向和尾部延伸 1.2 米轮椅通行区、自动平移门 1.5 米净宽度、电梯出入口的八字形设计、廊桥设置双层扶手等，完善的无障碍设施提高了残障旅客出行的能力与信心。

大兴国际机场从残障旅客出行的角度出发，以“沉浸式”的方式，仔细分析了残障旅客的通行困难，对他们的通行速度和行为特点进行全面了解，从而在设计上部署了无障碍设施。例如，低位柜台预留容膝空间让坐轮椅的残障人士更舒适地办理业务，候机区的低阻力地毯方便残障旅客通行。大兴国际机场首创将带有盲文的按钮安装在电梯内的护栏上，视力障碍旅客只要握着护栏就能顺势找到按钮；无障碍卫生间内都安装了具有中国特色的创新性“C”形抓杆，便于残障人士平稳起身。方方面面的设计更贴近残障旅客出行需求，保证无障碍通行连续顺畅。

为确保资讯的清晰触达，大兴国际机场按照融合共享的理念设计资讯系统，让所有旅客均等使用设施，无差别获得信息资源。大兴国际机场在设计引导标识时，参考了国际无障碍方案，确保了所有人都能够方便地识别。为了让视力受损人群也能够识别标识，标识颜色方案选用了高限要求，以确保视力障碍人群也能够看清。此外，为了在超大空间中更好地识别标识，常用设施图标的字号放大了 33%。对于听障人群，在登机口等位置设置了低频闪烁设备，以增强视觉提醒。此外，查询终端配有盲文面板，兼具无障碍、儿童模式和一键呼叫等功能，从旅客出行细节着眼，尽显无障碍环境建设的细心和人性化。

3）建设智慧机场。创新质量管理形式，推行混凝土驻站监理、首段及首料工程质量控制和样板引路等措施，国内首次实现强夯等机场飞行区施工过程的数字化监控，其中自动化的强夯系统为全球首创，已取得中美两国专利。数字化施工系统实现了施工过程的实时监测、监控、可追溯，实现了全过程、高精度的管理。

应用先进设计技术。大兴国际机场航站楼设计开创了建筑信息模型（BIM）技术在机场领域的应用，创造了“空地一体化”的全过程运行仿真技术，实现了设计与建设、设计与运营的有效对接。

依托大数据中心，大兴国际机场基于云计算、人工智能技术构建了一套全面的机场信息系统。该系统连接了机场内外的全部功能模块，能够高效地支撑机场所有核心业务运行，主动预测运行趋势，自动高效地提供无缝的旅客服务。通过信息系统，结合互联网技术，能够为机场的模式创新提供支持和保障。

同时，由于信息系统实现了实时数据共享，因此机场可以以此推动相关方精诚协作，建立完整的多式联运体系，与周边机场联动发展，引领区域经济发展。信息系统还能提供足够的通信能力和协同合作能力，支持智慧城市的建设目标。

此外，大兴国际机场的数据中心借助北斗导航定位技术，对其室内外工作人员及行李车辆进行高精度定位。机场在首期建设中应用了 UWB（超宽带）高精度室内定位系统，这在国内还是首例。作为一种新兴的室内定位技术，UWB 能够利用定位标签向定位基站发送射脉冲信号来进行精确的室内定位。新技术的启用，使得大兴国际机场能够对室内人员和车辆进行可视化监控和管理，以及为每位旅客提供量身定制的导航和服务。

（2）航油工程

2019 年 9 月 25 日，北京大兴国际机场正式通航，习近平总书记出席机场通航仪式，并宣布："北京大兴国际机场正式投运！"

作为中国航油的"天字一号"工程，大兴国际机场供油工程从规划设计到施工运营均融入了当时最前沿的创新技术，从绿色低碳的建设标准，到充分利用物联网、云计算、北斗定位等新一代智能技术，大兴国际机场供油工程把智慧库站的要素充分融入工艺流程、设备系统和生产作业模式中，体现出中国航油已经开启了智慧赋能产业升级的新征程。

图 2.32　北京大兴国际机场油库

大兴国际机场新建设了 50 千米的机坪管线、16 万立方米的油库（如图 2.32 所示）。津京第二输油管道起点为天津南疆储运基地，是管径最大、管材钢级最高、输送里程最长、设计输送能力最强的长输管道。航油场外管道规划途经天津、河北两地，可规划土地非常有限，沿途又要穿越多个行政区、百余处大中型河流水域、高速公路及二级以上公路，且经过军事设施、少数民族聚居区等敏感地区，路径规划协调工作难度非常大。经反复协调和优化调整，管线绕开了过境廊坊市永清县约 3 千米路径，将穿越的行政区压缩至 9 个，降低了项目审批和实施难度；避开了多处社情复杂及"三抢"问题区域，减少和规避了征地拆迁的风险和不合理成本。

1）先进设计技术应用。

① 课题研究。在前期规划设计阶段，供油工程指挥部与设计单位为确定工程规模和技术水平，共同申请了航油集团科研课题《超大型机场供油设施布局研究》，课题组调研、走访了全球旅客吞吐量前 20 名的大型国际机场，对机场的占地面积、跑道及航站楼的构型和规模、供油设施的布局和规模进行统计分析，重点对油源保障能力，机场油库、航空加油站的布局与机场整体布局的关系进行了深入研究，提出了超大型机场供油设施布局和规模的合理原则。

研究成果不仅为大兴国际机场供油工程建设提供了有力的理论依据和技术支撑，针对大兴国际机场供油所需，规划了两库三站的蓝图，邀请德国汉莎咨询公司对机坪管网进行了水力计算，核算确定了管径，而且填补了国内外在该领域的研究空白。

② 深化设计。大兴国际机场供油工程创新性地在工程管理中引入了 BIM 技术，从以 CAD 为主的二维平面图纸，到将可实现全专业三维建模的 BIM 技术充分应用到机坪加油管道、机场油库、航空加油站、综合生产调度中心工程中，为供油工程的全生命周期提供了一体化管理，显著提高了整个工程的管理效率。

③ 绿色设计。在资源节约方面，大兴国际机场供油工程 100%按绿色建筑标准设计建设。其中综合生产调度中心达到绿色建筑三星级标准，机场油库、航空加油站综合业务楼达到绿色建筑一星级标准。

在环境友好方面。北京大兴国际机场供油工程设计时着重注意对环境的保护，在生产工艺流程中尽量采用密闭的设备和设施，通过先进的工艺设备及设施降低油品污染环境的可能性。机场油库采用内浮顶油罐，且航空加油站内设置油气回收装置，以此减少油气的挥发，减少对空气的污染。油库内及机坪输油管道均设置外加电流阴极保护系统，提高油罐及输油管道的防腐性及使用寿命，减小泄漏的可能性，并设置碳氢感应电缆测漏系统，及时发现微量泄漏，降低泄漏对环境造成的不良影响。油库内埋地罐埋设在罐池中，且采用双壁罐等设备，并设测漏装置，确保油品不对周围土壤、水源造成污染。同时采用先进的工艺设计和合理的平面布置减少热岛效应，油库、航空加油站及纵横生产调度中心的供配电系统通过设置有源滤波器来治理谐波，避免对电网的干扰，滤波器的有效滤波能力不低于97%。且办公楼停车场设置新能源车辆充电桩等设施，充分使用清洁能源。

在节水方面。优化给水系统，室内供水充分利用市政给水压力，根据市政管网的压力确定市政给水直供的楼层，市政给水无法直供的楼层采用无负压供水设备加压供水。充分利用中水，使用市政中水进行冲厕、冷却塔补水、地下车库地面冲洗、消防补水、绿化灌溉及道路冲洗等，合理利用非传统水源。通过下凹式绿地和渗水地面组合来实现雨水控制与利用的目的，从而减少雨水高峰时段排水负担，并最终实现雨水的充分利用。机场油库及综合生产调度中心内配建雨水收集池，将储存的雨水用于绿化。

在节电方面。变压器选用高效、节能的非晶合金干式变压器，变配电系统采用集中无功补偿，减少无功损耗。同时设置电力监控系统，实时采集用电数据，分析用电情况。照明灯具采用高效自带无功补偿的控制装置，光源采用节能型的高光通量光源，如LED灯，同时对照明系统采用智能感应式控制，最大限度地达到节能目的。根据实际需要选择设备运行功率，保证设备高效运行，同时采用全变频方式控制加油泵，减少用电消耗。

在建筑节能方面。办公楼内办公室及宿舍体形系数为0.15，围护结构传热系数符合节能标准要求。选用设备能效比符合节能标准要求，通风设备单位风量功率符合节能标准要求，新风、供回水管路均做保温。一层各主要出入口设置循环空气幕，有效阻隔冷、热空气的侵入。宿舍及食堂采用无动力集中太阳能热水系统，提高了太阳能的利用率，减少了一次能源的消耗，节能减排。房间内温湿度、新风量等均按照国家规范要求取值，冷热源采用地源热泵系统。

在建筑材料方面。北京大兴国际机场供油工程优先选择无毒无害、不对环境造成污染的材料，且按照国家循环经济的要求，尽量采用可循环和再生材料。在考虑经济性的前提下，尽量遵循模数协调原则，减少施工废料。

在绿化方面。合理配置绿化场地及面积，机场油库绿化率为15%，航空加油站绿化率为32%，综合生产调度中心绿化率为30%。同时采用生态绿地、室内绿化等多样化的绿化方式，实现绿色环保、自然和谐、降低能耗的作用。

④ 先进工艺设计。在高效运行方面，大兴国际机场供油工程选用可靠、耐用、故障率低、维护简便的设备设施，确保供油安全，降低各种风险和隐患。油库设计时充分考虑当地的地质情况、风速、降雪量、降水量等自然条件，根据规划的储量、占地面积等客观条件，综合经济性指标分析，对油罐类型、油罐直径、罐高、钢板厚度等进行科学

的计算和确定；机坪加油管线设计时充分考虑当地年平均温度、极端环境温度及冻土层深度，根据建设目标年的机位总数、机型分布、高峰小时起降架次、高峰加油量、管线冲洗条件等确定机坪加油管线的输油方案并准确计算管线的压力、流速等工艺参数，科学地确定管线的管径、壁厚、埋深以及加油栓、隔断阀、高点放气、低点排水等工艺设备的位置和数量；供配电系统根据负载的数量、形式和位置进行负荷计算、补偿方式及变配电设备安装位置的选择，并采用效率高、稳定性好的设备，保证供配电系统安全、可靠、经济的供电。

在以人为本方面，引入多项先进功能，以减少员工劳动强度，提高运营效率。机场油库实现自动计量、自动取样、自动放沉、自动加剂等功能，航空加油站实现车辆自动调度。着眼于人性化和智能化，对现场工作人员多次反馈的过滤分离器、预过滤器、篮式过滤器滤芯更换劳动强度高的问题进行专项研究，选择了快开盲板型过滤分离器、预过滤器和篮式过滤器，并设计了底部排气流程接口；为减轻传统上罐取样工作强度，开发了自动三点取样装置；为减少底油排放工作量，真正做到节能减排，选用了过滤分离器和油罐的自动测水装置；为了检修方便，过滤器组前后阀门采用零泄漏球阀；为减少人工确认内浮盘工作状态，设计了浮盘位置指示器，与液位计联锁，自动判断浮盘工作异常并报警。

2）高质量施工技术应用。

① 测量测绘。大兴国际机场供油工程使用的数字化测量测绘技术主要有全球定位系统（GPS）和在此技术基础上开发的实时动态差分技术（RTK），RTK 技术相比 GPS 具有更高的测量精度，可达厘米级。

与传统的测量测绘技术相比，数字化测量测绘技术在工程测量中体现出明显的优势，测量和绘图精度相对较高，自动化采集功能强大，测量的图形属性信息丰富，信息存储更加简便快捷。

② 防腐施工。大兴国际机场供油工程施工阶段，在油罐钢板防腐除锈环节，使用了水喷砂除锈设备；在机坪管网和油库工艺管道施工阶段，使用了多功能钢制管道内防腐、喷涂、补口智能机器人，有效保障了钢制管道在焊接过程中因工人难以到达管道内部而放弃防腐喷涂焊缝的技术问题，大大提高了管道耐蚀强度，延长了管道的使用寿命。

③ 脚手架施工。大兴国际机场供油工程施工期间，采用了新型盘扣式脚手架，该脚手架结构强度高、整体稳定性好，具有可靠的自锁功能，有效提高了脚手架的整体稳定强度和施工效率，更好地满足了施工安全的需要，同时将传统的外脚手架密目式安全立网更换为硬质防护钢板网，使用寿命长，有效降低了噪声和灰尘污染，安全度大幅提升。

④ 物料运输。大兴国际机场供油工程施工期间，在塔吊上安装了安全监测预警系统，实时监测塔吊的大臂回转角、幅度、载重数据、高度、倾角、风速等，对塔吊进行预警自动制动控制，并根据塔吊的载重和幅度曲线，对吊装超载进行实时监控。

3）施工管理技术应用。

① 智慧工地集成平台。大兴国际机场供油工程建立了工程应急指挥系统，涵盖视频监控、视频会议、可视电话、远程培训、应急指挥等功能。利用布置在施工现场和生活

区的视频监控进行全覆盖监控，在手机和电脑端可以实时掌握施工现场和生活区的情况，实现对工程项目的实时监控及预警，实现对施工现场的实时把控。无人飞行器在空中拍摄的工地作业现场画面也可实时回传给指挥系统云端平台。

② 二维码质量管理。在大兴国际机场供油工程项目中，一个个小小的二维码让人眼前一亮，它的背后是一个基于质量管理的大平台。这一平台集成每道工序的施工图纸、质量验收标准、施工人员、质检人员、监理人员、工序、验收人、验收情况等信息，实现了各单位间的质量数据的衔接和共享，形成多维度的质量管理系统，构建"云上质量监管"模式。

③ 劳务实名制与安全管理。在大兴国际机场供油工程施工阶段，通过在施工区域设置闸机系统，建立劳务实名制管理系统，且每名进场施工工人均在进场前购买保险且通过安全培训教育和考核；安全培训教育统一在机场安全培训基地和航油安全体验长廊进行，使参加安全教育的人员可以真切地感受到安全施工的重要性。此外，将安全培训教育系统与实名制管理系统接驳，有效落实安全培训与劳务实名制的联动管理。

④ 施工环境监控。在大兴国际机场供油工程施工现场建立了环境监测系统，动态记录现场施工噪声、PM2.5 等信息，实现现场环境的自动监控；施工渣土运输所用车辆的车厢全封闭，每辆车均安装北斗定位系统，监控行驶路线和行驶状况，且尾气排放均达到国Ⅳ以上标准。渣土运输车的环保水平、智能管控及产品性能得到一定程度提升，有效降低了由此产生的超载、超速和噪声污染。

2. 成都天府国际机场

(1) 机场建设概况

作为民航"十三五"规划的最大重点工程和国家重点工程之一，成都天府国际机场(以下简称"天府机场")将以崭新的姿态，助推国家级国际航空枢纽建设，成为我国中西部联通世界的重要门户。

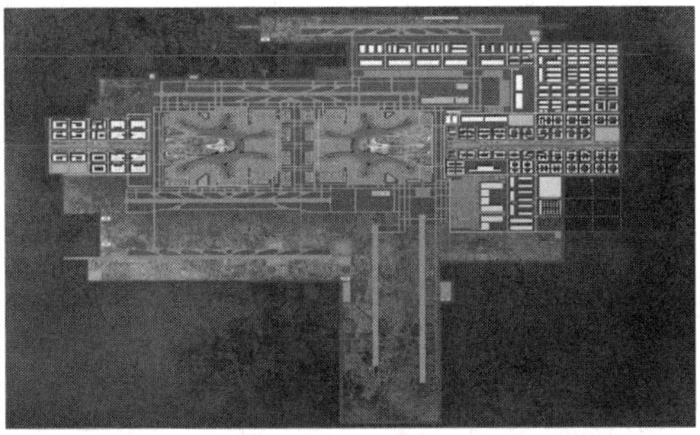

图 2.33　成都天府国际机场

天府机场(如图 2.33 所示)场址位于简阳市，成渝经济区核心位置，到成都天府广场的直线距离约 50 千米，距双流机场直线距离约为 51 千米。根据远期规划，将建设 6 条跑道、总面积约为 126 万平方米的航站楼，规划总用地面积约 52 平方千米。2025 年为项目一期设计目标年，规划建设拥有 3 条跑道、总面积为 71 万平方米的航站楼，满足 4000 万人次的年旅客吞吐量需求，配套建设空管工程、供油工程、航空公司基地工程。

1) 建设目标。

① 人文机场。将四川元素作为机场打造的特色，在建设中融入底蕴深厚的巴蜀文化、海纳百川的迎客宗旨，让来自五湖四海的旅客获得便捷、愉悦、舒心的机场人文体验。

② 智慧机场。通过广泛提升机场的自动化、智能化水平，将自助行李托运、智能小

车及个人定位系统、即时航班动态通知、生物技术信息识别等物联网、互联网、大数据技术深度运用，为旅客提供真正的一体化“智慧”服务。

③ 绿色机场。大量运用建筑新材料、光伏发电、雨水循环再利用等技术举措，将海绵城市、花园机场理念融入机场的建设，凸显环境友好、低碳节能和可持续发展的优势，打造绿色机场。

2）民航建筑工业化在天府机场的实践案例。

图 2.34　超大双曲面网架整体提升

① 航站楼屋顶网架。以“超大双曲面网架整体提升”（如图 2.34 所示）为特色的施工技术助力钢结构施工，实现高精度的屋顶网架提升质量控制。T1 航站楼网架杆件数量多达 16 万根，全部由西部最大的制造基地供应，为现场施工提供了有力保障。屋顶网架建设高峰期投入近千人、近百台机械设备，24 小时不间断施工。土建结构封顶后，4 个月实现 18 万平方米网架提升。通过 3 条天窗带，使双曲面造型的网架立面形成多个标高且差异较大的空间结构。以技术创新实现对网架的合理分区，将多个网架单元连接成为一个整体；通过“液压同步提升技术”实现提升点位的合理设置，利用计算进行位移传感监测，实现同步控制，达到整体同步提升的目的。

运用累积提升技术，合理设置提升点位，设置提升点共 288 个，总提升 46 次，其中累积提升 23 次。

超大面积网架尺寸控制和定位技术的应用。T1 航站楼候机厅网架平面尺寸为 522 米×（107~324）米，天窗带所在区域通过局部抽空杆件构成折板空腹网架结构，结构较为复杂，投影面积较大。拆除网架的提升支架时，在将结构荷载由支架转移至支撑钢柱的过程中，对结构杆件的内力进行重新分配，会对最终结构尺寸产生影响。通过采取关键工序控制、分区施工管控、施工模拟分析及卸载、变形的监测等措施，把网架整体提升施工结构补全技术、网架安装预起拱技术、施工模拟及钢结构 4D 模拟等核心技术运用其中，顺利实现了网架施工高质量落地。

大跨度网架整体提升、预应力钢拉杆张拉技术的组合应用。T1 航站楼的 A、C 指廊，拟打造为局部张弦的网架结构。其指廊中间天窗带拟将下弦杆升级为下弦钢拉杆，故在常规网架安装施工技术的基础上，融入预应力张拉技术。针对由此带来的技术难题，专业技术团队在进行钢拉杆张拉模拟验算和网架整体提升施工模拟验算时充分运用了有限元结构计算软件，通过在不同工况下，多频次多点位进行网架变形监测，以及通过液压同步控制系统进行网架姿态调整等措施，有效保证了网架结构安装精度符合设计要求。

② 超长混凝土施工。在天府国际机场建设中，首次在机场项目超长混凝土施工中采用了地上、地下同步的跳仓法，有效避免了后浇带等一系列相关质量隐患，确保了高品质的工程建设。

成都天府国际机场 T1 航站楼项目建筑面积 33.72 万平方米，基底面积 12.48 万平方米，地上四层，由中央大厅(D 区)和三个指廊(A、B、C 区)构成。工程平面尺寸超长超大，南北长 1283 米，东西宽 536 米，最大单元的平面尺寸为 264 米×213 米(如图 2.35 所示)。A、B、C 指廊与 D 区大厅间分别设有一道伸缩缝，A、C 指廊各设两道伸缩缝，B 指廊设一道伸缩缝；设计后浇带宽度 1.5~6 米，数量 59 条，长度达 2950 米，要求在两侧混凝土结构浇筑 60 天后方可封闭。

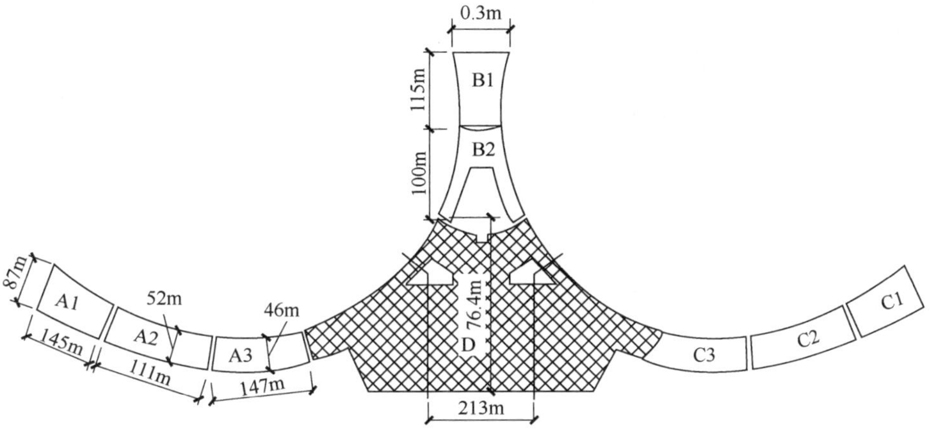

图 2.35　成都天府国际机场 T1 航站楼平面分布图

混凝土建筑结构在设计时必须考虑到伸缩变形因素，因此要求施工时必须设置后浇带和永久伸缩缝。然而，传统的后浇带施工方式存在一些问题，如施工难度大、施工质量难以保证、对地下建构筑物产生漏水等问题，跳仓法就能够解决这些问题。跳仓法是指在浇筑混凝土时采用分段浇筑，先浇筑一部分，然后在混凝土还未完全凝固之前，在上面跳跃式浇筑下一段，如此循环，从而消除后浇带和伸缩缝的影响，提高施工质量和便捷性，加快施工进度。举例来说，一座大型桥梁工程中，跳仓法的应用可以使得整个施工过程更加高效、便捷，并且施工质量能够更好地得到保障，从而提高了整个项目的竞争力和实用性。

通过对超长混凝土结构采用跳仓法施工，结构施工完成后，经多次全面检查，未发现影响结构的裂缝，证实了跳仓法对大面积混凝土楼板结构可以有效控制有害裂缝的产生；跳仓法施工取消了原设计的后浇带，压缩了混凝土浇筑的间隔期，提升了施工工序的连续性，节约工期多达 49 天；同时避免了垃圾清理、后浇带混凝土剔凿、后浇带支撑等大量相关施工作业，节约施工成本效果显著。

实践证明，采用以上措施，可以更好地控制超长混凝土结构裂缝，进而解决了超长混凝土结构后浇带施工的问题，为类似项目施工提供了借鉴。

③ 装配式塔吊基础。在国内，常见的塔吊基础为桩基础或现浇混凝土基础。然而，这些基础存在着一些问题，比如浪费资源、污染环境以及地基承载力要求高等。此外，现浇混凝土基础有时不能满足承载力要求，需要采用桩基础，这不仅会增加成本，而且处理周期长，进而影响施工进度和塔吊周转使用率。为了克服这些问题，一些新型基础制造技术被提出并应用，比如装配式塔吊基础，这种基础具有施工便捷、成本低、使用

灵活等优点，并且能够满足塔吊的承载要求。

装配式塔吊基础通过将传统的十字梁基础、方形基础、方形与十字梁组合基础及墩式基础平面优化分块，工厂化预制成多块组合体，再通过钢绞线、地脚螺栓等连接件组合拼装，形成一个八角风车形的整体基础(如图 2.36 所示)。

图 2.36　装配式塔吊基础

装配式塔吊基础对比传统现浇基础，在成本、工期、环保等方面具有明显优势。在工期方面，装配式塔吊基础提前预制基础预制块，进场后直接拼装预制块，2~3 小时内即可完成拼装；在成本方面，装配式塔吊基础为一次性投入，成本远远低于桩基础；在环保方面，装配式塔吊基础可重复施工，节约材料且无损耗、无污染，充分实现了“绿色”和“节能”。

（2）航油工程

天府机场供油工程主要包括航油、物流、石油三大专业板块，其征地面积共 666 亩，临时用地共 1430 亩。其中，航油业务板块包含以下 8 个子项目：

① 综合业务用房；

② 10 千伏供电线路；

③ 铁路卸油站；

④ 铁路专用线；

⑤ 输油管线；

⑥ 进场道路；

⑦ 机场油库；

⑧ 机坪加油管线系统(含机坪加油管线、航空加油站、管线车停放点)。

供油工程主要包含民航、桥梁、公路、长距离高压线、房建、铁路等多个专业部分，是中国航油集团在建工程中专业最齐全的工程项目；项目涉及铁路栈桥航油接卸、中转储存、转输、储存、机坪管网加注等业务流程，各标段间施工衔接、后期试运行难度皆空前巨大，是航油系统内流程最完整的工程项目；工程点多、面广，覆盖 4 个行政级别、3 个行政区域，涵盖电力、公路交通、铁路交通、民航运输等多个行业，办理相关批复手续均需要走访多个企事业机构、政府部门，沟通协调难度极大，是整个航油系统内环境最复杂的项目。

1）建设目标。按照习近平总书记提出的“四大工程”要求，项目建设指挥部提高政治站位，细化明确“精品工程、平安工程、样板工程、廉洁工程”建设目标。

① 精品工程。采用行业内一流技术、一流工艺、一流品质，争取“中国安装之星”“天府杯”“蜀安杯”等工程奖项。

② 平安工程。全面实现“零事故、零污染、零死亡、零公共卫生事件”的总体目标。

③ 样板工程。采用“感应电缆方式机坪加油管线测漏”新技术、“油罐 ESD 阀门”新技术，拥有“阴保自动化(MMO 带阳极电缆)”“360°全景摄像头”“定量装车系统”等亮点设计。输油管线采用数字化工程管理，在系统内首次采用 BIM 设计，执行绿色建筑二星级标准和标准建设的综合业务用房装配率不低于 30%。

④ 廉洁工程。加强党风廉政教育，营造风清气正、干事创业的环境，党员干部零违纪，严格执行指挥部“三大纪律、八项注意”廉洁纪律，打造一支纪律性、战斗力过硬的天府航油铁军。

2）民航建筑工业化在天府机场供油工程的实践案例。

① 装配式建筑在综合业务用房项目的应用探索。综合业务用房作为天府机场供油工程的一部分，项目位于成都市天府机场油库红线范围内，为地上六层装配式整体混凝土框架结构，主体设计年限为 50 年，抗震烈度为 6 度，其结构安全、耐火等级均为二级。基础为旋挖灌注桩，三楼及以上采用装配式预制叠合楼板。

按照成都市装配率不低于 30%的设计要求，鉴于项目立项之初装配式建筑在航油系统内还未大面积应用，以采用新工艺、新技术打造“样板工程”为目标，确定本项目按照装配式建筑设计施工。综合业务用房项目单体建筑预制装配率远高于 30%，工业化生产的预制构件达到总量的 15%。其中部分楼板采用预制叠合楼板，部分室内隔墙采用工业化生产的非砌筑轻质墙板。

综合业务用房于 2018 年 4 月完成设计，设计完成时成都装配式建筑应用仍处于初期尝试阶段。根据我国现行装配式建筑相关标准的规定，装配式建筑不仅仅指结构构件的装配，还包含了建筑的内外隔墙、幕墙、门窗、集成厨房、集成卫生间、设备专业管线分离方法以及装修等内容。

钢筋混凝土结构的预制构件主要包含预制梁、预制楼梯、预制楼板、预制空调板和预制阳台等构件在内的水平构件和包含预制承重墙、预制柱、女儿墙、预制阳台栏板等构件在内的竖向构件。其中水平构件(本项目主要指叠合楼板)目前在住宅项目中应用比较广泛，市场可提供产品的生产厂家也比较多。竖向构件相比水平构件应用较少，2019 年项目开工后联合施工单位一同对成都周边装配式预制工厂进行调研，基本没有竖向构件的预制工厂。叠合楼板的生产厂家距离工地也较远，运费较高。

安全性方面，仅采用水平预制构件的装配式建筑，其完成结构的安全性能基本上等同于普通现浇钢筋混凝土结构。从现有的施工能力、质量监测手段和实际应用的结果来看，其安装质量与现浇结构相差无几。截至目前，综合业务用房已经通过了成都市质检站、监理单位、平行检测单位针对主体的各项验收，验收结果全部合格。

经济性方面，在综合业务用房的施工过程中，其经济性不占优势，较常规的现浇钢筋混凝土结构造价有较大提高。单就一次性现浇叠合楼板而言，其造价增加的幅度大于20%，其主要原因是预制构件的设计生产尚未规模化和标准化。随着规模化、标准化的提高，经济性会有所提高。

工期方面，由于受不同的工序相互交叉、叠加影响，预制底板上面还需要现浇叠合层，即使现有的预制底板，施工时仍需要设置支撑等，其施工工期较现浇钢筋混凝土结构要长；如果采用竖向预制构件，影响的时间就更长。仅采用预制叠合楼板，工期为10天左右每层；如采用竖向预制构件，则每层至少需要15天。

环保与节能方面，相对于现浇钢筋混凝土结构工艺而言，预制钢筋混凝土结构具有较好的环保性能和节能性能。

综合考虑以上因素，综合业务用房项目只有楼板及内隔板采用了装配式部件。在楼板施工时，受预制构件加工生产时间、工人熟练程度、支撑体系优化等因素的影响，用时没有明显缩减。

装配式建筑未来会大面积使用，因此，工程管理也需要与时俱进，提高认知，改变固有看法。

建立高效的信息化、数据化信息整合机制。一方面，建立横向项目信息化、数据化交互平台，发挥整体专业技术优势，对系统内各单项航油工程的信息进行分析和技术策划，寻找最优的项目技术策略。另一方面将纵向各项目在传统工程建设模式下处于分散、脱离状态的各个环节衔接成一个相互有机关联的整体，信息化、数据化促成了对各个环节的自动的流程管控、交互。为形成规模优势，探索航油工程标准模块化组合，推广装配式建筑应用奠定基础。

探索实现装配式建筑从设计、施工到制作、安装高度协调配合的一体化建造模式。加强与设计院的合作，在项目前期设计过程中大量引入BIM设计的同时，尝试推进EPC一体化。

② BIM在机坪航油管线施工中的应用探索。BIM技术在地下管廊工程、石油化工工程、机电安装工程建设中的运用相对成熟，但在航油工程“实战”过程中仍属于初期探索阶段。为了更好地完成航油工程中机坪输油管道工程的施工，宜选用Autodesk Revit作为基础建模平台，结合现场实际情况与施工图纸等相关资料来发现并解决施工过程中出现的管线碰撞、工程量计量、设计纰漏调整等问题，从而在保证工程质量的前提下，规避施工索赔风险，提高问题沟通解决效率，达到施工阶段工程项目管理有效控制的目的。

在天府机场供油工程机坪输油管道系统的实际施工中，机场地下存在多种管线路由，机坪输油管道的施工过程需要与机坪场道、助航灯光、航站楼、消防、水渠涵洞等施工单位相互配合，施工过程“点多、线长、面广”。

在机坪输油管道施工过程中，系统外与其他管道路由施工单位的交叉作业和系统内各专业之间的交叉作业都制约了机坪输油管道施工过程的进度控制；基于机坪输油管道的施工内容95%皆为地下隐蔽工程，导致管沟开挖与土石方回填最容易产生实际发生工程量与工程量清单不符的现象，因此容易发生签证、变更、索赔等事宜，影响成本控制。作为机场的“血液动脉”，机坪输油管道在施工过程中如何避免路由冲突、设计缺陷、工程量纠纷等问题，将 BIM 技术合理化运用显得尤为关键。

建筑信息模型(BIM——Building Information Modeling)基于三维数字技术，实现了建筑工程项目相关信息的全方位工程数据模型的直观表达，对工程项目设施实体、功能特性进行数字化展现。与工程管理的传统模式相比，BIM 的运用不仅契合“智慧”机场建设应结合建筑行业的前沿技术及创新成果的理念，更能利用 BIM 模型可视化、可精准计算的技术特点直接系统地暴露和解决上述机坪输油管道施工过程中的实际问题，实现动态管理。

a. BIM 模型可视化方面：

BIM 技术可利用项目数据库，通过数字化信息技术等手段构建建筑项目全方位的环境模型，并实现相关信息的多维度表现，使得参与项目施工及管理的相关人员能够更直观、更全面地掌握项目信息。

构建机坪输油管道 BIM 三维模型时，可以发现施工图纸的设计纰漏，例如曾有两个规格为 DN450 的 45°纵弯 B 坐标 7718 出现明显错误，这种疏漏在图纸审核时不容易发现，但是该处在使用 Revit 构建模型时就能直观地发现问题。

传统模式下，对一个复杂节点通常会根据施工图纸配合设计说明的 2D 形式进行解释，很难阐明设计意图。然而，通过使用 Fuzor 软件处理将 BIM 模型瞬间转化成带数据的生动 BIMVR 场景，对施工人员进行可视化交底，便于理解记忆。

b. 碰撞检查方面：

在工程项目中，碰撞现象是设计阶段、施工阶段，乃至后期的运营维护阶段都无法避免的问题。机坪输油管道施工处于机场工程建设的大环境下，参建单位众多，涉及地下管线路由有输油管道、电力管道、通信管道、灯光管道、给水管道、排水沟等。这些设计人员不属于同一家设计单位，虽有基础数据的共享，但因为地下工程不确定因素导致的标高数据不精准造成的管线路由冲突问题时有发生。机坪输油管道的焊接及防腐质量要求高于其他管线路由，并且间隔距离有明确的设计要求，如果没有合理的布局，其他施工单位的野蛮施工会增大破坏机坪输油管道的可能性。

在各参建单位的三维 BIM 模型中，所属的管线路由都有对应的工程参数，作为机场建设方可以收集这些参数，整合后通过整体参数驱动三维模型，再使用 Revit 软件内置的碰撞检查功能进行全面检查，排查出多处硬碰撞及间隙碰撞的问题。

机坪输油管道运用 BIM 技术进行碰撞检查会将碰撞冲突直观地演示出来，设计人员可以及时地与其他参建单位针对这些碰撞点的坐标数据进行沟通，在各家管道路由施工前进行修改调整，最大限度减少施工过程中的管线碰撞和返工现象。

与传统模式相比，BIM 碰撞检查有以下优势：

缩减信息流通时间，提前进行设计调整，避免出现施工人员因等待设计变更而出现窝工滞工的现象；

针对间隙碰撞，可以在满足设计及规范的前提下，给施工人员提供更合理的操作面，提高施工人员的焊接质量；

调整机坪输油管道与其他管线路由净距，远离其他施工单位施工时的作业面，增加成品的保护距离，减少施工人员现场成品保护巡检的工作量及成品修复的投入。

通过 BIM 碰撞检查不仅能提高施工质量、节约施工工期、减少施工现场投入成本，更能提高图纸转化率和精准度。

c. 工程量计量方面：

建筑安装工程费是以材料费和施工器具使用费为基数，乘以利润、规费、税金的相应系数最终得出的结果。因此，工程量统计的准确性将直接影响项目成本估算、施工方案的调整以及工程量的预决算。航油管线施工进程中，随着设计图纸版本的不断变化，施工工程量也随之更新，相关的各种成本也不断地更新，以往工程量、设备统计多为人工统计，因重复性的工作准确性难免会有所降低。在本项目阶段，对已调整构建的模型使用 Revit 分析统计功能，生成的材料明细表可以显示该系统族的名称、工程量等各种相关参数。

在对传统模式工程量统计过程中，信息多以数字的形式体现，出现细小的数字错误不容易察觉，而 Revit 明细表中的数据错误会直观地暴露在模型上面，使问题可视化。这些相对更加准确的工程量信息可以帮助施工单位实现动态管理，优势如下：

阶段性调整该作业面上班组人员及机械设备的投入情况，避免出现作业面上人员机械数量不足或富余而造成成本损失的现象。

为材料设备的采购提供支持，根据阶段性工程量制定相应的采买计划，既能减少因不科学采买而造成的材料费预支压力，还可以降低大批量的材料设备入场后，成品保护骤增的压力。

将实际已完成的工程量与工程量清单内容进行对比，能够得出实际与计划的资金、资源进度分析结果，便于成本及进度控制。

结合机坪输油管道施工的 BIM 综合应用，实现了 BIM 技术通过建模设计、可视化演示、碰撞检查分析、工程量计量等功能指导该项目工程动态管理控制工作。直观的三维模型、精确的空间位置信息、准确的工程量计量数据提高了质量管理、进度管理、成本管理和信息流通的效率。BIM 技术在机坪输油管道施工过程中的应用仍属于探索阶段，本项目工程动态管理取得预期效果，为其他机坪输油管道 BIM 技术应用积累了宝贵经验。航油工程不断发展，BIM 技术的开发应用不断创新，如何能结合机坪输油管道特点挖掘出 BIM 技术的潜力，还需要更多的实践研究。

③ 项目管理信息系统的应用实践。为适应成都天府国际机场供油工程复杂的项目管理，推动项目由传统管理转向科学管理，构建网络化、节点化的项目管理体系，打造智能工地，指挥部构建了完善的项目管理信息系统。一方面，该系统为项目的管理提供了大量的数据信息，通过对数据信息的有效管理与利用，实现工地现场的智慧化管理。应用项目管理信息系统的目的是更加有效地推进项目管理工作，加强信息沟通，促进项目实施，并为管理人员远程、动态进行项目管理提供信息化支持。利用互联网和移动应用技术，通过视频监控、GPS 定位、二维码、手机终端，建设智能工地，真实准确地反映现场信息。另一方面，通过对该系统的应用，实现项目全过程、各要素信息化管理，并实现项目管理的公开化、及时化，提高信息透明度，方便监督管理，提高决策有效性和管理效率。

成都天府国际机场供油工程项目管理系统共有 11 个模块，包括：信息管理、开复工管理、文件报审、综合报表、物资管理、质量管理、进度管理、HSE 管理、不符合项管理、工程资料、工程大事记。

a. 信息管理：

信息管理模块主要包括收文管理、发文管理、会议纪要、监理日志、工作记录等功能。

收发文管理可以实现在线的拟稿、审批、签发、发文以及在线接收其他参建单位的来文，并进行来文签收、拟办、批示、处理功能。同时，系统可以自动记录收文、发文的处理过程，并自动把收文单位处理情况反馈给发文单位，免去了电话沟通带来的不便。

会议纪要模块由会议纪要管理、议决事项管理组成。对于项目运行过程中每次召开的项目会议进行在线记录，明确议决事项的责任单位、责任人、完成时间等，在线展示、动态跟踪具体事项的处理状态。

监理日志分标段监理日志和个人监理日志，且都按所属标段和所在单位进行划分。

b. 文件报审：

文件报审实现了参建单位的方案报审、资质报审、管理/技术交底、开工报告等文件的在线审核。

c. 综合报表：

综合报表包括建设、项目管理、HSE 监督、监理、施工、检测等各参建单位的日、周、月报。

施工过程中的日报、周报、月报实现了文本管理，可以实时在线查看，了解工程进展情况。

d. 物资管理：

物资管理包括甲采计划、乙采周报，主要对物资的出入库台账、供应商进行管理。动态展示物资的供需情况。

e. 质量管理：

质量管理由无损检测管理、隐蔽工程、检测申请、测量放线报验、质量报验、影像资料等模块组成。

无损检测管理实现了在线无损检测工作的申请、监理指令的发送、指令接收及检测，最终检查单位形成检测报告，监理对检测结果进行抽查，施工单位在线接收检测结果，如有不合格项，制定整改时间。整个过程实施在线展示，并进行合格率的统计分析。

f. 进度管理：

用户在线制定进度计划，并自动形成实际进度填报窗口，随着工程施工进度的不断推进，系统通过统计汇总功能，把实际填报数据与计划数据进行分类统计，并以柱状图、饼状图、曲线图等形式展示出来，更形象地展现实际进度。

g. HSE 及不符合项管理：

对 HSE 及不符合项进行信息化管理，实现了透明化的风险防控，有利于风险问题整改的过程监管，促进了经验共享和事故案例分析，进一步发挥了事故教训的警示作用，有助于监督权、控制权落到实处，为提升监理部、承包商管理层及业主的管理能力夯实了信息数据基础，也为提升团队安全绩效考核、合规运行风险识别的针对性创造了有利条件，在机制的先进性上更适应复杂项目管理的需要。通过信息化管理还可实现风险识别手册的持续完善，进一步提升各方信息交流的顺畅度。

h. 工程资料：

工程资料按照竣工资料名录的不同进行分类存放，以树状目录形式展示文件夹，各个文件夹都可以进行权限设定。另外，工程资料功能还可以延伸为工程文库，按需建立法律法规文件、经验总结文件，供项目用户学习。

i. 工程大事记：

工程大事记以横道图的形式展示，可以根据实际进度调整实际完成情况。

④ 机场油库 PP 模块雨水收集池的应用。雨水是自然界一种优质的淡水资源，随着城市建设的迅猛发展，建筑群、道路不透水面积逐步扩大，雨水难以及时渗入地下以补充地下水，同时在暴雨天气下径流不能迅速下渗转而迅速水平汇聚，极易造成地面大范围积水和城市局部内涝。回收雨水能体现节水效能，经过收集、处理的雨水可用于浇灌绿化、喷洒路面。传统的雨水回收系统其收集池往往采用混凝土进行浇筑，且需建立配套的雨水回收设备机房，将整个系统硬软件全部置于其内，其劣势是回收雨水的效率低下，且收集池极易出现渗漏。

对比传统的雨水回收系统，PP 模块雨水回收系统优势明显，其蓄水池采用 PP 模块在地下拼接而成，整个系统(功能涵盖初期雨水弃流处理、蓄水、净水、紫外线消毒、雨水回用等)如同海绵一般，能实现下雨时吸水、蓄水、净水，待有需要时可将蓄存净化后的水释放出来加以利用。该雨水收集系统由于采用 PP 模块地下装配式安装，不但施工进度更快、效率更高、使用期限更长，建成投用后还能实现更高的雨水回收效率，并保证回收后的雨水长期储存在模块池里不流失，且能够长期保持良好水质。

PP 模块雨水收集池有如下的优点：

a. 无须单独设置雨水回收设备机房，雨水收集池整个置于地下，不占用建筑面积，雨水收集效率更高。

b. PP 模块雨水收集池采用模块地下拼接组装的方式，避免了绑扎钢筋、浇筑混凝土等烦琐工序，材料运输更加便捷，施工周期更短。

c. PP 模块由环保材料制成，由一层土工布和一层 HDPE 防渗膜包裹，在收集池内不会滋生微生物，可使水质长时间保持良好状态，且有效避免收集池渗水等问题。

d. 该雨水收集系统设有弃流装置、安全分流井、初级过滤等设施，防止对优质雨水的二次污染，有效减轻水处理的负担，节省了建设及后期运行成本，最大限度提升了雨水再利用的经济性。

e. 该系统设置了弃流控制装置，采用了多点信号以控制弃流水量，并采用最佳弃流量，收集优质雨水。另外还设置了雨水处理设备，对收集的雨水采取沉淀、过滤、净化、消毒等一系列措施，保证雨水经处理后水质达标，保证再次使用的水质安全且可靠。

本系统已在天府机场油库项目雨水收集池施工中得到了检验，不仅可保证雨水回收的高效性，还能确保回收的雨水经长期储存能保持良好水质。适用于绿色建筑、“海绵城市”建筑中。

a. 工艺原理：

雨水流入室外路面雨水收集口，一方面通过自动弃流过滤装置，拦截降雨初期径流，当拦截水量达到设定值时，弃流结束，雨水流进收集池得以蓄存。多余的雨水溢流进雨水管网，通过市政雨水管排出。另一方面，雨水在收集池内沉淀，且收集池内设置了反冲洗排泥装置，当需要对收集池内雨水进行使用时，池内的雨水提升泵将雨水提升至雨水处理池进行处理，处理后的雨水经紫外线消毒后供水至回用水管网。

PP 模块由可再生聚乙烯材料制成，是不同规格、尺寸的网格状平板拼接组装成的模块化箱体。将多个箱体码放组成连续的雨水矩阵池，该网格化矩阵池为透空结构，材料部分占用空间低于 5%，模块蓄水空间高达 95%以上。

安全分流井井底标高低于雨水弃流槽，雨水汇集管与弃流槽标高相同。分流井内的雨水收集管距井底有一段距离，且低于雨水汇集管高度，将其作为沉泥空间；井底可渗水，便于降雨结束后清污。

雨水收集池的管端部采用不锈钢滤网，用于拦截大颗粒悬浮物，一般以初期 2~3 毫米降雨径流为界，进行弃流和收集。弃流结束后，开始将雨水收集入由 PP 模块拼接而成的雨水收集池，其主要作用为收集、储存、调蓄，降雨时将雨水径流的高峰流量暂存其内，该收集池蓄水量可达 200 立方米；待流量下降后，再将雨水从收集池中缓慢排出，既能规避暴雨骤降带来的内涝风险，实现雨水的再循环利用，又能避免初期雨水对水体的污染。

收集后的雨水从雨水收集池通过雨水提升泵进入雨水处理装置，该处理装置集全自动清洗过滤装置、紫外线消毒装置、智能补水系统、反冲洗系统于一体。经雨水处理装置处理后的雨水可与绿化等用水系统接驳使用。

天府机场油库使用的雨水收集系统，其雨水处理效率极高：油库日用水量为 45 立方米/小时，系统的雨水净化处理能力达 15 立方米/小时，平均运行时长为 4 小时/天。

b. 场地规划：

雨水回收系统的位置规划应根据工程特点以及室外工程的地下管网排布等来确定。

c. 基坑开挖：

基坑开挖的尺寸及深度需要根据蓄水模块的体积、操作空间需求，并使用机械进行分层分段开挖，且对基坑边坡进行加固处理，以防止坍塌。开挖时，根据基坑内的土质情况，采取分层错台开挖的方式进行土方开挖，一次分层厚度不大于 1.5 米。基坑的排水采用水泵整体抽排后在水位较低处挖坑集中排水，抽出的水排至附近排水点。

d. 基层处理、底板浇筑：

按需求完成基坑开挖后，首先对基坑底部进行素土夯实，确保夯实系数大于 0.94，然后用 400 毫米厚的 C25 钢筋混凝土进行浇筑，形成基层。

采用 400 克/平方米加强型土工布+1.0 毫米 HDPE 防渗膜将整个收集池进行密封。防渗层在铺设前需在平整地面先进行 HDPE 膜的熔接，HDPE 膜熔接前需进行膜的排版，确保底部防渗层铺设后防渗层伸出长度满足水池壁及顶的余量。将 HDPE 膜对接好后采用自动熔接机熔接，熔接过程中随时注意熔接机熔接质量，及其自动行走路线，确保接缝完全接合，路线与搭接线平行，搭接处不小于 10 厘米。防渗层在铺设过程中首先在水池基础面铺设细沙进行找平，然后先进行土工布的铺设，再进行 HDPE 膜的铺设。铺设完成后将池壁土工布与 HDPE 膜有序地堆卷在水池四周，堆卷过程需避免 HDPE 膜产生锐角褶皱，进而造成破裂。在整个安装过程中，需始终保证箱体的清洁。

e. PP 模块拼接：

雨水收集池是由单体雨水收集模块组合而成，采用凸凹承插连接将两个模块构件上下连接成一个蓄水单元。采用橡胶锤轻轻沿四周至中心进行敲击的方式，将蓄水单元进行承插拼接，避免用铁锤或用力过猛，导致模块出现破损或裂痕。在横纵两个方向上对两个蓄水单元采用专用连接件连接，进而拼接组成整个雨水收集池。

同步开展第一层 PP 模块铺设和反冲洗管施工，水池进水侧留出进水管道头，用管堵封牢反冲洗管端部，且将反冲洗支管引到水池顶面，与总管汇合。

铺设第一层 PP 模块前，首先进行池底的定位，在确认底部 HDPE 膜平整的情况下进行 PP 模块单元的放置堆接，确保相邻模块间无间隙。相邻模块间通过连接件进行连接和间隙的定位。

PP 模块铺设过程中，除首层蓄水模块完整拼接外，其余层模块拼接应当适当进行错开拼接，一方面可使拼接横向、纵向、层间连接紧凑，便于纠偏调整，另一方面由于池顶人工转运拼接，可为拼接提供作业空间，提高拼接效率。

f. 进水、取水检查井安装：

采用 PP 模块成品检查井，将其安装在雨水收集池的顶部，使进水检查井连接雨水收集管道，在取水检查井下部池底设雨水提升泵、排泥泵。

g. 保护层安装与回填：

雨水收集池模块拼接完成后，先进行侧壁 HDPE 膜安装包裹，再进行土工膜的包裹熔接，进水管处 HDPE 膜采用法兰压接，法兰压接紧固完成后将进水管内 HDPE 膜进行开孔。

雨水收集池侧壁完成 HDPE 膜及土工布的铺设拼接后，在池壁周围进行挤塑保护板的铺设，挤塑保护板的铺设过程可以与土方回填施工交替进行，一边回填一边铺设挤塑保护板至水池顶，也可先铺设挤塑保护板，再回填土方。土方回填过程中要避免较大土块跌落至挤塑保护板前，造成回填不实。

雨水收集池顶部先进行 200 毫米厚的中砂回填，再进行原土分层夯实回填。其模块顶部 0.5 米内采用人工回填方式。

h. 水池注水：

在雨水收集池回填施工至水池顶部时，为防止地下水过多，造成水池的上浮，应先进行水池的注水工作。

i. 雨水处理设施与回用管道施工：

雨水处理装置采用埋地一体机，根据埋地一体机尺寸进行埋地一体机的外部井砌筑施工。

使用PPR管作为回用水管道，按规定对其进行标识，禁止在回用水管道上装设取水龙头，且进一步采取防误接、误饮、误用等措施。

模块快速拼接方式的采用，不仅能规避传统钢筋混凝土浇筑雨水收集池的施工烦琐、工期长、成本高等缺点，还有效解决了收集池渗水问题，极大地节省了工期，节约了成本，经济效益显著。以天府机场油库项目中的PP模块雨水收集池施工为例，对比混凝土水池，施工周期只有后者的约25%，经济性上节约费用达到27.77%。使用雨水收集系统的优势在于：系统安装在地下，不需要额外占用建筑的面积，同时提高了雨水回收效率。另外，该系统安全环保性更高，回收雨水的水质更好，且该系统实现了雨水回收、处理、再利用的全自动化，能做到雨季储水、用水季出水，与“海绵城市”的概念完美契合，社会效益显著。

2.5.2 国内中小型机场民航建筑工业化实例

建筑工业化是一种生产方式，以构件预制化和装配式施工为主要手段，同时强调设计标准化、构件部品化、施工机械化以及管理信息化。这种方式涉及建筑全生命周期的各个环节，包括设计、生产、施工、装修和管理，旨在通过整合建筑全产业链，实现全过程和全方位的信息化集成，从而提高建筑产业的效率和质量，降低资源浪费和环境污染。进入21世纪以来，国内民航机场建设依托智慧化的理念、技术、管理等手段，实现建筑工业化与智能建造协同发展，有力推动了民航机场建设的工业化、数字化、智能化转型升级，既是实现民航高质量发展、打造民航机场建设品质工程的客观要求，又是转变机场建设管理模式、实施工程要素精准管控的内在需要，也是落实中国民航“四型机场”建设的重要抓手。

本节以国家和安徽省“十三五”期间重点建设项目芜湖宣州机场和连云港花果山国际机场为例，介绍民航机场建筑工业化与智能建造协同发展的实践过程。

1. 芜湖宣州机场

(1) 机场建设概况

芜湖宣州机场(四字代码ZSWA)是芜湖和宣城两市共同出资建设的4C级民用运输机场，是国家和安徽省“十三五”期间重点规划建设项目，列入《长江三角洲地区交通运输更高质量一体化发展规划》，成为长三角机场群重点工程。按年旅客吞吐量175万人次、年货邮吞吐量1.8万吨、年运输飞机起降17857架次规划，主要建设一条长2800米、宽45米的跑道(两侧道肩已拓宽至7.5米)，一条长1477米、宽23米的平行滑行道，11个C类机位。新建国内航站楼面积2.5万平方米，采用新颖的前列式布局(一层半式)。配套建设空管、供油(国内首个支线机场采用机坪管线自控加油的项目)等工程。

1) 芜湖宣州机场国内航站楼建筑工业化设计思路。芜湖宣州机场国内航站楼按一层半式布局，整体构型选用一字形。结合芜湖市独特的历史文化特质，外部造型立意契合芜湖市“半城山半城水”特色，航站楼屋檐高低起伏，线型流畅，层峦叠嶂，体现了“半城山半城水”的城市意境，犹如旭日东升，寓意联结芜湖、宣城两座城市的现代之桥(如

图 2.37　芜湖宣州机场设计效果图

图 2.37 所示）。设计理念紧扣“芜彩斑斓，宣墨流韵”主题，构筑体现有山有水的水墨皖南气韵，打造芜湖宣州机场独有特色。设计时把旅客舒适度和满意度作为衡量标准，将工程建设与运行服务密切结合，通过地下通道将地下车库与航站楼进出港连接分流。

室内修设计运用现代的建筑语言，以“云、山、水、城”的城市自然环境特点为主题，大空间吊顶以自由流畅的曲线分割金属板造型，如变幻的云层、柔美的水面，装饰灯带巧妙地嵌在曲线缝隙中，使整体造型更具韵律动感，独特的造型充满艺术美感。

墙面主要采用标准化模数的超白彩釉玻璃装饰，营造出如水一般清澈透亮、开敞明亮的空间感受。在一层行李提取厅转盘的主墙，通过艺术玻璃装饰抽象地描绘了芜宣地区的湖光山色，给旅客留下对城市的美好印象。

一层出发大厅地面铺装浅灰色花岗石，局部点缀深灰色石材装饰。二层候机厅地面满铺灰绿色橡胶地板，候机区设置蓝色候机座椅，结合曲线元素造型吊顶，营造出山水之城的城市特色。

室内空间色彩设计以吊顶、墙面的灰白色为主调，搭配地面灰色系材质，体现徽派建筑灰墙黛瓦的色彩印象。呼应自然之道的设计概念，局部点缀蓝绿色的山水色系，唤起旅客对自然的联想，体现人与自然环境的融合。

主体结构采用现浇钢筋混凝土框架，屋面采用大跨度弧形曲面钢结构。设计的新型结构体系，包括钢结构体系、玻璃幕墙体系、预制装配式结构体系，采用建筑构件、成品、半成品工厂化作业，减少现场施工作业。

航站楼屋面雨水的排放采用大面积、大空间的方式，设计采用更为安全可靠的虹吸式雨水排放系统。虹吸式雨水排放系统同传统重力式雨水排放系统相比，排放同等面积雨水量，管径大大降低，为建筑和结构处理带来极大方便。同时雨水排放速度加快，运营维护更简便。

航站楼采用智能灯光控制系统、能耗监测及分项计量系统、智能化电力监控系统，对不同功能区域的照明、设备等使用需求进行灵活多变的控制和管理。

航站楼制冷供热机房采用高效机房能源控制管理系统，通过软件模型对管路走向及设备参数等优化后实现节能降耗，实现空调参数与设备的状态显示、自动调节与控制、工况自动转换、设备联锁与自动保护、能量计量以及中央监控与管理等功能。

芜湖宣州机场设计上坚持建筑工业化与智能建造协同，以旅客进出港服务全流程为主线，以旅客出行体验提升为核心，从智慧管理、智慧生产、智慧服务、智慧安全四个方面，推动运用大数据、云计算等信息技术改造机场业务流程。强化电子通关、自助值机、人脸识别等关键基础平台建设，实现航站区旅客关注信息推送与旅客个性化场景推荐、航站区全景可视化与场景切换、智慧航班信息显示与引导功能。

2）芜湖宣州机场航站楼建筑工业化施工。

① 芜湖宣州机场航站楼建筑工业化施工难点解析。芜湖宣州机场航站楼施工工种多

样，施工作业存在交叉，增加了场地作业难度，需要高配合度。

航站楼设计的个性化、规格多样化，特别是异型钢结构、大空间吊顶装饰铝板等，对工厂制作要求较高，存在无法批量生产的问题。

建筑工业化与建筑空间布局标准化的矛盾。新建国内航站楼空间布局有一定的规范性，在满足民航专业及相关规范同时，打造符合当地人文特色建筑风格，增加了建筑工业化的难度。

② 芜湖宣州机场航站楼建筑工业化施工解析。深化施工图纸设计。根据设计图纸中的构件布置、构件截面、主要节点构造及各种有关数据和技术要求，运用 Tekla Structures、AutoCAD、MIDAS、SAP2000、ANSYS 五大类设计软件，对构件的构造予以完善。同时根据工厂制造条件、现场施工条件，充分考虑运输要求、吊装能力和安装因素等，确定了合理的构件单元，其中包括 32 米的超长钢梁、组拼式桁架等。对金属屋面及幕墙、大空间吊顶等进行 BIM 建模，对施工过程和应用场景进行模拟，用于指导施工并进行优化。同时经过现场精密测量，将数据反馈给工厂，由专业供应商成套提供排版图，直接下发工厂进行加工制作。

精确工厂制作工艺。钢结构构件、屋面板、装饰铝板及玻璃的加工制作已做到模块化、标准化。其中钢结构箱型梁最大重量达 42 吨，采用就近选厂，整榀主梁在工厂里制作好，做好防腐喷涂，运输到现场后整榀直接安装就位，减少中间分段、搭设支撑措施和对接焊接等多道工序，降低安全风险，减少项目现场资源消耗。金属屋面底板为压型板，根据设计图纸及排版图，在工厂进行压型及切割处理后进场安装，减少现场工作量。幕墙玻璃及屋面四周檐口铝板也均根据图纸在厂里直接组装成模块化单元，进场后直接进行安装，屋面边端和收头板边端收口幕墙经二次下单即可在工厂制作完成，现场完全不需要“动刀”作业，保障了制作精度，降低了材料消耗，节省了制作时间，从而实现降本增效的目的。

航站楼钢结构工业化施工。施工时采用 Project 软件编制施工计划，每天对材料及构件进场及当天完成的任务和计划做对比分析，出现偏差及时进行纠偏处理。在混凝土柱间钢套管的施工中，为了解决传统在钢套管下方搭设支撑吊装方式导致的安装精度低、工期长、经济效益差、安全隐患大的问题，经反复研究探索，开发了“钢混结构组合体系柱间大截面异形钢套管高空转换施工工法”，实现了钢混组合柱一次成型，提前了金属屋面及幕墙等工作的插入时间，经鉴定此工艺技术达到国内领先水平。

对所有构件进行信息化管理。在钢结构、屋面板、玻璃幕墙、石材幕墙等生产及安装过程中，将 BIM 模型上传到二维码智能管理系统平台，对所有制作成品单元进行二维码配置，系统可以直接生成相关成品单元二维码，现场管理人员通过扫描二维码即可了解构件的制作情况、运输情况、安装位置等，实现对构件全过程质量追溯，极大提高了施工现场信息化管理水平。

在航站楼超长屋面板施工过程中，多次比对方案，最终以“双向双选，取长补短”的原则，确定 25 米以上的屋面板的提升工作采用索道运输、25 米以下较短的屋面板采用汽车吊单机吊装的方案，利用维度空间，减少了实际占地面积，有效节约了人工运输成本，消除了人工运输的安全隐患(如图 2.38 所示)。

航站楼在安装屋顶弧形外立面玻璃幕墙期间，为解决屋面维护和幕墙施工互相影响的难题，研发出拉索式悬挑操作平台，在保证屋面维护施工不受影响的前提下，又能精准定位玻璃幕墙的施工，同时有效地对屋面板进行成品保护。

芜湖宣州机场航站楼施工中创新选用吊装机械设备。施工时因钢构件重量达 25 吨以上，若采取常规的塔吊吊装，则需塔吊的型号很大，且需在塔吊周边预留施工作业面，会延误后续金属屋面及幕墙施工插入时间，经多次现场模拟计算和设备选型比对，最终采取 200 吨履带吊进行吊装(如图 2.39 所示)，确保了项目高空作业施工安全高效。

图 2.38　芜湖宣州机场航站楼屋面吊装现场

图 2.39　芜湖宣州机场航站楼大型吊装现场

航站楼装饰工业化施工。在吊顶转换层施工中，钢骨架抱箍组件均在现场测量后，下单至钢结构厂家进行制作，钢结构转换层组件进场后直接栓接拼装，吊顶钢结构转换层施工在现场达到“零焊接”，施工中编制的“芜宣机场大吊顶钢结构转换层施工工法”获国家实用新型专利。

在金属饰面、矿棉板吊顶施工中，基层骨架的安装由专业供应商成套提供，铝单板、铝方通等金属饰面通过二次下单在加工厂制作完成，现场完全不需要“动刀”作业。

纸面石膏板吊顶的难度较大。纸面石膏板的吊平顶仅局限在边端石膏板，需现场加工，在现场增加测量精度，制作排版图，并进行边端收头设计，同样实现预制装配施工。

彩釉玻璃板块装配式安装工艺。即定制专业角码，根据排版固定于钢骨架基层上，彩釉玻璃板块的铝合金边框背面预制有配套沟槽，与骨架上挂件挂接咬合，不仅安装便捷，更便于后期拆装检修。

石材饰面、地面砖饰面施工在某些洞口及饰面边端收头部位，需要在现场大量裁割。为了实现面砖铺贴彻底预制装配总成施工，经过精确测量、有效排版设计和施工程序设计，绘制排版图，石材、地砖经加工厂二次加工编号装箱进场，湿作业施工整体实现预制装配式施工。

航站楼大空间吊顶局部垂直高度达到 18 米，安全可靠做好登高作业，是安全管理的难点。结合其他大空间项目施工经验，登高作业选用登高车。根据航站楼不同空间不同装饰设计要求，编制《大空间登高作业专项施工方案》，对登高设备操作规程严格交底，操作人员实名制管理，每台设备作业过程由专人全程旁站，确保了本项目登高作业“零事故、零伤害”。

③ 芜湖宣州机场航站楼建筑工业化施工管理实践。

组织保障。成立协调领导小组，指导芜湖宣州机场建筑工业化生产建设。要求设计单位在设计中充分融入建筑工业化，在施工招标中明确建筑工业化建设要求，在图纸建模深化阶段要求设计单位、工厂、专家等相关人员进行讨论，深入工厂了解生产过程，制定翔实的成品运输方案、现场吊装方案等，确保建筑工业化建设顺利实施。

施工管理。牢记习近平总书记“安全是民航业的生命线，任何时候任何环节都不能麻痹大意”的重要指示，芜湖宣州机场在建设中始终将安全摆在首要位置，把安全贯穿于建设工程的全过程，严格落实各项安全管理制度和措施。坚持“安全第一”不动摇，对安全隐患“零容忍”，做到关口前移、源头管控、预防为主、综合治理。建立健全的安全管理体系，形成以“平安”为龙头的“六大管控”体系，坚持用制度管安全，用管理促安全，采取事前事中约谈、岗位督查、月度检查、红蓝黄评比、诚信评价等多种形式的制度，有针对性地及时发现整改隐患苗头，着力形成安全制度生态，实现了项目安全零事故目标。

安全信息化管理。芜湖宣州机场建设中全面实现了可视化安防系统和人员信息化管理。公共区域摄像头全覆盖，可以通过移动端实时动态查询和掌握现场实际情况，同时建立健全安全管理平台，记录、统计现场风险，实时进行风险分析并针对性地采取相应防控措施。

（2）航油工程

芜湖宣州机场是全国支线机场第一个建设和使用机坪管线自控加油的民用机场。供油工程作为芜湖宣州机场重要的配套基础项目，依据中国航油集团与芜湖市人民政府签署的《战略合作框架协议》，由中国航油集团投资建设。

芜湖宣州机场供油工程建设实践中始终秉持工业化施工和技术革新的理念，以“平安、绿色、智慧、人文”四型机场建设为目标，以“精品、样板、平安、廉洁”四个工程建设为导向，以“四精工程管理链”为抓手，项目于 2020 年 11 月高规格、高标准建成投用，树立了国内支线机场供油工程建设的新标杆。

1）实用型机坪阀门井防水技术的探索与应用。随着航空运输业的不断发展，民用航空得到了空前的发展，作为民用航空的主要配套基础设施的机场供油工程，其关键技术得到了长足的发展。机场供油系统由油库、长输管道和机坪加油管道系统组成，其中机坪加油管道系统是与机场整体共同运行的，对于机场运营起着关键的配套作用，主要包括阀门井、机坪管线、加油栓井、低点放水井、高点放气井，以及测漏系统、紧急停泵系统、视频监控系统和阴极保护系统等。供油系统中阀门井渗水是机场配套设施中的一个通病，攻克供油工程中各阀门井渗水问题，对供油工程建设质量具有极大的现实意义和实用价值。

① 阀门井基本概述。按照《民用运输机场供油工程设计规范》MH 5008—2017 及《民用运输机场供油工程施工及验收规范》MH 5034—2017，机坪加油管道为便于检修、清洁等工作，每隔一段距离要设置一座阀门井，按照工艺要求，井室内要求干燥、清洁。芜湖宣州机场供油工程阀门井分为单阀阀井、双阀阀井两种，现以单阀阀井平面图及阀井断面图为例进行介绍（如图 2.40 所示）。由于阀门井属于地下工程，在设计上必须要考虑地下水、地表水、潜水、上层止水、毛细水以及人为因素引起的水文变化等对防水工程的影响，井体设计采用防水等级一级，采用 C30 混凝土，防水等级 P6，外表面采用防水卷材进行处理，内表面采用防水砂浆处理，穿越井壁的套管也需要采取处理措施。但

在实际工程中，由于区域性、天气情况以及其他原因，阀门井的渗水问题在现代机场建设中仍然普遍存在，给使用方的运营带来很大的风险和隐患问题，亟须整改。

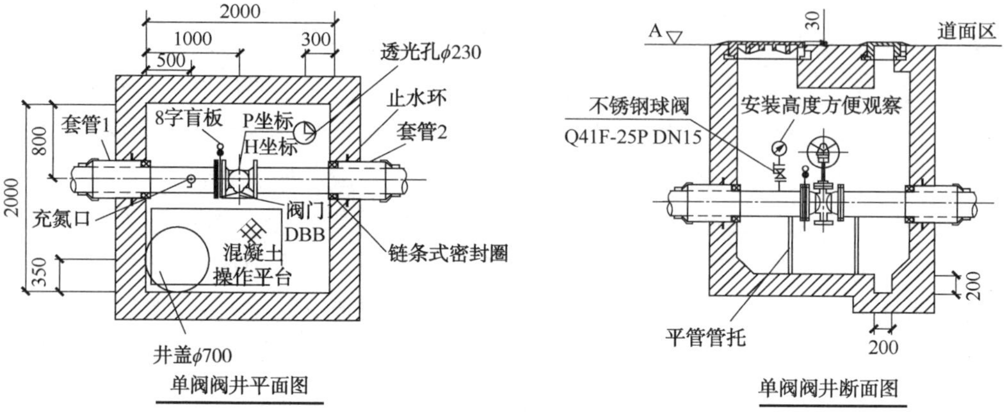

图 2.40　单阀阀井平面图及断面图(单位：毫米)

② 阀门井防水改进技术措施。

a. 阀门井施工部署：

阀门井的具体施工流程如下所示：测量放线→土方施工→基础垫层防水工程→钢筋工程→刚性止水套管安装→模板工程→混凝土工程→管道、阀门等设备安装→链条式密封圈、Z 型密封圈安装→阀门井墙体防水工程→回填低标号湿贫混凝土。

混凝土浇筑流程：地板混凝土浇筑→墙体混凝土浇筑→顶板混凝土浇筑。

b. 改进措施思路：

在混凝土浇筑的三个阶段中，在底板浇筑前，在底板与阀门井墙体、顶板与阀门井墙体交接处增加 I 型止水钢板(如图 2.41 所示)。

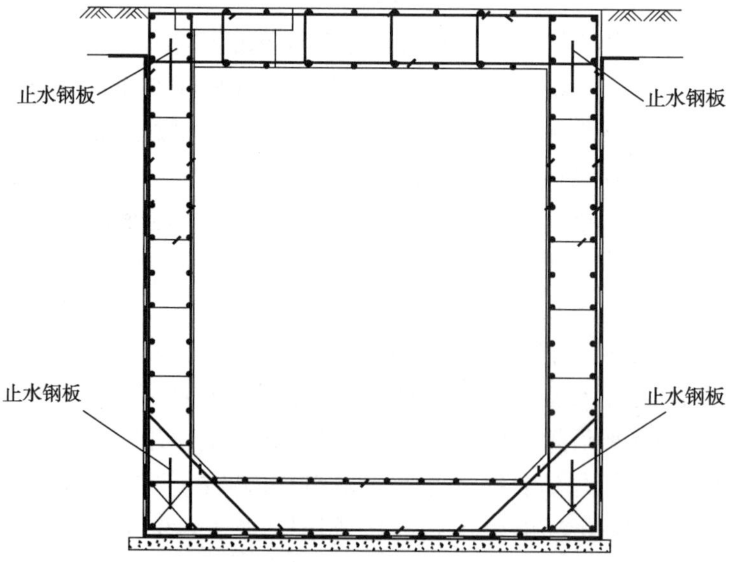

图 2.41　止水钢板安装示意图

管道穿越阀门井墙体的套管，采用带止水环的刚性套管。

除按照设计要求，在管道安装完毕后，内侧安装链条式密封圈，外侧安装 Z 型密封圈外，再在 Z 型密封圈两端增加热缩套管进行加强密封(如图 2.42 所示)。

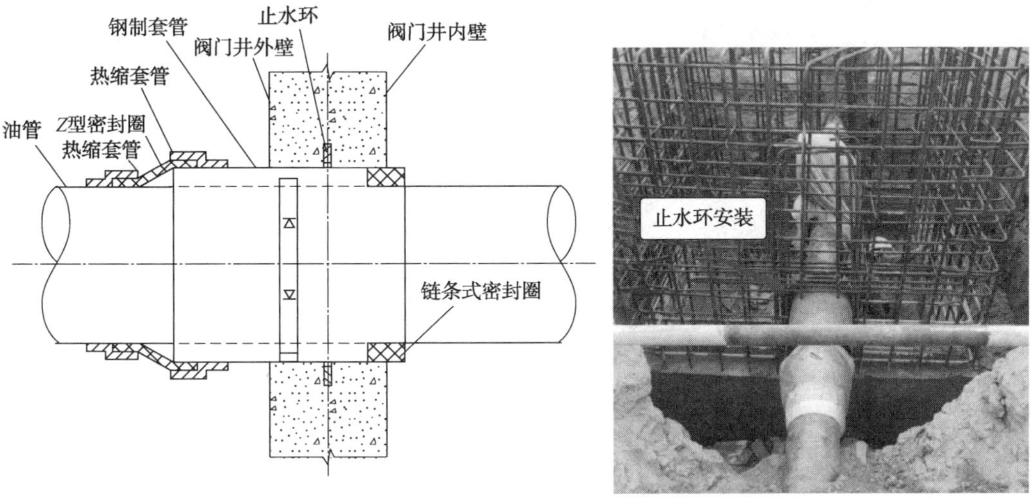

图 2.42　增加热缩套管进行加强密封

③ 阀门井防水施工技术要点。应重点注意防水卷材的选用；在套管及预留洞处，竖筋不能剪断，应绕过套管或洞口绑扎上去，再在套管或预留洞口设置加强筋，止水钢板搭接长度不低于 400 毫米且必须保持满焊；阀门井模板支护时要严格控制垂直度和对角偏差，杜绝混凝土浇筑时发生漏浆，混凝土浇筑前控制好坍落度并依序进行，尤其是二次浇筑前需要在内侧沟槽内固定遇水膨胀止水条，确保浇筑成型后能形成双重防水效果。

2）实用型机坪管线支管硬防护技术的应用。机坪管线施工中，在主管敷设完成后一般需要等待场道单位浇筑道面才能进行相应的井体安装，时间跨度一般至少需要 3 个月，其间加油支管一般裸露在外。由于道面施工大型机械多、工程车辆多，容易造成支管被撞伤、碰伤，从而严重影响支管与主管的焊口质量。

芜湖宣州机场供油工程机坪管线施工时，采用支管硬防护技术妥善解决了此类问题，方法简洁、经济、实用，具有很高的推广价值。具体做法是在支管周边 1 米范围内，以彩钢板围成桶装，内置砂石或灰土，外圈贴上反光带和警示语，既很好地保护了支管安全，也方便场道单位施工时安全行车(如图 2.43 所示)。芜湖宣州机场机坪管线支管自 2019 年 11 月焊接完成至 2020 年 8 月机场停机坪浇筑，历时 9 个月无一受损，有效地保证了机坪管线的质量。

3）利用地势依山修坡，绿色环保。芜湖宣州机场油库原始地貌为半山半水，占地范围内东侧为河道，西侧为高岭土覆盖的风化石灰岩小山丘。原设计为西侧单层护坡，最大落差达到 11.7 米，且山体风化岩不稳定，破除岩石及外运土方量巨大，施工极其困难。

芜湖宣州机场油库建设时因地制宜，根据打开的山体实际情况，改一层护坡为两层，在一层护坡处设置排水 U 型沟，极大地减少了作业土石方量，同时及时复绿使护坡施工后与周边环境浑然一体，增加视觉美感的同时也有效地保护了环境(如图 2.44 所示)。此项施工直接节约费用约 200 万元，并获得芜湖市政府的高度表扬。

图 2.43　芜湖宣州机场供油工程机坪管线支管硬防护

图 2.44　芜湖宣州机场油库西侧护坡现场施工图

芜湖宣州机场立足中小型机场定位，牢记习近平总书记嘱托，打造民航“精品工程、样板工程、平安工程、廉洁工程”，始终将建设高品质机场作为初心使命。在民航机场建筑工业化与智能建造协同发展实践过程中，转变机场建设管理模式，实施工程要素精准管控。以设计建筑标准化为抓手，构件产品工厂化为龙头，施工机械化、信息化为手段，组织管理科学化为保障，探索出民航机场建筑工业化与智能建造协同发展的新思路。

芜湖宣州机场于 2018 年 10 月正式开工建设，2020 年 11 月建成。在建设过程中，芜湖宣州机场探索出一条“自建自营”的项目管理模式，建设管理团队坚持在摸索中学习，在学习中实践，坚持“学中干，干中学”，一路克服突发的新冠疫情、百年不遇的长江流域洪涝灾害、错综复杂的地质条件等种种困难，历经 2 年多建成一座现代化的机场。芜湖宣州机场功能品质优于一般支线机场，在中小型机场中第一个采用机坪管线自控加油模式，第一个使用智慧航显与行李追踪系统，第一个采用地下人防停车场与航站楼相结合进离港分流。芜湖宣州机场航站楼、综合业务楼项目获评芜湖市优质工程“鸠兹杯”奖，航站楼钢结构工程获评“中国钢结构金奖”。

芜湖宣州机场供油工程荣获国家工程质量最高奖项“中国安装之星”及“天府杯”等工程荣誉奖项，项目实施中获得 2 项实用新型专利、2 项发明专利，并彻底打破同类进口产品的技术垄断，供油工程获得芜湖市政府通报表扬，并且获得国内第一条以“航油路”冠名的道路名称。

建设产业化是中国民航机场建设最重要的目标，而建设产业化不仅仅是生产制造方法的机械化，最关键的是将生产的管理方式产业化。芜湖宣州机场的高标准建设，是通过全体参建员工进一步认真学习和落实新时期中国特色社会主义理念，坚定不移地以党的思想政治建设理论为指导，牢固树立"四个意识"，坚定"四个自信"，切实做好"两个维护"，牢记习近平总书记嘱托建设民航"精品工程、样板工程、平安工程、廉洁工程"的具体实践。

2. 连云港花果山国际机场

连云港花果山国际机场(简称连云港机场)于 2021 年 12 月 2 日正式建成投运，飞行区等级为 4D，作为支撑"一带一路"的区域性枢纽机场，极大地提升了连云港的航空通达度，有效改善了连云港的投资环境，预计 2025 年连云港花果山国际机场年旅客吞吐量为 250 万人次(其中国内 220 万，国际 30 万)，年客机起降架次为 25104 架次，年货机起降架次为 240 架次，高峰小时旅客吞吐量 1402 人次(其中国内 1176 人次，国际 226 人次)，高峰小时起降架次 14 架次(其中国内 12 架次，国际 2 架次)，站坪机位数 15 个(1B、14C)，年货邮吞吐量 2.4 万吨。

(1) 机场建设概况

1) 航站楼外观设计方面。作为连云港市的重要基础设施，机场的航站楼更是基础设施中的重要形象工程，为了使连云港新机场产生良好的社会效果，连云港市政府在机场建设之初就航站楼的外观设计向社会公众广泛进行意见征集，力图赋予航站楼时代、新型工业化的元素。

方案一：采用"云腾长空，翼连山海"的设计理念，建筑屋面体量轻盈，两翼指廊微微上扬，展翅欲飞，诠释"一带一路"的核心内涵(如图 2.45 所示)。

方案二：采用"连绵丝路，云祥东海"的设计原则，将地方特色与现代化结合，力求打造出一座专属于连云港的门户楼宇，彰显连云港成为新时代"一带一路"重要节点大都市的魅力，同样彰显连云港对"西游文化"的重视和弘扬，也反映了连云港独特的历史人文优势(如图 2.46 所示)。

图 2.45　连云港机场航站楼外观方案一

图 2.46　连云港机场航站楼外观方案二

但是最终采用的并不是向外界公布的方案，这更多还是考虑了工程造价。

连云港机场航站楼最终采用的新设计方案，平面呈"凸"字形，利用通透的玻璃幕墙来营造海天相连的美好意向，表达连云港人民对碧海蓝天的向往；沿主立面外侧的一排钢柱呈现出"定海神针"的形象，来表达连云港市的花果山文化和人文情怀。

2) 航站楼新型材料的应用。航站楼的材料不仅要考虑色彩的搭配，同时还要考虑节能、采光。连云港航站楼的室内装饰风格突出简洁明快。装饰材料以玻璃、蜂窝板、石材、枫木板等为主，装饰风格和色彩融合了连云港独特的文化特征，贵宾厅采用少量地方风格的装饰作为点缀，适当凸显地方文化特色。

外墙采用透明玻璃幕墙，选用透光系数较高的玻璃，提高室内自然条件下的照度和采光效果。通过屋顶部分的天窗，将自然光线引到航站楼内，光线柔和舒适。出港大厅和候机大厅的外墙均采用透明玻璃幕墙，顶部天窗的电动开启控制器和风雨传感器，可适应多种不同的天气变化，建筑内部空间可实现自然采光和自然通风，如果有大风或下雨，窗户可自动关闭。

3）环境设计。航站楼内部的声环境是为旅客营造舒适环境的重要方面。航站楼内的高大空间和硬质界面装修，在人流聚集频繁时易产生回音噪声。为了抑制噪声，设计使用了外墙隔声吸音结构，金属屋面下层为微穿孔的镀锌钢板内填100毫米厚保温吸声玻璃丝棉。该构造可以控制大厅的声反射，吸收反射声并降低二次反射。航站楼内设备机房采用实体墙分隔和内部增加绝热吸声喷涂构造及防火隔声门，控制机房噪声的外泄。

4）施工管理的工业化应用。连云港机场的航站楼面积为3.3万多平方米，主要使用的建筑框架类型是“钢筋混凝土框架+房中房钢结构+桁架屋面”，桁架高295.8米，长118.5米，最大长度52.5米，总用钢量为5000多吨。整个航站楼采用玻璃幕墙外围结构，面向旅客出发层，外表壮观之余，也增加了施工难度。建设团队不断优化施工方案，采用数字化模拟仿真技术，利用计算机对网架吊装进行精确控制，把分片式吊装改为单元式吊装，大大加快了工程建设进度。

BIM信息技术在连云港机场航站楼和酒店建设项目中也同样得到了综合运用，机场的工程团队从协同建模、碰撞检测、管路综合应用、图纸的深化出图和漫游演示等几个方面入手，着力解决BIM信息技术在建设流程中的实际问题，并以此实现提高效率、压缩建设工期、降低成本、提高建筑服务质量的目标。

（2）航油工程

连云港机场迁建项目供油工程作为机场的重要组成部分，工程建设规模为新建3座2000立方米立式内浮顶锥底油罐，2座2000立方米立式消防水罐及机场配套加油系统，工程总投资9120.6万元，是江苏省第一个采用站坪管道给航班供油的支线机场，也是中国航油江苏分公司第一个聘用项目咨询单位进行管理的工程项目，工程2020年9月6日开工，2021年8月27日竣工。

项目油库要结合航站楼、跑道边线、进场路、周边高速公路等的安全距离进行布置，在符合连云港机场总体规划前提下进行库区出入口设计，同时要考虑周边安全间距，给今后的扩展预留必要的发展用地。库区平面设计按照规范要求及风向、机场净空要求进行分区布置，具体分为储罐区、公路装卸区、辅助作业区、行政管理区等。

与众多支线机场一样，连云港机场供油工程项目规模不大，但是工期及质量要求较高，工程报建手续较为复杂。按照目前国家住建部与交通运输部对有关机场建设的施工界面的划分，属于航油工艺相关的设施设备列入民航专业工程中，诸如生产值班用房、车棚等属于非民航专业工程，在地方报建，资质要求低，这与民航对质量与安全方面管理的反差较大。很多地方采取合理低价中标的评标方式，给工程质量、安全管理带来较多风险。从工程质量要求方面而言，比如航油管道的焊接质量把焊缝的一次性合格率当作重要指标，一般需要达到92%以上，一般施工单位很难达到这样的水平。

连云港机场供油工程于2020年4月初步设计与概算批复，2020年9月6日开工，2021年8月25日竣工验收，供油工程与机场工程建设基本同步。连云港机场的建设速度较快，这一方面归功于机场公司强有力的组织，另一方面，工业装配模式的应用也助推了工程建设速度。

总的来说，随着全球经济的快速发展，民航行业也迎来了蓬勃的发展。为了满足快速增长的航空运输需求，各国纷纷加大对航空交通设施的投资，推进机场建设的工业化和现代化。

尽管民航建筑工业化在国内和国际机场建设中已经取得了一定的成果，但在工业化进程中还面临着一些挑战和难题。例如，工业化建设需要大量的前期投入和技术研发，对于一些经济欠发达地区来说难度较大。同时，工业化建设中的一些技术问题也需要不断攻克，以提高机场建设的效率和安全性。

总之，民航建筑工业化是机场建设和发展的重要方向和趋势。在国内外大型机场建设中，工业化建设已经取得了一定的成效。相信在不久的将来，随着科技和经济的不断发展，民航建筑工业化将发挥越来越重要的作用。

第 3 章

航油建筑工业化的应用实践

PART 3

本章主要从航油工程基本类型、航油建筑工业化的目的和意义、装配式建筑及其在航油工程中的应用案例、航油工程标准化设计及建筑信息模型的应用四个部分进行简述。

3.1 航油工程基本类型

航油工程按照使用功能，主要可分为以下 9 种建筑工程，如图 3.1 所示。

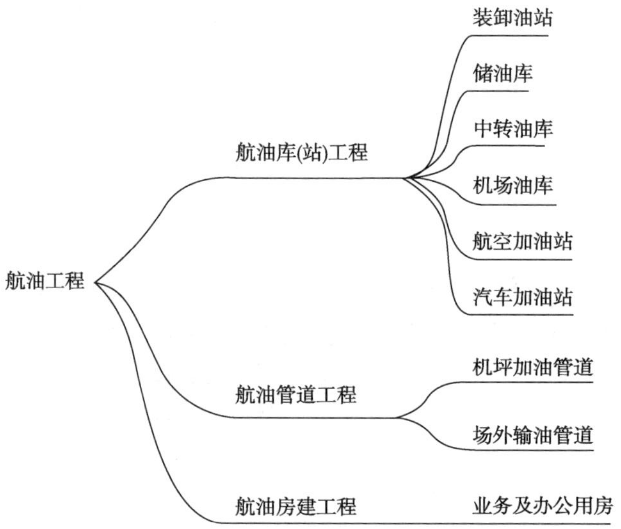

图 3.1 航油工程基本类型

按照行业划分，航油工程主要分为民航专业工程和非民航专业工程，非民航专业工程可继续细分为：房建工程、铁路工程、电力工程、公路工程等。按照建设特点，主要分为固定式航油库(站)工程、管道工程和房建工程。

3.1.1 航油库(站)工程

航油库(站)工程是指用于储存、输送、分配、加注航空燃油的设施和设备，包括各种储油库、中转油库、输油泵、装卸油站、航空加油站等。这些设施和设备通过一定的组织和管理，协同完成对航空燃油的接收、储存、处理、分配、加注等一系列工作，为航空业提供必要的油料保障服务。

根据使用功能不同，主要包括以下 6 类：

① 装卸油站

② 储油库

③ 中转油库

④ 机场油库

⑤ 航空加油站

⑥ 汽车加油站。

1. 装卸油站

接卸和装载航油的专用场所即为装卸油站。装卸油站是航油工程中的一个重要组成部分，它主要用于接收和运输油料，并将其转移至储油库或其他中转油库。装卸油站通常位于码头或铁路站点附近，由输油管道、装卸油设备和储油罐等组成。它的主要功能是通过各种装卸油设备，完成油品的接收、运输、卸油和装车等工作，保障油品的安全和质量，同时确保油品的按时按量供应。在航空燃油的供应链中，装卸油站通常是起点或中转站，为油库和航空加油站提供必要的油品支持。

我国的装卸油站建设可以追溯到20世纪50年代，当时我国的石油工业正处于起步阶段，国内炼油厂建设不断加速，石油产品需求量也日益增加。为了满足炼油厂对原油和石油产品的需求，同时加强对石油产品的管控和质量控制，我国开始建设大型装卸油站。

随着我国经济的快速发展和民用航空运输的不断壮大，航油工程逐渐成为中国能源领域的重要组成部分，航空燃油的装卸和输送能力也成为衡量一个国家航空运输能力的重要指标。因此，在20世纪80年代，我国开始大规模建设航空燃油装卸油站。这些装卸油站主要用于民用机场的油品接收、贮存、输送和发放，以及航空燃油质量检验、计量设备检定等功能。

到了21世纪，随着我国航空业的不断发展和对燃油质量、安全和环保等方面的要求不断提高，我国航空燃油装卸油站建设也逐步向着规模化、智能化和绿色化方向发展。如今，中国已经建立起一系列现代化的航油工程体系，装卸油站的建设和运营水平也得到了大幅提升。

按照使用场所，装卸油站主要分为码头装卸油站和铁路装卸油站。

码头装卸油站(如图3.2所示)通常是指在海港或者内河港设有相应的装卸油设施，并提供油轮停靠、装卸航油用的场所，主要有岸边管线和码头油管桥两种类型。码头装卸油站一般包括以下设施：

图3.2 码头装卸油站

① 油船停泊区：通常位于码头边缘或者码头的水域内，用于停泊油船。

② 卸油泊位：用于从油船中卸下燃料或者油料，并将其输送到存储设备或者输送系统中。

③ 装油泊位：用于向油船中装载燃料或者油料。

④ 储油罐区：用于储存燃料或者油料，一般设置在离码头较远的地方，以防止意外事件对码头的影响。

⑤ 输油管道：用于连接储油罐区和卸油泊位或者装油泊位，将燃料或者油料输送到油船或者储油罐中。

⑥ 油料质量监测设备：用于监测燃料或者油料的质量，确保其符合航运业的要求和标准。

⑦ 消防设备：包括消防水炮、消防泡沫等，用于防范和应对火灾等紧急情况。

图 3.3　铁路装卸油站

铁路装卸油站(如图 3.3 所示)设有铁路装卸油品专用线、装卸油栈桥、装卸臂(鹤管)、卸油泵站及其他配套设施，是供铁路装卸油用的场所。铁路装卸油站主要分为两类：常规的固定式装卸油站和移动式装卸油站。常规的固定式装卸油站通常由储油罐、油罐车卸油台、油罐车装油台、输送管道和防火设备组成，用于长期固定运营。而移动式装卸油站则由移动油罐、输送管道和防火设备组成，适用于铁路运输临时加油或者应急情况。

铁路装卸油站一般包括以下设施：

① 铁路装卸油品专用线：铁路装卸油站的专用铁路线路，通常从主线道分岔而来，贯穿整个站区。在该专用线路上，装有不锈钢管道，用于运输油品。

② 装卸油栈桥：铁路装卸油站内的重要设施，通常位于专用线路沿线，用于将火车搭载的油品直接转运至储罐或管道。装卸油栈桥的主要结构包括桥身、支撑架、卸油臂、动力设备等。

③ 装卸臂(鹤管)：铁路装卸油站内装卸油品的主要工具之一，主要用于连接火车槽车和储油罐。装卸臂(鹤管)的主要结构包括支架、摆臂、转臂、操作平台等，操作人员可通过控制台进行控制。

④ 卸油泵站：铁路装卸油站中的另一个重要设施，主要用于将储罐内的油品通过管道输送至火车槽车。卸油泵站包括储油罐、输油管道、泵及相关的阀门和计量设备等。

⑤ 其他配套设施：铁路装卸油站还包括其他的配套设施，如轨道维修设备、电力供应设备、水源设备、消防设施等。这些设施都是保障铁路装卸油站正常运营的重要因素。

2. 储油库、中转油库和机场油库

我国的油库建设历史可以追溯到 20 世纪 50 年代。当时，我国的炼油能力很弱，进口原油主要通过天津港口入境，因此天津成为我国最早的油库建设地之一。1957 年，天津炼油厂建成后，天津油库也得以建立。随着国内炼油工业的快速发展，油库建设也在不断扩展和完善。80 年代初，我国的油库主要集中在天津、大连、上海等港口城市，但这些油库规模较小、设备陈旧，无法满足国内日益增长的石油需求。

随着改革开放的不断推进，中国石油市场逐渐对外开放，加大了油库建设的需求。20 世纪 90 年代，我国开始在内地建设大型储油库，以便更好地满足石油需求。随着国家石化产业的快速发展，我国油库建设的规模和数量也在不断增加。

目前，我国的油库已经遍布全国各地，包括东北、华北、华东、中南、西南、西北等地区。这些油库不仅规模巨大，设备先进，而且具有多种功能，如原油进口、炼油、储存、销售、出口等，成为我国石油产业的重要组成部分。

航油工程中的油库建设也是随着中国民航事业的发展而不断壮大和完善的。最早航油储备是存放在一些小型的铁桶和油罐中，通过人工运输的方式进行加注。20 世纪 50 年代前后，我国开始进行民航运输事业的建设，航空燃油储存与运输成为了当时民航运输业的主要问题之一。在此背景下，中国民航开始着手建设航油工程。

1958 年，中国首个机场油库——北京机场油库建成，其建成标志着中国民航事业进入了一个新的阶段。此后，随着中国民航事业的不断发展，航油工程建设也得到了长足的发展。80 年代后期，中国民航开始建设大型的航油中心，以提高航油的质量和储存效率。2005 年，中国民航局颁布了《民用航空空中交通管理条例》，对航油中心建设作出了更加具体的规定。

航油工程中的油库（如图 3.4 所示）一般是指为民用运输机场提供航油，具有航油接收、储存、输转、发放（装载）及航油质量检验、计量设备检定等功能的场所。一般包括储油库、中转油库和机场油库。

图 3.4 油库

（1）储油库

储油库是接收和储存铁路、水路、公路、输油管道的一种或多种方式的来油，并为中转油库或机场油库输转航油的专用储备油库。其设计和建设需要考虑安全、经济、实用、可靠等多种因素。

储油库通常由油罐、管道系统、泵站、仪表系统及配套设施等组成。

① 油罐：储油库的核心设施，一般采用圆柱形、圆锥形、球形、水平罐等不同形状。油罐一般是由钢制成，外表通常喷涂保护漆以防止腐蚀。根据储存油品种类和用途的不同，油罐容积一般在 1 万至 10 万吨。油罐的防渗措施和安全设施也是设计中需要考虑的重要因素。

② 管道系统：储油库输送油料的关键设施，主要包括输油管道、回油管道等。输油管道是将油品从输油车或其他运输设备输送至油罐，回油管道则将油品从油罐输送至运输设备或其他储油设施。管道系统的设计需要考虑输油量、输油距离、输油方式、油品种类等多种因素。

③ 泵站：保证输油系统正常运转的关键设施，用于将油品从输油车或其他运输设备输送至油罐或将油品从油罐输送至运输设备或其他储油设施。主要包括进油泵、出油泵、回油泵、泵房等设施。

④ 仪表系统：包括计量仪表、监测仪表、控制仪表等，主要用于对储存和流动的油品进行计量和监控，以确保油品的数量和质量达到要求。

⑤ 配套设施：储油库的配套设施包括消防设施、环保设施、通风设施、保温设施等。消防设施包括消防泵房、消防水池、灭火器等，用于保障储油库在火灾等意外情况下的安全。环保设施主要包括污水处理设备、污水沉淀池、防渗墙等，用于防止储油库的油料泄漏对环境造成污染。通风设施则用于维持储油库内部空气质量，保证操

作人员的安全。保温设施则用于保持油罐内部的恒温，避免油品因温度变化而产生质量问题。

储油库是航油工程中的重要组成部分，其设计、建设和运营需要考虑到多种因素，以确保航空油品的安全和可靠供应。

（2）中转油库

中转油库是接收和储存铁路、水路、公路、输油管道的一种或多种方式的来油，主要是为机场油库输转航油的油库。通常，中转油库位于航油运输的中转站点，如海港、铁路站等，以便于从不同的交通运输方式中接收航油。

中转油库的设计和建设需要考虑到航油的储存和输转等特殊要求。一般来说，中转油库应该具有以下特点：

① 储存能力强：中转油库应该具有足够的储油能力，以满足在中转站点的航油需求，并在货源紧缺时能够作为缓冲储备。

② 安全可靠：中转油库应该采用严格的安全管理措施和技术，确保航油的安全储存和输转，避免发生火灾、爆炸等事故。

③ 智能化管理：中转油库应该配备先进的智能化管理系统，实现航油的自动化管理、计量、质量检验等工作，提高工作效率和管理水平。

④ 环保节能：中转油库应该采用环保节能的设计理念和技术，从而减少对环境的影响和能源的消耗。

中转油库的主要设施包括油罐、输油管道、加油枪、计量系统、油品质量检测设备等。

油罐通常是采用钢制焊接而成，体积一般在1000立方米以上。输油管道则应该具有一定的耐腐蚀、抗压性能和易于维护的特点。加油枪则是连接油罐和输油管道的重要设备，它应该具有方便操作、准确计量、安全可靠等特点。计量系统是中转油库的重要组成部分，它可以实现对航油的计量和质量检验，确保油品质量符合国家标准和客户要求。油品质量检测设备则可以对航油的化学成分、物理性质等指标进行检测和分析，确保航油符合安全使用标准。

总之，中转油库在航空运输中发挥着重要的作用。它通过接收、储存、输转和处理航空燃油，为机场油库提供可靠的燃油来源，以确保航空公司和机场能够正常运营。同时，中转油库还可以根据需求灵活地调度燃油，满足机场和航空公司不同的运营需求。中转油库的建设和管理，对于航空运输业的发展和航班安全都具有重要意义。

（3）机场油库

机场油库是主要直接为航空加油站或机坪加油管道等输送航油的油库。它主要由储油区、加油区、计量区、油品质量检验区、办公区、库区保护区等多个区域组成。

① 储油区：储油区是机场油库的主体区域，主要包括储油罐区、输油管道区、油品过滤区等。储油罐区是储油区的核心区域，用于储存航空煤油和航空汽油等航空燃油。

储油罐区通常设有多个储油罐，每个储油罐容积通常为几百至几千吨，以应对不同情况下的油品需求。输油管道区则是将从中转油库输送来的航空燃油转运到储油罐区的区域。油品过滤区则是用于过滤航空燃油中的杂质和水分，以确保油品的质量。

② 加油区：加油区是机场油库为航空加油站或机坪加油管道直接输送航空燃油的区域。加油区通常包括多个加油枪和加油车道。加油枪是加油区的主要设施，通过加油枪将储油罐区的航空燃油输送到加油车辆或直接输送到航空器的燃油箱内。加油车道则是加油车辆行驶的区域，为加油车辆提供便捷的操作空间。

③ 计量区：计量区是机场油库的重要组成部分，主要用于计量航空燃油的流量和质量。计量区内设有计量系统，用于对航空燃油进行计量，并记录航空燃油的流量、密度、温度等参数。同时，计量区还通常配备有计量检定设备，以确保计量系统的精度和可靠性。

④ 油品质量检验区：油品质量检验区是机场油库为保证航空燃油质量而设立的区域，主要用于对航空燃油进行质量检验。油品质量检验区内设有各种检测设备和检验人员，对航空燃油进行物理和化学检测，确保航空燃油的质量符合相关标准和要求。

⑤ 办公区：机场油库内用于办公、管理、指挥、指挥调度和控制机场油库、计量设备等工作的区域。办公区一般包括办公楼、值班室、调度室、会议室、休息室、厨房、卫生间等。

⑥ 库区保护区：机场油库内需要进行安全保护和防范的区域，主要是保证机场油库运行安全和防范火灾等事故。库区保护区主要包括安全防护区、灭火器材区、防爆电气控制区、消防水系统区、泄漏油品回收区等。这些区域都设有相应的防护设施，比如防爆设备、灭火器材、报警器、消防栓等。

一般来说，机场油库应该具有以下特点：

① 安全性要求高：机场油库的存储油料是航空燃油，因此必须要保证安全性。这就需要采取一系列的安全措施，例如设备和设施要求高标准、防火措施完善、安全管理制度严格等。

② 设备和设施要求高标准：机场油库的设备和设施要求非常高，包括油罐、输油管道、计量设备、油品检测设备等。这些设备必须要具备高精度、高稳定性、高可靠性等特点。

③ 计量精度要求高：机场油库的油料计量非常重要，因为需要确保每次加油的量都是准确的。因此，机场油库的计量系统必须要具备高精度、高稳定性等特点。

④ 环保要求高：机场油库的环保要求也非常高，因为航空燃油会产生污染和排放，必须要进行严格的环保管理和监测。例如，机场油库的废水和废气处理必须符合国家环保要求。

⑤ 运营效率要求高：机场油库的运营效率也非常重要，因为需要保证每架飞机都能在规定时间内完成加油，否则会影响航班正常运行。因此，机场油库需要采用高效的加油设备和管理模式，提高运营效率。

总之，航油工程中的油库在民用运输机场中具有重要的作用，是为航空加油站或机坪加油管道输送航空燃油的重要场所。油库包括储油库、中转油库和机场油库三种类型，每种类型油库的功能、设施和特点都各有不同，但都需要具备航空燃油接收、储存、输转、发放(装载)及航油质量检验、计量设备检定等基本功能。油库作为航油工程的重要组成部分，为保障航空运输的顺畅、安全和可持续发展发挥着不可替代的作用。

3. 航空加油站

航空加油站(如图 3. 5 所示)是为飞机提供加油服务，具备飞机加油调度、加油车停放及维修、航油装载等一种或多种功能的工作场所。其主要功能包括飞机加油调度、加油车停放及维修、航油装载等。它通常包括一个或多个装油点和加油车停放点，还配备加油车、输油管道、加油枪等设备。航空加油站需要满足严格的质量控制要求，以确保加油过程中航油的质量不受污染。

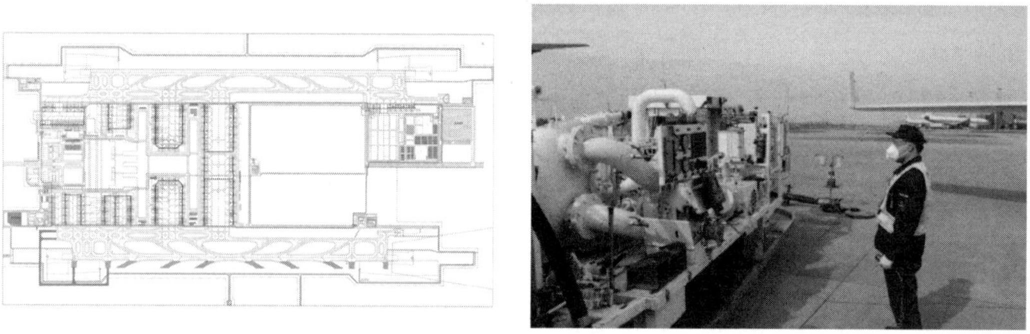

(a)平面布置图　　(b)加油站照片

图 3. 5　航空加油站

航空加油站的历史可以追溯到 20 世纪初期，当时航空工业正在迅速发展，对于可靠的航空燃料供应系统的需求也日益增长。最早的航空加油站是简单的手动装油设备，用于给飞机加油。

我国航空加油站的建设历史可以追溯到 20 世纪 50 年代末至 60 年代初。当时我国的民用航空业开始起步，为了保障民用航空的正常运营，需要建设现代化的航空加油站。1959 年，我国第一个航空加油站在北京首都国际机场建成，标志着中国民用航空加油站建设的开始。此后，随着中国航空事业的发展和需求的增加，航空加油站也逐渐得到了发展和完善。

在建设过程中，我国航空加油站采用了许多国内外先进的技术和设备，例如美国航空加油车、美国罗克韦尔自动计量控制系统等。20 世纪 80 年代前后，随着中国经济的发展和对外开放的加速，我国航空加油站的建设迎来了新的发展阶段。许多现代化、标准化的航空加油站相继建成，如上海浦东国际机场、广州白云国际机场、深圳宝安国际机场等。

目前，我国的航空加油站建设已经进入了一个新的阶段，着眼于提高加油效率和质量，降低成本，增强安全可靠性，推进数字化和智能化建设。例如，北京大兴国际机场的航空加油站采用了全自动加油技术，通过先进的计量控制系统实现了对加油过程的全程监控，大大提高了加油的效率和精度。

一般来说，航空加油站由以下几个设施或区域构成：

① 装油点：用于飞机加油的设施，通常是一组油管和加油枪，可根据飞机的类型和油料的种类进行选择和配备。

② 加油车停放点：用于停放和维护加油车辆的区域。

③ 油料储存设施：包括油罐、油库、油泵等设备，用于储存和输送航空燃料。

④ 油料质量检验设施：包括油品质量检测仪器、油品质量监测仪器等，用于对航空燃料进行质量检测和监控。

⑤ 办公区：用于管理和调度航空加油站的工作人员进行办公和工作。

⑥ 安全保护区：包括防火、防爆、防雷等安全设施，确保加油站的安全运行。

航空加油站作为为飞机提供燃料的重要场所，具有以下特点：

① 安全性要求高：由于涉及航空安全，因此航空加油站的设计、施工、运营都有非常高的安全性要求，必须严格符合国家标准和规范。

② 大流量、高效率：为了满足短时间内多架飞机的加油需求，航空加油站需要具备大流量、高效率的特点，确保在最短时间内完成加油作业。

③ 精确的计量和质量控制：对于航空燃料，其计量和质量控制非常重要，因为燃料的计量和质量的准确性关系到飞机的安全和经济性。因此，航空加油站必须配备精密的计量和质量控制设备，确保每一次加油作业的计量和质量都是精确可靠的。

④ 自动化程度高：为了提高效率和减少人为误操作，现代化的航空加油站通常采用自动化控制系统，如自动计量、自动控制输油管道等，从而保证加油作业的快速、精准和安全。

⑤ 重视环保：在航空加油站的设计、施工和运营中，环保问题也是必须重视的。航空加油站需要采取合适的措施，避免燃料泄漏和污染环境，同时加强废弃物的处理和回收，保护环境和资源。

在机场，航空加油站通常与机场油库紧密相连，通过输油管道将储存的航油输送到加油站，再由加油车将航油运送到飞机停靠位置进行加油。上述这些设施和流程保证了航空加油站的顺畅运营，为航空公司和机场提供了可靠的航油服务。

4. 汽车加油站

航油工程中的汽车加油站（如图3.6所示）是具有接收、储存和加油功能，为机动车和特种车辆提供加油、充电及其他便利性服务的场所。它通常由加油泵、储油罐、计量系统、加油枪、油气回收系统、油气分离系统、消防系统、安全保护系统等设施组成。

图3.6 武夷山机场汽车加油站

按照设置区域不同，一般分为空侧汽车加油站和陆侧汽车加油站。其中空侧汽车加油站设置在飞行区内，是专为飞行区内特种车辆提供加油或充电及其他便利性服务的专用车辆加油站。这些车辆包括飞机牵引车、地勤维修车、航站楼摆渡车等。由于空侧汽车加油站设置在飞行区内，因此其管理、安全要求更为严格；陆侧汽车加油站设置在飞行区外，是为机动车提供加油或充电及其他便利性服务的机动车辆加油站。这些加油站一般与周边道路相连，为周边车辆提供服务。此外，陆侧汽车加油站一般会设置洗车、加气、充电等服务，以提供更全面的服务。

汽车加油站通常可以划分为以下几个区域：

① 储油区：储油区是存放汽油、柴油、液化石油气等燃油的地方。储油区一般包括地下储油罐、储油管道、油罐泄漏控制设备等。不同加油站的储油区大小和容量不同，根据加油站的大小和地理位置的不同，有些加油站的储油区可能比较小。

② 加油区：加油区是加油站最为核心的区域，是进行加油操作的地方。加油区主要包括加油枪、加油泵、计量器、过滤器等设备。同时，为了确保加油操作的安全，加油区还需要配备消防器材、泄漏检测器等安全设施。

③ 计量区：计量区是对加油流量进行计量和计费的地方，主要设施包括流量计、计量控制系统、计价器等设备。计量区的设备需要精准可靠，以确保加油量的准确计量和计费。

④ 停车区：停车区是供车辆停放的地方，一般包括汽车加油站的进出口、停车位、道路标志等。停车区需要保证车辆进出方便、停车位合理布置，并要注意交通安全。

⑤ 办公区：办公区包括加油站管理部门、员工休息区、洗手间等设施。办公区的设施需要满足员工的工作和休息需求，提供舒适、卫生的工作和生活环境。

⑥ 其他区域：根据加油站的规模和需要，还可以设置洗车区、修车区、充电区等。

在航油工程中，汽车加油站是保障机场内机动车辆加油、充电和维护的重要场所，其作用不可忽视。汽车加油站通过提供便利的加油、充电及维护服务，保障机场内机动车辆的正常运行，保障了机场内的物流、运输和其他重要工作的顺利开展。同时，对于航空安全和保障保证也有着非常重要的作用。因此，在航油工程中，汽车加油站的重要性不可低估，需要得到充分的重视和关注。

3.1.2 航油管道工程

航油管道工程是指设计、建造和维护用于输送航空燃料的管道系统。该系统主要由机坪加油管道和场外输油管道两部分组成。其作用是为航空燃油的输送提供可靠、高效、安全的手段，确保燃油的稳定供应和使用，保障飞机飞行的安全和正常运行。同时，它也是保障国家经济发展和国防安全的重要基础设施之一。

1950 年左右，我国机场和航空运输事业开始发展。当时，由于国内航空工业和石油工业的落后，我国需要从苏联进口大量航空燃油。为了改变这种局面，我国政府开始加大对国内航空燃料工业的投资，建设航油管道工程成为当时的重点之一。

20 世纪 60 年代至 80 年代初期，我国陆续建成了多条机坪加油管道和场外输油管道，形成了比较完善的航油管道系统。其中，我国第一条机坪加油管道是在北京建设的，它可以为机场提供每小时 300 吨的加油能力。此外，我国还建设了多条场外输油管道，将航空燃油从储油库输送到机场。

1990 年以后，随着中国航空运输事业的迅速发展和机场数量的增加，我国开始加大航油管道工程的建设力度。目前，中国航油管道系统已经覆盖了全国大部分机场，并且不断完善和扩展。

1. 机坪加油管道

机坪加油管道（如图 3.7 所示）是指机场油库向机坪直接为加油车输送航空燃料的管道。机坪加油管道在机场航油工程中扮演着至关重要的角色，负责将航空燃油输送到加油车中进行加油。

图 3.7　机坪加油管道

它主要由供油主管、加油次环管、加油支管、加油短管和装油支管等部分组成。供油主管是机场油库加油泵组至机坪的供油主管道，承担了将航空燃油输送到机坪的任务；加油次环管是与供油主管相接的加油管道，两端连接加油栓和其他机坪加油设施，起到分流和调配航油的作用；加油支管是仅管道一端从供油主管或加油次环管接出，给局部区域机坪加油栓供油的非环形管道；加油短管则是从供油主管、加油次环管、加油支管等的一种或多种管道接出，与加油栓、高点放气装置、低点排水装置连接的管道；最后，装油支管则是管道从供油主管或加油次环管或加油支管接出，以及直接从机场油库接出，满足罐式加油车装油或给综合检测装置供油的管道。

机坪加油管道使得机坪加油更加高效和方便，减少了人工操作和运输燃油的风险。通过机坪加油管道，航空燃油可以直接从机场油库输送到机坪上的加油车中，避免了手动操作的不便和人为因素的影响，同时也能提高加油效率，保证航班准点起飞。此外，机坪加油管道的建设也能有效减少油料的损耗和浪费，降低成本，实现资源的合理利用。

机坪加油管道组成部分，需要注意的内容如下：

① 管道材质和防腐蚀：机坪加油管道一般采用不锈钢、碳钢等材质，而防腐蚀则是管道设计和维护过程中需要注意的关键点。

② 管道布局和支架：机坪加油管道需要进行布局规划，以满足加油车的进出和油品输送需求。同时，支架的设计和安装也需要考虑到管道的稳定性和安全性。

③ 管道连接和密封：机坪加油管道的连接和密封也是管道设计中的重要环节。合理的连接和密封可以保证管道的无泄漏，从而确保加油安全。

④ 管道维护和检修：机坪加油管道在使用过程中需要进行定期维护和检修，以保障管道的正常运行和安全性。这包括对管道的清洗、检测、修复等工作。

因此，在现代化的机场保障系统中，机坪加油管道作为航空加油保障系统的重要组成部分，需要在设计、建设、运行和维护中注重各种细节和安全性，以保障加油作业的顺利进行。

2. 场外输油管道

场外输油管道是指在油库（站）围界之外，负责输送航空燃油到机场油库的管道系统，这些管道系统不包括机坪加油管道。它们一般由输油管道、阀门、流量计、检测设备等组成，可以将航空燃油从储罐、车辆、船舶等场所输送到机场油库，从而保证机场航空燃油的供应。

相比于油车运输或直接从油库调入油坑供应，场外输油管道具有输送量大、输送距离长、操作便捷、安全性高等优点，是一种高效、稳定、可靠的燃料输送方式，广泛应用于机场等需要长距离输送航空燃油的场所。

场外输油管道的设计和建设需要满足国家和行业相关标准的要求，主要考虑以下几个方面：管道材料的选用、管道直径的选择、管道的敷设方式、防腐防蚀、管道保温等。另外，管道设计需要考虑油品的特性，避免因为输送过程中的摩擦、温度变化等因素引起油品变质和安全隐患。

以西宁三期供油工程为例，输油管道的施工过程如图 3. 8 所示。在进行管道施工过程中，首先需要进行测量放线，确定管道的具体位置和长度。然后进行管沟开挖，将管道埋入地下。在管道铺设完成后，需要进行 HDPE 膜的检查验收，以确保管道表面光滑、无损伤。随后进行管道组对焊接，焊缝无损检测和电火花检测，确保管道焊接质量和安全性。在管道组对完成后，进行防腐施工质量检查，确保管道防腐层的质量符合要求。最后进行管沟分层回填压实，以保证管道埋地后地面的平整度和稳定性。这些环节的严谨施工保证了管道工程的质量和安全性。

测量放线　管沟开挖　HDPE膜检查验收　管道组对焊接

焊缝无损检测　电火花检测　防腐施工质量检查　管沟分层回填压实

图 3. 8　机坪加油管道施工(西宁三期供油工程一标段)

为了确保场外输油管道的安全运行，相关单位需要进行定期的检测和维护，保障管道的完好性和可靠性，以防止发生油品泄漏等安全事故。同时，相关单位也需要制定应急预案，对于发生管道事故时的应急处置和救援进行详细的规划和准备。

3. 1. 3　航油房建工程

与航油房建工程有关的建筑物是指航空燃油供应体系中的一些用于储存、检验、计量、装卸航空燃油的建筑设施。主要包括生产值班用房、质量检验及计量设备检定的实验室、消防泵房和变配电间、油车库(棚)、油泵棚(房)、装卸油泵等。

① 生产值班用房：航油生产值班用房是指用于航空燃油生产值班人员进行工作、休息和管理的场所，如图3.9(a)所示。通常需要配备现代化的设施和设备，如电脑、通信设备、空调、供暖、卫生间等，以确保值班人员的工作和生活条件良好，同时也为生产工作的顺利进行提供了重要的保障。在值班用房的设计和建设中，需要考虑建筑的安全性、稳定性和防火防盗等要素，并结合实际情况进行科学合理的布局和规划。此外，值班用房的设备维护和管理也需要得到充分的重视和保养，以保证设备的正常运转和服务的持续性，其质量和服务水平对于生产工作的顺利进行和员工的工作和生活质量有着重要的影响。

(a)生产值班用房

(b)油车库(棚)

图3.9　航油房建工程实例

② 实验室：用于对航空燃油进行质量检验及计量设备检定的场所。在实验室中，工作人员可以对航空燃油进行各种物理、化学指标的检测，保证航空燃油的质量符合国家标准和航空公司的要求。

③ 消防泵房和变配电间：航油工程是一种高度危险的工程，因此需要进行严格的消防安全管理。消防泵房和变配电间是用于航油工程的消防安全和电力供应的建筑设施。

④ 油车库(棚)：航油工程的油车库(棚)是用于存放航空燃油罐车的建筑物。油车库(棚)的建设和设计需要考虑多个方面，如安全性、稳定性、环保性、防火防爆性等，所以，往往采用钢结构，如图3.9(b)所示。在建设过程中，需要根据实际情况进行科学合理的布局和规划，确保储油区域和设备安装的稳定性和安全性，同时还需要注意与周围环境的协调性和美观性。在罐车到达后，航空燃油从罐车中被抽出，并通过航油管道输送到机坪加油系统或者直接输送到场外输油管道中。

⑤ 油泵棚(房)：用于存放输油泵等设备的建筑物。输油泵是航油管道工程中的核心设备之一，它负责将航空燃油从油库或油车中抽出并输送到机坪加油系统或场外输油管道中。

当涉及航油房建工程内建筑物的设计和建造时，主要的考虑因素包括以下几个方面：

① 功能需求：每个建筑物都要满足特定的功能需求，例如生产值班用房需要提供舒适的工作环境和通信设备，实验室需要专业的检测仪器和严格的环境控制，消防泵房和变配电间需要满足安全要求，油车库(棚)和油泵棚(房)需要适当的储油和泵送设备。

② 安全性要求：由于涉及航空燃油的存储和运输，航油房建工程内建筑物的安全性非常重要。航油房建工程内建筑物的设计和建造必须符合相关的安全标准和规范。建筑物的设计和材料选择需要考虑防火、防爆、防雷等安全因素，以确保人员和设备的安全。

③ 环保要求：航油房建工程内建筑物的建造需要遵守环保要求，例如防止油污物外溢、防止油气泄漏等。建筑物的设计应考虑到环保因素，并配备相应的污染控制设施。

④ 经济性：在保证航油工程内建筑物功能、安全和环保的前提下，也需要考虑建造成本和维护成本，实现建设过程中的节约和建设后的经济效益，以确保整个工程的经济性。

⑤ 适用性：建筑物的设计和建造应考虑到未来的扩展和改造，以适应生产发展的需要，提高建筑物的使用寿命和适用性。

⑥ 美观性：建筑物的设计和建造应考虑到与周围环境的协调，使建筑物更加美观，提高航油工程内外环境的整体质量。

航油房建工程内建筑物是航油系统的重要组成部分，其设计和建造需要综合考虑多个方面，包括满足航油系统工作需求、安全可靠、环境保护等因素。因此，在建造航油工程内建筑物时，需要严格遵循相关规范和标准，采用科学、合理的设计方案，并进行细致的施工管理和质量控制，以确保建筑物的功能、安全和耐久性。同时，随着航空运输业的发展和技术的不断进步，航油工程内建筑物的设计和建造也将不断创新和改进，以适应不断变化的需求和挑战。

3.1.4 航油工程实例

作为全球第二大经济体，我国还没有建立起以航空货邮运输为主体的民用航空机场。目前迫切需要一个可以匹配货量发展能级和重构世界航空物流格局的新支点。湖北鄂州花湖机场由此应运而生，国家拟将其打造成一个覆盖全国、辐射全球的中心货运枢纽及公共平台，吸引各大航空货运公司入驻，建设成为亚洲第一，世界第四的专业货运机场。鄂州花湖机场建成后，预计2025年其货邮吞吐量将达到245万吨，2045年将达到765万吨。

湖北鄂州花湖机场作为我国第一个专业性货运枢纽机场，自2017年项目启动以来，就一直标杆为民航科技创新领域的开拓者，因此本节将以鄂州花湖机场的航油工程作为案例，介绍前文中提到的基本工程类型。鄂州花湖机场航油工程总平面布置图如图3.10所示。

湖北鄂州花湖机场航油工程主要由6类建筑构成，按顺序分别是：航空煤油卸油码头、码头配套工程、场外输油管线、机场油库、机坪加油管线、航空加油站。

① 航空煤油卸油码头：码头位于星丰码头上游150米处，本期将新建一个5000吨级泊位，同时为远期规划预留一个5000吨级泊位；

② 码头配套工程：总用地面积58.8亩，总建筑面积2039平方米，新建了2座1500平方米消防水罐及配套消防、给排水、供配电等设施；

③ 场外输油管线：新建DN400管线5.1千米，首末站设置清管装置，管道沿线设置视频监控及测漏系统，同沟还一起敷设了码头与机场油库之间的通信光纤；

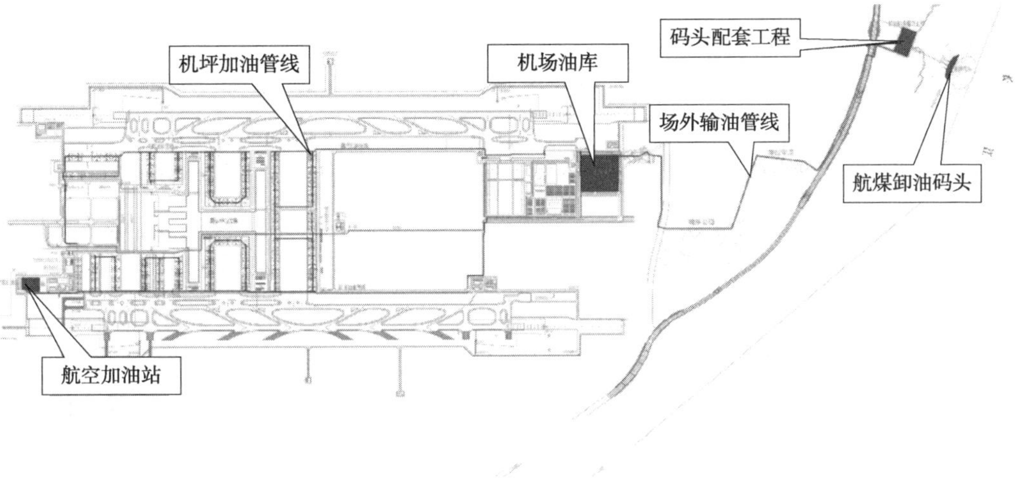

图 3.10　鄂州花湖机场航油工程总平面布置图

④ 机场油库：总用地面积 159.58 亩，新建了 4 座 10000 立方米的立式拱顶内浮顶锥底油罐，2 座 200 立方米立式高架锥底油罐，2 座 3500 立方米消防水罐，总建筑面积 1.21 万平方米；

⑤ 机坪加油管线：新建 DN450 管线 12.5 千米，DN300 管线 8.83 千米，加油栓 303 套，低点放水井 54 套，新建阀门井 24 座；

⑥ 航空加油站：总用地面积 29.25 亩，新建生产值班用房 3759.3 平方米，管线车棚 680.4 平方米，总建筑面积 5311.02 平方米。

3.2　航油建筑工业化的目的与意义

建筑工业化是在建筑行业用大规模现代工业生产模式取代传统手工艺生产模式的过程。这也是通过现代制造、运输、安装和科学管理，取代建筑业低质量、低效率和高成本的传统手工艺生产模式的过程。建筑工业化的初心是“两提两减”，“提”的是建筑品质与建造效率，“减”的是人工用量和环境污染，达到人与自然、企业与环境的多方共赢。其中，“建筑品质提升”指的是工业化生产模式的建筑成果要具备高品质，包含了功能空间合理、设计布局流畅、设施设备齐全、材料经久耐用、环境安全舒适等。“建造效率提升”指的是工业化生产模式的建造过程要具备高效率，在生产和安装阶段做到产业赋能，通过批量生产标准化和安装流程规范化等合理手段，压缩建筑产品在工厂生产阶段和工地现场安装的时间，从而提升了项目建设的整体效率。人工用量和环境污染的“两减”，是建设过程中成本的降低，建筑产业化、标准化、规模化，通过建造效率的提升，缩短工期和节约资金，实现了在人工和物资方面的节约。

2019 年 9 月 25 日，国家领导人亲临北京大兴国际机场开幕典礼、宣布机场正式投入运营并就民航工作做出了重大批示，并倡导建立具有“平安、绿色、智慧、人文”四大特质的“四型机场”，为新时期的中国民用航空发展指出了明确方向。目前，随着数字化、工业化、智能化等一批新型技术的不断发展和推广应用，带来了新一轮的科技革命和产业变革，正全面进入建筑、民航、机场、能源等领域，国务院、住建部、民航局先后发布《关于大力发展装配式建筑的指导意见》和《推动民航智能建造与建筑工业化协同发展行动方案》等文件，全面推动建筑工业化转型升级，鼓励优先选用装配式方式设计、建造，提出了到2025年民航智能建造与建筑工业化应用项目投资占比达到50%的目标。作为民航机场建设的配套工程，航油工程几乎涵盖国内所有民用机场，其建筑单体呈现体量小、地域广、可复制性强等特点。

进入“十四五”，面对宏观环境变化带来的新特征新挑战，公司准确把握民航业、能源业以及建筑业面临的新形势、新变化、新任务，积极响应国家关于装配式建筑的要求和倡议，围绕航油工程如何满足适用、经济、安全、绿色、智慧的建设要求，积极推动航油工程装配式建筑应用：

① 2021年3月，联合北京中航油工程建设公司成立了装配式建筑推进工作领导小组，确定了公司装配式试点工作的目标和任务。

② 2021年6月，组织召开装配式建筑专题讲座，邀请装配式建筑相关专家普及装配式建筑概念及关键技术等专业知识，结合大量案例和国内外装配式建筑发展情况，围绕装配式建筑政策情况、发展装配式对新型建筑工业化发展的必要性和装配式建筑关键技术进行了详细阐释，并就中国航油发展装配式建筑提出两点建议，第一：标准化设计，形成中航油固定的装配式方案，形成模块化组装技术。第二：装配式建筑按照绿色建筑评价标准执行，达到绿色二星及以上等级，真正做到装配式建筑“两提两减”。

③ 选取大兴、郑州、鄂州、济宁四地作为试点，仅一年时间，试点项目相继全部通过竣工验收：2021年10月，大兴评定中心通过验收，整体装配率达到86%，为AA级装配式建筑；2022年6月，郑州生产值班用房通过验收，整体装配率达到81%，为AA级混凝土结构装配式建筑；2022年6月，鄂州生产值班用房通过装配式验收，整体装配率达到61%，为A级装配式建筑；2022年7月，济宁生产值班用房通过验收，整体装配率达到63%，为山东省一星级装配式建筑。航油工程装配式建筑取得重要阶段性工作成果。

实现航油建筑工业化转型升级，是落实建设“四型机场”指示精神的重要举措，是在航油工程领域贯彻新发展理念、构建新发展格局和实行绿色发展的具体体现，是扎实做好碳达峰、碳中和各项工作的有力抓手，是落实航油“十四五”规划、坚持“八个开新局”的深入实践。

以民航“十四五”时期重大工程项目建设为抓手，推动民航智能建造和建筑工业化，提升工程质量、安全、效益和品质实现中国航油基建高质量发展，全面塑造航油工程建设项目的标杆和样板。同时也助力公司降低成本、提高综合效益，有效应对民航业、能源业以及建筑业面临的新形势、新变化、新任务，努力构建新发展格局，把握航油新时期改革创新和开放竞争的时代机遇与挑战，更好服务“十四五”时期民航强国战略实施。

3.3 装配式建筑及其应用案例

发展新型建造模式，大力推广装配式建筑，是贯彻落实“适用、经济、绿色、美观”

的建筑八字方针、落实创新驱动战略、实现产业转型的必由之路，更是我国未来一段时期取得新发展的一个重大动力。中国航油自2020年以来，全面深入学习习近平总书记有关改革发展的重要讲话和重要指示、批示精神，深入贯彻落实党中央、民航局关于加快建设世界一流航油公司的战略部署，完整、准确、全面贯彻新发展理念，坚持把发展装配式建筑作为航油工程建设领域贯彻“双碳”战略部署的重要举措、落实“四型机场”建设理念的实际行动、推进航油建筑工业化转型升级的主攻方向，以转变理念为先导，以重大工程为载体，以标准化建设为目标，开拓进取，主动作为，走出了“试点先行、建标建模、全面推广”的航油工程装配式建筑之路。

3.3.1 装配式建筑的概念

装配式建筑是指部分或者全部建筑构件在预制工厂内生产，然后运输到施工现场，以可靠的方式将预制构件连接并组装成整体，以此形成具有使用功能的建筑[13]。

为了航油公司广大干部员工对装配式建筑的发展历史、政策要求以及基础专业知识有一个全面、系统的了解，航油公司会同相关部门和企业共同编写了《航油工程装配式建筑指导书》。

该书以问答的形式，对装配式建筑领域常见的100个问题，从政策概念、评价标准、设计、生产、施工等方面做出专业解答，系统全面、重点突出，图文并茂、通俗易懂，对航油项目实施装配式建筑具有较强的指导意义(如图3.11所示)。

图3.11 《航油工程装配式建筑指导书》

3.3.2 装配式建筑的分类

装配式建筑主要包括预制装配式混凝土结构、钢结构、现代木结构建筑等，主要特征为标准化设计、工厂化生产、装配化施工、一体化装修、信息化管理、智能化应用等。

1. 装配式混凝土建筑

自20世纪50年代开始借鉴苏联经验，我国在全国推行标准化、工厂化和机械化建筑生产。从20世纪60年代初到80年代中期，预制装配式混凝土构件经历了研究、快速发展、使用、发展停滞等阶段。尽管在20世纪80年代初期，建筑业开发了一系列新工艺，但它们并没有大规模推广。然而，20世纪90年代后期，住宅产业化迈向了一个新的阶段。我国相继出台了重要的法规政策，并通过各种必要的机制和措施，推动了住宅领域的生产方式转变。近年来，在我国政策的引导下，一大批施工方法、质量验收体系陆续在工程中实践，从而促进了装配式建筑施工技术的成熟和推广[14]。

随着建筑业的发展，装配式混凝土结构将成为未来建筑的重要趋势，并且预制构件的装配率也将逐渐提高。然而，当前的装配式混凝土结构还需要在生产技术、施工工艺、吊装技术、支撑体系、施工集成管理等方面进一步提高，以形成成套的技术措施和工艺。此外，由于该结构的标准和规程尚不完善，技术实践中仍存在空白，因此需要产学研合作来促进其发展。

装配式混凝土建筑是一种现代化的建筑方式，具有多种优点：

第一，它能够提高工程质量和施工效率。传统的现浇混凝土结构需要在现场进行施工，因此受限于现场环境和技术工人的水平，质量和效率都难以得到保证。而装配式混凝土建筑则通过工厂化生产，能够实现严格的质量控制和精准的构件制作，进而提高工程质量和施工效率。

第二，它能够减少资源、能源消耗，减少建筑垃圾，保护环境。装配式混凝土建筑所需的原材料相对较少，且能够实现材料的最佳利用，因此可以减少资源和能源的消耗。此外，由于构件在工厂内预制制作，能够最大限度地减少现场施工产生的建筑垃圾和废料，从而更好地保护环境。

第三，装配式混凝土建筑能够缩短工期，提高劳动生产率。装配式混凝土建筑所需的施工时间相对较短，因为构件已经在工厂中预制好，现场只需要进行简单的安装和拼接。此外，由于工人只需进行简单的操作和组装工作，因此能够提高劳动生产率，降低劳动强度。

第四，它能够提高建筑工人身份，促进社会稳定、和谐。装配式混凝土建筑需要工人进行专业的装配工作，相对于传统的现浇混凝土结构而言，工人不再需要进行大量的人力搬运和烦琐的现场施工，工作相对更加轻松，从而提高了工人的身份和待遇，增强了社会稳定、和谐。

第五，装配式混凝土建筑能够减少施工事故。装配式混凝土建筑的施工过程相对较为简单，工人只需要进行简单的装配工作，因此能够降低施工事故的发生率。

第六，施工受气象因素影响小。由于装配式混凝土建筑是在工厂预制制作，因此不受气象因素影响，即使遭遇极端天气，也不会对施工产生太大的影响。相比于传统的现场施工，装配式混凝土建筑可以大大减少因天气原因造成的施工停滞和延误，从而更好地保证工期的控制和项目的顺利完成。此外，由于装配式混凝土建筑的施工过程大多发生在工厂内，相对于室外施工来说，更具有环保性，能够有效地减少施工对周围环境的影响，有利于维护生态平衡。

我国在装配式结构的研究上已取得一些成果，许多高校和企业为装配式结构的推广做出了贡献，清华大学、同济大学、哈尔滨工业大学等高校均进行了装配式框架结构的相关构造研究。我国装配式结构未来的发展主要体现在以下几个方面：

整体装配式混凝土结构在国内研究应用的较少，也很少有完整的施工图，国内仅有少量的设计院能够做装配式混凝土框架结构的设计，设计技术人员缺少，使之难以推广。我国应根据国家出台的相关规范，运用新的构造措施和施工工艺形成一个系统，以支撑装配式结构在全国范围内的广泛应用。

目前，我国的工业化建筑体系处在专用体系的阶段，仍未达到通用体系的水平。只有实现在模数化规则下的设计标准化，才能实现构件通用化，有利于提高生产效率和质量，有助于住宅部品的推广应用。

实现建筑与部品模数协调、部品之间的模数协调、部品的集成化和工业化生产、土建与装修的一体化，才能实现装修一次性到位。达到加快施工速度，减少建筑垃圾，实现可持续发展的目标。

装配式结构在我国发展存在间断期，使得掌握这项技术的人才也产生了断代，且随着抗震设防要求的不断提高，混凝土结构的设计难度也更大了。我们应提高装配式结构的整体性能和抗震性能，使人们对装配式结构的认识不只停留在现浇结构上，积极推广整体装配式混凝土结构，推进应用具有可改造性。

为了确保整体装配式混凝土结构的安全性和整体性，应采用简化连接构造。目前我国采用套筒灌浆和浆锚连接两种方法，但这两种方法在实际应用中还存在一些问题。因此，开展新型连接方式是整体装配式混凝土结构发展的需要。新型连接方式应该更加简单、方便，同时还应该确保连接的牢固性和稳定性，从而更好地保证整体结构的安全性和可靠性。

我国建筑预制构件生产单位水平参差不齐，产品质量参差不齐，这给建筑市场带来了一定的风险。目前我国缺乏专门部门对预制构件进行相关认定，这也导致了产品质量的不稳定。为了解决这个问题，可以学习日本的“BL”制度经验，建立优良住宅部品认定制度。该制度可以形成住宅部品优胜劣汰的机制，确保市场上只有符合标准的产品才能上市，保障消费者的权益，促进整体装配式混凝土建筑市场的稳定发展。

我国整体装配式混凝土结构处于发展初期，正逐步从现浇向预制装配转型。为了推动该技术的发展，应该推广样板工程，以严格的技术要求进行控制。样板工程先行再大量推广，从而提高施工单位的技术水平，保证工程质量。同时，应该关注新型结构体系常见的非结构安全问题，并总结经验，解决问题。只有这样，才能更好地推动整体装配式混凝土建筑技术的发展，促进建筑行业的可持续发展。

（1）装配式混凝土建筑的特点

装配式混凝土建筑预制构件一般分为竖向构件和水平构件。竖向构件包括预制混凝土外墙板、预制内墙板、预制外挂墙板等。水平构件包括预制阳台板、空调板、预制叠合梁等。因为预制构件统一化、批量化生产，可以极大地提升生产效率，建造混凝土结构的房屋，建筑的速度自然也会有所提升。

在工厂统一生产出预制构件之后，通过运输的方式将预制构件拉到建筑工地上，然后用水泥钢筋进行拼接。拼接一般是通过现场浇筑混凝土的形式完成的，这种建筑的特点是生产效率高，施工速度快，减少了物料的损耗。生活中我们经常见到的是半装配式混凝土建筑，它的特点是几乎都会用到混凝土预制构件，其混凝土预制构件用得最多的就是房梁和柱子。

我们可以把装配式混凝土建筑想象成搭积木，将已经预制好的零件拼接起来，用混凝土浇筑的方式搭建在一起。在装配式混凝土建筑当中，因为采用预制构件的原因，可以减少很多采购上的浪费以及施工上的浪费。

在早期的建筑物建设当中，很多房梁、楼板都是现场浇筑而成的。如今利用混凝土预制构件的建筑越来越多，生活中最常见到的就是混凝土预制构件搭配现场浇筑的方式来建设房屋建筑。这也是一种比较高效，还能保证质量的建筑方式。

(2) 常见的装配式混凝土建筑物

在生活中我们经常见到的装配式混凝土建筑物有桥梁和框架结构的大商场以及装配式的别墅。桥梁作为装配式混凝土建筑是最被人所熟知的，因为桥梁建设的时候一般都会以拼接的方式出现在人们的视野当中。

装配式混凝土建筑的施工受到天气因素的影响比较小，尤其是在北方冬季的时候，经常会因为天气的原因停工，但是使用装配式混凝土建筑就能尽可能地避免这种情况。如今越来越多的企业在采用装配式混凝土建筑。

(3) 装配式混凝土建筑的结构体系

① 整体装配式混凝土框架结构。整体装配式混凝土框架结构是指在预制的混凝土构件(梁、柱、墙体等)上装配而成的结构，包括屋面系统、外墙系统以及楼梯系统等，是将建筑构件现场组装而成的混凝土结构(如图 3.12 所示)。该结构的构件在工厂中预先制作成型，然后在现场进行组装。整体装配式混凝土框架结构采用预制构件组装，施工现场不需要大面积的搭设模板，所以又称为“装配式模板”。

图 3.12　装配式混凝土框架结构

在整体装配式混凝土框架结构中，混凝土框架柱是用预制好的柱体(柱下无支撑)安装，柱子在工厂中预制成型后运到施工现场进行拼装安装。由于采用了预制柱体作为建筑构件，所以使梁柱节点更加牢固，从而也使节点连接更加可靠。

整体装配式混凝土框架结构根据预制构件的布置形式可以分为梁式楼盖和板式楼盖两种形式。其中梁式楼盖是把预制好的梁板作为楼板安装在建筑物中；板式楼盖是将预制好的梁板直接作为楼板安装在建筑物中。由于梁和板的荷载全部由预制板传给了钢筋混凝土框架，所以使主体结构具有良好的延性和耗能能力。同时由于有了较多的现浇接头，使梁板结构更具有整体性和刚度。因此整体装配式混凝土框架结构具有良好的抗震性能和抗裂性能。

整体装配式混凝土框架结构与现浇框架结构相比，在施工方面有以下几个特点：

a. 可在工厂内完成大部分甚至全部构件的组装，大大缩短施工周期；

b. 现场装配时可将连接部位浇筑在现浇混凝土上或与现浇混凝土一起浇筑在钢筋混凝土基础上；

c. 由于构件是预制构件，故其抗裂性能优于现浇框架。

② 整体装配式混凝土剪力墙结构。整体装配式混凝土剪力墙结构是一种新型的建筑结构体系，是传统混凝土剪力墙结构的改进和创新，具有抗震性能好、施工速度快、预制率高等优点。与传统的现浇混凝土剪力墙结构相比，其优势如下：

a. 与现浇层保持良好的整体性。预制装配式剪力墙结构具有良好的整体性，在地震作用下，由于预制墙板与混凝土楼板有可靠的连接，可保证主体结构在水平和竖向地震力作用下不致出现裂缝或破坏。与现浇剪力墙结构相比，在地震作用下其变形能力不受影响。

b. 连接方式更加可靠。整体装配式剪力墙结构的节点形式采用现浇节点与预制件节点相结合，并采用高性能、可靠、实用的连接方式。该方式使连接件在传递力的同时保持柔性，使其能够适应更大幅度的变形。同时整体装配式剪力墙结构可以采用预制楼板、预制楼梯等预制部件，与现浇构件组成组合体系。整体装配式混凝土剪力墙结构是在现浇墙体中采用大量预制构件进行连接并将其装嵌在墙体中的结构体系。这种模式使得连接件具有较强的耗能能力，并与现浇墙体一起承担水平荷载作用，使得整体装配式混凝土剪力墙在抵抗水平荷载和变形方面具有较好效果。

c. 生产效率更高。与传统现浇式混凝土剪力墙结构相比，整体装配式混凝土剪力墙结构生产方式更加科学、高效，生产工艺更先进，有效降低了人工成本，生产设备更多、配置更完善，有效提高了构件质量。

2. 装配式钢结构建筑

国外装配式钢结构体系发展早于我国，国外人工费用高，更多情况下，钢结构连接节点通常选用全螺栓式连接，较少选用焊接连接方式(如图 3.13 所示)。国外绝大多数现场安装是采用螺栓式连接，我国多采用栓焊混合连接方式。主要有以下原因：

图 3.13　装配式钢结构

① 我国人力资源相对便宜，焊接造价相比螺栓式连接便宜；

② 我国焊接技术工人多，在实际工程中可以靠人多来弥补焊接速度慢的短板；

③ 螺栓式连接对施工精度要求高，如精度不高很难保证螺栓 100%穿孔，相对来说焊接容错性更高，堆焊缝总能连接上。

但随着我国人力成本的逐年提高以及施工技术的提高，全螺栓式连接应用呈逐年增加的趋势。北京建筑大学张艳霞教授团队经过多年研发，提出了箱型柱内套筒式全螺栓节点，实现了竖向构件全螺栓连接、高效装配，且力学性能优异，具体设计方法可见中国钢结构协会团体标准《多高层建筑全螺栓连接装配式钢结构技术标准》(T/CSCS012—2021)。

通常一提到装配式钢结构，大多数人的第一反应是钢结构本身不就是装配式吗？那么，装配式钢结构建筑与传统钢结构建筑到底有哪些区别？

① 装配式结构是指主要承重结构构件在工厂预制，现场装配而成的结构。从主体结构体系角度，传统钢结构与装配式钢结构没有本质区别，主体结构都是装配而成。装配式钢结构设计时，除与传统钢结构一样注重结构专业自身的安全性、合理性、可靠性、经济性之外，在装配方式上主导栓式连接、减少现场焊接；装配式钢结构住宅更注重结构体系与建筑户型的匹配，户型及构件的标准化、模数化、一体化设计。

② 从围护系统和内隔墙角度来看，传统钢结构民用建筑的外围护墙及内隔墙多是二次砌筑的湿作业砌块墙体，装配式钢结构建筑摒弃了传统的砌筑湿作业砌块墙体，外墙多采用幕墙、蒸压加气混凝土条板外墙系统（单一 AAC 条板外墙，AAC 条板+保温装饰一体板组合外墙、双层 AAC 板夹心保温组合外墙）、轻质 PC 外挂墙板、UHPC 挂板、骨架式外墙等，内墙多采用条板、轻钢龙骨石膏板隔墙，注重装配化、管线分离、绿色施工。

③ 从内装修系统和机电设备系统来说，传统钢结构内装体系与结构体系不分离，设备管线与结构体系不分离；而装配式钢结构建筑，多采用支撑体与填充体分离的一体化内装体系（SI 体系：即支撑体“S”是指建筑主体结构，以及外围护结构和公共管井等长久不会改变的部分；填充体“I”包括建筑的全部内装系统，即架空地板、空腔墙体或轻质隔墙、吊顶等），使内装部品模块化、集成化、接口标准化，如集成卫生间、集成厨房。

④ 装配式钢结构建筑产业化不仅包括结构专业，同时包括建筑、结构、机电、设备、建材、部品、装修等全部专业；涵盖设计、生产、施工、验收、运营维护的建筑全生命周期，更注重一体化设计。

钢结构建筑主要承重构件由型钢、钢板等钢材通过焊接、螺栓、铆接连接而成，根据结构受力特点大致分为竖向承重结构和水平承重结构。竖向承重结构包括门式刚架结构、钢框架结构、钢框架支撑结构、筒体结构、巨型框架结构、钢板剪力墙结构等；大跨度水平承重结构包括空间桁架结构、张弦梁结构、弦支穹顶结构、网架结构等。钢结构建筑可广泛应用于工业建筑、公共建筑、商业建筑、住宅建筑等领域。装配式钢结构住宅特指由钢结构系统、外围护系统、机电设备系统、内装修系统等组成，部件部品采用装配式方式设计、建造的高层住宅建筑。装配式钢结构有以下优势：

① 建筑工业化模式：构件生产工厂化、现场施工装配化、精度高质量好；

② 绿色建筑：节能、节地、节材、施工过程绿色环保；

③ 抗震性能优越：安全性高、延性好、抗震性能优越；

④ 构件占用面积小、得房率高：增加使用面积 5%~8%；

⑤ 空间分割灵活、户型可变：钢结构易于实现大跨度，室内非承重墙体可变；

⑥ 工期短：工厂化生产，施工不受季节影响，构件装配便捷，缩短工期 1/4~1/3。

伴随着装配式钢结构的深入研究、发展及应用，在典型钢结构体系的基础上涌现出更多的新型结构体系。

典型钢结构体系有：

① 钢框架结构；

② 钢框架—支撑结构；

③ 钢框架—钢筋混凝土核心筒结构。

新型钢结构体系有：

① 异形柱钢框架—支撑结构；

② 钢管束剪力墙结构；

③ 钢框架—金属阻尼墙结构；

④ 钢框架—钢板剪力墙；

⑤ 远大可建结构体系；

⑥ 隐式钢框架—支撑；

⑦ 隐式钢框架—延性墙板；

⑧ 全装配钢框架—支撑；

⑨ 全装配钢框架—延性墙板。

装配式钢结构建筑宜采用大开间大进深、空间灵活可变的结构布置形式，根据建筑功能、建筑物高度以及抗震设防烈度等条件选择下列结构体系：

① 低层冷弯薄壁型钢结构体系。该体系为轻钢龙骨体系，适用于不大于 3 层且檐口高度不大于 12 米的建筑。

② 钢框架结构体系。该体系适用于高度较低的建筑，该结构体系技术比较成熟、应用广泛，但是因该体系抗侧移刚度仅由框架提供，当房屋层数较多或地震烈度较高时，采用纯框架结构时会造成构件截面较大而不够经济。

③ 钢框架-支撑结构体系。该体系由钢框架和支撑构成，支撑包括中心支撑、偏心支撑和屈曲约束支撑；中心支撑具有较大的侧向刚度，减小结构的水平位移、改善结构的内力分布；但支撑斜杆反复压曲后，其抗压承载力急剧降低。偏心支撑因有耗能梁段，与中心支撑相比具有较大的延性，屈曲约束支撑既能提高结构的刚度又具有耗能能力。采用钢框架支撑体系可以减小钢柱的截面尺寸，降低用钢量，并能够在一定程度上解决钢结构建筑室内空间的露梁露柱问题。

④ 钢框架—延性墙板(阻尼器)结构体系。该体系是由钢框架和延性墙板(阻尼器)构成，延性墙板包括钢板剪力墙、钢板组合剪力墙、内填竖缝混凝土剪力墙等；阻尼器包括金属阻尼器、摩擦阻尼器、黏滞阻尼器、黏弹性阻尼器等。延性墙板(阻尼器)作用与屈曲约束支撑相似，既能提高刚度又具有耗能能力，因而同样能够减小构件截面尺寸。但是钢框架—延性墙板(阻尼器)结构体系对建筑功能有更好的适应性，并且更有利于内外墙板的装配。

⑤ 筒体结构体系。该体系就是由若干片纵横交接的“密柱深梁型”框架或抗剪桁架所围成的筒状封闭结构。根据筒体的组成、布置和数量的不同，可将筒体结构分为框筒、筒中筒、桁架筒、束筒等。筒体结构是将密柱框架集中到房屋的内部和外围而形成的空间封闭式的筒体。其特点是抗侧刚度大，可以获得较大的自由分割空间，适用于层数较多的高层建筑。

⑥ 巨型结构。该体系是由巨型梁和巨型柱所组成的主结构与常规结构构件组成的次结构共同工作的一种高层建筑结构体系，包括巨型框架和巨型桁架等结构形式。该体系整体刚度大，体系灵活多样，有利于满足抗震需要。

装配式钢结构建筑的构件选型应重点关注模数化、标准化、产品化及成本最优化，对相似构件进行合理归并，实现标准化设计、标准化制作、标准化安装，以大批量的标准化构件来降低成本。

装配式钢结构建筑的楼盖可选用叠合楼板、不可拆底模钢筋桁架楼承板、可拆底模钢筋桁架楼承板、支模现浇楼板，在保证楼板与钢梁可靠连接的前提下，可综合考虑建筑功能、施工要求、成本控制等因素确定。

框架柱有多种：方钢管（或矩形管）、圆钢管、H型钢、异形柱（L形、T形、十字形）等，可综合考虑建筑功能、布局方案、建筑效果、施工便利性、经济性等因素确定。为实现经济性，也可选择填充混凝土的钢管柱，但需重点关注内灌混凝土的脱黏问题。规范《建筑结构检测技术标准》（GB/T 50344—2019）第7.4.3条规定“钢管混凝土受压柱内混凝土脱黏率大于20%或脱黏空隙厚度大于3毫米时，不宜考虑钢管对混凝土的约束作用”。因此，选用钢管混凝土柱时应采取合理的措施保证质量，可采用的措施有：a. 构造（管内设加劲肋、栓钉）；b. 自密实混凝土的合理配比；c. 采用微膨胀混凝土；d. 试样先行。

装配式钢结构住宅建筑为避免露梁露柱，可采用隐式钢框架—支撑或延性墙板结构体系，将钢柱全部隐藏在建筑隔墙中。隐式钢框架结构是指框架柱采用长宽比2~5的矩形钢管混凝土柱的一种结构形式，钢柱截面宽度可取150~200毫米，截面长宽比不宜大于5，截面较长时，应设置加劲肋、栓钉。

图3.14　装配式木结构

3. 装配式现代木结构建筑

传统建筑中的木构件在施工上存在诸多弊端，且木构件的现场安装也存在一定程度上的施工缺陷，如：材料浪费、施工质量不稳定、材料损耗大等。因此，为了克服以上传统木结构建筑施工中的弊端，装配式木结构应运而生。装配式木结构（如图3.14所示）是采用工厂预制的各种木构件并将其吊装到现场后通过固定螺栓等方式安装而成的木结构建筑。

木结构建筑选用木材作为主要材料，装配式木结构根据木材密度和强度的不同可分为轻型木构件、普通木构件以及重型木构件三种类型；根据木材材料种类的不同又可分为纯板材型、纤维板材型和胶合板材型。

① 普通板材型：是将木材经过加工处理后制作成板材并通过胶合方式与其他基材结合在一起形成板材；其优点是原材料易得且制作简便成本低；缺点是稳定性差且长期受力容易产生裂缝。

② 重型板材型：由普通板材通过榫卯等方式组合而成；其优点为稳定抗压不易开裂、施工便捷、加工简单；缺点是整体稳定性较差且施工复杂成本较高。

③ 纯板材型：采用高密度木质纤维或合成树脂对木材进行干燥处理，通过胶合实现两种材料的结合形成整体，并利用高效黏接剂将木质纤维或合成树脂粘贴在一起形成完

整的板材。目前主要应用于高层和超高层建筑。

④ 胶合板材型：由普通胶合板通过特殊技术处理后制成，其优点为成本较低、稳定性强、不受湿度影响、施工方便易得且具有一定强度；缺点是表面不平影响美观。

3.3.3 装配式建筑的特点

我国新型装配式建筑生产建造方式，完整实现了建筑产品预制部件部品的工业化生产和管理，从其建筑全寿命期的可持续性来看，具体有六个方面的特征：标准化设计方式、工厂化生产方式、装配化施工方式、信息化管理方式、一体化装修方式和智能化应用方式[18]。这可以从根本上改变传统建造方式，通过设计、生产、施工、装修等环节建筑产业链的高度协同，发展现代化工业，促进建造方式、建筑产业的转型升级。

1. 标准化设计

以装配式建筑生产的新型工业化建造方式，采用以建筑标准化为基本目标的设计方法，实现建筑生产的专业化、协作化和集约化，提高装配式建筑的生产质量、效率与效益。

建筑生产工业化的基础是建筑标准化。建筑标准化可以通过量产化提高生产效率，降低成本，提高设计质量和保证建筑品质。而装配式建筑的标准化设计能够更好地实现建筑生产的专业化、协作化和集约化，采用模块化与部品化方法体现工业化建造的优势。工厂化生产部品是实现标准化设计的关键，它能够提高生产速度和劳动效率，降低造价，形成可满足多样化要求的系列化建筑产品。通过工厂化生产部品，建筑行业能够更好地实现装配式建筑标准化设计的要求。

2. 工厂化生产

装配式建筑是指以工业化方式生产的预制构件在工地装配而成的建筑。工厂化生产是指在工厂内提前把房屋的全部或部分构件生产出来然后运输到工地在工地现场进行装配施工的一种技术。装配式建筑是一种现代化的生产方式，也是建筑业发展的必然趋势。预制混凝土结构房屋具有重量轻、强度高、可运输可组装和使用寿命长等优点。工厂化生产和产业化建设都是装配式建筑重要的组成部分。

工厂化生产就是以建筑工业化生产方式组织施工，使结构构件在工厂预制完成并运到现场安装，从而提高工程质量和效率。而传统建造方式需要在现场进行大量湿作业，如浇捣混凝土、抹灰、安装门窗等，对作业人员健康危害大。

工厂化生产就是在工厂内完成预制构件从产品设计、预制加工、运输安装到装修装饰等一系列工作，实现了建筑全过程工业化生产，减少了施工现场湿作业，加快工程建设进度。工厂化生产具有如下优点：预制构件运输方便、堆放整齐、施工效率高、质量有保证、节能环保效果好、可缩短工期、安全更有保障、利于保护环境，符合现代绿色建筑发展要求，降低成本、提高效益，符合产业化建设方向，符合建筑业转型升级的要求，有利于优化建筑产业结构布局和加快转变建筑业发展方式；有利于提高房屋质量和安全性，推动建筑产业现代化；有利于提高装配式混凝土结构房屋工程质量，促进建筑业向现代化转型升级，有利于保护生态环境和节约资源能源，推动可持续发展。

3. 装配化施工

在装配式建筑生产的新型工业化建造方式中，装配化施工是指将在工厂中制作完成的预制部件部品运到现场进行装配化施工。装配化施工可以减少用工需求，降低劳动强度，减少噪声和环境污染，提高工程质量和效率。

4. 信息化管理

以装配式建筑生产的新型工业化建造方式，以建筑信息模型和信息化技术为基础，实现信息数据传递和共享。

装配式建筑信息化管理是为了实现装配式建筑集成的重要措施，在建设全过程中，精确掌握施工进程，以缩短工期、降低成本、提高质量，既能提升项目的精细化管理和集约化经营，有效地减少和避免资源配置的浪费和施工隐患，又能够保证工程质量安全。BIM 平台作为设计、施工、运维的一体化信息平台，对装配式建筑的全过程管理具有重要意义。在设计阶段，建立并有效利用 BIM 模型，对各专业设计进行分析、信息整合、信息碰撞、信息储存和信息表达，实现平台上的分工协作和设计整合。

5. 一体化装修

以装配式建筑生产的新型工业化建造方式，将建筑室内外装修工程采用工业化方式生产，实施装配化施工，与结构主体、机电管线实行一体化建造。

6. 智能化应用

装配式建筑生产是一种新型工业化建造方式，它融合了智能化、智慧化技术和绿色建筑理念。智能化技术应用的推广和完善，可以实现装配式建筑的舒适、安全、节能和高效，并提高其可持续性效益。智能化和智慧化寿命周期运维管理系统能够对装配式建筑的整个生命周期进行管理，从而提高设施运行的稳定性。这些系统可以通过实时监测和分析数据，对设施进行优化和管理，以确保其正常运行。此外，智能化技术也可以在装配式建筑的运营阶段进行运用，比如智能控制系统、智能照明和通风系统等，以提高居住体验和使用效率。

3.3.4 装配式建筑模块化

装配式建筑的模块化设计需要同时考虑标准化和多样化，以满足不同需求。办公建筑可以采用标准化套型模块和功能模块，组合出不同的平面形式和建筑形态。这些单元模块可以灵活地组合，以适应不同的规划和场地条件，满足建筑的多样化需求。在设计时，需要协调各个模块之间的关系和功能，以确保整体设计的一致性和协调性。通过模块化设计，可以提高设计效率，降低生产成本，缩短建筑周期，从而更好地满足建筑产业的需求。模块在进行组合时，应符合以下原则：

a. 按模块的相对位置及空间等组合成模块单元；

b. 功能、尺度基本相同或相似的模块可归纳为模块单元；

c. 按拆除后的再循环利用的可能性划分模块单元；

d. 按生产、运输、施工等组织要求划分模块单元。

装配式建筑模块化的平面设计是整个建筑设计的重要环节，平面设计的规整性直接影响到建筑结构的安全性和经济性。规则性平面设计可以使建筑部件和部品的类型减少，降低生产和安装的难度，提高施工的效率和质量，有利于整体的经济性。同时，合理的平面设计也可以减少能源的消耗，有利于节能减排和绿色环保。因此，在设计过程中，需要优化设计方案，尽量减少平面的凹凸变化，避免不必要的不规则和不均匀布局。这样设计出的装配式建筑具有规整美观的外观，结构稳定、经济实用，并符合建筑绿色环保和可持续发展的要求。

航油办公用房为库区员工办公活动场所，主要功能为办公用房、生产用房、配套用房等。办公建筑的模块化设计以功能需求为导向，依据三种维度(功能配置—工业化模数—通用互换)对控制室、机柜间、厨房及餐厅、化验室、办公室、员工休息室、会议室、职工之家、卫生间等用房进行细致研究，提炼出各种建筑规模下合理的级配关系及平面标准功能模块。各功能模块有一定的可变性和多种适应性，在实际运用模块时，结合建筑面积及平面布局合理使用，从使用单位的具体需求出发进行模块组合，遵循少规格、多组合设计原则。

功能单元模块采用标准化模数网格定位方法(如图 3. 15 所示)，解决功能空间的设计尺寸和定位关系，规范部品系列化标准，实现通用建筑功能互换和尺寸定型。

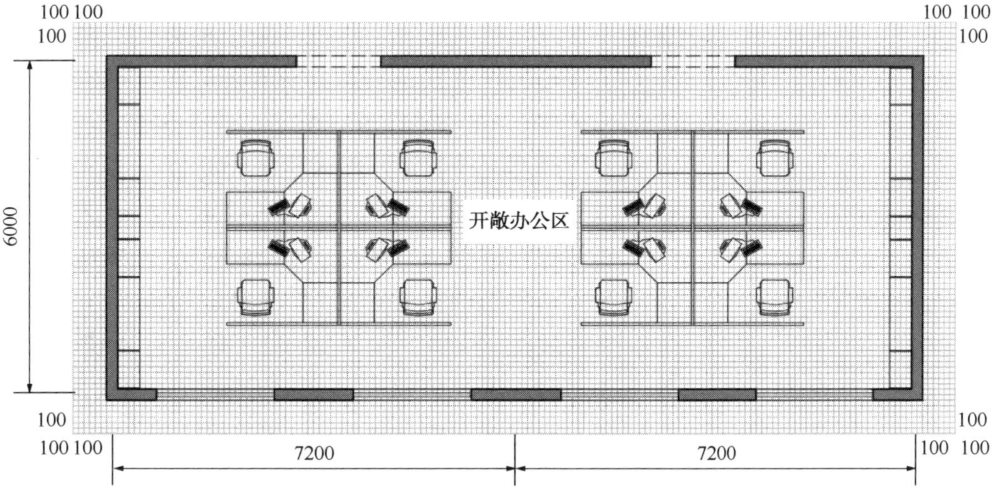

图 3. 15　模数网格定位方法示意图

航油工程生产性建筑以建设规模及工艺流程为依据，提炼出各种建筑规模下合理的级配关系及建筑功能(如图 3. 16 所示)。以基本模块为单元，采用 1+X 标准化模块组合体系，实现平面标准化、立面标准化、构件标准化。

3. 3. 5　装配式建筑评价标准

1. 国标装配式建筑评价标准

为了促进我国装配式建筑的快速发展，建立健全装配式建筑评价标准体系，我国大部分省市相继出台了装配式建筑评价细则和标准体系。由于各地区、省市装配式建筑发

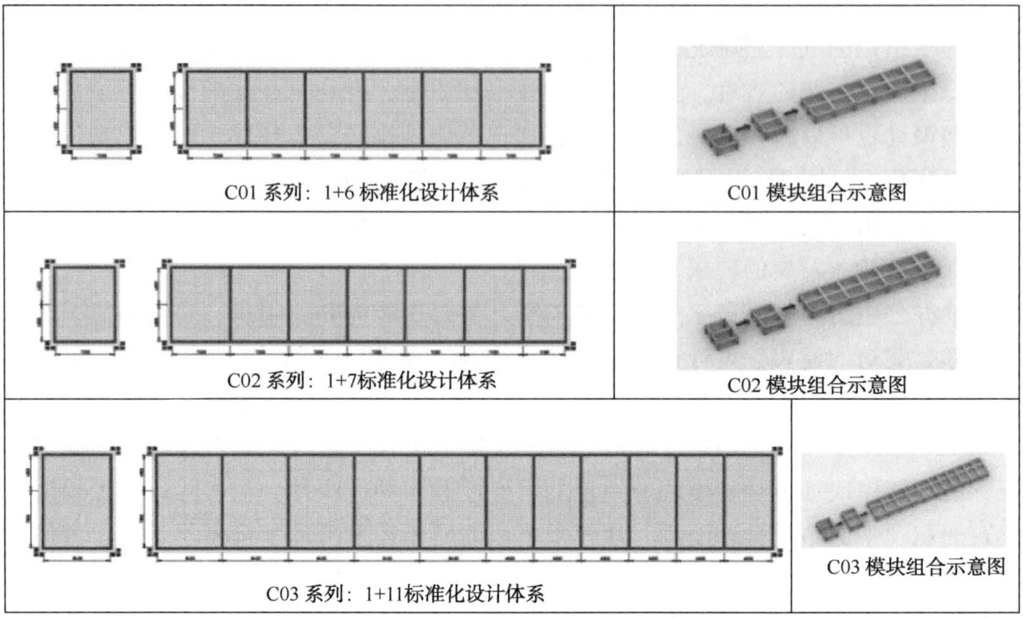

图 3.16　生产性建筑模块组合示意图

JDC

中华人民共和国国家标准

GB/T 51129-2017

装配式建筑评价标准

Standard for assessment of prefabricated building

2017-12-12　发布　　2018-02-01　实施

中华人民共和国住房和城乡建设部
中华人民共和国国家质量监督检验检疫总局　联合发布

图 3.17　国标《装配式建筑评价标准》

展水平差异较大，装配率评价宜按工程所在地地方标准执行。工程所在地无地方标准时，装配式建筑评价宜按现行国家标准《装配式建筑评价标准》(GB/T 51129—2017)(如图 3.17 所示)计算装配率，并确定装配式建筑等级。

2016 年我国出台《关于进一步加强城市规划建设管理工作的若干意见》《关于大力发展装配式建筑的指导意见》等文件，明确提出大力发展装配式建筑，由此装配式建筑进入快速发展阶段。2016 年 1 月 1 日住房和城乡建设部发布《工业化建筑评价标准》(GB/T 51129—2015)，用于促进传统建造方式向现代工业化建造方式转变。其中工业化建筑定义为采用标准化设计、工业化生产、装配化施工、一体化装修和信息化管理等为主要特征的工业化生产方式建造的建筑。2018 年 2 月 1 日开始实施的《装配式建筑评价标准》(GB/T 51129—2017)是最新出台的国家标准，其将装配式建筑作为最终产品，不以单一指标进行衡量，根据系统性的指标体系进行综合打分[19]。《装配式建筑评价标准》把装配率作为考量标准，设置了基础性指标，可以较简捷地判断一栋建筑是否为装配式建筑。

装配率计算方法：

装配率应根据表 3.1 中评价项分值按下式计算：

$$P=(Q_1+Q_2+Q_3)/(100-Q_4)\times100\%$$

式中　P——装配率；

Q_1——主体结构指标实际得分值；

Q_2——围护墙和内隔墙指标实际得分值；

Q_3——装修和设备管线指标实际得分值；

Q_4——评价项目中缺少的评价项分值总和。

表 3.1　装配式建筑评分表

评价项		评价要求	评价分值	最低分值
主体结构（50 分）	柱、支撑、承重墙、延性墙板等竖向构件	35%≤比例≤80%	20～30	20
	梁、板、楼梯、阳台、空调板等构件	70%≤比例≤80%	10～20	
围护墙和内隔墙（20 分）	非承重围护墙非砌筑	比例≥80%	5	10
	围护墙与保温、隔热、装饰一体化	50%≤比例≤80%	2～5	
	内隔墙非砌筑	比例≥50%	5	
	内隔墙与管线、装修一体化	50%≤比例≤80%	2～5	
装修和设备管线（30 分）	全装修		6	6
	干式工法楼面、地面	比例≥70%	6	—
	集成厨房	70%≤比例≤90%	3～6	
	集成卫生间	70%≤比例≤90%	3～6	
	管线分离	50%≤比例≤70%	4～6	

2. 航油工程新型建筑工业化评价标准

为规范航油新型建筑工业化综合发展水平，大力推进航油建筑工业化进程，中国航油勇担央企责任，准确把握新一轮科技革命和产业变革趋势，响应国家“双碳”行动号召，坚决落实建筑产业现代化发展目标，大力推进航油建筑工业化进程，提升航油建筑工程品质，推动航油工程高质量发展，航油公司组织相关部门及外部单位编制了《航油工程新型建筑工业化评价标准》(如图 3. 18 所示)。

Q/ZGHY
中国航空油料有限责任公司企业标准
Q/ZGHY 11—2022

航油工程新型建筑工业化
评价标准

2022-9-1发布　　2022-9-1实施

中国航空油料有限责任公司　发布

图 3. 18 《航油工程新型建筑工业化评价标准》

本标准在编制过程中，编制组遵照国家有关基本建设方针和民航“四型机场”“品质工程”的建设理念，航油工程从装配式建筑、绿色建筑、绿色施工、工程管理、科技创新、工程经济等方面进行了调查研究，结合航油建筑工程实际经验，提出了适应航油新型建筑工业化的评价标准。该标准得到了航油公司各地区公司的广泛建议和反馈，并邀请了不同行业领域的专家进行详细审查。主要问题经过多次讨论和修订，最终在评审会审查后定稿。

《航油工程新型建筑工业化评价标准》是在国家标准《装配式建筑评价标准》(GB/T 51129—

2017)、《绿色建筑评价标准》(GB/T 50378—2019)、《建筑工程绿色施工评价标准》(GB/T 50640—2010)、《装配式混凝土建筑技术标准》(GB/T 51231—2016)的基础上，结合航油工程特点编制完成的。本标准制定过程中，编制组进行了广泛的调查研究，总结了航油工程装配式建筑试点项目实践经验，同时参考了国内先进技术标准，构建了一套适合航油系统的装配式建筑综合评价体系，在航油系统内具备可操作性。

航油新型建筑工业化评价标准共由六部分组成：装配率评价、绿色建筑评价、绿色施工评价、工程管理评价、科技创新评价、经济性评价(如图 3.19 所示)。六部分单项评价实际得分值均为 100 分，六部分总得分值应按本标准规定进行计算后按百分制折算。

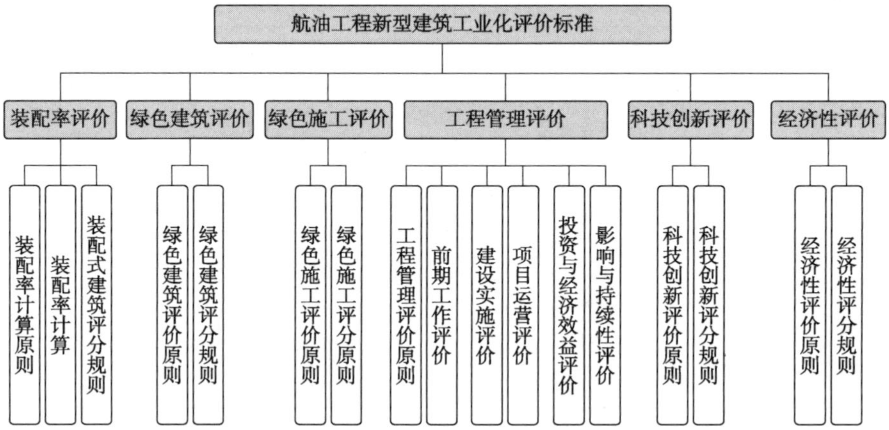

图 3.19　评价标准构成

建设项目无办公类建筑时，宜按装配率、绿色施工、工程管理、科技创新、经济性五部分进行评价。五部分单项评价实际得分值均为 100 分，五部分总得分值应按本标准规定进行计算后按百分制折算。

总得分值应按下式计算：

$$Q=a_1Q_1+a_2Q_2+a_3Q_3+a_4Q_4+a_5Q_5+a_6Q_6$$

式中　Q——新型建筑工业化评价总得分值；

Q_1——装配率评价实际得分值；

Q_2——绿色建筑评价实际得分值；

Q_3——绿色施工评价实际得分值；

Q_4——工程管理评价实际得分值；

Q_5——科技创新评价实际得分值；

Q_6——经济性评价实际得分值；

a_1——装配率实际得分的权重值；

a_2——绿色建筑实际得分的权重值；

a_3——绿色施工实际得分的权重值；

a_4——工程管理实际得分的权重值；

a_5——科技创新实际得分的权重值；

a_6——经济性实际得分的权重值。

计算新型建筑工业化评价的总得分时，装配率、绿色建筑、绿色施工、工程管理、科技创新、经济性六部分实际得分的权重值按表 3.2 确定。

表 3.2　新型建筑工业化评价各部分实际得分的权重值

要素	装配率 a_1	绿色建筑 a_2	绿色施工 a_3	工程管理 a_4	科技创新 a_5	经济性 a_6
权重值	0.5	0.15	0.1	0.1	0.1	0.05

新型建筑工业化评价结果划分为 A 级、B 级、C 级、D 级 4 个等级，并应符合下列规定：

新型建筑工业化评价总得分值 $Q \geqslant 70$ 分为 A 级，$60 \leqslant Q < 70$ 分为 B 级，$50 \leqslant Q < 60$ 分为 C 级，$Q < 50$ 分为 D 级。新型建筑工业化评价 A 级、B 级、C 级、D 级结果分别对应优秀、良好、合格、不合格 4 个等级评价结论(如图 3.20 所示)。

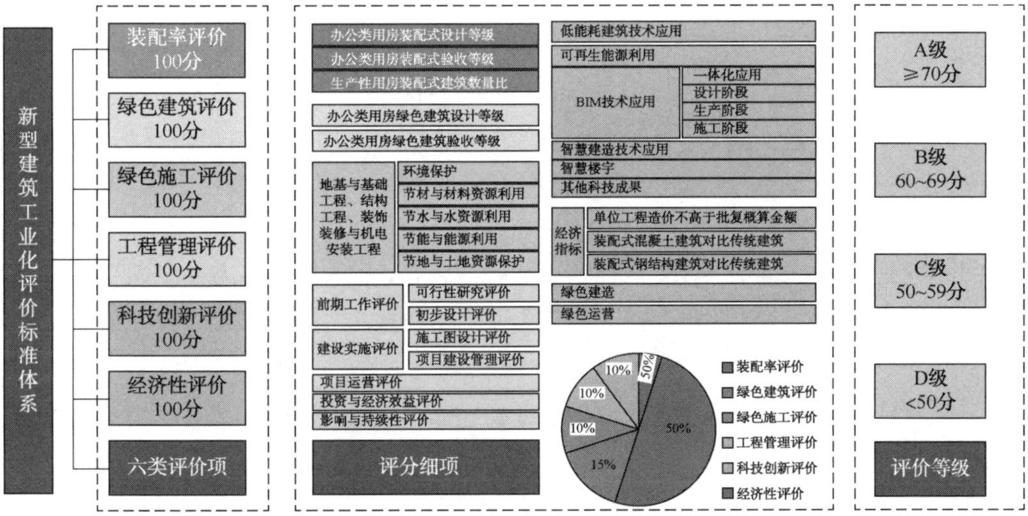

图 3.20　《航油工程新型建筑工业化评价标准》总体体系

装配率评价实际得分值不应低于 60 分；绿色建筑评价实际得分值不应低于 50 分；绿色施工评价、工程管理评价、科技创新评价、经济性评价实际得分值不应低于 40 分。

发生下列事故之一，不得评为合格项目：

① 发生安全生产责任事故，并造成人员伤亡；

② 发生重大质量事故，并造成严重影响；

③ 发生公共卫生事件、群体传染病、食物中毒等责任事故；

④ 房屋建筑工程被政府管理部门行政处罚；

⑤ 违反国家有关“四节一环保”的法律法规，造成严重社会影响；

⑥ 施工扰民或与周边单位发生纠纷造成严重社会影响。

(1) 装配率评价

装配率计算原则：由于各地区、省市装配式建筑发展水平差异较大，各省市陆续编制了地方评价标准计算细则，装配率评价宜按工程所在地地方标准执行；无地方标准时，装配率评价应按现行国家标准《装配式建筑评价标准》（GB/T 51129—2017）执行。

办公类建筑单体设计目标为装配式建筑时，可得 55 分；达到 A 级时可得 60 分；达到 AA 级，可得 65 分；达到 AAA 级，可得 70 分。竣工验收后，根据装配式建筑专项评价，评价为装配式建筑加 5 分；评价为 A 级，加 10 分；评价为 AA 级，加 15 分；评价为 AAA 级，加 20 分。需要说明的是航油民用建筑中门房、岗楼、食堂建筑面积小，采用装配式建筑方案不经济，在本标准中不要求门房、岗楼、食堂进行装配式建筑评价。当一个项目办公类建筑有多个时，宜分别计算得分后，再按建筑面积进行加权平均合算。

除办公类建筑外，航油工程其他建筑装配率评分按单体数量比例计算。其他建筑中装配式建筑数量占比 $X \geqslant 60\%$时，得 10 分；$30\% \leqslant X < 60\%$时，得 5 分；$X < 30\%$时，得 0 分。国标及各地区装配式评价标准多适用于办公类建筑，航油工程除办公类建筑外，其他建筑大多为棚子，无内墙，防水、防火、防爆性能要求高，完全套用装配式评价标准存在许多缺项，当采用钢筋混凝土装配式建筑方案时，很难达到装配率 50%的装配式建筑基本要求。

结合航油建筑特点，特别规定：除办公类建筑外，航油其他建筑如主体结构采用钢结构，即可认定为装配式建筑；如主体结构采用混凝土结构，选用预制三板体系（预制楼屋面板比例不小于 80%、预制外墙板比例不小于 80%、预制内墙板比例不小于 50%）即可认定为装配式建筑。

评分举例：除办公类建筑外，航油其他建筑共有 6 个单体，当有 4 个及以上单体采用装配式建筑方案时，可得 10 分；当有 2 个或 3 个单体采用装配式建筑方案时，可得 5 分（如表 3.3 所示）。

表 3.3 装配式建筑装配率评分表

评价项目	评价等级	设计目标基础分值	验收评价加分值	得分
办公类建筑	装配式建筑	55	5	
	A 级装配式建筑	60	10	
	AA 级装配式建筑	65	15	
	AAA 级装配式建筑	70	20	
其他建筑	$30\% \leqslant X < 60\%$	5		
	$X \geqslant 60\%$	10		

（2）绿色建筑评价

绿色建筑评价各省、市有标准时宜执行地方标准，无地方标准时应执行《绿色建筑评价标准》（GB/T 50378—2019）。绿色建筑评价适用于航油办公类建筑绿色性能的评价。

航油工程绿色建筑评价设计目标达到国标基本级时，可得 50 分；达到一星级时，可得 60 分；达到二星级时，可得 70 分；达到三星级时，可得 85 分。当项目完成验收评价时，可给予加分；基本级到三星级可加 5~15 分（如表 3.4 所示）。

表 3.4　绿色建筑评分表

评价项目	评价等级	设计目标基础分值	验收评价加分值	得分
办公类建筑	基本级	50	5	
	一星级	60	8	
	二星级	70	12	
	三星级	85	15	

(3) 绿色施工评价

绿色施工评价应按《建筑工程绿色施工评价标准》(GB/T 50640—2010)执行。

(4) 工程管理评价

本标准把工程项目管理分为五大项，分别为前期工作评价、建设实施评价、项目运营评价、投资与经济效益评价、影响与持续性评价。工程管理评价得分 $Q_4 = \sum$ 阶段评价得分×权重系数。评价未达到某评分项的评价标准，该项评分为 0 分。评价达到某评分项的评价标准，该项评分取最高分值。

前期工作评价分为可行性研究评价、初步设计评价两部分，总分为 20 分，具体分值分布如表 3.5 所示。

表 3.5　前期工作评价分值分布表

序号	评分项	最高分值	得分
可行性研究评价			
1	可行性研究报告编制单位资质、可行性研究报告编制内容和深度满足要求	1	
2	可行性研究报告对项目立项背景、必要性的说明论述客观、合理	1	
3	可研阶段基础数据齐全准确，未对方案产生影响以及变更	1	
4	可行性研究中主要建筑面积及功能的预测满足投入使用后的需求，未出现建成后立刻扩建或改造情况	1	
5	建、构筑物的布局满足使用单位需求	1	
6	装配式建筑的生产及安装工艺应进行方案比选，并且深度和合理性符合要求	1	
7	装配式建筑的工艺具有先进性、适用性、可靠性和灵活性	1	
8	可行性研究报告中应采用绿色建材，对装配式建筑进行论述，并应符合国家、行业及航油公司的相关规定	1	
9	根据项目实际运行状况与可行性研究报告的准确程度进行对比，项目的生产规模、生产工艺、原材料的消耗、能耗、产品质量、产品成本等，基本一致	2	
10	批复的项目符合国家产业发展政策、行业发展方向，以及企业发展战略和规划	1	
11	项目建议书(预可研)、可行性研究报告、项目申请报告、项目资金申请报告、项目备案、项目核准及其批复等环节符合国家及航油公司有关规定	1	
初步设计评价			
1	初步设计阶段的依据齐全，基础资料明确、准确，满足工程设计需要	1	
2	初步设计建设规模、投资水平与可研批复基本一致	1	

续表

序号	评分项	最高分值	得分
3	设计单位资质符合工程要求，设计单位的确定符合国家法律法规、行业标准以及航油公司相关规定	1	
4	设计进度计划按照合同约定完成并交付	1	
5	建筑设计方案及规模、装配式建造技术路线与批复内容一致	1	
6	主要绿色建材的选择与批复基本一致	1	
7	结构形式和地基处理方式与批复基本一致	1	
8	初步设计专家审查未提出重大修改意见，如：方案、建筑形式、装配率等影响整体方案的意见	1	

建设实施评价分为施工图设计评价、项目建设管理评价两部分，总分为25分，具体分值分布如表3.6所示。

表3.6 建设实施评价分值分布表

序号	评分项	最高分值	得分
施工图设计评价			
1	设计进度满足合同要求及工程进度需要	1	
2	施工图设计的建设规模、结构形式、装配式生产工艺以及主要设备、绿色建材的选择与批复内容一致	1	
3	设计内容符合国家、行业、地方及航油公司的有关标准、规范	1	
4	施工图审查结果未对设计进行重大修改	1	
5	设计单位能较好地配合设计评审、设计交底以及按照施工图会审意见及时修改	2	
6	未涉及投资较大的重大设计变更	1	
项目建设管理评价			
1	项目部或指挥部编制完成统筹计划、管理制度等相关的办法	1	
2	施工单位的资质与服务水平，符合招标文件的要求	1	
3	招投标工作未出现投诉、举报、流标等事件发生	1	
4	招投标工作均按照前期批复文件内容执行，未出现调整与改动情况	1	
5	设备及绿色建材的采购，性能质量、订货价格未对工程进度、质量和投资造成影响	1	
6	施工前已完成图纸会审和设计交底	1	
7	施工前已完成施工组织设计审批	1	
8	施工前开工报告已批复	1	
9	场地准备工作应已完成，有关外部配套条件已签订协议	1	
10	装配式建筑的评价审查以及报规报建手续齐全	1	
11	施工进度节点严格按照制定计划完成	1	
12	工程承包、设备材料供应、工程服务(包括设计、采购、施工、监理、服务、咨询等)均在实施前签订合同	1	

续表

序号	评分项	最高分值	得分
13	制定合同起草和审批程序，并确定合同管理专员，负责合同签订前的把关和签订后的日常管理工作	1	
14	工程质量未出现结构性问题，满足国家法律法规、行业标准、航油公司相关规定的质量要求。检测结果合格	1	
15	工程项目严格执行“三同时”制度，项目环境影响评价、安全评价、职业卫生评价中提出的各项措施均已落实	1	
16	HSE(健康、安全和环保)管理目标实现程度、HSE 的控制措施和制度的执行情况符合国家法律法规、行业标准、航油公司相关规定，无安全生产事故出现	1	
17	竣工验收方式、程序符合国家、行业及航油公司有关规定	1	
18	竣工验收报告通过	1	

项目运营评价总分为 20 分，具体分值分布如表 3.7 所示。

表 3.7　项目运营评价分值分布表

序号	评分项	最高分值	得分
1	环保、安全、职业卫生及消防等方面的准备情况是否符合有关规定	5	
2	建、构筑物使用时，符合前期可研预测的规模	2	
3	建筑装饰装修质量无缺陷	2	
4	空调、供热、供水等设施工作运转良好	2	
5	办公类建筑的布置与使用要求基本一致	4	
6	工程投产时《环境影响评价报告》《安全评价报告》《职业卫生评价报告》的要求均已落实	5	

投资与经济效益评价总分为 15 分，具体分值分布如表 3.8 所示。

表 3.8　投资与经济效益评价分值分布表

序号	评分项	最高分值	得分
1	项目《可研报告》《初步设计》和《竣工报告》的投资范围基本一致	3	
2	项目实际完成投资控制在项目批复的投资范围内	3	
3	项目工程费竣工决算比批复的初步设计工程费用控制 4%以上	3	
4	建设资金和流动资金的到位时间满足工程建设的需要，未发生支付费用滞后现象	3	
5	根据项目实际投资额和实际运营数据对整体项目进行财务效益分析，并与可研报告对比，结果基本一致	3	

影响与持续性评价总分为 20 分，具体分值分布如表 3.9 所示。

表 3.9　影响与持续性评价分值分布表

序号	评分项	最高分值	得分
1	建设的安全环保设备运转后，起到的效果和检测数据符合相关要求	5	
2	严格按照安全环保制度执行	2	
3	安全距离以及安全设施设备均满足相关要求	2	
4	消防、给排水设施设置与运转情况满足国家、行业、地方要求	2	
5	项目建成后对企业未来发展起到良好作用	5	
6	对项目所在地的周边企业起到积极影响作用	2	
7	工程在建设范围之内无较大技改和改扩建内容	2	

（5）科技创新评价

建设项目在设计规划和建造过程中应推广采用有助于推动科技进步和提高市场竞争能力的新技术、新工艺、新材料、新设备。办公类建筑维持建筑环境的用能应不高于国家现行有关建筑节能标准。建设项目宜采用智能光伏、地源热泵、空气源热泵等技术，推广可再生能源利用。项目建设全过程宜应用信息化技术。办公类建筑宜采用智慧楼宇技术。项目建设全过程应开展适用创新技术研发，且宜形成相应的科技成果。科技创新评价具体分值分布如表 3.10 所示：

表 3.10　科技创新评价得分表

评价项目	评分项		分值	得分
低能耗建筑技术应用(5 分)	建筑供暖空调系统能耗相比国家现行有关建筑节能标准降低 30%以上		5	
可再生能源利用(25 分)	通过利用智能光伏、地源热泵、太阳能集热器等可再生能源		25	
BIM 技术应用（25 分）	设计阶段	完成 BIM 总体策划，包括总体设计、定型等，并将信息传递给后续环节方案优化、标准化	3	
		完成 BIM 模型设计及管线综合设计	3	
		完成 BIM 构件深化设计，包括构件库及连接节点设计，并提供钢筋碰撞检测报告及构件清单	3	
	生产阶段	完成工厂生产信息化管理系统，包括生产计划安排、构件生产流程管理、构件质量控制管理等	3	
		建立构件生产信息数据库，对每个构件进行智能化标识，实现建设全过程的控制和管理	3	
	施工阶段	完成施工过程信息化管理系统，包括施工进度管理、成本管理、材料采购、质量控制等	3	
		建立竣工验收信息模型，实现信息可追溯	3	
		实现智慧工地，对工地现场设备、人员、物资、环境等要素全面监测、管理[20]	4	

续表

评价项目	评分项	分值	得分
智慧建造技术应用(15分)	项目配备智慧工地基础设施—生产管理功能模块、技术管理模块、质量管理模块、安全管理功能模块、施工项目实时动态化管理模块。每项得2分	10	
	项目应用安全巡检系统、人员信息管理系统、扬尘视频监控、有害气体检测、高支模监测及塔吊监控系统。每项得1分	5	
智慧楼宇(10分)	楼宇自控系统(BMS系统)、智能卡应用系统、电子信息分部系统、会议视听系统、建筑能效监管系统。每项得3分	10	
科技成果(10分)	发表与工程相关的核心期刊论文、获得与工程相关的实用新型专利、省部级工法，任意一项得2分；获得与工程相关的国家级工法、发明专利，任意一项得5分	10	
其他(10分)	采用其他新技术、新材料、新设备、新工艺，经论证可在行业内推广的四新技术，任意一项得5分	10	

(6) 经济性评价

经济性评价分为经济指标、绿色建造和绿色运营三部分，经济性评价具体分值分布如表3.11所示。

表3.11 经济性评价计分表

评价项目	评分项							分值	得分
经济指标(50分)	单位工程造价不高于批复概算金额。							30	
	测算内容	装配率	人工用量下降(%)	工期提高(%)	建筑垃圾减少(%)	建筑污水减少(%)	能耗降低(%)		
	装配式混凝土建筑对比传统建筑	≥50%	25%	20%	70%	25%	20%	10	
		≥60%	30%	24%	75%	35%	25%	15	
		≥70%	35%	28%	80%	45%	30%	20	
	装配式钢结构建筑对比传统建筑	≥50%	20%~25%	30%	50%	8%	30%	10	
		≥60%	25%~30%	35%	55%	10%	30%	15	
		≥70%	25%~30%	40%	60%	13%	30%	20	
绿色建造(40分)	混凝土构件采用高精度模板和快拆体系，墙面免抹灰。							20	
	采取措施减少现场加工钢筋损耗，损耗率不大于1.5%。							5	
	采取措施减少预拌混凝土损耗，损耗率不大于1.0%。							5	
	建设期单位面积累计用水量不大于定额用水量。							5	
	建设期单位面积累计用电量不大于定额用电量。							5	
绿色运营(10分)	使用期间单位面积日平均用水量不大于定额用水标准。							5	
	使用期间单位面积日平均用电量不大于定额用电标准。							5	

3.3.6 装配式建筑案例

为了深入贯彻习近平总书记关于建设“四型机场”的重要指示，落实十四五规划“碳达峰”“碳中和”的战略目标，推行国家、民航新基建理念及国家装配式建筑相关政策，中国航油坚持“实事求是、成本可控且长期下降、不贪大求洋”的原则，秉持“利工期、降成本、提质量、促廉洁”的工作目的，首选大兴、鄂州、郑州等项目作为装配式建筑试点项目，实现了以点带面的装配式建筑推广战略目标。

1. 航空燃料过滤设备综合性能评定中心项目

2021年2月，中国航油提出将装配式建筑融入航油工程建设的理念。在战略推广过程中，北京公司率先谋定而动，2021年3月与设计单位进行多轮研讨，以此项目为切入点，同各参建单位合作，完成装配式建筑设计调整，以期为中国航油日后类似项目探索道路、积累经验并锻炼队伍，实现了中国航油首个装配式建筑的顺利落成。

（1）工程概况

航空燃料过滤设备综合性能评定中心项目是对过滤设备进行性能测试、质量检验及新技术新产品开发的行业内首个大型科研性质基础设施建设项目，是突破航空燃料和新兴能源质量管控与应用领域关键核心技术的利器。

图3.21 航空燃料过滤设备综合性能评定中心

该项目包含检测泵房和配套用房两个部分，总建筑面积为2142.24平方米。检测泵房为单层建筑，建筑面积为1300.95平方米，建筑高度为10.55米；配套用房为二层建筑，建筑面积为841.29平方米，建筑高度为9.7米。该项目于2021年9月建成，实际装配率达到了86.9%，为AA级装配式建筑（如图3.21所示）。

该项目作为中国航油首批5个装配式建筑试点项目之一，同时也是中国航油首个竣工的装配式建筑工程，打响了系统内推广装配式建筑的第一枪。

（2）设计方案

该项目原设计为传统的现浇钢筋混凝土结构，在地基与基础及检测泵房22根钢筋混凝土柱施工完毕后决定调整为装配式建筑。为最大限度节约造价，经各参建单位反复讨论研究，保留已完工程内容。由于该项目体量较小，结合北京市的环境特点以及不同类型装配式建筑结构的特点，设计单位选用了钢结构、ALC板、压型钢板等最为适宜的主材完成了设计方案的修改。

根据《装配式建筑评价标准》计算，该项目设计装配率达到85.1%，为AA级装配式建筑。

① 主体结构。主体结构方面，检测泵房主体结构保留22根已完成的钢筋混凝土柱，过梁由现浇钢筋混凝土梁改为钢结构梁。配套用房主体结构由现浇钢筋混凝土梁、柱改为钢结构（如图3.22所示）。钢结构的梁柱尺寸小，有效使用空间大且灵活，可实现造

型多样化和布局个性化。钢结构抗震性能好，并且预制构件比例大，工业化程度高。同时，钢结构加工、施工工艺成熟，施工速度快，节省工期，且不受地域因素影响，众多钢结构厂家都有安装能力。从绿色环保方面来看，钢结构现场湿作业少，能够有效降低废弃物对环境产生的污染，且钢材回收利用率高达100%，与当代绿色建筑发展思路相一致。此外，钢结构采用高强螺栓和焊接配合连接，安装快速便捷。

配套用房楼板由现浇钢筋混凝土楼板改为压型钢板组合楼板(如图3.23所示)。压型钢板组合楼板是通过在波谷位置放置单项钢筋后浇筑混凝土的方式来保证楼板强度。压型钢板具有保温、轻质、隔热、隔声、耐火、耐久，组装可靠、快捷等特点。压型钢板采用暗扣式连接，防水效果好。

图3.22 钢框架结构

图3.23 压型钢板组合楼板

钢结构和压型钢板的应用，彻底取消了现浇钢筋混凝土结构施工过程中模板支设的环节，在控制尺寸偏差方面明显优于传统建筑模式。

② 二次结构。二次结构方面，建筑外围护墙整体由砖砌改为ALC板。配套用房内隔墙则大部分由砖砌改为ALC板夹壁墙(如图3.24所示)、轻钢龙骨石膏板隔墙(如图3.25所示)，可以很好地实现装配式建筑中对于管线分离的要求。ALC板是蒸压轻质混凝土条板的简称，具有轻质高强，耐火性、保温性优良，隔音性能好，施工便捷，耐久性好，施工快等显著优势。它同蒸压加气砌块的材料构成一样，但其中间配置了双层双向钢筋网，既保证了强度，又省去了传统砖砌形式中构造柱和圈梁的设置，从施工速度和质量方面都较传统的砌筑形式具有显著的优势。

图3.24 ALC外墙板

图3.25 轻钢龙骨石膏板

③ 装饰装修。为了更好地实现管线分离，配套用房地面由瓷砖铺贴改为架空地板(如图3.26所示)。架空地板主要是由可调支架、横梁、面板等组合拼装而成的，它与

图 3.26　干式工法架空地板

基础地面之间形成了一定的空间，需要在地面敷设的电气管线全部可以通过这个空间轻松实现。

(3) 管理与控制

由于该项目是中国航油首个装配式建筑项目，在系统内没有先例可供参考，因此在过程管控上也是属于首开先河，其中不乏一些优秀的经验可供参考。

① 预制构件。装配式建筑采用预制构件，即构件在工厂生产加工好后，运输到施工现场进行拼装即可，体现了其工厂化生产的特点。但预制构件并非现实意义上的原材料，原材加工环节是在工厂完成，如果从预制构件运抵现场开始进行质量控制，则缺失了对原材加工环节的监管。例如，ALC 板在成型前，需要在加工厂经过原料制备、钢筋加工及组装、配料、浇筑、预养、切割、编组、蒸养、出釜、分拣、打包等数道工序。其中，硅质材料研磨、钢筋除锈防腐、钢筋焊接、原料配比、原料浇筑、脱模切割、蒸压养护、环境温湿度都是重要的质量控制点，对各工序的把控不仅关系到产品的质量，而且还直接关系到建筑的性能和安全。因此，该项目采取了对预制构件厂家实地考察的措施，对 ALC 板和钢构件厂家的资质、生产规模、生产能力、质量管理制度、自建试验室检测能力、模具标准程度、原材质量证明文件等进行了逐一考察，确保预制构件质量达标。

② 构件运输及堆放。不同材质的材料具有不同的物理特性，这就要求对预制构件运输过程中的保护要“对症下药”，才能保证构件的完好无损。

例如，钢材具有硬度大的特性，在外力作用下容易产生塑性形变，矫正起来较为困难。因此，在吊运作业中，吊运点应加设软垫，吊运过程中严禁碰撞，避免损伤成品构件表面油漆；同时应进行绑扎固定，以防止运输过程中构件移动摩擦和变形；为防止码放时互相碰撞，钢构件堆放时应保证足够的间距，层与层之间用软木隔开，同时设置防倾倒措施，放置好后在其四周放置警示标识，防止损伤构件。

而另一种主材 ALC 板强度较低，在外力作用下极易发生破碎，一旦保护不到位，极容易产生缺边掉角的情况。因此，吊运时要用尼龙吊带，不能使用钢丝绳，堆放时板材两端要各垫一块枕木。此外，由于 ALC 板还具有吸水性好的特点，因此要堆放在坚硬、平整、干燥、通风处，并采取苫盖等防潮措施。

③ 构件安装。目前钢结构现场施工中仍然有一定的焊接工作，焊缝质量易受材料、操作、环境等影响，尤其是现场焊接不能采用自动化作业，全部为人工操作，且多为高空作业，很容易出现各种质量缺陷从而影响施工质量，对结构安全造成不利影响，因此施工过程中必须严格按照各规范、规程的规定执行，以保证施工质量。

ALC 板的安装只需将要安装板的位置清理干净，将其上面的泥土、沙子等杂物去除，控制好平整度，然后将板材按照榫槽的次序进行排放，依次固定拼装即可。

④ 填缝处理。由于 ALC 板采用榫接形式进行连接，其连接处缝隙要用黏合剂均匀涂抹进行填缝处理，保证连接稳固的同时，也确保了外墙保温、抗风性能满足使用

要求。

此外，压型钢板搭接处同样需要使用密封条或密封胶进行填缝处理，防止在其上方浇筑混凝土时产生跑浆、漏浆等现象。

（4）经济指标分析

① 材料用量及造价分析。由于该项目是在施工中途确定调整为装配式建筑，因此在材料使用上与传统建筑形式的对比也较为直观。主体结构由现浇钢筋混凝土改为钢结构，减少了钢筋、混凝土用量，但使用钢结构导致用钢量大幅增加。二次结构绝大部分加气块和多孔砖改为 ALC 板，整体原材料用量减少，砌筑砂浆用量也相应减少。室内地面贴砖改为架空地板，基层找平层取消，混凝土用量减少。总体来说，材料用量有所减少，损耗量更是微乎其微。但由于用钢量较原设计大幅增加，外加材料成本中包含了工厂预制的人工费、机械费，运输费用也有所提高，整体造价较原方案有一定程度上的增加。

② 工期分析。装配式建筑类似于"搭积木"，使得施工效率明显提升，不仅仅是安装起来更快速，所需人工也是大幅减少，在构件生产加工及现场拼装方面，相比传统施工工艺更加省时省力。同时还可以免受季节性气候影响。该项目就在节省工期方面达到了近 30%。此外，在节省工期的同时，装配式建筑施工所需人工减少得也极为显著。

③ 房屋使用率分析。该项目将原设计 600 毫米×600 毫米混凝土结构柱改为 350 毫米×350 毫米钢结构柱，原设计 250 毫米厚加气块、240 毫米厚多孔砖改为 200 毫米厚 ALC 板，预制构件尺寸均比原设计方案中对应结构的尺寸略有减小，因此，房屋使用率相应增加了 1.72%，增加了相当一部分的可用空间。

（5）绿色环保指标分析

就该项目来看，施工过程中减少了混凝土养护、砌筑砂浆、内墙抹灰、室内地面混凝土找平等工序，节水约 20%；减少了钢筋加工、胶合板支模、混凝土浇筑等相关设备用电，节电约 30%；减少了模板加工、预拌混凝土、砌筑砂浆等环节产生的扬尘，减少约 50%；减少了钢筋加工、模板加工、混凝土浇筑、墙面剔槽等环节产生的噪声，减少约 50%；减少了钢筋加工、模板加工、加气块切割等环节产生的建筑垃圾，减少约 50%。

航空燃料过滤设备综合性能评定中心项目由于存在部分施工内容完成后才调整为装配式建筑的特殊性，因此装配式建筑某些方面的优势没有表现得很突出，但整体来看，仍然将节省资源、缩短工期、减少污染、绿色节能等特点表现得淋漓尽致，进一步印证了我国大力发展装配式建筑的战略性和必要性，其建设经验也为中国航油后续的装配式建筑工程提供了很好的借鉴价值。

2. 湖北鄂州民用机场项目供油工程

发展航油工程装配式建筑是落实习近平总书记关于建设"四型机场"指示精神的重要举措，是贯彻绿色和创新发展理念的具体体现，是扎实做好十四五规划中"碳达峰""碳中和"战略目标的有力抓手。2021 年 12 月 22 日，机场油库生产值班用房主体结构通过鄂州市质监站联合检查，验收合格，装配式建筑试点工作取得显著成效。

鄂州机场油库工程生产值班用房为六层建筑，局部为二层，员工活动中心为一层，

图 3.27 鄂州机场油库生产值班用房立面图

整体为框架结构(如图 3.27 所示)。主要功能有：办公、员工休息、控制室及配套、厨房餐厅、大会议室、员工活动中心等。建筑面积为 8979.3 平方米。由于鄂州机场油库生产值班用房选为装配式建筑试点项目时，已按原设计完成全部桩基施工，且鄂州项目相对功能较多，局部大跨度，周边 150 千米范围内没有合适的 PC 构件生产厂家，经工期、造价、生产供应等多方面综合对比分析后，决定采用适合鄂州项目的钢结构装配式建筑。

鄂州机场油库生产值班用房装配式建筑方案严格执行《装配式建筑评价标准》(GB/T 51129—2017)，主体结构梁柱采用钢框架结构，应用比例 100%，屋面板、楼板采用压型钢板钢筋桁架楼承板，应用比例大于 80%，外围护墙采用 ALC 板，应用比例大于 80%，内隔墙采用 ALC 板及轻钢龙骨石膏板，应用比例大于 50%，本项目为全装修交付，整体装配率达到 61%，为 A 级装配式建筑。本项目充分体现了装配式建筑以下特点：

(1) 装配式建筑联动多、兼容多、延展多

项目采用标准化设计的装配式建筑可以大规模生产和安装，同时保证生产和安装的定制化需求得以满足。采用标准化设计可以降低生产和安装难度，提高设计效率和设计品质，同时增强生产效率和劳动效率，有效减少综合成本。标准化设计方案的应用使得生产和安装能够高效顺畅地实现，从而实现建筑生产方式的变革，提高建筑行业的效率和生产水平。

推广装配式建筑可以培育新产业新动能，推进建筑生产方式变革，突破传统建筑产业链条的界限，为建筑产业发展开辟新的道路。装配式建筑的发展可以促进工厂工业化制造和现场机械化装配等各建筑环节的全面改革，从而提升建筑生产的效率和质量，增强建筑产品的竞争力和可持续性。同时，装配式建筑的推广和应用还能够催生新业态，如预制装配件制造和物流配送等，从而为建筑产业的转型升级提供强有力的支撑。

在设计阶段，通过 BIM 技术，在装配式钢梁、钢柱预制加工开始之前，导出每一个构件的相关属性，指导装配式钢结构预制加工作业，同时进行品控监督(如图 3.28 所示)。

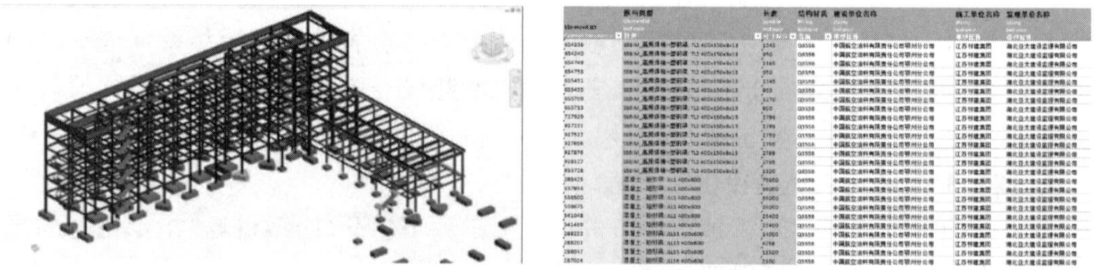

图 3.28 装配式构件 BIM 技术创建并导出数据

在施工阶段，通过 BIM 三维演示，对钢梁、钢柱铆接以及紧固件连接节点等进行三维可视化施工技术交底，为现场施工人员安装作业提供可靠依据。同时配合工厂输出全

程可以溯源的二维码合格证(如图 3.29 所示)，既能保障质量又能指导施工。

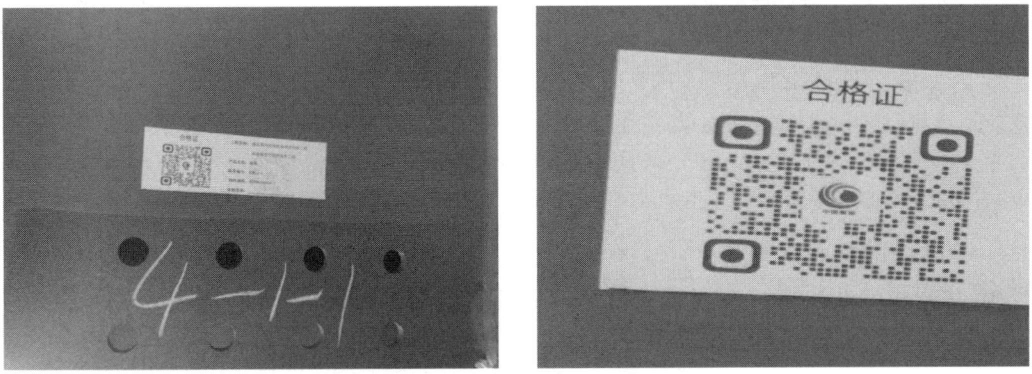

图 3.29　装配式构件二维码合格证

在运维阶段，装配式建筑良好的延展性使得可以兼容屋面组装光伏太阳能系统，鄂州公司装配式建筑也进行了相关方案的实施，初步测算，运营期能 100%满足室外照明及新能源车辆充电桩系统用电需求。

采用装配式建筑建造方式可以实现各系统内部的统筹关联，通过预先模拟各工序、构件，并全局考虑数据进行综合评估，来提高建筑的质量和效率。同时，装配式建筑建造方式也可以实现建设与使用的联动，使得建筑的使用和运营更加顺畅和便利。此外，装配式建筑建造方式也将工业化和信息化充分融合，通过数字化技术的应用来提高建筑的生产效率和质量。这种建造方式还可以实现“三减三提”目标，即减少资源消耗、减少环境污染、减少建筑垃圾，提高生产效率、提高建筑质量、提高建筑能源利用率，从而为可持续发展提供了一种全新的思路和实践路径。

(2) 装配式建筑进度快、应用快、成效快

装配式建筑有利于加大工程建设领域技术体系的搭建和管理模式的创新应用。装配式建筑有利于实现装配化施工和一体化装修。预制构件加工完成后，直接运到施工现场进行组装，减少了其中工序，有效提升了施工进度。同时由于其构件标准化、模式兼容性强、步骤模块化等工作特点，使得装配式建筑创新应用成效显著。

项目采用的装配式钢结构建筑方式，充分发挥钢材的自身优点，依靠钢材刚度大、强度高、自重轻、塑性强、韧性好、延性优、梁柱尺寸小、跨度大、便于安装等特点，成功地打造了一座抗震性能好、室内有效使用面积大、空间灵活、施工周期短、建材垃圾少的办公楼。仅用时 4 个月即完成了主体结构验收及外立面形象，成效显著，为航油公司装配式建筑发展进行了多样尝试，积累了宝贵经验。

(3) 装配式建筑质量好、观感好、环境友好

项目采用的装配式建筑以标准化设计为实现手段，因其构件具有统一的生产标准且制造环境较为稳定，受天气等不确定因素影响较小，因此，相较于现场浇筑，装配式建筑构件的质量较为优良和稳定，安装后成品质量好、观感好、无粉尘、环境友好，对实现航油公司标准化工地增添了不少助益。

(4) 装配式建筑省人工、省时间、省风险

项目采用的装配式 ALC 轻质墙体不仅质量优良，而且非常节省工期。由于鄂州项目建筑层高较高，单块 ALC 墙板达到了 3~4 米，标准板单块重量约为 500 斤左右，5 个熟练的工人安装一块标准板用时约 15 分钟，3 个班组预计用时 3 天即可完成该建筑一层外墙施工。对比传统砌体做法，省去了二次结构施工，省去了顶砌，省去了单面墙砌筑每日不宜超过 1.5 米的工艺限制，整体总用工量小，单层总用时预计可节省 10 天左右，同时不需要超高脚架搭设，避免了高危作业，避免了高支模漏浆、顶砌裂缝等质量通病高发区，最终呈现效果整体美观，墙体垂直度、平整度优良，综合性能优越。

3. 郑州机场北货运区一期及飞行区配套项目供油工程

郑州北货运区航空加油站工程生产值班用房为单层建筑，框架结构。主要功能区有：办公室、员工休息室、等待室、监控室等。建筑面积为 512 平方米。本项目前期对装配式结构形式进行了比选，最终采用了混凝土装配式结构体系。由于本建筑为一层，且中建七局统筹预制构件的设计、生产及现场吊装工作，为本项目的顺利建成提供了有力保障。

(1) 试点工作开展情况

① 高度重视，坚定推进。发展装配式建筑既是深入贯彻落实习近平总书记关于建设“四型机场”指示精神的重要举措，也是推进民航建筑工业化转型升级的有力抓手。郑州机场北货运区一期及飞行区配套项目供油工程生产值班用房项目，为单层建筑，建筑面积为 512 平方米，预计对建筑面积在 500～2500 平方米的基层生产值班用房具有推广作用。

② 精心谋划，科学论证。项目最初拟选择装配式钢结构，其抗震性能良好、自重轻、工业化程度高、构件预制率高，但其同样存在缺点，以钢材为主的建筑本身，其防火、防腐、防锈要求均需满足规范要求，使得使用周期内的维护费用较高，综合成本较高。随着试点工作思路进一步拓展、深入，“等同现浇”的装配式混凝土结构更适合试点项目的实际情况，除具有现浇混凝土建筑保温隔热的特点外，装配式混凝土结构具有施工便捷、缩短工期、布置灵活、节材环保等优点，综合考虑，项目最终选择装配式混凝土结构继续实施试点项目，协调设计院完成试点项目施工图深化设计及审查工作。报请郑州航空港区建设局组织专家评审认定，本项目设计装配率达到 81%，为 AA 级装配式建筑。

③ 创新引领，绿色赋能

在推进试点项目过程中，项目从安全耐久、健康舒适、生活便利、资源节约、环境宜居、提高与创新等六个方面细化落实项目方案。一是应用整体系统窗，其在保温隔热、抗风压、气密性、水密性、耐用性等方面均有明显优势，整体系统窗的应用将为员工在飞行区内日常办公、值班休息，提供更为舒适的环境条件。二是应用预制三明治保温外墙，该墙体为一次成型，无须再做外墙保温，且保温层与主体结构同寿命，无须维修，耐久性好，能有效解决传统现浇施工外保温层年久脱落的问题。三是创新应用分布式光伏发电绿色能源，河南分公司主动联系机场集团、供电公司，咨询光伏发电并网政策以及试点项目光伏发电利用模式，根据试点项目实际情况，确定采用“自发自用”模

式，使用防逆流装置调节发电量，同时保留"余电上网"接口，待机场扩建完成后实现双向供电。

④ 攻坚克难，圆满收官。试点项目建设位置位于机场扩建的土方回填区域，平均回填厚度达 9 米，机场指挥部按照每 30 厘米一层，分层碾压回填，受频繁降雨及"7 · 20"特大暴雨影响，土方回填工作延迟约 1 个月。项目一方面持续与机场指挥部沟通，另一方面协调勘察、设计单位尽快完成房屋基础复核及施工图审查完善工作，全力以赴推进试点项目。

7 月 31 日起，郑州出现新冠肺炎疫情。因机场扩建的施工单位人员中排查出 9 例次密接者，全部机场扩建施工区域实行封闭管理，"只进不出"，随后郑州市陆续出现中高风险地区，原定 8 月 20 日开工未能如期开展。8 月 28 日，郑州全市中高风险地区清零后，疫情防控恢复常态化，但汛情接踵而至，连续十余日的持续降雨使施工现场道路中断，无法进场施工。

9 月 9 日，终于具备进场施工条件。在各参建单位精心筹备下，人、材、机早已准备就绪，简洁的开工仪式过后，试点项目正式进入施工阶段。施工期间，汛情、疫情依旧反复考验着全体参建人员。基础开挖后，遭遇频繁降雨，因处于土方回填区，施工现场道路泥泞不堪，车辆无法通行，至 10 月上旬，有效施工时间仅为 10 天。11 月 2 日，郑州再度突发疫情，疫情防控形势骤然严峻。面对疫情防控和安全施工的双重压力，河南分公司带领全体参建人员迎难而上、不懈努力，加强施工现场安全管理，筑牢重大风险防控屏障，积极稳妥推进试点项目，高质量完成全部建设内容施工，确保试点项目顺利完工。

艰难方显勇毅，磨砺始得玉成。12 月 10 日，随着试点项目完工仪式的顺利召开，标志着河南分公司圆满完成项目建设，航油公司装配式建筑试点工作取得新成果。

（2）试点工作取得的成效

① 工厂化生产构件性能优于现浇。本试点项目预制构件共计 163 块，其中三明治外墙 14 块、预制柱 18 根、预制梁 23 道、预制叠合板 60 块、预制女儿墙 48 块。全部预制构件均在工厂中生产完成，相比于传统现浇混凝土，预制构件性能优势明显。一是预应力钢筋张拉控制准确，更符合设计要求，工厂中有专门生产场地、生产线、专用模具及锚固件，能够更好控制钢筋的张拉应力；二是混凝土制备质量更好，试点项目全部预制构件表观质量良好，无缺棱掉角现象，表面平整度高，无蜂窝、麻面、孔洞、裂缝等质量问题，达到了"免抹灰"的质量水平；三是养护条件更好，传统现浇混凝土只是采取自然养护方式，受环境条件影响大，本次试点项目全部预制构件均为室内养护、蒸汽养护，确保预制构件质量合格受控。

② 装配化高效施工，工期优势明显。装配式预制混凝土建筑与传统的现浇混凝土建筑在基础施工方面相差不大，本试点项目采用柱下条形基础，在克服汛情不利影响后，地上建设部分预制构件吊装施工于 10 月 19 日正式开始（如图 3.30 所示）。

10 月 20 日，完成 18 根预制柱吊装施工；

10 月 23 日，完成 14 块预制三明治外墙吊装施工；

10 月 25 日，完成 23 道预制梁吊装施工；

10月28日，完成60块预制叠合板吊装施工；

10月31日，完成48块预制女儿墙吊装施工及屋面现浇层浇筑。

历时13天，完成全部预制构件的吊装施工。

图3.30　装配式混凝土结构施工

此建筑规模若按传统施工方式，自基础至装修完工预计需要5个月，本项目有效工期67天(其中基础施工9天、主体施工20天、装修施工38天)，相比之下节约工期55%，是郑州机场扩建工地上实施进度最快的项目。

③ 干式作业为主，资源节约环境友好。传统施工建设中，通常在施工现场有大量湿作业，水、电、钢材、木材消耗量多，且现场粉尘、噪声污染严重，伴随有建筑垃圾的产生。本试点项目采用装配化建造方式，除基础施工、梁柱连接点处采用现浇混凝土方式外，主体结构施工均为预制构件拼装作业，几乎无须使用模板、脚手架。全部预制构件均在工厂生产完毕，标准统一化的加工，减少了材料的浪费，降低了现场水、电使用量，同时也减少了建筑垃圾的产生。

④ 造价总体可控，长期有下降空间。在郑州机场北货运区一期及飞行区配套项目供油工程施工招标阶段，考虑生产值班用房将采用装配式建造方式，其工程费已按暂估价238万元计列，单价为4648元/平方米。在后续推进过程中，采用“采购+安装”方式具体实施，经供油工程施工总承包单位询价比选，采购合同金额为234.06万元，平均4571元/平方米，每平米节约77元，故造价总体可控(以上金额不含税、地基和总图)。从长期看有下降空间，随着设计标准化、模块化体系的不断完善，可以固定或减少预制构件的种类降低生产成本；二是可以通过控制设计装配率进而降低成本。装配率与成本成正比，提高装配率能更好地发挥装配式建筑的优势，但随着装配率的增高，成本也在一定范围内呈现增长趋势，需要根据实际情况，把握这一矛盾关系的平衡。按照国标评价标准要求，装配式建筑装配率应不低于50%，A级装配式建筑装配率介于60%~75%，AA级装配率介于76%~90%，AAA级装配率大于91%。本试点项目装配率为81%，属AA级装配式建筑。在后续推广时，可按50%装配率设计(装配式建筑最低要求)，装配率降低成本将有相当的下降空间，以本项目为例，单价至少下降472元/平方米。随着模块化、标准化装配体系的不断完善，再逐步提高装配率。

⑤ 使用新工艺，提升保温降噪性能。为提升试点项目保温降噪性能，在兼顾经济性

基础上，一是应用整体系统窗，其在隔音性能方面要比传统断桥铝窗提升约40%，本项目位于飞行区内，日常飞机起落噪声较大，整体系统窗的应用将为员工办公、值班提供更为舒适的环境。二是应用预制三明治保温外墙，该墙体集建筑外装饰、保温降噪、外围护三种功能于一体，本试点项目在传统三明治外墙结构基础上增加10毫米隔音棉，从内向外依次为：190毫米混凝土内叶墙、10毫米隔音棉、60毫米挤塑聚苯板、50毫米混凝土外叶墙，使保温降噪效果提升约10%。

分布式光伏发电作为一种新兴的可再生能源发电形式，具有许多优点。一是发电原理简单，利用半导体的光电效应原理，将太阳能转换为电能；二是发电过程不需要冷却水，节约水资源，不排放污染物质。经过市场调研，并与设计单位、潜在合作单位多次探讨沟通，本试点项目设计装机容量为62.84千瓦，设计使用年限不低于25年，在设计工况下预计年发电量约为7万度。根据《中国电力行业年度发展报告2021》中公布的最新节能减排计算标准，每年7万度光伏发电量可节约标准煤21.34吨，减排二氧化碳58.24吨，减排二氧化硫11.20千克，减排氮氧化合物12.53千克。分布式光伏发电的社会效益、环境效益显著，契合国家“双碳”战略目标要求(图3.31)。

图3.31 分布式光伏发电

项目以《航油工程装配式建筑指导书》为学习培训抓手，对装配式建筑领域的政策概念、评价标准、设计、生产、施工等方面有了全面、系统的了解，快速提高了理论水平。认真梳理项目实施计划，加强全过程管理。在预制构件生产期间，河南分公司专门组织供油工程指挥部、监理单位前往构件厂查验钢筋、混凝土等原材料质量合格材料，确保预制构件生产质量。施工期间，河南分公司将各类预制构件吊装施工作为管控重点，严格事前监督，从预制构件运输进场管理、吊装作业审批、特殊作业人员持证查验、安全技术交底、吊装准备工作复核等环节层层监督。加强现场监管，在安装作业期间指定现场代表、监理工程师、施工单位项目经理、HSSE工程师全程旁站监护，及时整改、排除隐患。

(3) 关于推广装配式建筑的思考与对策

① 具有航油特色的模块化和标准化装配体系是基础。供油工程建筑具备标准化设计条件。根据建设单位等级、人员数量、业务量、发展需求，建筑规模具有梯度规律，可将供油工程中办公楼、生产值班用房、消防泵房、油泵房等建筑规模按梯度设计、建设，使供油工程实现“菜单式”设计，形成“航油特色”。

供油工程作为机场建设重要配套工程，会面临不停航施工、工期紧张的压力，利用装配式建筑“利工期”的优势，以清洁、低碳的方式完成项目建设，既解决工期问题，缓解环保管控压力，又彰显航油公司践行国家新基建理念、推动民航业建筑工业化转型升级的有力担当。

② 绿色建筑设计理念是行业趋势。绿色建筑设计理念对于建设项目的整体效果以及使用性能具有显著影响。装配式建筑则是典型的绿色建筑、“低碳建筑”。航油公司此前

已发布《绿色供油工程指导书》，明确了绿色供油工程“资源节约、环境友好、运行高效、以人为本”四个方面的含义，并从总图、工艺、建筑、结构、给排水消防、暖通、电气、绿色施工等10个方面详细阐述了节能减排的相关设计思路。在国家及民航业大力倡导绿色发展理念的背景下，在后续项目实施过程中，可遵循《绿色供油工程指导书》提倡的设计理念，并具体细化落实，如在新能源利用上，可采用分布式光伏发电，充分利用清洁可再生能源；在节能技术应用上，可应用预制三明治保温外墙，综合考虑降噪需求时可应用整体系统窗。

③ EPC工程总承包与BIM技术宜为标配。本试点项目确定采用装配式建造方式时已完成施工招标，供油工程总承包单位经询价比选确定与中建七局第四建筑有限公司合作过后，为便于项目推进，采用“采购+安装”模式组织实施，实质与EPC工程总承包模式一致，中建七局第四建筑有限公司统筹预制构件的设计、生产及现场吊装工作，在预制构件拆分设计及预拼装时利用BIM技术进行模拟分析。限于本试点项目预制构件数量及构件连接点较少，利用EPC承包模式与BIM技术的优势发挥有限。

装配式建筑技术体系与EPC承包模式、BIM技术，分别作为装配式建筑领域的“一体”和“两翼”。BIM技术可以实现数据信息共享，确保产业链各个阶段和环节参与者之间的畅通，提高信息传递的流畅性，提高项目管理效率，有效控制成本。只有“两翼”得到充分利用，才能推动装配式建筑技术体系的全面发展。

3.4 航油工程标准化设计与建筑信息模型的应用

当今世界，建筑工程的现代化、工业化和智能化已成为一种发展趋势。建筑标准化设计和BIM技术的应用在这一趋势中发挥着不可替代的作用。建筑标准化设计以少规格、多组合的方式，通过统一规划、统一标准的方法，提高建筑产品的生产和施工效率。而建筑信息模型技术(BIM)则是一种基于三维虚拟化数字技术的工具，能够应用于建筑工程全生命周期的各个阶段，实现建筑数据的共享、协同和管理，规范建筑标准化设计、推动建筑业转型升级、促进绿色建筑发展、提高建筑业信息化水平和推进智慧城市建设。在本节中，我们将探讨建筑工程标准化设计和BIM技术在航油工程中的应用。

3.4.1 航油工程装配式建筑标准化设计

建筑标准化设计是指以建筑总体设计为龙头，按照建筑的功能、使用要求及相关专业的要求，统一规划、统一标准。少规格、多组合是以最小的投入谋得最大的利益，满足合理性和经济性，充分体现装配式建筑的经济效益。标准化设计是一种高效率的方式，有利于建筑产品的生产和施工。建筑标准化设计的优点：

① 有利于统一规划，防止重复建设；

② 有利于保证建筑质量，减少返工和降低工程造价；

③ 有利于节约能源，降低建筑的使用成本；

④ 有利于施工机械化、自动化水平的提高。

面对后疫情时期宏观环境变化带来的新特征、新挑战，航油公司把握新形势和新任务，将装配式建筑从初期的5个试点项目推广到航油系统。但有关装配式建筑的设计思路和方法还不够完善，未形成适用于航油工程特点的装配式建筑技术体系。制定一部具有指导性的航油工程装配式建筑系统集成与设计建造方法，对加快建立全过程的装配式建筑标准规范体系，具有重要意义。为进一步落实国家、地方及民航行业装配式建筑相关政策，在总结第一批试点工作经验基础上，航油公司联合工程建设公司组织编制完成了《航油工程装配式建筑标准化设计》(如图3.32所示)，为加快构建设计、生产、施工和使用维护全过程的航油装配式建筑体系提供技术支撑。

图3.32 《航油工程装配式建筑标准化设计》

1. 航油建筑标准化设计背景

航油工程装配式建筑标准化设计总结了近年来航油工程建筑规模，以全寿命周期可持续发展为理念，深入调研、专题论证，借鉴、吸纳了国内和航油装配式建筑试点项目的实施经验和成果，全面提高航油工程装配式建筑的建筑品质、建造效率和综合经济效益。制定航油工程装配式建筑设计导则，引导和规范装配式建筑设计，全面提高装配式建筑设计质量；规范标准化设计技术体系、指导设计标准选型。

航油工程作为机场建设的配套工程，几乎涵盖国内所有民用机场。航油工程建筑单体总体呈现体量小、形式少、地域广、可复制、可推广的特点，具备标准化设计的先天条件。航油工程涉及建筑物工程主要包含机场油库、中转油库(卸油站)、航空加油站等。油库建筑物主要有生产值班用房、门房、检验实验室、消防泵房变配电间、油泵棚、含油污水处理及危废间等。航空加油站建筑物主要有生产值班用房、管线车棚、油车棚、综合检测棚等。

《航油工程装配式建筑标准化设计》(以下简称《标准化设计》)包括航油工程装配式建筑概述、装配式建筑设计导则、标准化设计说明、标准化设计方案、各省级装配式建筑策划方案、标准化设计施工、标准化设计通用图。

编制标准化设计通用方案，形成10个建筑类型27个不同系列的标准化设计通用方案，其中生产值班用房方案、检验实验室方案、消防泵房及变配电间方案、油车库(棚)方案、油泵房(棚)方案、综合检测棚方案、装卸油棚方案、危废间(合建)方案、危废间

(单建)方案、门房及大门方案；

编制各省级装配式建筑策划方案，指导各地区装配式建筑实施开展。同时《标准化设计》还根据各省级地域条件、建设条件差异，归纳总结了全国25个省份的装配式建筑评价标准及实施细则。形成了1个全国通用性装配式建筑策划方案、24个省级装配式建筑策划方案。

对施工进行了规范，包括内容覆盖预制构件生产、存放、运输、吊装、施工组织与准备、施工工艺、施工注意事项、安全文明与环境保护、验收、质量控制等内容。

提炼装配式建筑标准化常用构件图，形成标准化通用图集，为航油工程装配式建筑生产、施工建造提供参考和依据。共编制31张叠合板构件图、33张预制柱构件图，编制10个建筑单体及21种不同类型的装配式钢结构标准图。

2. 装配式建筑技术应用在不同阶段的工作

(1) 前期调研

在开展调研前，建设单位应和使用单位对接好项目的建设规模及建筑功能，结合建设规模，针对性地了解所在地区的装配式建筑地方政策、标准、技术要求；考察周边的装配式建筑构件厂，了解构件厂的产能、运距、质量、各类预制构件价格；项目所在地的施工企业是否具备装配式建筑的施工组织经验，施工企业的软件(管理人员、操作人员)和硬件(机械设备、吊装设备等)是否满足装配式建筑的施工要求；参观学习同类型装配式建设项目，与EPC总承包单位开展交流等。通过前期调研收集基础资料，为后续装配式建筑技术策划提供依据。

(2) 技术策划

建设单位与设计单位需要充分沟通，了解影响因素，以制定合理的装配式建筑技术路线和结构选型，从而提高预制构件的标准化程度。在前期进行技术策划阶段的调研和评估，需要对装配式建筑工程造价的影响进行评估。在与建设单位共同确定技术实施方案后，可以为后续的设计工作提供依据。通过这种方式，建设单位可以控制预算和进度，提高建设质量和效率。

(3) 装配式建筑结构选型技术路径

装配式混凝土结构优点：装配式混凝土结构施工速度快、工程建设周期短、利于冬期施工。隔音性佳、防火性能好、耐腐蚀性等均优于钢结构，后期维护费用低。减少物料损耗和施工工序，预制构件质量好，结构等同现浇，质量有保证，延长建筑使用寿命。现场湿作业少，节能环保，减少污染。

装配式混凝土结构缺点：受地域差异影响大，多数小城市尚无混凝土预制构件厂，仅少数施工单位具备安装能力，对运输吊装设备有较高要求。对于体量较小的建筑，成本高于钢结构。装配式混凝土结构需要庞大的产业链体系。

装配式钢结构优点：钢结构的梁柱尺寸小，有效使用空间大且灵活，可实现造型多样化和布局个性化。不受地域因素影响，众多钢结构厂家都有安装能力。钢结构是延性材料，具有更好的抗震性能，钢结构建筑主体结构构件的预制比例大，工业化程度高。从施工方面评价，钢结构加工、施工工艺成熟，施工速度快，节省工期。

装配式钢结构缺点：受地理环境和气候影响，对钢结构建筑材料的耐腐蚀性及建筑物的防火性、防潮性要求较高。后期装修和维护相对复杂。

总结装配式建筑试点项目及近期开展的项目，就国内市场应用来看，装配式混凝土结构适用于高层住宅建筑，装配式钢结构适用于公共建筑及大跨度的工业建筑。就现有航油工程建筑规模而言，从技术角度选择装配式钢结构较为合理，能满足国标和地标的装配式建筑评价要求。考虑到航油工程遍及全国各地，为结合各地区实际情况，装配式建筑结构选型(如图 3. 33 所示)遵循以下原则进行执行：

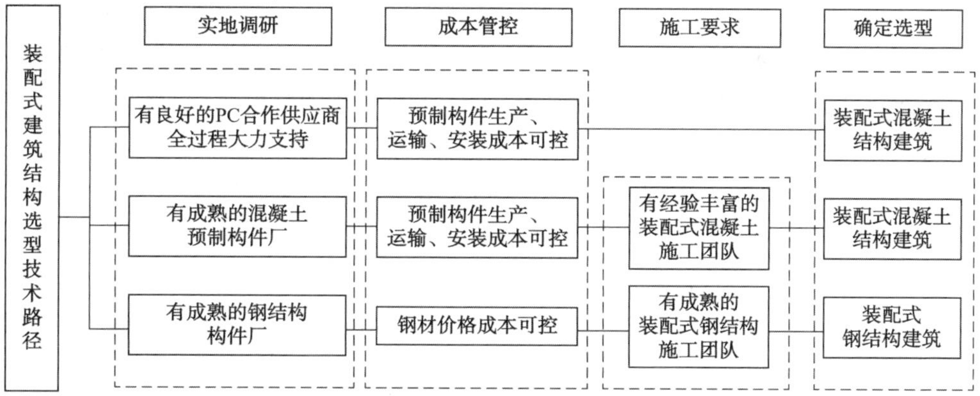

图 3. 33　航油工程装配式建筑结构选型技术路径

① 基于装配式建筑地方评价标准，通过实地调研，如本地区有良好的装配式混凝土合作供应商全过程大力支持，且混凝土预制构件的生产、运输、施工安装成本可控时，优先选择装配式混凝土结构(可参考郑州试点项目)；

② 基于装配式建筑地方评价标准，通过实地调研，如本地区有成熟的混凝土预制构件厂，预制构件的生产、运输、施工安装成本可控，且有经验丰富的装配式混凝土施工团队，优先选择装配式混凝土结构；

③ 如项目所在地不具备以上两种条件，则优先选择装配式钢结构，钢结构应基于装配式建筑地方评价标准，做到成本可控，且应有成熟的钢结构施工团队。

(4) 生产运输

构件生产需进行驻厂监造，建设单位应组织施工单位和监理单位参与出厂检验。预制构件出厂前应按照产品的出厂质量管理流程和产品的检查标准进行检验，记录存档。构件验收时应重点查验相关记录和验收合格单。构件运输前需要完成所有出厂质量检验，验收合格后方可运输，并根据构件种类、规格、重量等参数考虑运输方案，包含对运输距离、运输路线、路桥限制、吊装顺序、构件尺寸重量、载重吨位等综合考虑。

(5) 施工建造

建设单位在进行装配式建筑的工程实施时，需要制定相应的目标并确定相应的组织流程、标准、协同机制与平台，以便随时调整项目规划和信息内容。在制定总体目标和阶段性目标的同时，建设单位还需要组织设计单位、施工单位、监理单位对首个施工段的预制构件进行验收，只有在验收合格后才能进行后续施工。除此之外，建设单位还需要组织监理、设计、施工等单位制定专项验收要求，而在需要涉及安全、节能、环境保护等项目的专项验收要求时，还需要组织专家进行论证。这些措施的实施有助于确保装配式建筑工程的质量和安全，同时也有助于提高施工效率，减少施工过程中的浪费。

(6) 成本控制对策

装配式建筑的成本控制是一个包含技术策划、方案设计、生产运输和施工建造阶段的复杂过程。成本控制的关键因素包括装配率、构件标准化程度和运输成本。提高装配率可以有效地减少现场施工时间和人力成本。设计需选择合适的结构形式，避免过高装配率对装配式建筑成本的不利影响。还需确定相应的预制构件种类，使构件标准化，标准化程度越高，建设工期越短，能有效降低综合造价。构件生产方面，根据项目的建设规模，制定标准化、模块化预制构件，减少单个预制构件的生产成本，从而有效地控制生产阶段的造价成本。同时，控制运输成本也是非常重要的，可以通过优化运输路线和选择合适的运输方式来实现。运输阶段综合考虑运输成本，构件厂的选择应科学合理。充分降低构件运输难度和运输成本，有效控制装配式建筑的运输成本。

良好的现场管理可以提高施工效率并降低安装成本。现场管理人员的能力、关键技术的优化和改进、采用分段流水施工等方法可以提高施工效率。通过制定合理的进度计划和完善的施工管理流程，可以更好地控制现场施工质量和进度，有效地降低施工成本。

装配式建筑宜推行 EPC 模式，采用 EPC 模式可以缩短建设周期，降低成本。在 EPC 模式下，总承包商可以在设计、施工、管理等各个方面进行指导，从而提高工程的整体质量和效益。同时，EPC 模式还可以通过施工人员和设计人员、生产人员之间的有效沟通来避免浪费，最大化资源的利用率和整体利益。此外，EPC 模式还可以在管理和协调方面实现优势互补，有效地降低成本和提高效率。

3. 方案设计

方案设计阶段是整体项目成败的重要环节，方案设计根据技术策划要点在保证满足使用功能的基础上，遵循预制构件“少规格、多组合”的设计原则，做好平面、立面及剖面设计，对项目采用的预制构件类型、连接技术提出设计方案，对构件的加工制作、施工装配的技术经济性进行分析。建设单位协调设计、构件制作、施工装配等各参建方的密切配合，为加工生产建造奠定基础。

编制航油工程装配式建筑标准化设计说明，主要内容有建筑物布置、主体结构、墙体、楼屋面、室内外装修、门窗、楼梯、坡道、台阶及散水、绿色建筑、BIM 应用。用于规范航油建筑单体标准化设计技术体系、指导设计标准选型，为装配式建筑结构系统工业化、外围护系统工业化、内装系统工业化集成设计奠定基础。

(1) 建筑物布置

建筑物布置应符合供油工程总体规划要求，建筑位置、轮廓、高度等应根据使用功能合理确定。标准化建筑单体均为平屋面，为设置太阳能光伏系统提供便利条件。工业建筑邻近的、功能相近的房间在满足工艺的净高要求后，尽量统一层高，使得竖向的构件尺寸统一。建筑物的柱距、层高、跨度要满足相关模数要求，建筑单体的柱间距尺寸一般不多于两种，具体如表 3.12 所示。

表 3.12 标准化设计建筑柱网、层高尺寸

建筑物名称	开间(柱距)	进深(跨度)	层高
生产值班用房	7.2 米	13.8~14.4 米	3.9 米、4.2 米
检验实验室	7.2 米	9.6 米、15 米	4.2 米
消防泵房及变配电间	7.2 米、8.4 米	9.6 米、12.6 米	5.4 米
油车库(棚)	5.1 米	15 米、18 米、22.5 米	4.8 米、5.1 米
油泵房(棚)	6 米	7.5 米、12 米、16 米	5.1 米、6 米、8.1 米
装卸油棚	3.6 米、13 米	12 米	5.1 米
综合检测棚	6 米	24 米	5.1 米
危废间(合建)	3.9 米、6 米	5.5 米	3.9 米
危废间(单建)	3.6 米、4.8 米、6 米、7.8 米	3.6 米、4.8 米	3.3 米
门房及大门	3.6 米、5.4 米	4.2 米	3.6 米

注：生产值班用房的层高可根据建筑规模及暖通空调系统选型等进行调整，层高应符合模数要求。

（2）主体结构

主体结构以目前应用量最广的装配式混凝土结构、装配式钢结构为主。供油工程装配式钢结构主要为装配式钢框架结构、装配式轻钢结构和装配式门式刚架结构、装配式网架结构等。结构的选型应根据项目的定位、地域发展水平等进行技术策划，选择合适的装配式结构类型。两种主体结构类型的对比如表 3.13 所示。

表 3.13 装配式结构体系对比

序号	名称	装配式混凝土框架结构	装配式钢结构
1	构件生产方式	部分在工厂制作	全部在工厂制作
2	结构受力构件尺寸	截面尺寸大	强度大，截面尺寸小
3	构件自重	自重大，运输、吊装困难	自重较小，运输、吊装较方便
4	构件安装工艺	地域差异大，仅少数施工单位具备安装能力	不受地域因素影响，众多钢结构厂家都有安装能力
5	安装机械	大型吊车	中型吊车
6	梁柱节点连接	工艺较复杂，需预留插筋，施工现场二次灌浆	高强螺栓和焊接连接
7	抗震性能	较差	好
8	防火性能	好	较差
9	防腐性能	好	较差
10	环境保护能力	较差	较强
11	施工质量控制[21]	较难	容易

钢结构建筑防火设计应符合《建筑设计防火规范》(GB 50016)、《建筑钢结构防火技术规范》(GB 51249)的规定。建筑物的火灾危险性分类及其耐火等级如表 3.14 所示。

表 3.14 建筑物火灾危险性类别及耐火等级

建筑物名称	火灾危险性分类	耐火等级
生产值班用房	公共建筑	二级
检验实验室	丙类厂房	二级

续表

建筑物名称	火灾危险性分类	耐火等级
消防泵房及变配电间	丁类厂房	二级
油车库(棚)	乙类车库	一级
油泵房(棚)	乙类厂房	二级
综合检测棚	乙类厂房	三级
装卸油棚	乙类厂房	三级
危废间(合建)	乙类厂房	二级
危废间(单建)	乙类仓库	二级
门房及大门	公共建筑	二级

(3) 墙体

供油工程装配式建筑目前常用的外墙板主要有蒸压轻质加气混凝土板(ALC板)、预制混凝土外墙板(PC板)、水泥基挤塑空心板、纤维复合外墙板(FC板)、金属板复合外墙板等。常用的内墙板有蒸压轻质加气混凝土板(ALC板)、防火石膏板或轻质复合墙板。卫生间等有水房间不宜采用预制内墙板。对装配式混凝土建筑,方案阶段需考虑建筑立面预制外墙板的可实施性,如外墙开窗尺寸、墙垛尺寸、飘窗及装饰线脚可行性、现浇和预制外墙挂板的一致性等问题。对于装配式构件接缝的处理,应与立面造型相结合,将接缝作为立面元素进行设计,使其效果与整体和谐统一。预制墙板在设计阶段应进行排板设计,避免出现非模数和非标准的特殊板材规格。

预制混凝土夹芯保温外墙板的外饰面有清水混凝土、装饰混凝土、免抹灰涂料和反打面砖或瓷砖等。预制混凝土夹芯保温外墙板有60毫米厚外叶板,应具有双重防水作用。两块墙板拼接水平缝处采用建筑密封胶与构造企口、结构自防水,具有多重防水作用。两块墙板拼接竖向缝处采用建筑密封胶+空腔防水,比预制非夹芯外墙多两重防水功能。预制非夹芯外墙,若是预制剪力墙粗糙面不合格,其后浇段竖向缝处很容易引发漏水现象;水平缝处二次灌注浆料易干缩形成微裂缝,施工中不严加把控,后期容易出现渗水现象。但是,预制混凝土夹芯保温外墙板由于多出60毫米厚外叶墙,其成本高于非夹芯保温外墙,且有对施工精度要求高、外立面复杂造型实施难度大等缺点。

部分建筑单体(如危废间、油泵房)外墙设计时要考虑防爆泄压措施,泄压墙体可采用装配式轻质墙体,轻质墙体容重不宜大于60千克/平方米,且具备泄压迅速,强度良好、轻质、耐久等特点。

各种墙体性能综合对比如表3.15所示。

表3.15 墙体性能综合对比

序号	外墙板名称	优点	缺点	适用范围
1	蒸压轻质加气混凝土板(ALC板)	轻质高强,耐火性、保温性优良,隔音性能好,施工便捷,耐久性好,施工快、小型设备吊装	运输要求高,需二次装饰,抗震性能、节点防水性能、整体性能较差,防撞性能低	适用于各类装配式建筑

续表

序号	外墙板名称	优点	缺点	适用范围
2	预制混凝土外墙板(PC 板)	耐久性、耐火性、可磨性、整体性较好	自重大，层高受限，吊装运输不便，需二次装修，抗裂性差，施工慢、大型设备吊装，现场有湿作业	适用于住宅装配式建筑、大型公共建筑
3	水泥基挤塑空心板	高强、抗震、防火、施工快、小型设备吊装	成本较高，接口处防水较难处理	适用于抗震要求较高的装配式建筑
4	纤维复合外墙板(FC 板)	高强、大幅面、轻质、防火、防水，整体性能好，施工快	材料表面造型只能改变横向造型，材料回收利用率较低	广泛应用于国内中高级公共建筑
5	压型钢板复合板	保温、轻质、隔热、隔声、耐火、耐久，组装可靠、快捷，墙面无明管线	耐火性能相对较差，美观性差	广泛应用于国内工业建筑
6	铝镁锰板	保温、轻质、隔热、隔声、耐火、耐久，组装可靠、快捷，墙面无明管线	耐火性能相对较差，造价较高	广泛应用于国内中高级公共建筑
7	轻钢龙骨石膏板	做法成熟、简单、走线方便、易安装	隔音效果、抗撞击性能较差，防水性能差	隔音要求不高的装配式建筑内隔墙

（4）楼屋面

装配式建筑目前常用的楼屋面板主要有蒸压轻质加气混凝土屋面板、压型钢板复合板、铝镁锰合金屋面板、压型钢板组合楼板、钢筋桁架楼承板组合楼板、钢筋桁架叠合板等[21]。供油工程装配式钢框架结构屋面宜采用钢筋桁架楼承板组合楼板，楼面宜采用压型钢板组合楼板，门式刚架结构、有泄爆要求的建筑屋面宜采用压型钢板复合板轻型屋面。装配式混凝土框架结构楼面宜采用钢筋桁架叠合板(60 毫米厚预制+70 毫米厚现浇)，屋面宜采用钢筋桁架叠合板(60 毫米厚预制+90 毫米厚现浇)。装配式建筑屋面宜采用平屋面，屋面宜设计为结构找坡。办公用房、实验室、消防泵房及变配电间屋面防水等级为一级，其余建筑屋面防水等级为二级。

各种楼屋面板性能综合对比如表 3.16 所示。

表 3.16　楼屋面板性能综合对比

序号	屋面板名称	板缝保温和防雨水渗漏	施工难度	适用范围及效果
1	蒸压轻质加气混凝土板	保温性好，整体性差，防水效果差	快速、小型吊装设备	适用于钢框架及排架中的有檩条带屋面水平支撑体系屋面，不美观
2	压型钢板复合板	采用暗扣式，防水效果好、连接件易锈蚀	快速、小型吊装设备	适用于钢框架及排架中的有檩条带屋面水平支撑体系屋面，不美观

续表

序号	屋面板名称	板缝保温和防雨水渗漏	施工难度	适用范围及效果
3	铝镁锰合金屋面板	采用暗扣式，防水效果好、耐腐蚀性强	快速、小型吊装设备	适用于钢框架及排架中的有檩条带屋面水平支撑体系屋面，主要用于大型公共建筑装饰，装饰效果好
4	压型钢板组合楼板	整体浇筑，无缝	快速、小型吊装设备	适用于各类钢结构体系的楼面，美观
5	钢筋桁架楼承板组合楼板	整体浇筑，无缝	快速、小型吊装设备	适用于各类钢结构体系的屋面，美观
6	钢筋桁架叠合板	整体浇筑，无缝	施工慢、大型设备吊装，节点施工难度大	适用于各类混凝土结构体系的楼屋面，美观

(5) 室内外装修

建筑外装饰色彩应与供油工程库区周围的风格相协调，建筑外立面宜采用轻质、耐久、不易污染的饰面材料。建筑室内外装修如表 3.17 所示。

表 3.17　建筑室内外装修一览表

建筑物名称	地面	内墙(柱)面	顶棚	外墙(柱)面
生产值班用房	地砖、木地板、防静电架空地板	乳胶漆、无机涂料	涂料、石膏板吊顶、金属板吊顶	真石漆、贴面砖、干挂石材、铝板玻璃幕墙
检验实验室	地砖、自流平	乳胶漆、无机涂料	刷涂料、石膏板吊顶、金属板吊顶	涂料、真石漆、贴面砖、干挂石材、铝板玻璃幕墙
消防泵房及变配电间	地砖、细石混凝土	无机涂料	无机涂料	真石漆
油车库(棚)	重载型抗爆地面	无机涂料、防火涂料	无机涂料、防火涂料	真石漆、防火涂料
油泵房(棚)	不发火水泥基自流平	无机涂料、防火涂料	无机涂料、防火涂料	真石漆、防火涂料
装卸油棚	混凝土	无机涂料、防火涂料	无机涂料、防火涂料	防火涂料
综合检测棚	不发火水泥基自流平	防火涂料	防火涂料	防火涂料
危废间(合建)	防油不发火细石混凝土	无机涂料、面砖墙面	压型钢板复合板	真石漆
危废间(单建)	防油不发火细石混凝土	面砖墙面	压型钢板复合板	真石漆
门房及大门	地砖	乳胶漆	石膏板吊顶	真石漆

(6) 门窗

门窗是建筑物中非常重要的组成部分，它们的设计应当合理、规范，以满足建筑物的需求和使用条件。首先，门窗应设计成规整矩形，而不宜采用异型窗，规整的矩形门窗容易制作、运输和安装，而异型窗则需要更高的制作成本和更长的加工时间。其次，门窗宜设计成以3M为基本模数的标准洞口，这样有利于统一生产和管理，降低生产和运输成本。同时，门窗洞口的布置应综合预制墙板排板设计，以最大化预制墙板的利用率。此外，门窗的设计还应根据建筑所在地的气候、环境等具体条件和建筑物的功能要求合理确定，例如在气候寒冷的地区，门应设门斗或采取其他减少冷风渗透的措施。

对于门窗的材料选择，外门窗宜采用断桥铝合金门窗，这种门窗具有良好的隔热、隔音性能，同时还具有防盗、防腐等特点。而外门窗玻璃宜采用中空玻璃，这种玻璃具有良好的隔音、保温性能，能有效地降低建筑物的能耗。卫生间窗玻璃宜采用磨砂玻璃，这种玻璃具有良好的隐私性，同时也可以起到一定的遮光效果。

(7) 楼梯、坡道、台阶及散水

同一建筑内的不同楼梯、同一楼梯的各个梯段规格宜统一，以减少构件类型。预制混凝土楼梯在工厂生产完成后，运输至现场即可安装完毕，效率高，施工速度快。而传统现浇楼梯存在支模复杂、施工质量不佳等问题。预制楼梯外观质量好、表面光滑，无须二次抹灰，楼梯表面无须二次作业，大大优于现浇楼梯。

民用建筑台阶宜采用花岗岩面层材料，工业建筑台阶宜采用面砖或细石混凝土材料，坡道宜采用细石混凝土或水泥砂浆材料。台阶及坡道均应采取防滑措施。严寒地区室外散水、台阶、坡道应设防冻胀层，南方多雨地区宜为散水明沟。

(8) 绿色建筑

标准化设计说明对航油绿色建筑提出了明确要求，绿色建筑评价执行国标《绿色建筑评价标准》(GB/T 50378—2019)。有省市级地方评价标准时执行地方绿色建筑评价标准。由于航油工程用地性质多为工业用地或物流仓储用地，办公类建筑只供内部使用，部分评价项无法满足国标《绿色建筑评价标准》。按因地制宜、人性化设计原则，办公类建筑面积5000平方米以下宜按基本级星级要求设计建设，办公类建筑面积5000平方米以上应达到绿色建筑等级一星级及以上。

4. 航油工程标准化设计通用图

通用图分为钢结构通用图和混凝土结构通用图。钢结构通用图共编制了10个建筑单体21种不同类型的装配式钢结构布置图，提炼出了不同建筑类型、不同抗震设防烈度下的钢构件选用表。形成标准化通用图集，为航油工程装配式建筑生产、施工建造提供参考和依据。

钢结构体系有钢框架结构、门式刚架结构、钢排架结构、轻钢结构等。当单层建筑物采用轻型夹芯板墙面、屋面板，基本风压不大于 $0.7kN/m^2$ 时可采用门式刚架结构、轻钢结构。采用混凝土屋面板的单层建筑物和多层建筑物可采用钢框架结构，油泵房可采用钢排架结构。

混凝土结构通用图，共编制了31张叠合板构件图，33张预制柱构件图，形成标准化通用图集。引导建筑设计、构件生产、施工安装企业就构件常用截面形式、尺寸和长度等进行协调统一。提升航油工程预制混凝土构件的标准化应用水平，提高生产和施工效率，节约工程建设成本。叠合板预制底板常用构件尺寸可按表 3. 18 和表 3. 19 选用。

表 3. 18　单向叠合板预制底板尺寸选用表

构件编号	构件制作尺寸/毫米			砼用量/立方米	重量/千牛	备注（结构形式）
	L	W	H			
DBD-67-3015	3020	1500	60	0. 27	6. 79	框架
DBD-67-3018	3020	1800		0. 33	8. 15	
DBD-67-3021	3020	2100		0. 38	9. 51	
DBD-67-3024	3020	2400		0. 43	10. 87	
DBD-67-3315	3320	1500	60	0. 31	7. 47	框架
DBD-67-3318	3320	1800		0. 36	8. 96	
DBD-67-3321	3320	2100		0. 42	10. 45	
DBD-67-3324	3320	2400		0. 48	11. 95	
DBD-67-3615	3620	1500	60	0. 33	8. 14	框架
DBD-67-3618	3620	1800		0. 39	9. 77	
DBD-67-3621	3620	2100		0. 46	11. 41	
DBD-67-3624	3620	2400		0. 52	13. 03	
DBD-67-3915	3920	1500	60	0. 35	8. 82	框架
DBD-67-3918	3920	1800		0. 42	10. 58	
DBD-67-3921	3920	2100		0. 49	12. 34	
DBD-67-3924	3920	2400		0. 56	14. 11	

表 3. 19　双向叠合板预制底板尺寸选用表

构件编号	构件制作尺寸/毫米			砼用量/平方米	重量/千牛	备注（结构形式）
	L	W	H			
DBS-67-4815	4520	1500	60	0. 41	10. 17	框架
DBS-67-4815-1	4520	1500		0. 41	10. 17	
DBS-67-4818	4520	1800		0. 49	12. 21	
DBS-67-4821	4520	2100		0. 57	14. 24	
DBS-67-4824	4520	2400		0. 65	16. 27	
DBS-77-5415	5120	1500	70	0. 54	13. 44	框架
DBS-77-5415-1	5120	1500		0. 54	13. 44	
DBS-77-5418	5120	1800		0. 65	16. 13	
DBS-77-5421	5120	2100		0. 75	18. 82	
DBS-77-5424	5120	2400		0. 86	21. 51	
DBS-87-6015	5720	1500	80	0. 69	17. 16	框架
DBS-87-6015-1	5720	1500		0. 69	17. 16	
DBS-87-6018	5720	1800		0. 82	20. 59	
DBS-87-6021	5720	2100		0. 96	24. 02	
DBS-87-6024	5720	2400		1. 11	27. 45	

柱构件应从柱构件尺寸选用表中选用，详见表 3.20。

表 3.20 柱构件尺寸选用表

柱构件产品编号	制作尺寸/毫米			层高/毫米	自重/千牛	体积/立方米	对应较大梁高/毫米
	截面高	截面宽	长度				
KZ-5050-33-50	500	500	2770	3300	17.59	0.69	500
KZ-5050-33-60	500	500	2670	3300	16.95	0.67	600
KZ-5555-33-50	550	550	2770	3300	20.95	0.84	500
KZ-5555-33-60	550	550	2670	3300	20.20	0.81	600
KZ-6060-33-50	600	600	2770	3300	25.33	1.00	500
KZ-6060-33-60	600	600	2670	3300	24.41	0.96	600
KZ-6565-33-50	650	650	2770	3300	29.23	1.17	500
KZ-6565-33-60	650	650	2670	3300	28.20	1.13	600
KZ-7070-33-60	700	700	2670	3300	33.23	1.31	600
KZ-7070-33-70	700	700	2570	3300	31.99	1.26	700
KZ-7070-33-80	700	700	2470	3300	30.74	1.21	800
KZ-5050-36-50	500	500	3070	3600	19.49	0.77	500
KZ-5050-36-60	500	500	2970	3600	18.86	0.74	600
KZ-5555-36-50	550	550	3070	3600	23.21	0.93	500
KZ-5555-36-60	550	550	2970	3600	22.46	0.898	600
KZ-6060-36-50	600	600	3070	3600	28.07	1.11	500
KZ-6060-36-60	600	600	2970	3600	27.16	1.07	600
KZ-6565-36-50	650	650	3070	3600	32.43	1.29	500
KZ-6565-36-60	650	650	2970	3600	31.37	1.25	600
KZ-7070-36-60	700	700	2970	3600	36.96	1.46	600
KZ-7070-36-70	700	700	2870	3600	35.72	1.41	700
KZ-7070-36-80	700	700	2770	3600	34.48	1.36	800
KZ-5050-39-50	500	500	3370	3900	21.06	0.84	500
KZ-5050-39-60	500	500	3270	3900	20.44	0.82	600
KZ-5555-39-50	550	550	3370	3900	25.50	1.02	500
KZ-5555-39-60	550	550	3270	3900	24.73	0.99	600
KZ-6060-39-50	600	600	3570	3900	32.13	1.29	500
KZ-6060-39-60	600	600	3270	3900	29.43	1.18	600
KZ-6565-39-50	650	650	3570	3900	37.71	1.51	500
KZ-6565-39-60	650	650	3270	3900	34.54	1.38	600
KZ-7070-39-60	700	700	3270	3900	40.06	1.60	600
KZ-7070-39-70	700	700	3170	3900	38.83	1.55	700
KZ-7070-39-80	700	700	3070	3900	37.61	1.50	800

5. 航油工程标准化设计场景应用

标准化设计方案整理了近年50余个供油工程建设项目，结合近年审查、安评、环评、应急管理部及航油内部发布的指南标准进行建筑方案设计。包含航油工程常规的十个建筑单体，每个建筑单体根据建设规模的不同划分为不同系列，共计26个代表性标准化建筑方案。标准化内容涵盖平面标准化、基本单元模块化、内装修标准化、立面标准化及预制构件标准化。

生产值班用房对建筑的功能单元模块进行标准化设计，确定空间尺寸，规范功能空间平面，对不同模块尺寸分类总结，提炼平面标准，确定基本单元柱网尺寸，形成模数化。平面标准化由基本单元模块组合而成，功能模块输出，确定不同的生产值班用房平面标准，内装修标准化包含生产值班用房功能房间的墙面、地面、踢脚、顶棚，立面标准化包含生产值班用房层高、外墙、门窗、雨篷、空调板、檐口等。

生产值班用房采用模数网格定位法确定基本模块单元，采用1+X模式生成不同规模体系的建筑体量，针对不同体量的建筑进行内装修及外立面设计。基本模块单元组合在保持预制构件部品通用的前提下，调整空间布局满足不同使用者的个性化需求。

生产值班用房标准化设计方案有五个系列，供使用单位借鉴参考。由于生产值班用房平面布置通常会受制于总图条件的影响，各建设用地的建筑朝向也均有不同。因此在建筑方案设计时应遵循供油工程整体方案技术策划，根据库区总图平面布置进行调整，科学合理地进行方案设计。

A01系列(如图3.34所示)建筑面积820平方米，适用于建筑面积为600~1000平方米建设规模的设计方案，采用1+4标准化设计体系，共计两层，确定了建筑平面标准化、内装修标准化，以及三个外立面效果图，适用于小型支线机场航油办公建筑。

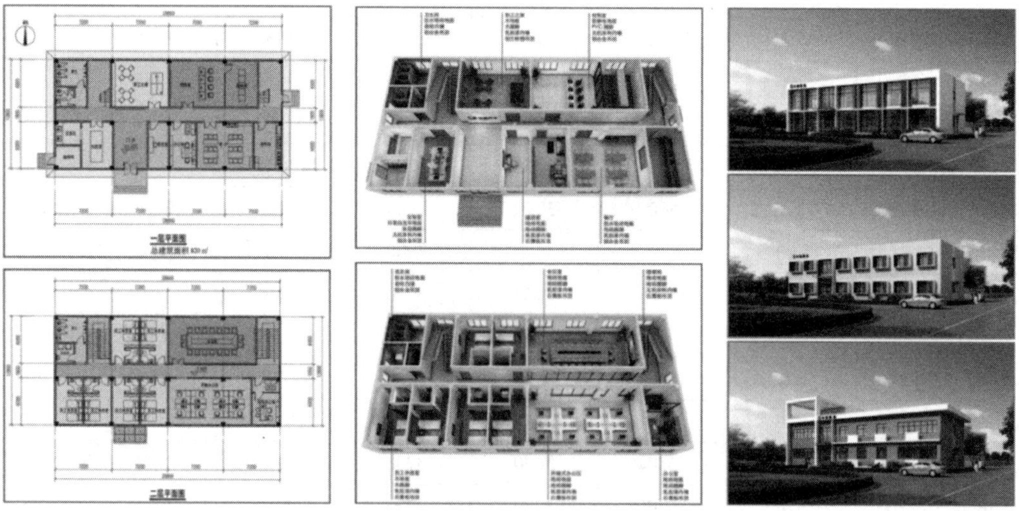

图3.34　A01生产值班用房平面立面内装修标准图

A02系列(如图3.35所示)建筑面积1200平方米，适用于建筑面积为1000~1500平方米建设规模的设计方案，采用1+5标准化设计体系，共计两层，确定了建筑平面标准化、内装修标准化，以及三个外立面效果图，适用于中小型机场航油办公建筑。

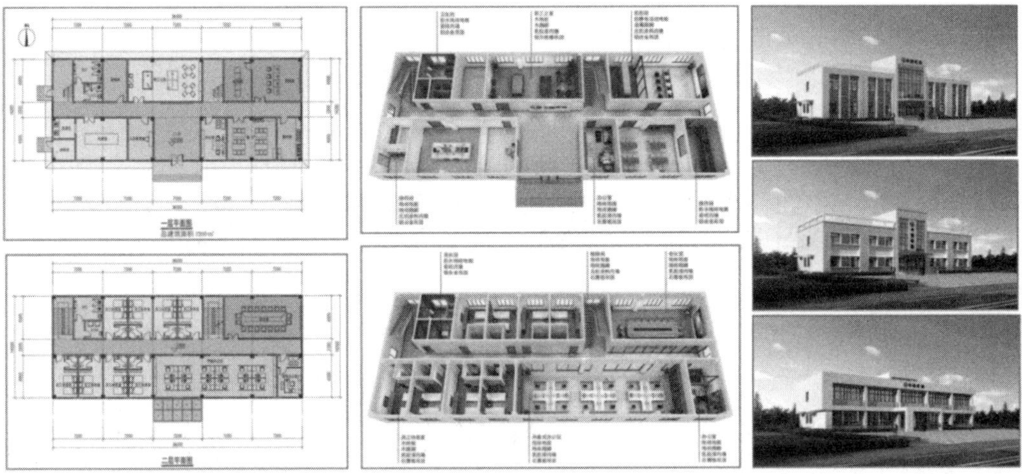

图 3. 35　A02 生产值班用房平面立面内装修标准图

A03 系列(如图 3. 36 所示)建筑面积 2000 平方米，适用于建筑面积为 1500~2000 平方米建设规模的设计方案，采用 1+6 标准化设计体系，共计三层，确定了建筑平面标准化、内装修标准化，以及三个外立面效果图，适用于中型干线机场航油办公建筑。

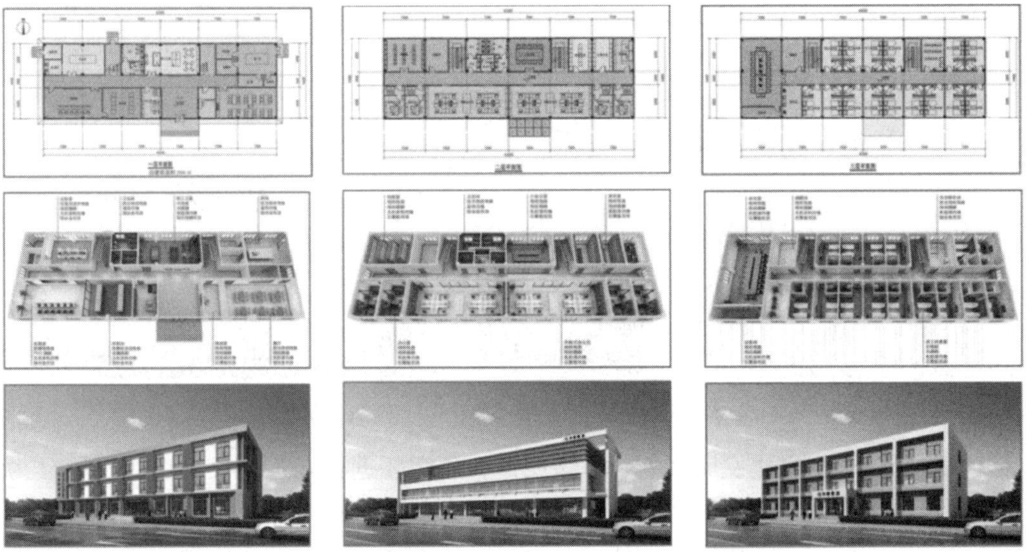

图 3. 36　A03 生产值班用房平面立面内装修标准图

A04 系列(如图 3. 37 所示)建筑面积 3130 平方米，适用于建筑面积为 2500~3500 平方米建设规模的设计方案，采用 1+7 标准化设计体系，共计四层，确定了建筑平面标准化、内装修标准化，以及三个外立面效果图，适用于大型机场航油办公建筑。

A05 系列(如图 3. 38 所示)建筑面积 5120 平方米，适用于建筑面积 3500 平方米以上建设规模的设计方案，采用 1+9 标准化设计体系，共计五层，确定了建筑平面标准化以及三个外立面效果图，供航油枢纽机场等大型建设项目设计参考。

检验实验室标准化设计适用于航油公司范围内的研发分析实验室、喷气燃料全规格检验实验室、重新评定及浸润检验实验室、重新评定检验实验室的新建、改建设计。检

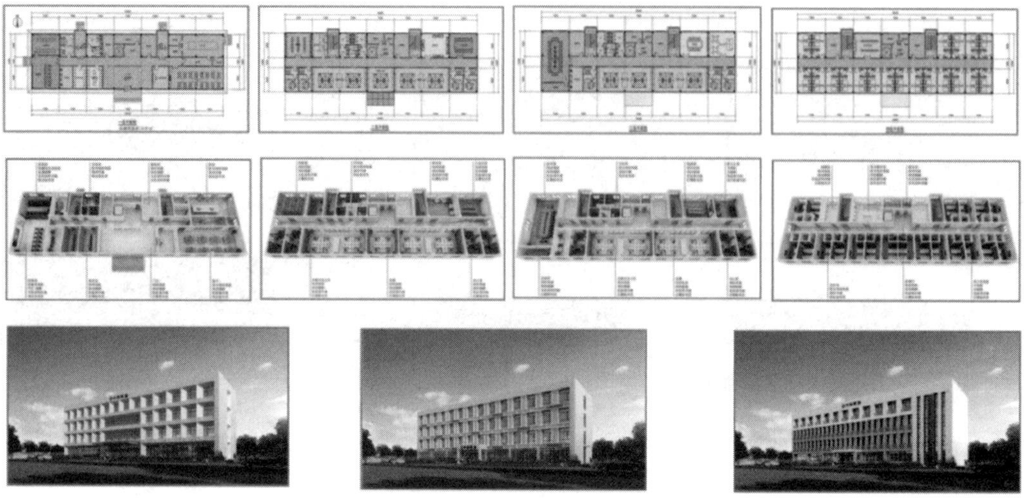

图 3. 37　A04 生产值班用房平面立面内装修标准图

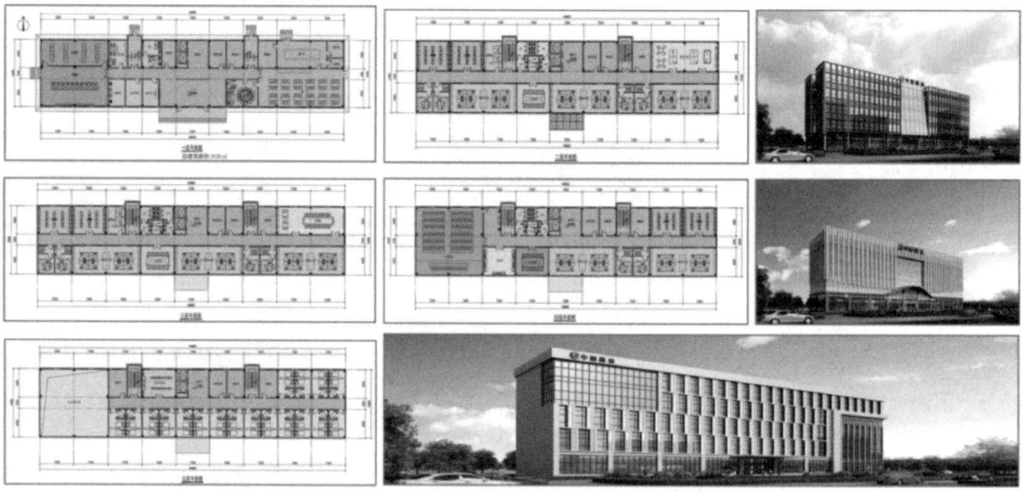

图 3. 38　A05 生产值班用房平面立面内装修标准图

验实验室根据各公司科研发展规划及油品质量管理需要进行配置，根据功能不同分为三级建设规模(如图 3. 39 所示)。采用 1+X 模式生成不同的建筑体量，标准化设计方案分为三个系列，有基本单元模块化设计、平面标准化设计、立面标准化设计及构件标准化设计，供使用单位借鉴参考。由于检验实验室平面布置通常会根据使用单位的不同需求而调整，因此在建筑方案设计时应遵循使用单位的管理要求、使用习惯等进行调整，以人为本、科学合理地进行方案设计。

B01 系列建筑面积 150 平方米，采用 1+2 标准化设计体系，确定了建筑平面标准化、三个外立面效果图，适用于重新评定检验实验室。

B02 系列建筑面积 230 平方米，采用 1+3 标准化设计体系，确定了建筑平面标准化、三个外立面效果图，适用于重新评定及浸润检验实验室。

B03 系列建筑面积 1150 平方米，采用 1+5 标准化设计体系，共计两层，确定了建筑平面标准化、三个外立面效果图，适用于全规格检验实验室。

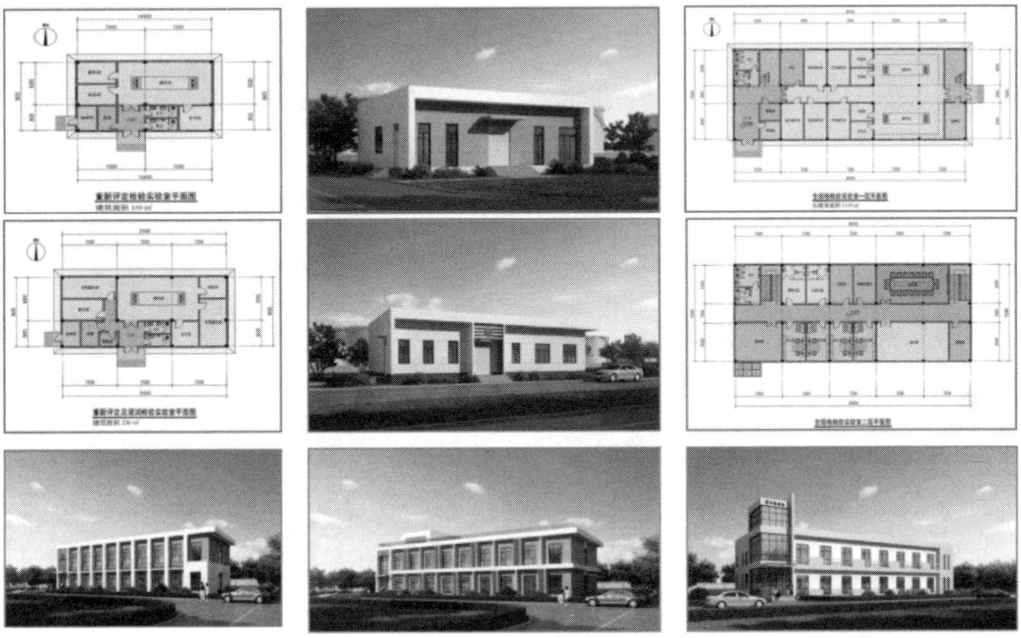

图 3.39 检验实验室平面立面标准图

消防泵房及变配电间以满足机电设备流程为依据，确定建筑的平面形状、柱网尺寸、建筑体型。以基本模块为单元，采用 1+X 标准化设计体系，根据建设规模不同分为三个系列(如图 3.40 所示)，针对三种系列分别编制了 C01 支线机场消防泵房及变配电间，C02 带柴油发电机房的消防泵房及变配电间、C03 干线机场消防泵房及变配电间。

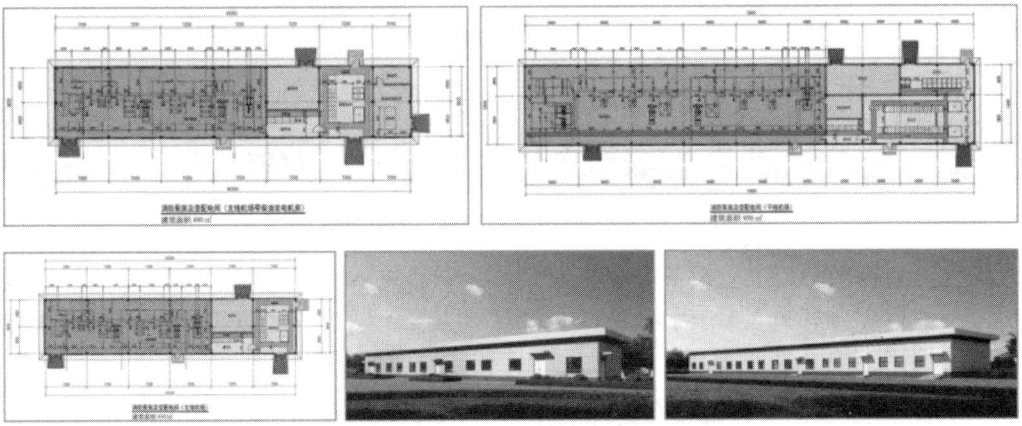

图 3.40 消防泵房及变配电间平面立面标准图

油车库(棚)以加油车停放数量、加油车容积为依据，确定建筑的基本模块单元。采用 1+X 标准化设计体系，根据建设规模不同分为三个系列(如图 3.41 所示)，针对三种系列分别编制了 D01-2 万升加油车油车库(棚)，D02-3.5 万升加油车油车库(棚)，D03-6.5 万升加油车油车库(棚)。

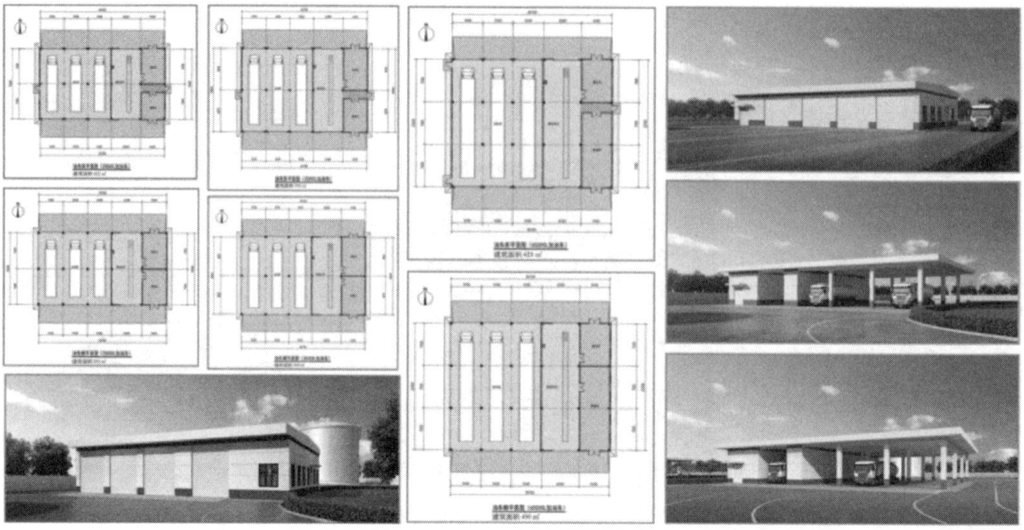

图 3.41　油车库(棚)平面立面标准图

油泵房(棚)以满足工艺设备流程为依据，确定建筑的基本模块单元。采用 1+X 标准化设计体系，根据建设规模不同分为三个系列(如图 3.42 所示)，针对三种系列分别编制了 E01 支线机场油泵棚、E02 干线机场油泵棚、E03 干线机场油泵房。

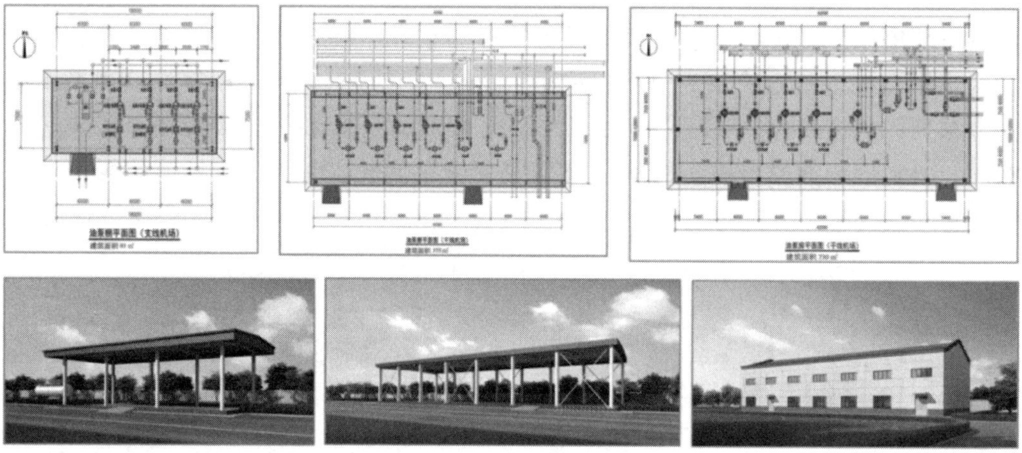

图 3.42　油泵房(棚)平面立面标准图

综合检测棚以满足工艺设备流程为依据，确定建筑的平面形状、柱网尺寸、建筑体型。以基本模块为单元，采用 1+4 标准化设计体系，编制了 F01 综合检测棚标准化设计方案(如图 3.43 所示)。

装卸油棚以满足工艺设备布置及装卸油需求为依据，确定建筑的平面形状、柱网尺寸、建筑体型。根据建设规模不同分为两个系列(如图 3.44 所示)，针对两种系列分别编制了 G01—两车道装卸油棚、G02—四车道装卸油棚标准化设计方案，供使用单位借鉴参考。

含油污水处理及危废间以满足油库功能需求为依据，确定建筑的平面形状、柱网尺寸、建筑体型。编制了 H01 含油污水处理及危废间标准化设计方案，供使用单位借鉴参考(如图 3.45 所示)。

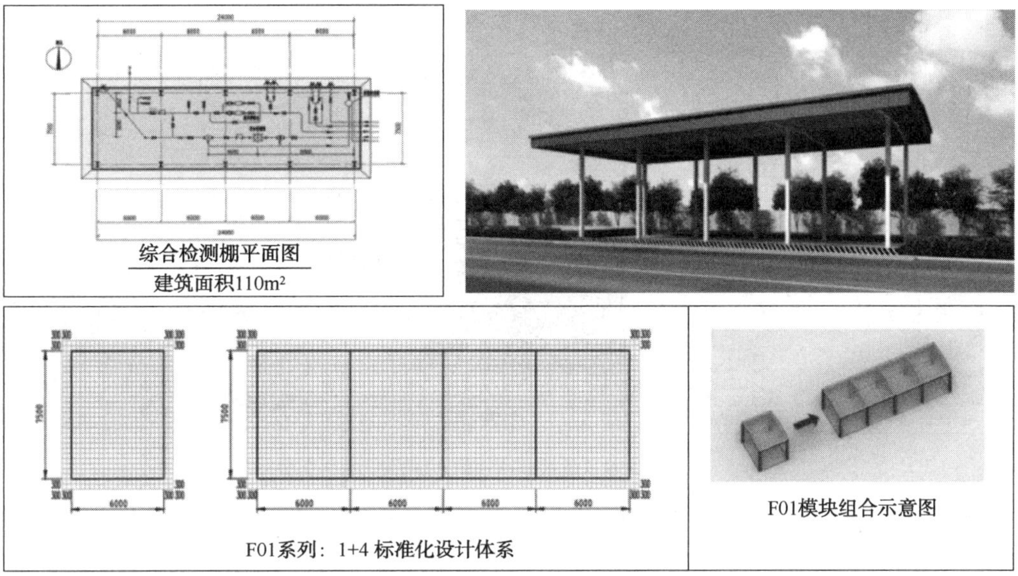

图 3.43　综合检测棚平面立面标准图

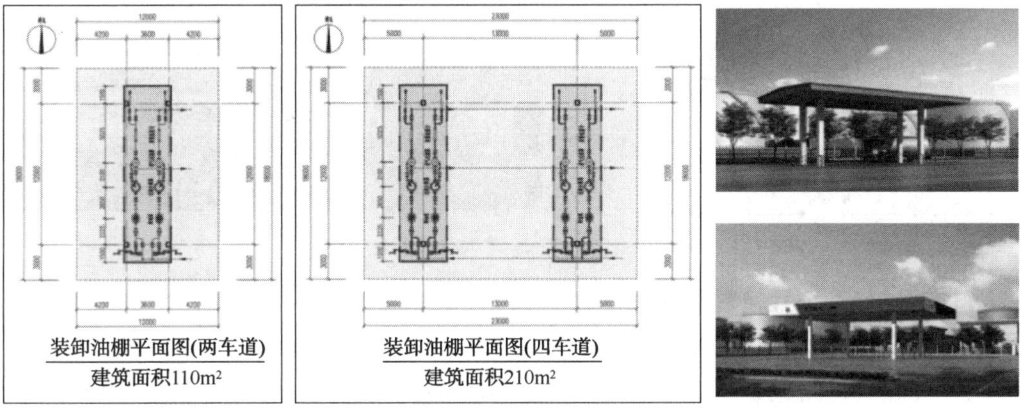

图 3.44　装卸油棚平面立面标准图

图 3.45　含油污水处理及危废间平面立面标准图

当危废间单独建设时，危废间以满足环评要求为依据，确定建筑的平面形状、柱网尺寸、建筑体型。根据建设规模不同分为四个系列(如图 3.46 所示)，针对四种系列分别编制了 J01、J02、J03、J04 危废间标准化设计方案，供使用单位借鉴参考。

图 3.46　危废间平面立面标准图

门房及大门以满足航油管理需求为依据，确定建筑的平面形状、柱网尺寸、建筑体型。编制了 K01 门房及大门标准化设计方案，供使用单位借鉴参考(如图 3.47 所示)。

图 3.47　门房及大门平面立面标准图

6. 航油工程装配式建筑策划方案

标准化设计归纳总结了全国 25 个装配式建筑评价标准及实施细则，形成了 1 个全国通用性装配式建筑策划方案、24 个省级装配式建筑策划方案(如图 3.48 所示)。各省级装配式建筑策划方案主要适用于航油办公类建筑装配式设计，其他工业建筑可参照执行。各省级装配式建筑评价应结合建设项目要求及本地区实际，采用适合本地区较成熟的装配式建筑技术。结合航油工程建设规模及建造成本等实际情况，如采用装配式混凝土建筑，设计应重点采用装配式水平构件、竖向非承重构件，原则上不采用装配式竖向承重构件，装配率满足各省级装配式建筑最低要求。当采用装配式钢结构时，可进行装配式建筑等级评价，评价等级需根据项目定位、策划方案、评价标准等确定。

策划方案有利于各地区建设单位了解当地的装配式建筑评分细则、装配式建造技术、装配式预制构件种类，策划方案中的评分为初步的策划思路，具体项目还需实地调研考察，结合地方政策要求、成本控制、施工难度、运输距离等多方案比对选取最合适的装配式建筑实施方案。

以 A02 生产值班用房为例，执行国标《装配式建筑评价标准》GB/T 51129，分别建立装配式建筑、A 级装配式建筑 BIM 模型，预制构件示意详见图 3.49。

评价项				评价要求	评价分值	最低分值	装配式建筑	A级装配式建筑	AA级装配式建筑	备注
主体结构 Q_1(50分)	q1a	柱、支撑、承重墙、延墙板等竖向构件	主要采用混凝土材料或钢混凝土组合材料	35%≤比例≤80%	20~30*	20		10		装配式建筑评价包括预评价和项目评价，项目评价是装配式建筑评价的最终结果。并应符合下列规定: 1.预评价宜在设计阶段按方案设计和施工图设计分别进行，并应按设计文件计算装配率; 2.项目评价应在项目竣工验收后进行，并应按竣工验收资料和相关证明文件计算装配率和确定评价等级。 二装配式建筑应同时满足下列要求: 1.主体结构部分的评价分值不低于20分: 2.围护墙和内隔墙部分的评价分值不低于10分; 3.采用全装修; 4.装配率不低于50%。 当主体结构竖向构件中预制部品部件的应用比例不低于35%时，可进行装配式建筑等级评价。 装配式建筑等级评价划分为A级、AA级、AAA级。 A级: 60%≤P≤75% AA级: 76%≤P≤90% AAA级: P≥91% (评分表中装配式建筑为混凝土结构，A级及以上为钢结构)
			主要采用钢材或木材	–	30				30	
	q1b	梁、板、楼梯、阳台、空调板等构件		70%≤比例≤80%	10~20*		20	20	20	
围护墙和内隔墙 Q_2(20分)	q2a	非承重围护墙非砌筑		比例≥80%	5	10	5	5	5	
	q2b	围护墙与保温(隔热)、装饰一体化		50%≤比例≤80%	2~5*					
		围护墙与保温(隔热)一体化		50%≤比例≤80%	1.6~4*					
	q2c	内隔墙非砌筑		比例≥50%	5		5	5	5	
	q2d	内隔墙与管线、装修一体化		50%≤比例≤80%	2~5*					
		内隔墙与管线一体化		50%≤比例≤80%	1.6~4*		2	2		
装修和设备管线 Q_3(30分)	全装修			–	6	6	6	6	6	
	q3a	干式工法的楼面、地面		比例≥70%	6	–				
	q3b	集成厨房		70%≤比例≤90%	3~6*					
	q3c	集成卫生间		70%≤比例≤90%	3~6*		6	6	6	
	q3d	管线分离		50%≤比例≤70%	4~6*		4	4	4	
提高与创新加分项T(6分)	t_1	BIM技术	BIM应包括主体结构、外围护和设备管线系统设计的信息，各阶段统一的信息模型	设计	1	–	1	1	1	
				设计和生产	1.5					
				设计–生产–施工	2					
	t_2	承包模式	采用EPC工程总承包模式	装配式建筑项目	1					
	t_3	技术创新	有自主装配式建筑技术体系	主持编写国家、行业及我省省标	1					
	t_4	超低能耗	超低能耗建筑	符合设计标准要求	1					
	t_3	绿色施工	非预制构件现浇部分采用高精度模板	比例≥270%	1		1	1	1	
总得分$Q=Q_1+Q_2+Q_3+T$				–						
装配率$P=(Q_1+Q_2+Q_3/100-Q_4)+T/100$				–	缺少评价Q_4	0	50	30	78	

图 3.48 示例—河南省装配式建筑策划方案

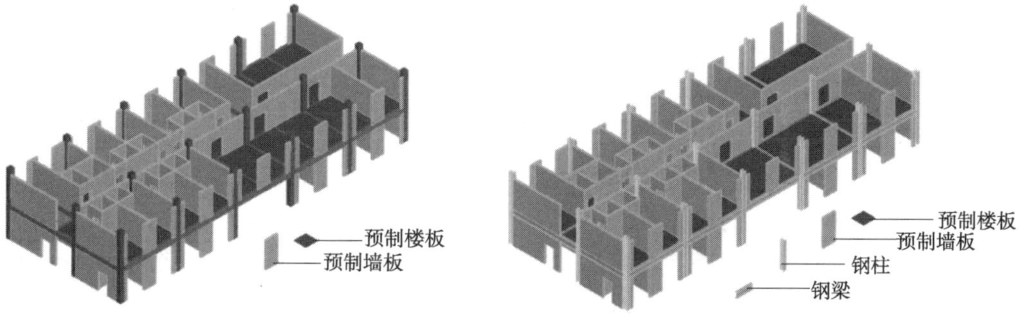

装配式建筑BIM模型-混凝土结构　　A级装配式建筑BIM模型-钢结构

图 3.49 预制构件示意图

3.4.2 建筑信息模型(BIM)

即 BIM(Building Information Modeling)是我国住建部近年来大力推行的建筑信息模型技术，具有可视化、参数化等基本特征，能够有效地推动建筑工业化的发展，推动智慧城市建设，实现中国建筑界的彻底转型。

BIM 是一种数字化技术，被广泛应用于建筑领域的生命周期各个阶段。BIM 技术的核心在于实现建筑领域的数据共享和协同，为建筑业转型升级、绿色建筑发展以及智慧城市建设提供了重要的技术支撑。BIM 技术可以分析建筑项目的工程环境、能耗、造价、质量、安全等多个方面的数据，为优化方案、决策和虚拟建造提供技术支持。通过使用 BIM 技术，建筑业可以提高建筑工程的质量和效率，实现节能环保和可持续发展。

此外，深入应用BIM技术可以促进产业链的整合，创新生产组织模式，合理配置市场资源，推动行业的创新和变革。例如，在建筑设计阶段，BIM技术可以帮助建筑师和设计师共享信息、优化设计、提高效率和质量。在施工阶段，BIM技术可以辅助施工人员制定详细施工计划，以控制进度和质量，提高施工效率。在建筑运营和维护阶段，BIM技术可以帮助业主对建筑进行管理、监测和维护，提高建筑的运营效率和可持续性。因此，BIM技术的应用已成为建筑行业发展不可或缺的一部分，其应用范围和影响力也在不断扩大。

装配式建筑的核心是集成，BIM技术则是有效集成的手段。通过合理运用BIM技术，可将建设项目全过程以及全专业有机融合，高效服务于建筑全寿命周期。基于BIM的信息化技术具有精细化设计能力和贯穿建筑全寿命周期的项目管理等特性，完全契合装配式建筑的一体化建造理念。设计人员应用BIM技术通过三维模型有效传递信息并不断深化调整，最终通过形成精细化三维模型来实现信息的获取、录入和存储，进而搭建完成一个可为项目各方使用和共享的信息资源管理平台。因此，基于BIM的信息化技术的应用，可以有效融合建筑工程全产业链，实现装配式建筑全过程、全专业一体化建造的精细和高效管理。

设计阶段。装配式建筑的方案设计是非常重要的一个环节，需要考虑多个方面的内容，如建筑功能、外观、构件生产和施工等。例如，对于公寓建筑而言，其功能需要考虑房间的布局、卫生间和厨房的设计，而外观需要考虑建筑风格、色彩搭配等；对于工业厂房而言，其功能需要考虑生产线的布局、设备的摆放等。此外，装配式建筑的构件生产和施工也需要在设计阶段进行充分的考虑和规划。

传统的工程设计方法已经无法满足装配式建筑的设计需求，因为传统设计方法注重的是单个专业的设计，往往缺乏整体性和综合性。相比之下，装配式建筑的设计需要采用全专业、全过程一体化的思维模式，将各个专业之间的信息进行有机融合和协同，以提高设计效率、降低设计错误率、保证建筑质量和节约建筑成本。在这个过程中，基于BIM的信息化技术是必不可少的，可以帮助设计人员进行多维度、多领域的协同设计和决策，同时也可以为后续的制造和施工提供准确的数据支持。

应用基于BIM技术的信息化管理平台（以下简称“BIM平台”），可通过建立统一的三维可视化数据模型库，所有信息均可实现实时交互并以可视化的模型直观呈现效果。BIM技术也可以支持不同阶段、不同参与方共同对模型进行深化调整与协调，有效提高设计质量和设计效率。应用基于BIM技术的装配式建筑的设计阶段，主要分为方案策划、初步设计、施工图设计和深化设计四个阶段。

① 方案策划。装配式建筑的核心是集成，落脚点为标准化的部件部品，设计过程中应采用模块组合的设计方法，尽量在减少所选用的标准化部件部品种类的基础上来实现装配式建筑的正向设计。

在方案策划过程中，应充分发挥BIM技术的优势，统筹考虑建筑主体结构、外围护、内装设备与管线等部件部品之间的尺寸协调。模数协调及模块与模块的组合应充分考虑主体结构受力合理、生产运输方便以及尽可能减少部件部品种类等因素，还应根据工程的功能需求、当地的构件厂生产条件和运输条件以及经济成本等进行综合可行性分析。

标准化的部件部品和标准化模块是开展装配式建筑设计的基础和关键，也是建筑工业化的最小基本单元。应用 BIM 技术可以充分结合装配式建筑部件部品的尺寸、材料、特性以及生产工艺等，建立模块化的预制部件部品库，也可基于模数协调准则建立标准化的模块库，甚至是标准化户型库，实现精细化设计。在不同的建筑项目设计中，设计人员仅需要从 BIM 的模型库中选取所需的部件部品、模块，甚至直接选取相应户型进行组合，即可建立最终整体的 BIM 模型。同时，也可根据不同项目的需要对模型库进行不断的完善与扩充。

基于 BIM 技术所完成的正向设计，在方案策划阶段应优先采用模型库内的标准化部件部品或标准模块等基本单元。这些基本单元不仅能够满足标准化、系列化、通用化的要求，同时这些参数化基本单元的信息还可用于指导生产和加工。通过建立符合后续生产、加工要求的模型库，并在库内选取基本单元的设计模式，实际上是将后续设计、生产、施工等环节的需求前置考虑，打通了前端设计与后端生产、施工环节，设计周期短、精度高。因此，基于 BIM 技术的方案策划模型的建立为装配式建筑的一体化建造提供了关键支撑，除了满足方案策划阶段的需求外，也可直接作为下一阶段 BIM 模型的设计基础。

② 初步及施工图设计。装配式建筑的初步设计是在方案策划的基础上进一步深化各专业的设计内容。在此阶段，BIM 平台可以直接对接各个专业的传统设计软件完成精细化设计，并可实现全专业的协同设计。

初步设计阶段，应采用 BIM 平台对方案策划阶段所建立的 BIM 三维模型进一步深化，统一采用 BIM 平台对接各专业设计软件的设计结果，确定部件部品的尺寸和规格。采用此方式所实现的各专业协同设计，便于直接统计与控制部件部品或标准化模块的种类，有效提高重复利用率，进而提高装配式建筑的工业化程度。

③ 深化设计。深化设计是对接装配式建筑设计阶段和生产阶段的重点环节，深化设计的质量直接影响着装配式建筑后续生产、施工阶段的工程质量和工作效率，其重要性不容忽视。在深化设计阶段应对 BIM 模型需求、连接需求、生产工艺需求和施工安装需求等进行优化。

应用 BIM 技术所建立完成的装配式深化设计建筑模型，应能够达到满足生产要求的精细程度，能够完成详细的装配率统计、部件部品的采购清单与物料清单、预制构件的构造图和节点详图，并应自动生成各类预制构件加工详图等。通过 BIM 技术深化设计，可以很好地将建筑、结构、机电和内装修等各专业的信息高效集成，前置考虑部件部品在后续环节的预留需求。

1. BIM 与设计的协同

BIM 应用，可以让各专业设计者直接应用 BIM 建模软件完成协同化设计，实现了从传统协同化设计向基于 BIM 技术的三维协同化设计的转换，为整合建筑全产业链打下基础，解决了集成化程度不高、应用软件缺失、信息储存量不足、人员与工序协同不畅、建筑数据更新困难等方面的问题，使装配式建筑设计的工作效率、经济效益有较大幅度提高。

BIM 技术的广泛应用最主要的优势体现在其能够使建筑设计可视化，即通过三维建模的方式将建筑物全生命期的各种信息状况实时展现出来。装配式建筑作为集成化建筑模式，从设计到施工运营的各个阶段都需要多个学科的专业设计人员密切配合，而传统的二维协同化设计需要各专业间采用定期和节点性方式交流信息，存在信息交流效率低、准确率低、利用率低等一系列问题，难以实现集成化，难以适应装配式建筑所需要的设计模式。

BIM 设计要求的协同、与上下游的协同，如果真正做到了数据集成、流程集成、应用集成、界面集成，也就实现了建筑业的数字化。其协同的核心还是数据、信息的协同，所以建筑业的数字化协同平台，是以信息和数据为核心，可以实时、动态调整和更新项目信息和数据，达到高效、高质量完成项目建设任务的目的。

从设计开始规划输入条件，提交建筑规划文件进行规划审核；通过方案设计建模(包括规划模型和多方案设计模型)进行专业协调、成本估算，并输出各方案的展示模型和进行工程分析。方案比选是动态设计协同过程，上下游企业的参与，建筑、结构、排水、暖通、电气等专业实时动态数据更新，使得方案比选、方案优化更加高效统一。

项目规模越大出现问题的概率就越高，相对于传统二维设计数据，三维模型数据的优势在于数据完整且直观，从而更加容易发现问题以及更加清晰直观地呈现相关问题，并能够基于三维模型进行更加直观的沟通和协作，构建三维模型数据协同管理，可以提高项目沟通和解决问题的效率。在 BIM 中，构件数据包括真实构件和虚拟构件两种类型。真实构件是指物理客观存在的构件，如梁、板、柱、墙以及设备设施等；虚拟构件是指逻辑存在的构件，如房间、专业、系统等。基础构件数据标准化以后，针对业务分析的数据才会更加准确和有效，这样才能为业务带来真实价值。标准化构件数据准确定位和分析构件信息，是协同设计准确数据的基础保障。

协同设计的步骤：

协同设计是指利用 BIM 平台实现建筑设计、施工、运营等不同阶段和各专业人员之间的协作，提高设计效率和质量的过程。BIM 协同设计主要应用于建筑设计的主体步骤，包括方案规划、前期设计和施工设计。在这些步骤中，BIM 平台实现不同人员之间的信息交流，数据模型实时更新到数据平台上，方便各专业人员得到新的信息。例如，在方案规划阶段，建筑师可以将建筑的基本形态和布局设计好后，即可将模型分享给其他专业人员进行专业的分析和反馈。在前期设计和施工设计阶段，各专业人员也可以通过 BIM 平台协同工作，及时发现和解决问题，提高设计质量。

传统设计模式下，各专业深化设计是线性关系，问题不能及时反馈，各方信息相对封闭，落地成果会出现偏差。因此，在建筑的整个设计阶段，需要进行前期的统筹策划，协调各个专业之间的关系，明确各个专业的任务和责任。通过协同设计，不同专业之间的信息可以实时共享，可以更好地协调各个专业之间的关系，避免了信息传递的误差和重复。

在协同设计中，需要选择适合的工作平台和软件。Revit 平台具有工作集协调设计模式和连接协调设计模式两种，分别是连续不间断和阶段形式的设计模式。通过选择适合的工作平台和软件，可以更好地实现不同专业人员之间的信息交流和数据协同，实现

BIM 协同设计的目标。例如，在综合管廊建设中，可以选择 Revit 作为协同设计工作平台，这个平台可以实现工作集协调设计模式和连接协调设计模式两种，使得不同专业的人员可以进行实时的协同设计和交流。同时，可以使用 Autodesk Navisworks 作为冲突检查软件，帮助在设计过程中及时发现和解决各种问题。

施工准备阶段需要根据施工总组织设计的要求，对施工空间冲突进行分析、对施工进度进行模拟，并做好材料、资金计划。施工方案模拟利用 BIM 技术对项目重点施工工艺进行三维建模，并结合工艺说明形成项目可视化工艺手册，辅助施工技术管理，提升方案展示效果，提升交底及施工质量。根据场地布置 BIM 模型，合理划分材料进出和堆放。在设计 BIM 模型的基础上，综合考虑支吊架、保温、检修空间和施工距离等因素，对管线进行优化，进一步提高管线安装净高，并输出净高色块图供业主及运营单位进行决策，并作为施工验收的要求。将 BIM 模型导出漫游软件，输出三维漫游视频，并在施工交底会议上对各专业进行施工交底，指导各专业管线施工。

BIM 技术作为工程项目管理和技术手段，解决了在设计和施工过程中的方案可视化、设计成果优化、技术交底与会商、参与方协同管理、综合管控(进度、质量、安全、成本)、变更管理以及信息共享传递等诸多方面的问题并收获实效，提高了工程建设质量和项目综合管理水平。

应用设计施工一体化 BIM 技术，最重要的是设计阶段的模型数据可交互、可扩展至施工阶段，因此在项目策划阶段就必须要有 BIM 的标准体系来保障设计阶段 BIM 模型能无缝延展继承到施工阶段及运维阶段。因此设计阶段模型对于装配式建筑的构件材质和连接方式、机电管线管材和连接方式、设备参数等应与施工阶段保持一致并符合相关施工技术要求，保证设计阶段 BIM 模型数据能向下游无缝衔接。

2. BIM 技术在施工过程中的应用

施工安装的协同

1）生产阶段。

① 对接生产方。相比于传统二维的纸质图纸，基于 BIM 技术的信息化模型具有更加完整、直观的信息系统，可以将前端设计人员的思想完全无误地传达给生产方。同时，由于设计阶段所完成的 BIM 模型由其实际设计信息构成，生产方可直接提取各个部件部品的参数，确定其尺寸、材质、数量等。同时，生产者也可以根据上述信息制定相应的生产流程和生产工艺，还可应用 BIM 技术对信息进行快速复核，并与设计人员反馈沟通，便于设计和生产环节实现信息双向流动，提高生产效率、节约生产成本。

生产方在直接获取 BIM 信息化模型中的部件部品信息之后，BIM 平台可针对工厂生产数据进行相应的分析管理，并与生产线或各种生产设备直接进行对接，实现设计加工生产一体化，无须构件信息的重复录入，避免人为操作失误。

当综合考虑部件部品的设计信息以及自身生产要求后，生产方也可以选择建立标准化 BIM 部件部品模型库或补充完善前端设计的模型库，在生产过程中对类似部件部品只需调整模具尺寸即可进行生产。

② 项目管理和工厂管理。装配式建筑在生产阶段的信息化管理，需要集成信息化、BIM、物联网和大数据技术，针对工厂全生产流程和装配式项目全寿命周期进行管理，

打通装配式项目的设计、生产运输、施工等多个环节。装配式建筑在生产阶段的BIM平台可综合考虑装配式建筑项目全寿命周期，以及项目合同、进度、质量、安全、成本和风险等进行规范化管理原则，对项目进行流程优化和固化，提升项目管理的成熟度。

③ 质量追溯系统。在装配式建筑的生产阶段，通过建立装配式建筑部件部品的编码体系将部件部品编码与BIM模型及构件数据库相关联，便可在部件部品的生产过程中通过二维码或RFID电子标签对其全寿命周期进行管理。通过物联网技术，也可把系统中虚拟数字化的构件信息与现实工作构件建立联系，通过各个工艺、工序扫码记录相关信息，实现全过程信息自动记录，从而实现质量可追溯。

④ 物资信息化管理。装配式建筑的生产阶段中，还可以通过信息化手段来实现物资的信息化管理。装配式建筑加工工厂的物资信息化管理并非源于生产加工环节，而是以设计人员导入构件生产数据为起点。在整个物资信息化管理过程中，通过信息化管理平台可以自动汇总生成部件部品BOM清单。

⑤ 运输管理。在生产阶段，信息化管理平台可以综合考虑部件部品的尺寸信息、运输道路、运输吨位、限制高度、路况等因素，统筹规划部件部品的运输路径以及进出场工地的路线等。标准化部件部品的运输是连接生产阶段与施工阶段的重要环节。因此，在生产阶段除要应用BIM平台进行工厂内部的运输管理外，还应做好场地布置设计以及运输车辆出厂与出入场的路线规划，以确保施工环节的顺利开展。

2）施工阶段。相比于传统现浇结构，装配式建筑的施工阶段增加了部件部品运输、吊装、安装的相关流程，减少了现场湿作业的工作数量。对于装配式建筑而言，施工安装是其项目进程中极其重要的阶段，直接影响着项目整体的工程质量、工程成本和时间进度。

除施工阶段自身的信息化管理之外，在施工过程中也可应用施工深化设计的方式梳理并实际检验BIM模型的准确性，使得模型所对应的施工图能够切实满足施工作业的相关需求。

① 堆场优化。通过项目施工现场的堆场优化，能够明确不同部件部品的存储区域、存储位置和存储顺序，有效避免二次搬运。同时，在部件部品或材料存放时，借助BIM平台可以实现构配件的点对点存储，切实提高施工建造效率。

在进行部件部品的堆场优化时，应结合BIM技术建立现场场地的三维布置模拟，并以现场存储区和吊装操作仿真模拟部件部品的堆场和吊装，合理利用现场堆场空间，进而实现部件部品堆场布置的合理、高效和优化。

② 吊装模拟和管理。部件部品在施工现场的吊装是装配式建筑不同于传统施工的显著特征，也是施工环节中的关键步骤之一。在吊装过程中，可以充分利用BIM平台将本环节与堆场优化环节相结合，通过塔吊的布置及起吊半径、起吊能力等来校核装配式建筑各个部位部件部品吊装的方案，以此再对塔吊布置与堆场进行相应优化。

③ 可视化预拼装及安装流程模拟。装配化施工是装配式建筑最本质的特点之一，在其施工阶段中体现为拼装的安装模式。对于复杂的装配式建筑而言，也可采用BIM和VR技术模拟现场的安装流程。目前，这种三维可视化的安装流程模拟还应用于现场产业工人的培训以及装配技术交底。相比于传统二维图纸单一抽象的表达模式，三

维模拟与二维详图相结合可以直观、高效、精准地表达装配式建筑施工安装的技术要点。

施工过程中利用BIM技术在进度、质量、安全、成本等方面进行综合管控，对于保证施工安全、提高施工质量、缩短建设工期、降低工程造价至关重要。施工进度的控制是影响工程项目建设目标实现的关键因素之一，编制切实可行的施工进度计划，并对其执行情况进行动态控制和调整至关重要。

深化设计是建筑工程设计的重要阶段，它的主要目的是提供施工详图和安装索引图，使方案更具可实施性。在深化设计流程中，从业主、设计者的最初角度出发，添加参建各方的需求，形成深化设计图纸。深化设计模型包括土建、钢结构、机电、幕墙、特殊结构等子模型，以满足施工需要。在BIM协同管理平台上进行施工模拟，可形成模拟方案和重要设备的施工模拟。同时，在专业深化设计期间，如果发现设计有问题，则需要提出解决方案并进行设计变更，以便更好地满足施工需求。在这个过程中，BIM技术能够帮助设计者更好地完成设计任务，提高深化设计的效率和准确性，同时也能为工程施工提供更好的可行性和可视化的效果。

在钢结构工程中，深化设计模型的创建是基于设计文件、施工工艺要求和施工图设计模型的。在模型创建后，需要进行碰撞检测和校核审查。只有通过了这些步骤，才能得到深化设计模型。这个深化模型可以生成各种类型的工程量清单、图纸、节点深化图、焊缝通图、平立面布置图等。例如，Tekla Structure软件可以生成与材料有关的统计表格和各种类型的详图。此外，碰撞检测不仅限于结构间的空间矛盾检测，还可以用于详图图纸本身的标注尺寸位置的碰撞占位及占位调整方法。因此，深化设计模型的创建可以通过BIM软件来实现，如此不仅可以提高设计效率和准确性，还可以为施工提供重要的参考依据。

在现代工业中，套料是制造过程中非常重要的一步，它涉及如何最大限度地利用材料，并确保零件与结构的精准度。在BIM技术出现之前，套料人员需要从2D图纸中将零件一个个截取出来，复制到套料系统中，再进行加工余量处理和手工排版等工作，直至生成设备能够识别的CAM数据。而BIM技术的出现则使这个过程更加高效。BIM能够方便地输出NC数控数据文件，该文件包含了所有关于这个零件的长度、开孔位置、斜度、开槽和切割等的坐标信息，以便设备能够识别。此外，利用Tekla Structure自动化能力，可以对提料加工进行优化，得到构件加工数据，以达到施工速度快、安装精度高，避免造成不必要浪费的结果。

除了套料过程，Tekla Structure软件在零件组合件方面也有很好的应用。通过在Tekla模型中导出零件组合件，可以利用STARCAM中的套料输出模块将多种零件进行套料。同时，在STARCUT程序中，可以设置套料参数和加工路径参数，进行板材套料，实现零件的高效组合优化，提高板材利用率。此外，通过运用仿真功能对加工路径进行仿真，可以确定加工方式是否满意，提高加工效率。最后，实现精确的人、材计划，可以实现限额领料、消耗控制，避免浪费，从而提高整个制造过程的效率和质量。

钢结构构件加工模型是在设计模型的基础上进行深化设计后创建的。经过细部处理后，可以输出钢结构构件加工模型和加工图。接着，需要提取工程量，制定材料采购计划，并根据各种计划和工艺指导书等，建立分批加工制造模型。然后，输出数控文件、各工序加工参数并进行加工作业，同时输出各工序实际进度信息和各工序实际成本信息。根据质量标准规范进行产品验收和入库，并将过程质量追溯信息保存在相应的模型中。例如，如果要加工一个桥梁，可以先通过设计模型得到桥梁的总体结构，再根据加工需要进行深化设计，最终得到加工模型和加工图。在建立分批加工制造模型时，可以考虑加工设备的加工能力和工期等因素，以实现生产的高效和质量的保证。

钢结构构件加工 BIM 应用交付成果包括钢结构构件加工模型、加工图以及钢结构构件相关技术参数和安装要求等信息。为了实现自动化生产，钢结构构件加工 BIM 软件应用也具有多种专业功能。例如，对预制加工模型进行分批计划管理和排产计划，根据加工厂加工能力和任务工期及资源计划进行制造排产计划，从预制加工模型中获取零件信息，并处理形成排版套料文件和物料追溯信息。同时，还可以根据加工确认函、设计变更单和设计文件等管理图纸文件的版次和变更记录，并反馈到预制加工模型中。最后，将数控代码等加工工艺参数按标准格式传输给数控加工设备，并将构件生产和质量验收阶段形成的生产进度信息、成本信息和质量追溯信息进行收集、整理，并反馈到预制加工模型中。通过不断发展制造厂家基于 BIM 模型工作能力和加强智能化的制造水平，可以提高制造水平，实现质量强国的发展目标。

安装施工详图设计的两部分成果——制作图和安装图，前者用于厂家制作，而装配式建筑的安装图就显得格外重要，安装图的编号与制作图的编号相对应，保证安装的组件在位置、高程和方向上精确无误，BIM 模型的信息，使得自动化处理成为可能。

获得鲁班奖的郑州市奥林匹克体育中心项目的总建筑面积为 58.4 万平方米，地上结构采用预应力索承网格结构、钢网架结构、三角形巨型桁架结构、钢框架—支撑结构，地下部分采用型钢混凝土结构，在项目设计、施工乃至运维过程中全面应用 BIM 技术。

现场钢结构安装是一个精密的过程，需要高度的精准度。特别是对于大型构件的拼接，必须在现场进行，这需要高水平的工程经验和技能。传统的构件拼接点通常是依靠施工人员的经验进行选择，这种方法的不确定性很高，可能会导致工作的质量和效率的下降。但是，BIM 技术的出现为钢结构安装带来了极大的帮助。BIM 软件可以使用仿真模拟技术来预测施工现场的情况，从而提供更高质量的构件拼接点的选择。Navisworks 是一款 BIM 软件，它可以输出 NWC 格式的数据，这些数据可以用 Timeliner 导入施工进度计划 Project 文件。此外，连接构件和 WBS 子项可以统计关键部位的施工进度数据，这些数据可以帮助工程管理人员实时了解施工进度的情况，更好地进行工作的合理性规划。综上所述，BIM 技术的使用可以提高现场安装钢结构的质量和效率，使整个工作过程更加高效和科学。

(1) 质量管理

装配式建筑预制构件的现场装配施工质量至关重要。因此，应充分发挥 BIM 技术的核心优势，通过对装配施工过程的核心环节安装物联网传感器，实现对施工质量的实时动态监测。同时，还可以借助 BIM 技术将预制构件的 BIM 模型数据与其施工装配结构进行比对检验，或者也可直接将质量相关的要求和标准输入 BIM 模型之中，让质量问题能在各个层面上实现高效监管与沟通。其中，施工过程的核心环节包括混凝土浇筑、灌浆流程的监测和记录等。

（2）进度管理

是依靠建筑工程实体数据进行建模，得到其仿真模型后将施工阶段的各类信息添加进去。除了最基本的建筑数据信息之外，还可以添加施工进度信息。相较于传统建筑行业的二维设计图纸或三维模型，BIM4D 施工信息模型能够更加清晰直接地反映施工过程，进而随时掌握工程施工进度以及通过对施工信息进行查询，从而进行信息拓展。

完善，项目在施工过程中可以直观地了解施工过程，为工程建设提供更多便利。基于 BIM 技术的进度管理，利用无人机、摄像头等工具以及三维扫描技术，获取现场实时形象进度，以及人、材、机等情况，验证施工进度的合理性。通过 BIM 建模，对各专业施工的重点、难点进行剖析，按照施工工序数目进行流水作业安排，同时关联 BIM 模型进度计划；进行施工模拟进度分析及预警，落实进度监控的相关责任人选，进行专业进度的控制。只有这样才能真正做到整体把握现场施工情况，统筹施工进度的安排。

（3）安全管理

基于 BIM 技术的安全管理包括以下几点：安全问题整改看板，关键安全问题实时掌控，安全系统的现场巡查、指定整改人、整改闭环、过程留痕，全方位打造安全红线，施工模型的危险源辨识和防护、预测和防护，构建现场安全网。现场管理可以自动采集 PM10、温度、湿度、风速、风向、噪声、污水排放等施工环境数据，在服务器中实时与标准值比对，对超标项目报警，人为干预和自动化处理相结合，确保施工现场满足环保要求。以 BIM 模型为载体，构建塔式起重机防碰撞信息监管体系，实时掌控施工现场大型设备的运行状态。以物联网、大数据分析为手段，实时采集现场施工要素，构建互联互通的现场信息化管理平台。

（4）造价管理

基于 3D 模拟的基础上，录入综合单价信息，统计提取工程节点上任意时间段内计划产值；通过时计划完成产值和实际产值的准确对比分析，指导材料计划、进场计划等及时下达，对项目风险进行有效管控、实际工程中，可以通过物资管理系统从源头上解决主材量控的问题，通过 BIM 模型数据预算主材数量，通过项目成本管理系统动态分析成本，掌控成本盈亏本源。

造价管理应用 BIM。目前，也有很多项目在尝试完成工程量清单的计算，但是由于大部分项目没有 BIM 数据标准的基础，与真实工程量清单仍然有一段距离。现有国家清单计价体系主要是基于二维设计图纸设计规范而制定，在应用 BIM 进行造价分析还有很多限制随着建筑信息模型应用统一标准、建筑信息模型分类和编码标准、建筑信息模型设计交付标准的出台，在数据的规范化进程上面迈出了坚实的步伐。准确的空间数据和完善的构件标准体系，可以从不同维度获得更加真实可靠的数据，可以做更多的项目指标分析优化以及动态模拟仿真等服务，例如：业态分布分析，工程分包分析，施工进度模拟，运维数字底板等，从而能够更早地体验和优化项目建设的全过程，通过数据分析项目关键指标，提高管理决策效率，从而提前发现问题和预测风险。在优选方案的基础上进行专业协调、成本概算，建立项目估算模型、协调模型、性能分析模型，输出优选方案的展示模型和进行工程分析。

总之，基于 BIM 框架的各种平台应用的 app 和小程序，使得 BIM 技术显示了充分的活力和广阔的应用范围，BIM 技术在航油工程设计及施工过程中的应用如图 3. 50 所示。前期完成校核和碰撞，与设计沟通，减少施工过程中设计变更，避免返工，节约工期；BIM 技术降低了管理人员和施工人员对审图和接受方案的能力阈值，保证方案落实到位；BIM 技术帮助管理人员进行场地平面布置等决策，提高了施工组织能力；有对照模型，保证了产品加工准确率，提高了施工质量；BIM 技术可提高材料下单、采购的精准率，减少材料损耗，缓解每期资金压力；智慧工地在人、机、料、法、环等方面为项目提供了保障。

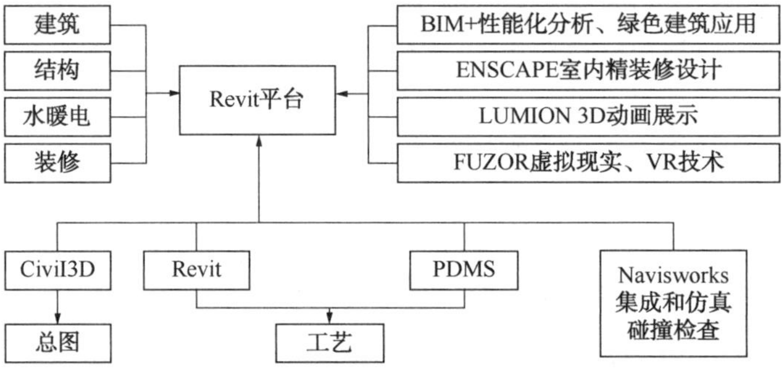

图 3. 50　BIM 技术在航油工程设计及施工过程中的应用

3. BIM 技术应用案例

(1) 济宁机场迁建项目机场油库工程 BIM 应用

济宁机场迁建项目机场油库工程采用 BIM 技术对包括总图、建筑、结构、给排水、工艺、暖通、消防、自控、电气专业进行了建模，BIM 应用主要为搭建全专业 Revit2018 版 BIM 模型、Navisworks 碰撞检查、FUZOR 虚拟现实、LUMION 视频动画展示等应用(如图 3. 51 和图 3. 52 所示)。

图 3. 51　油库整体三维 BIM 模型

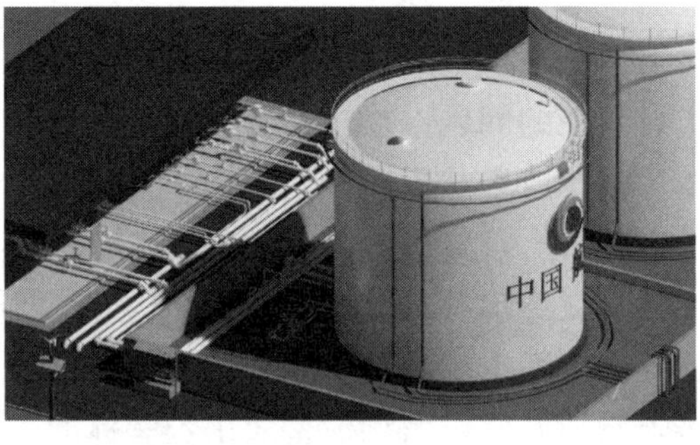

图 3. 52　油罐区局部三维 BIM 模型

以往的传统设计都是通过 CAD 平面图纸介绍建筑内部房间功能及布局。通过 BIM 技术，基于可视化 BIM 模型，可以放置一个人物角色在模型里面漫游浏览。感受在三维空间下的功能分区、室内装修、空间布局是否满足需求，比如说走廊的宽度是否过窄，走廊高度是否有压抑感，门窗的位置朝向是否符合业主的使用习惯等。并且软件可以打包成一个 EXE 的可执行文件发给业主，只需要一台电脑，不需要安装软件，业主就能像玩游戏一样审阅模型，同时还能在 BIM 模型上进行标注，反馈给设计师进行修改。有

VR 眼镜的还能进行 VR 体验。真正地融入建筑中提前感受建成后的效果。这种展示模式大大提高了沟通效率，能精确地理解业主的诉求，提交高质量的设计成果。

另一个强大的功能是在虚拟漫游中能随时查看任何构件的参数信息。墙面地面吊顶管道门窗等只需要点击想要查看的构件就能显示出全部的属性。包括名称、材质、尺寸、定位、高度、面积、体积等。传统的办公楼改扩建项目中我们要了解现状信息的话需要查看各专业的竣工图纸，费力费时还不一定能找得到。现在只要一个 BIM 模型几分钟的时间就能查阅各专业的所有信息。并且在装修改造、运行维护中可以精确定位每一根管线每一个连接点，减小拆改工程量，这也是全生命周期节省投资的一种表现。

将 Revit 模型导入 FUZOR，双向实时链接。开启 2D 地图导航，放置一个人物角色在模型里面漫游浏览。身临其境地真实感受建筑内部空间信息，直观地校审，并可向业主三维漫游展示项目设计成果(如图 3.53所示)。

图 3.53　虚拟漫游

BIM 是一个多维度的数据库，可用于二维、三维、四维等应用(如图 3.54 所示)。BIM 数据库以产品模型为主，是工程项目数据库的一部分。BIM 具有单一工程数据，可以解决不同软件平台数据之间的一致和兼容问题。这种技术提供自动计算、查询、分析实时数据等功能，并能对工程对象提供完整描述。BIM 数据库是用参数化特征建模技术创建，包含几何信息、非几何信息和自定义信息。此外，BIM 是全面的信息技术模型，能对建筑项目全生命周期内的所有数据进行汇总。BIM 可以提供多个平台，如信息共享管理平台、协调管理平台、工程设计平台，从而满足不同的需求。因此，BIM 在建筑行业中得到广泛应用，以提高建筑的效率和质量，同时降低成本和风险。

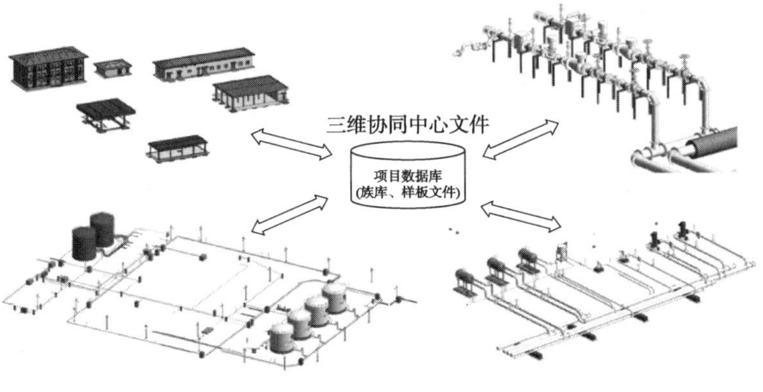

图 3.54　BIM 项目数据库

(2) 珠海油库生产业务用房 BIM 应用

珠海金湾机场改扩建项目供油工程新建生产业务用房，建筑面积 6204 平方米，钢筋混凝土框架结构，地上五层。预制桩基础，采用预应力混凝土管桩。本项目开始展开初步设计工作并同步开展 BIM 协同设计(如图 3.55 所示)。

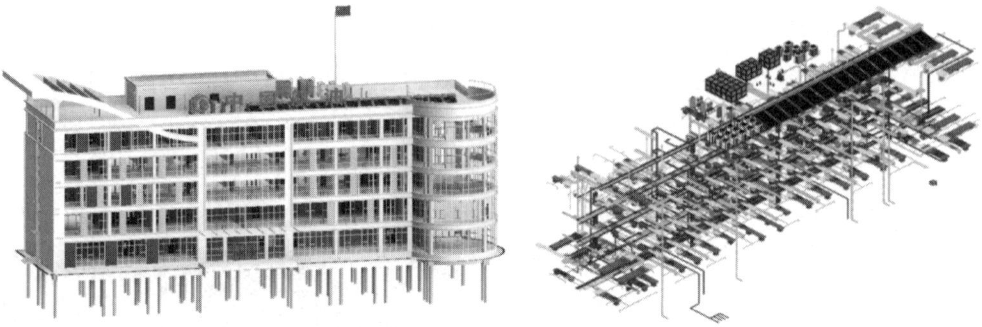

图 3.55　生产业务用房土建、机电模型

初步设计阶段采用 BIM+性能化分析技术，分别对气候、太阳辐射、日照、能耗模拟、室外风环境、自然通风、遮阳、自然采光、灯光模拟、热环境、舒适度等进行分析，优化建筑设计方案。同时为绿色建筑设计提供依据。

BIM+性能化分析的优势在于集成化整体分析，将传统设计数理及抽象效果更直观地表达，注重前期预测，可以更有效地控制建造成本[17]。BIM+性能化分析共分四个部分，分别为：绿色分析、消防性化分析、专项分析和结构性能化分析(如图 3.56 所示)。绿色分析又分为：气候分析、太阳辐射分析(如图 3.57 所示)、日照分析、能耗模拟分析、室外风环境分析、自然通风分析、遮阳分析、自然采光分析、灯光模拟、热环境分析、舒适度分析等。

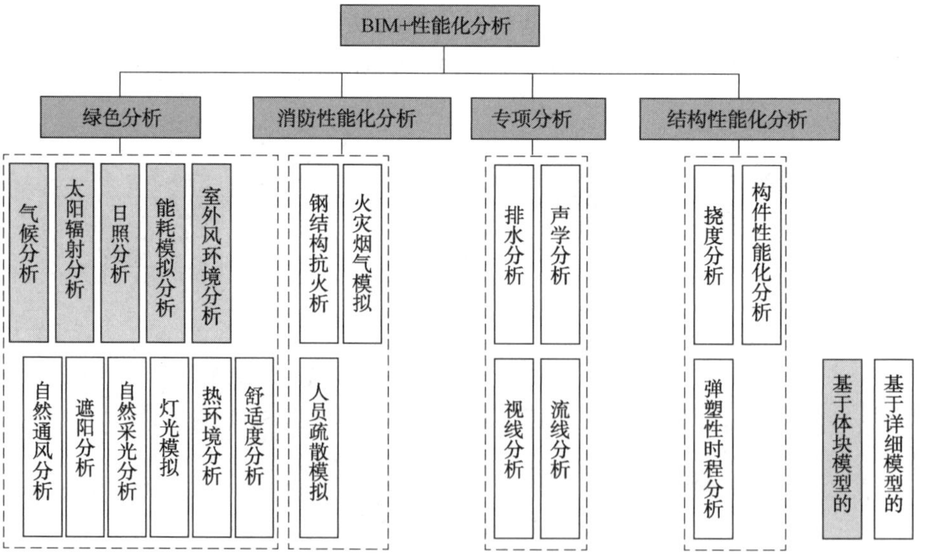

图 3.56　BIM+性能化分析内容

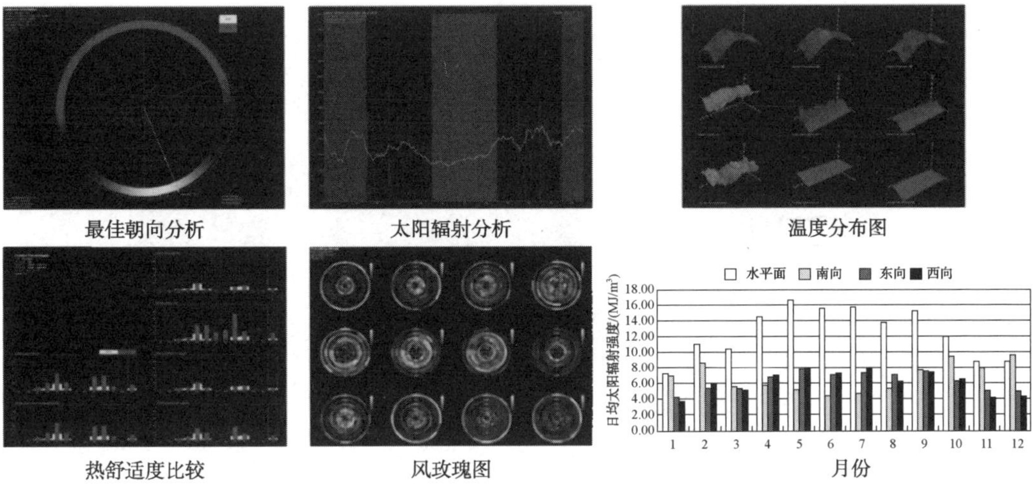

图 3.57 太阳辐射分析

利用 BIM 技术进行室内采光分析，对不同房间全阴天室内自然采光照度进行分析，对相同房间不同月份室内自然采光照度进行分析，可以确定满足采光标准的房间数量，也可以获取房间内自然采光的均匀分布情况，还可以对窗户形式、玻璃透光率等进行方案比选(如图 3.58 所示)。

图 3.58 BIM 光环境分析

利用 BIM 技术还可以进行风环境分析(如图 3.59 所示)。项目所在地全年主要风向为西北和西南风，其中夏季的风速较冬季强。因此，在对西面的门窗设计时应考虑主风向上热对流和热交换造成的能耗流失。同时，由于夏季风速较大，关于自然通风的被动式设计可能较容易达到设计需求。

净高分析是 BIM 技术必不可少的应用点之一，有多种表现方式(如图 3.60 所示)。平面的区域填充和管线的颜色填充都能从整体上对建筑净高有一个大致的了解，而局部的三维、剖面则大多运用在管线密集处的重点、难点处，通过对三维模型的分析，可以对局部的管线高度、建筑净高等有非常直观的认识。每一种净高分析的方法都各有特点，在项目应用中可根据实际需要选择不同的方法。

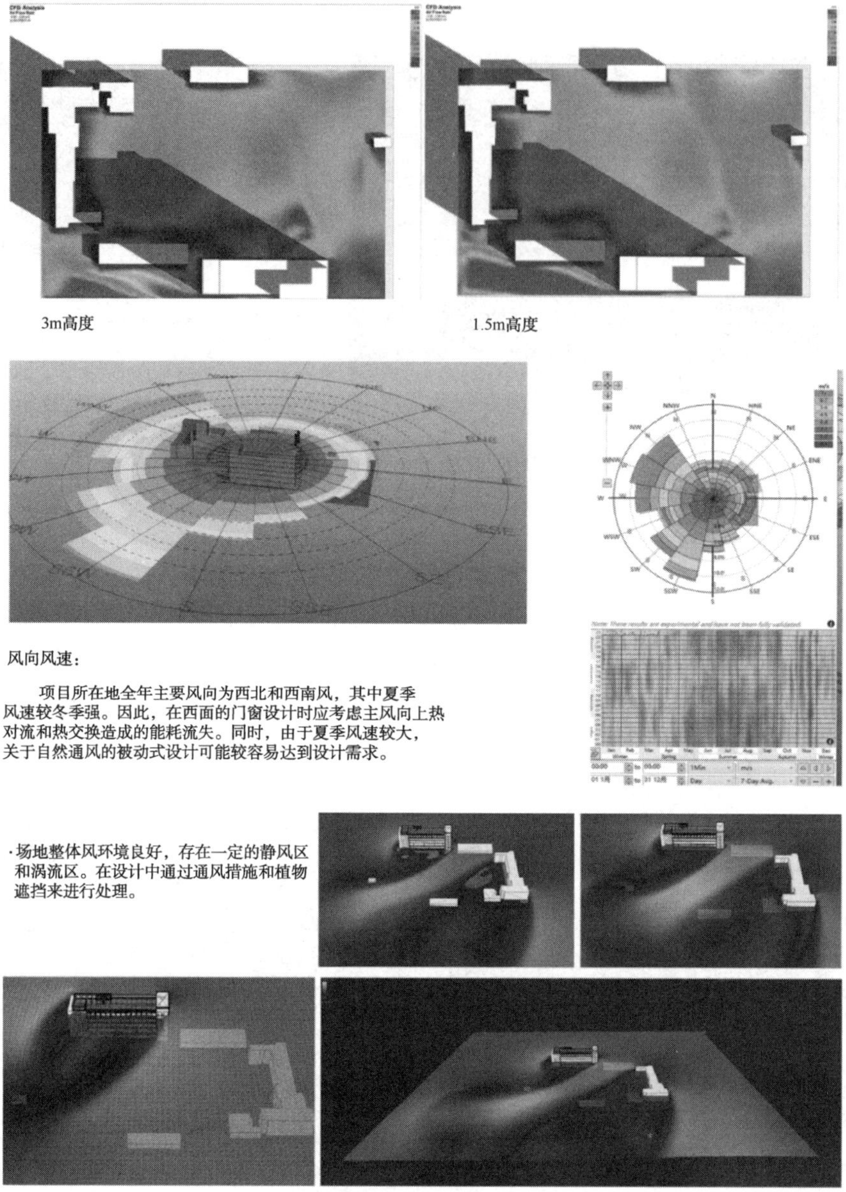

图 3. 59　BIM 风环境分析

随着全球气候变化和环境保护意识的不断提高，建筑行业也在不断地探索新的发展模式，装配式建筑和标准化设计成为建筑行业的趋势。中国航油作为航油领域行业领导者，一直以来都非常重视工程建设的工业化和现代化转型，通过深入学习习近平总书记有关改革发展的重要讲话和重要指示、批示精神，积极探索装配式建筑之路。同时，航油工程标准化设计和 BIM 技术的应用，也为中国航油实现绿色、智能、高效的目标提供了有力支撑。

近年来，中国航油通过不断地加强技术研发和技术创新，推出了一系列创新的航油工程装配式建筑方案。在航油工程建设中，中国航油采用了“试点先行、建标建模、全面推广”的工作方式，探索出一条适合自己发展的道路。在这一过程中，中国航油不断

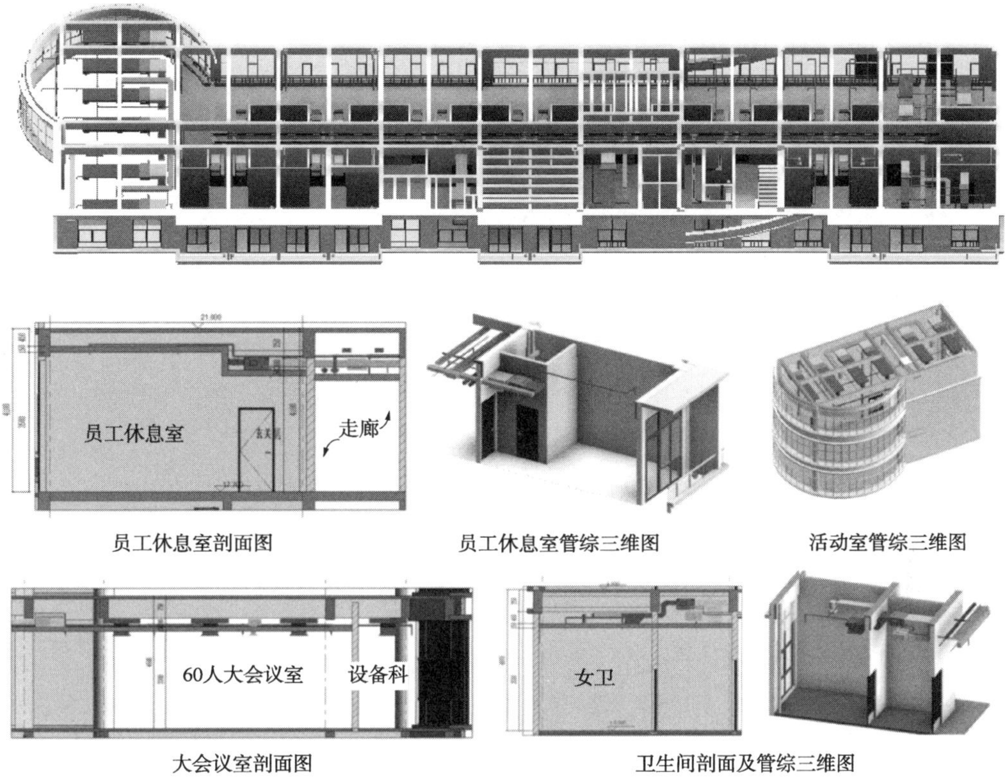

图 3.60　BIM 净高分析

地强化与供应商的合作，同时加强内部的沟通和协作，实现了从产品设计到产品制造再到产品使用的全链条质量管理，从而确保产品的安全和质量。

同时，中国航油也将 BIM 技术广泛应用于航油工程的设计和施工过程中。BIM 技术可以将航油工程的各个环节进行数字化建模，从而实现对航油工程的全过程掌控。在航油工程的施工过程中，BIM 技术可以帮助工程师和施工人员实现精细化管理，减少误差和浪费，提高施工效率。同时，在航油工程的使用过程中，BIM 技术可以帮助航油企业对设施进行全方位监控和管理，提高设施的安全性和稳定性，降低维护成本。

中国航油致力于成为推动我国航空事业发展的重要力量，为此不断地加强技术创新和技术应用。相信在中国航油的不断努力下，未来航空燃油供应将会更加安全、高效。同时，中国航油还将继续推进工程建设的工业化和现代化转型，推广装配式建筑和标准化设计，为中国的工程建设事业和中国航空事业的发展注入新的动力和活力，成为推动我国航空事业发展的中流砥柱。

第 4 章

建筑工业化的未来

PART 4

建筑工业化是顺应时代发展趋势的对传统建筑方式的一次革新，是建筑业发展的必然结果。建筑工业化既符合国家低碳经济的要求，又能够解决人力资源紧缺，人工成本不断上升等困境，同时可以推动智慧航油的全生命周期发展，有利于航油建筑的统筹规划和日常管理。未来，建筑业将向着“规划—设计—制造—施工—管理”全生命周期发展，将各阶段优势资源进行有机整合，从而推动建筑工业化发展。

4.1 建筑工业化发展政策

随着社会经济的发展和人们生活水平的提高，对于住房和日常出行的要求也越来越高。建筑工业化作为一种新型的建筑模式，具有优异的住宅质量、施工效率高等特点，逐渐受到了越来越多的关注和认可。近年来，我国出台了一系列政策支持建筑工业化的发展，包括加强标准化建设、鼓励技术创新、优化政策环境等，这些政策的出台为建筑工业化的快速发展提供了必要的条件和环境。

目前，我国建筑工业化行业发展迅速，市场规模逐年扩大，产业链不断完善，技术和质量水平也得到了不断提高。同时，建筑工业化也面临着一些挑战和问题，如市场信任度不高、工程质量问题、标准化不完善等。因此，建筑工业化企业需要不断提升自身的技术水平和质量控制能力，加强自身品牌建设和市场信誉度，积极探索创新发展之路。与此同时，政府也应当适当地出台合适的政策为建筑工业化提供必要的指引和支持，从而规范其发展，提高发展效率和质量，减少资源和能源的浪费，降低污染和环境压力，同时促进建筑业的整体发展。

为了推进建筑工业化的发展，我国围绕“绿色化、标准化、数字化、智能化”四个方面出台了一系列政策和措施。

4.1.1 绿色化政策

2016 年，国务院印发《绿色建筑评价标准》和《民用建筑节能条例》，对建筑行业的环保要求进行了详细规定。

1.《绿色建筑评价标准》

《绿色建筑评价标准》于 2016 年 12 月发布，是国内第一个覆盖面广、评价指标细致、适用范围广泛的绿色建筑评价标准，其正式名称为《绿色建筑评价标准(GB/T 50378—2019)》(如图 4.1 所示)，是我国绿色建筑的核心标准之一。标准通过对建筑的能耗、室内环境、室外环境、材料使用、运营管理等方面的评估，对建筑的环保性进行全面评价。同时，该标准规定了绿色建筑的建筑能源消耗、室内环境质量、水资源利用率、土地利用率、垃圾处理率、节水器具安装率、清洁能源使用率等标准指标。

该标准共分为 7 个章节，包括总则、基本原则、评价体系、技术要求、评价方法、标志和标识、附则等部分。其中，基本原则和评价体系部分是该标准的核心内容，主要规定了绿色建筑的理念和评价指标。

具体来说，该标准规定了从建筑设计、施工、使用、管理、维护等多个方面对绿色建筑的评价，包括室内环境质量、能源利用、资源利用、水资源利用、土地利用、生态保护等多个方面。此外，该标准还规定了绿色建筑应该具备的基本原则，包括节能减排、资源节约、环境保护、健康舒适、社会经济适宜性等。

在实际应用中，该标准不仅对新建建筑进行评价，还对现有建筑进行改造提供了一定的指导。并且，该标准也是各类绿色建筑认证机构认证的重要标准之一，是衡量绿色建筑水平的重要参考。

图 4.1 《绿色建筑评价标准》

《绿色建筑评价标准》也规定了绿色建筑应当符合的技术要求。这些技术要求主要包括：

① 能源利用效率要求：绿色建筑应当采用高效节能技术和设备，实现能源利用的高效化。

② 室内环境质量要求：绿色建筑应当采用无污染、低污染的建材和装饰材料，并保证室内空气的质量符合相关标准。

③ 水资源利用效率要求：绿色建筑应当采用节水技术和设备，实现对水资源的高效利用。

④ 生态保护要求：绿色建筑应当尽可能地减少对生态环境的破坏，并实现对生态环境的保护和恢复。

⑤ 建筑物循环利用要求：绿色建筑应当设计可拆卸、可重组和可再利用的建筑系统和构件，以实现对建筑物的循环利用。

《绿色建筑评价标准》的发布，标志着中国绿色建筑评价体系的完善和规范，有助于提高建筑绿色化水平，推动绿色建筑产业的发展。同时，这也为建筑工业化的发展提供了重要的政策支持和方向引领。

2.《民用建筑节能条例》

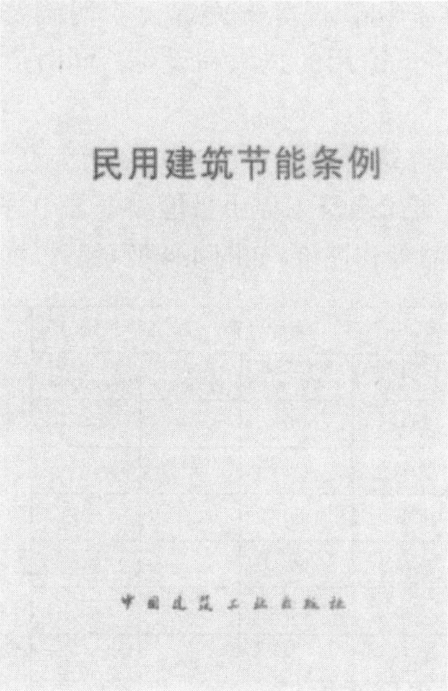

图 4.2 《民用建筑节能条例》

《民用建筑节能条例》(国务院令第 530 号)(如图 4.2所示)于 2016 年 9 月发布，是我国第一个涉及建筑节能的法规，规定了在建筑设计、建造、使用、管理、维护等方面的节能要求和标准。该条例在建筑节能标准，对于节能技术、设备的应用以及能源管理等方面都做了具体要求。

《民用建筑节能条例》(国务院令第530号)于2016年7月1日正式实施，是我国建筑节能法规的重要组成部分。该法规主要包含以下内容：

① 新建建筑的能源消耗限制。根据《民用建筑节能条例》，新建建筑应遵循国家相关标准进行节能设计，其能耗总量应符合国家相关标准的要求。具体而言，新建建筑的能耗不应超过相应的标准能耗限值，以确保建筑能耗达到国家节能目标。

② 既有建筑的节能改造要求。《民用建筑节能条例》规定，既有建筑应按照国家相关标准进行节能改造，改造后能耗总量应符合国家相关标准要求。对于已经存在的建筑，如果能够通过改造实现节能目标，则需要进行相应的节能改造。

图4.3 老上海陕康里旧建筑改造

以上海为例，这座城市存在很多老建筑。随着城市的发展，旧建筑逐渐被新建筑所取代，但在建设过程中产生过多的能源消耗是不可取的。从而产生了一种老上海弄堂与新式简易建筑和谐共生的改造新方式(如图4.3所示)陕康里位于陕西北路与康定路交界处。在这里，新颖、简约的现代建筑融入历史感浓厚的老建筑中，老上海弄堂与新式简约建筑和谐共存。这里将建筑与环境融为一体。在保留原有建筑结构的前提下，融合时间、空间和功能元素，探寻土地的历史文脉，孕育出今天的文艺复古街区形象。

③ 建筑节能的技术要求。《民用建筑节能条例》强调建筑节能技术应当与建筑功能、使用性能相匹配。同时，对节能设备的选用、使用、维护和管理等方面提出了明确要求。比如，要求建筑节能技术应当采用先进、成熟、经济、适用的技术和设备，同时应当保证安全可靠，满足建筑节能的要求。

④ 建筑能耗的监管要求。《民用建筑节能条例》要求建筑能耗信息应当向社会公开，并由有关部门进行监管。具体而言，要求建筑能耗信息应当在建筑工程质量检测报告中进行公示，并应当建立建筑节能信息数据库，便于建筑节能监管和评价(如图4.4所示)。

统计单位：清远市住房和城乡建设局　　统计日期：2022年5月30日

序号	建筑物名称	建筑类型	建筑面积(m²)	2021年耗电量(度)	年面积年耗电量(度/m²)	2021年年总耗水量(m²)	年单位面积耗水量(m²/m²)	2021年年总耗气量(m²)	年单位面积耗气量(m²/m²)
1	市政府办公楼1号楼	国家机关办公建筑	26562.64	1502405	56.56	82641	3.11	—	—
2	市政府办公楼2号楼	国家机关办公建筑	29808	4030749	135.22	20869	0.70	—	—
3	市政府办公楼3号楼(外事办)	国家机关办公建筑	1049.24	859433	40.04	7565	0.72	—	—
4	市政府办公楼4号楼	国家机关办公建筑	11000			9446	0.86	—	—
5	市政府办公楼5号楼	国家机关办公建筑	7657	327337	42.75	5560	0.73	—	—
6	清远市机关办公楼7号楼(清远大厦)	国家机关办公建筑	14544	1488707	102.36	16244	1.12	—	—
7	清远国际会展中心	国家机关办公建筑	17850	765054	42.86	28051	1.57	—	—
8	清远市交通大厦	国家机关办公建筑	25861	1472669	56.95	62386	2.37	—	—

图4.4 2021年度清远市民用建筑能耗统计信息公示表

《民用建筑节能条例》的实施为我国建筑节能工作提供了法律保障，为推动我国建筑节能的发展提供了重要的政策支持和技术指导。推动了建筑节能技术的应用和推广，促进了建筑工业化的绿色化发展，也为绿色建筑的发展提供了更为坚实的政策保障。

总的来说，国务院印发的《绿色建筑评价标准》和《民用建筑节能条例》，明确了绿色建筑和建筑节能的标准和要求，为推动建筑工业化绿色化发展提供了重要的政策支持。同时，这些政策的实施，也有助于推进绿色建筑产业的发展，提高建筑行业的竞争力和可持续性发展水平。

4.1.2 标准化政策

标准化是建筑工业化发展的重要环节之一。2019 年，工业和信息化部印发《工业化建筑产业发展指南》，为推进建筑工业化的发展，提出了建筑工业化的标准化要求和措施，要求各地建立建筑工业化标准体系，推广标准化产品和服务。具体来说，该指南提出了以下要求和措施。

(1) 建立建筑工业化标准体系

各地应当依据国家有关标准和规范，制定适应本地区实际的标准体系，从而实现建筑工业化的规范化和标准化。根据《工业化建筑产业发展指南》，建筑工业化标准体系应包括以下内容：

① 建筑工业化产品标准：这些标准应涵盖建筑工业化产品的各个方面，如设计、生产、运输、安装、使用等，以确保产品的质量和安全。

② 建筑工业化施工标准：这些标准应包括建筑工业化施工流程、施工管理、工艺规范等，以确保施工过程中的质量和安全。

③ 建筑工业化服务标准：这些标准应涵盖建筑工业化服务的各个环节，如设计、施工、售后服务等，以提高服务质量和客户满意度。

为了推动建筑工业化标准体系的建立和实施，《工业化建筑产业发展指南》提出了以下措施：

① 制定建筑工业化产品标准和施工标准。相关部门应当制定并发布建筑工业化产品标准和施工标准，为企业提供可参考的技术规范。

② 加强建筑工业化标准宣传。各地应当加强对建筑工业化标准的宣传和普及，提高企业和公众的认识和理解。

③ 建立建筑工业化标准体系认证机制。建立建筑工业化标准体系认证机制，为企业提供标准化认证服务，提高建筑工业化产品和服务的质量和竞争力。

建筑工业化标准体系的建立和实施是建筑工业化发展的重要保障之一，可以提高产品质量和服务水平，促进建筑业的规范化和标准化。

(2) 推广标准化产品和服务

推广标准化产品和服务是工业和信息化部在《工业化建筑产业发展指南》中提出的建筑工业化标准化要求和措施之一。鼓励企业推广标准化产品和服务，还可以降低生产成本，提高产品质量和服务水平。具体来说，推广标准化产品和服务主要包括以下几个方面：

① 建立标准化产品目录：制定建筑工业化产品目录（如图 4.5 所示），对于符合标准化要求的产品，予以推广和应用。同时，还要完善相关标准，以适应不同的建筑需求。

工业化建筑标准化部品和构配件产品目录（第一批）

1 太阳能集热器

编号	项目名称	主要技术内容	适用范围及条件
1	平板型太阳能集热器	该产品由吸热板（复合太阳能吸热涂层）、型材边框、玻璃棉或其他材质保温层钢化玻璃盖板等组成，利用太阳辐射加热吸热板内传热工质，再通过传热工质将热能输送至储热设备中。该产品与建筑的一体化结合度较高。产品性能应符合现行国家标准《平板型太阳能集热器》（GB/T 6424)、《平板型太阳能集热器吸热体技术要求》《GB/T 26974)等规定。	适用于建筑屋面、墙面、阳台栏杆等部位安装。
2	U型管太阳能集热器	该产品由全玻璃真空集热管、U型金属管说、联箱、支架等组成，太阳光经真空集热管吸收转化为热能，经放置在真空管内的传热翅片传导至U型金属管内的传热工质。产品应用时，需适配水泵用于U型金属管道内传热工质的循环流动。产品性能应符合现行国家标准《真空管型太阳能集热器》《CB/T 17581）的规定。	适用于建筑屋面.、墙面、阳台栏杆等部位安装
3	热管式真空管型太阳能集热器	该产品由热管真空集热管、联集管、导热块、隔热层、支架等组咸。太阳光经热管真空集热管吸收转化为热能，由放置在真空管内的金属翅片传热至热管，热管内传热工质通过蒸发冷却将热量传入热水系统。产品耐压能力强，耐内热冲击性能好，热效率高。热损失小。产品性能应符合现行国家标准《玻璃-金属封接式热管真空太阳能集热管》(GB/T 19775)的规定。	适用于建筑屋面、墙面、阳台栏杆等部位安装

1

图 4.5　建筑标准化产品目录

② 推广标准化建筑工艺：推广标准化的建筑工艺和施工流程，提高建筑工业化的标准化水平。通过标准化的建筑工艺，能够实现更高效的生产和施工，提高建筑品质和安全性。

③ 建立标准化服务体系：建立标准化的售后服务体系，为用户提供全方位的服务，包括咨询、设计、施工、维护等方面。通过标准化服务，能够提高用户的满意度和忠诚度。

④ 建立标准化管理体系：建立标准化的企业管理体系，对建筑工业化企业进行全面管理和监督，提高企业的管理水平和产品质量。

推广标准化产品和服务是建筑工业化发展的重要保障，有助于提高建筑产业的质量和效益，推动建筑业向着标准化、规范化、智能化方向发展。

（3）建立标准化生产基地

建立标准化的生产基地，可以提高建筑工业化产品的生产效率和质量，并加快建筑工业化的发展。政府应当引导企业建立标准化生产基地，进而推进建筑工业化的发展。

图 4.6　河北某标准化生产基地

具体而言，我国要求各地区建设具备标准化生产能力的建筑工业化生产基地，这些生产基地应当具备统一的生产标准、生产流程、设备设施、管理模式等，以实现工业化生产过程中的标准化、模块化和集成化，提高生产效率和降低成本。如河北省作为钢材产量大省，已经建立了标准化生产基地（如图 4.6 所示）。

此外，为了促进建筑工业化的发展，还需要加强标准化技术研究和开发，积极推广标准化产品和服务，为建筑工业化提供更加丰富的产品和服务选择。同时，建立标准化生产基地还需要做好相关的技术研发、人员培训和质量管理等工作，以保证产品的质量和安全性。

（4）建立标准化施工现场

建立标准化施工现场，是指通过标准化的施工流程、标准化的施工设备和工艺、标准化的施工管理，来保证施工过程中的质量和效率，进一步提高建筑工业化的水平。具体来说，包括以下几个方面：

① 标准化施工流程：根据建筑工业化的要求，建立统一的施工流程，从工程进场、基础施工、主体施工、安装调试、收尾验收等环节进行标准化管理，确保施工流程的稳定性和可控性。

② 标准化施工设备和工艺：建立标准化的施工设备和工艺，包括模板、脚手架、起重机械等，确保施工设备的质量和稳定性，提高施工效率和施工质量。

③ 标准化施工管理：在施工现场建立标准化的管理制度和工作流程，包括工地文明施工、安全生产管理、环境保护管理、质量管理等，对施工现场进行全面、科学、有效的管理。

④ 应用信息技术：通过应用信息技术，如 BIM 技术、物联网技术、云计算技术等，对施工现场进行数字化管理和控制，实现施工过程的可视化和智能化，提高施工效率和施工质量。现代化工地往往都配备了相应的信息技术，将施工全过程信息都反映在标准化信息平台中（如图 4.7 所示），方便了标准化生产和运营。

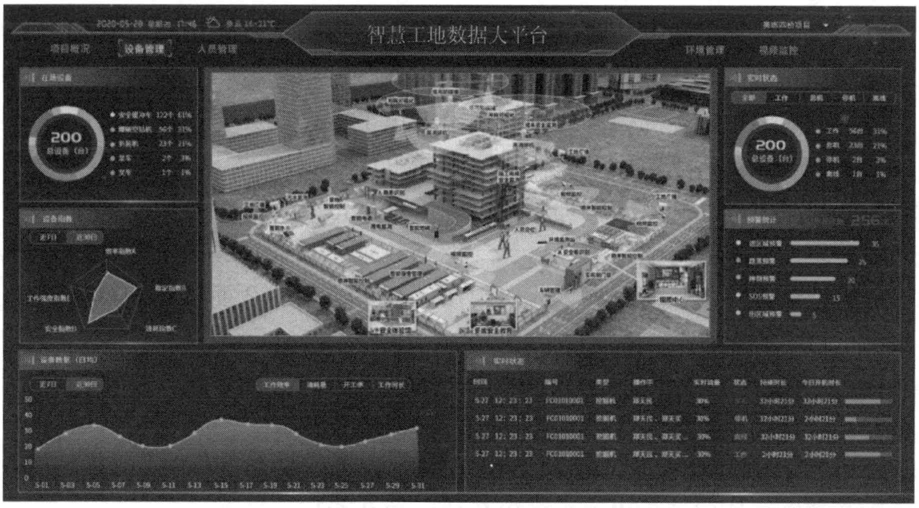

图 4.7　标准化信息平台

4.1.3　数字化政策

2020 年，住房城乡建设部印发《数字化建筑产业发展行动计划》，提出了数字化建筑的目标和政策措施，推动建筑工业化与数字技术的深度融合。加速数字化技术在建筑行业的应用和推广，从而提高建筑工业化水平，促进产业转型升级和经济发展。《数字化建筑产业发展行动计划》是当前数字化建筑产业发展的指导性文件，主要包括以下方面的政策措施。

（1）推动数字技术在建筑行业的应用和推广

数字化建筑产业发展行动计划提出了以下具体政策措施，来推动数字技术在建筑行业的应用和推广。

图 4.8　中国建筑业基建数字化转型应用分享会

① 加快数字化建筑技术创新和示范应用，推广数字建筑技术和智能建筑技术。目前，中国建筑已经开展了系列数字化转型方面的分享会，如图 4.8 所示。通过技术研究和示范项目的开展，推广数字建筑技术和智能建筑技术，促进建筑产业数字化、智能化和绿色化发展。

② 提升数字化建筑标准体系建设水平。推动数字化建筑标准化工作，逐步建立完善的数字化建筑标准体系，规范数字化建筑产品的生产和使用。

③ 加强数字化建筑产业创新能力，建立数字化建筑产业联盟，推动数字化建筑产业的跨界融合和创新发展。建立数字化建筑产业联盟，加强数字化建筑产业创新能力，加快数字化建筑产业的跨界融合和创新发展。

④ 加强数字化建筑人才培养和交流，建设数字化建筑产业人才队伍。加强数字化建筑人才培养和交流，建设数字化建筑产业人才队伍，为数字化建筑产业的发展提供强有力的人才保障。

以上措施的实施可以提高数字化建筑技术的水平，推广数字化建筑技术和智能建筑技术的应用，促进建筑产业数字化、智能化和绿色化发展。

（2）加强建筑设计、施工、管理等全过程的数字化

数字化建筑产业发展行动计划提出，要加强数字建筑设计、施工、管理等全过程的数字化，提高建筑工程的质量和效率，实现数字技术应用的全面推广。具体来说，该行动计划提出了以下措施：

① 加强建筑设计的数字化。推进 BIM 技术在设计阶段的应用，探索建立数字建筑设计规范和技术标准体系。

② 推广施工技术的数字化。加快建设数字化施工管理平台（如图 4.9 所示），推进施工现场数字化管理和协同，探索建立数字化施工规范和技术标准体系。

③ 推进建筑管理数字化。推动数字化建筑管理平台的建设和应用，规范数字化建筑管理流程，探索建立数字化建筑管理规范和技术标准体系。

④ 加强建筑材料、设备等方面的数字化。推进数字化建筑材料、设备等方面的工作，实现数字化建筑产业链的全面协同。

（3）加强数字化建筑产业的人才培养和技能提升

加强数字化建筑产业的人才培养和技能提升也是数字化建筑产业发展行动计划的重要

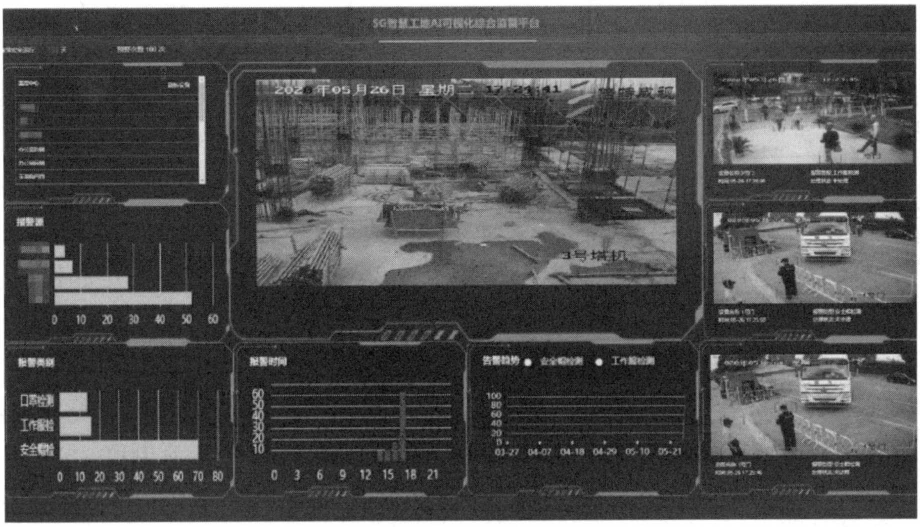

图 4.9　数字化进度管控

内容。在数字化建筑的发展过程中，需要大量的专业人才来推进技术的应用和发展。因此，为加强数字化建筑人才培训和教育，鼓励企业提高员工的数字化建筑技能，推动数字化建筑产业人才队伍建设，满足数字化建筑产业的人才需求，行动计划提出了以下措施：

① 制定数字化建筑产业人才培养规划，明确人才培养的目标、重点和方向，提出培养体系和培养计划。

② 加强数字化建筑产业的专业课程建设，开设数字化建筑相关专业，并加强数字技术和建筑工程领域的交叉融合。

③ 加强数字化建筑产业技能培训，针对不同层次、不同领域的人才，开展多种形式的技能培训和继续教育（如图 4.10 所示）。

图 4.10　数字化人才技能培训

④ 建立数字化建筑产业人才评价机制，推进人才的职业认证和评价，提高人才的专业技能和水平。

通过这些措施，可以加强数字化建筑产业人才队伍建设，提高人才的专业水平和能力，为数字化建筑产业的发展提供有力的人才保障。

（4）加强数字化建筑产业的国际合作和交流

加强数字化建筑产业的国际合作和交流是数字化建筑产业发展的重要组成部分。在全球化的背景下，各国建筑行业之间的交流和合作已经成为必然趋势。鼓励企业开展数字化建筑产业的国际合作和交流，促进数字化建筑产业的国际化发展。数字化建筑产业的国际合作和交流可以帮助国内企业更好地了解和掌握国际先进技术和管理经验，同时也可以向其他国家推广中国的数字化建筑技术和经验（如图 4.11 所示）。

图 4.11　中国数字建筑峰会

具体来说，数字化建筑产业的国际合作和交流可以通过以下几个方面实现。

① 加强国际合作机制的建设：建立数字化建筑产业国际合作机制，促进跨国企业、机构、学术界等之间的交流和合作，共同推进数字化建筑产业的发展。

② 参与国际标准的制定和推广：积极参与国际标准制定的过程，推广和应用国际标准，提高中国数字化建筑产业的国际竞争力。

③ 参加国际性的数字化建筑展览和论坛：参加国际性的数字化建筑展览和论坛，向国际同行介绍我国数字化建筑产业的发展情况和成果，拓宽国际交流渠道。

④ 建立海外研发中心：在有关国家或地区建立数字化建筑产业的海外研发中心，吸纳当地的人才和资源，推广和应用中国数字化建筑技术和产品。

加强数字化建筑产业的国际合作和交流可以促进数字化建筑产业的发展，提高我国数字化建筑产业的国际竞争力，同时也可以促进全球数字化建筑产业的共同发展。

（5）加强数字化建筑产业的政策支持和金融保障

加强数字化建筑产业的政策支持和金融保障是数字化建筑产业发展的重要保障和支撑，具体包括以下几个方面：

① 政策支持：政府可以通过制定相关政策，鼓励企业加强数字化建筑产业的技术研发、技能培训、市场开拓等方面的工作，同时提供相应的税收优惠和补贴等政策，促进数字化建筑产业的快速发展。例如，我国可以加大对数字化建筑产业的支持力度，加强产业政策的研究和制定，推动数字化建筑产业的全面发展。

② 金融保障：数字化建筑产业的发展需要大量的资金支持，政府可以通过提供资金支持或搭建投融资平台等方式，为数字化建筑产业提供金融保障。例如，政府可以设立专项资金，鼓励企业加强数字化建筑产业的技术研发和市场拓展，同时提供低息贷款等金融支持，促进数字化建筑产业的健康发展。

③ 促进资本市场的发展：政府可以通过各种方式促进资本市场的发展，为数字化建筑产业提供更广阔的融资渠道。例如，加大对数字化建筑产业上市企业的扶持力度，提高资本市场对数字化建筑产业的投资热度，促进数字化建筑产业的快速发展。

政策支持和金融保障是数字化建筑产业发展的重要保障和支撑，只有政府和金融机构加强对数字化建筑产业的支持，才能够进一步推动数字化建筑产业的快速发展。

4.1.4　智能化政策

2017 年，国务院办公厅印发《关于加快推进智慧城市建设的意见》，提出了智慧城市建设的总体要求和政策措施，为建筑工业化的智能化提供了支撑。《关于加快推进智慧城市建设的意见》提出了一系列措施，其中包括支持智能建筑的发展、推动智能建筑产业化等内容。

(1) 推动智能建筑产业化

国家政策支持企业加快智能建筑的研发和产业化步伐，鼓励企业加大研发投入，提高技术创新能力，推广智能建筑技术，加强标准化和认证体系建设，提高智能建筑的市场占有率。

① 政策支持：国家加大政策支持力度，通过制定税收优惠政策、财政扶持政策等措施，鼓励企业加快智能建筑的研发和产业化步伐。

② 加大研发投入：为了推动智能建筑技术的创新，国家加大了对智能建筑领域的研发投入，为企业提供技术创新的支持。

③ 技术推广：政府通过推广智能建筑技术，帮助企业提升市场竞争力，加快智能建筑产业化进程。

④ 标准化和认证体系建设：为了确保智能建筑产品的质量和可靠性，国家加强了智能建筑的标准化和认证体系建设，制定了一系列智能建筑标准，加强对智能建筑产品的质量监管，提高消费者对智能建筑产品的认可度。中国房地产业协会根据市场需求，制定了《智慧建筑评价标准》T/CREA 002—2020（如图 4.12 所示），智能化建筑在标准领域还在陆续扩展。

图 4.12　智能建筑评价标准

⑤ 提高市场占有率：国家加强了智能建筑的市场推广力度，为企业提供了市场发展的机会，同时推动企业提高智能建筑产品的市场占有率，促进智能建筑产业的健康发展。

(2) 加强信息化基础设施建设

政府鼓励建设企业和机构加快信息化和工业化融合发展，建设智慧工地、智慧建筑，加强信息技术应用，促进智能建筑的发展和应用。

① 建设智慧工地、智慧建筑：鼓励建筑企业通过信息化技术实现建筑工地和建筑物的智能化、自动化和数字化管理，提高工程质量和效率，并减少资源浪费和环境污染。

② 加强信息技术应用：支持建筑企业应用先进的信息技术，包括人工智能、大数据、云计算等，提升建筑物的智能化水平，为人们提供更加舒适、安全、健康和节能的生活和工作环境。

③ 促进智能建筑的发展和应用：应加强对智能建筑领域的政策引导和支持，鼓励企业加速智能建筑的研发和产业化，提高市场竞争力，推动智能建筑技术的推广和应用，促进智慧城市建设。

④ 加强信息化基础设施建设：政府加大投资力度，加强信息化基础设施建设，包括建设高速宽带网络、智慧物联网、云计算中心（如图 4.13 所示）等，提高信息传输速度和处理能力，为智能建筑的发展和应用提供强有力的支撑。

图 4.13　天府云计算中心

(3) 支持智能建筑技术研发和示范工程建设

加大对智能建筑技术研发和示范工程建设的支持力度，鼓励建筑企业和科技企业加强合作，共同推动建筑工业化与智能化的深度融合。

首先，鼓励建筑企业和科技企业加强合作，共同推动建筑工业化与智能化的深度融合。此外，政府还出台了一系列优惠政策，鼓励企业加大对智能建筑技术研发的投入，促进技术的创新和发展。比如，对于参与智能建筑技术研发和示范工程建设的企业给予税收优惠、财政补助等方面的支持。

其次，也加大了对智能建筑技术示范工程的支持力度，通过资金投入等方式，鼓励和引导企业在示范工程建设中采用最新的智能建筑技术，提高智能建筑的质量和效益，带动智能建筑的发展和推广。

最后，还加强了对智能建筑技术的标准化和认证体系建设，通过制定和完善相关标准和规范，规范和引导智能建筑技术的发展，提高智能建筑的市场竞争力和行业地位。同时，也加强了智能建筑技术的知识产权保护，保护企业和科技创新人员的知识产权，促进智能建筑技术的进一步研发和推广。

(4) 加强人才培养

在推动智能建筑产业化发展的过程中，人才是非常重要的资源。因此，国家政策也加大了对建筑业人才的培养和引进力度，从而为智能建筑产业发展提供有力的人才保障。

具体来说，政府加强对建筑工业化相关专业的人才培养，鼓励高校设立相关专业和研究方向，提高教育质量和水平。同时，政府还支持企业开展校企合作，为学生提供更加实践性的教学和实习机会，培养适应智能建筑产业发展的人才(如图 4.14 所示)。

图 4.14　校企合作-产教融合

此外，政府也加大了引进优秀人才的力度，通过各种方式吸引国内外优秀人才到建筑工业化和智能建筑领域工作和研究。例如，对于来自海外的高层次人才，政府会给予一定的税收优惠和生活补贴等支持，以提高引进人才的吸引力。通过加强人才培养和引进，政府为智能建筑产业发展提供了有力的人才保障，也为建筑工业化与智能化的深度融合提供了坚实的人才基础。我国政策对于智能建筑的发展提供了非常明确和具体的支持和指导，这将有助于建筑工业化和智能化的深度融合，和推动智慧城市建设和可持续发展。

除了上述提到的政策措施外，还有其他的支持措施。例如，政府加大了对智能建筑技术的研发投入，提高了对智能建筑技术创新的支持力度。同时，政府还加强了对智能建筑产业的规范化管理，鼓励建筑企业和科技企业加强合作，共同推动智能建筑产业的发展。此外，政府还鼓励建筑企业和科技企业加大人才培养力度，提高智能建筑领域的专业人才水平。这些政策措施的出台和实施，为建筑业的智能化提供了更加全面和有力的支持，为智能建筑领域的发展提供了重要保障，对推动建筑工业化智能化的发展具有重要的意义。

4.2 建筑工业化发展的前沿技术

随着社会经济的快速发展和人民生活水平的不断提高，对于高质量、高效率、环保可持续的建筑需求日益增长。而建筑工业化，作为一种先进的建筑模式应运而生。在建筑工业化的发展历程中，涌现出了一系列前沿技术，如零碳绿色建筑、模块化拼装技术、BIM 技术、智能化建筑系统和智能机器人等，这些技术在推动建筑工业化的发展、提高建筑质量和施工效率、降低能源消耗和污染排放等方面发挥着重要的作用。

在绿色化方面，零碳建筑成为了建筑工业化发展的一大亮点。它以减少二氧化碳排放为目标，通过高效利用能源、采用环保材料、引入可再生能源等手段，实现建筑环保可持续发展。在标准化方面，模块化拼装技术的广泛应用，实现了设计和生产的标准化，大幅提高了设计效率和施工质量。在数字化方面，BIM 技术的应用极大地提高了建筑设计和施工的数字化水平，为建筑工业化发展提供了重要的技术支持。在智能化方面，智能化建筑系统和智能机器人的应用，将人工智能、物联网等技术与建筑工业化有机结合，不仅能够提高建筑品质，还可以降低施工成本，提高施工效率。

建筑工业化的发展离不开这些前沿技术的支持和应用。由于模块化拼装技术和 BIM 技术已经在本书第三章中做了详细介绍，本节将重点对零碳绿色建筑、智能化建筑系统和智能机器人技术做介绍。

4.2.1 零碳绿色技术

气候变化是人类目前所面临的一个全球性挑战。多年来，随着我国经济的持续发展，我国温室气体排放量、二氧化碳排放量居全球首位，远超排在第二位的美国，承受着巨大的国际压力。为积极应对气候变化，我国主动提出“双碳”战略，其宗旨是减少碳排放，提高产业和经济的全球竞争力。“双碳”战略就是碳达峰与碳中和，它是习近平总书记领导下的党中央协调国内国际两方面工作的核心后所做出的重要战略决策，是努力破解资源环境约束这一突出问题，实现中华民族的永续发展的必然选择和对人类命运共同体建设的郑重承诺。

2020 年 9 月 22 日，国家领导人在第七十五届联合国大会上提出：“二氧化碳排放力争于 2030 年前达到峰值，努力争取 2060 年前实现碳中和”。2021 年 4 月 30 日，国家领导人在主持政治局集体学习时指出：“实现碳达峰、碳中和是我国向世界作出的庄严承诺，也是一场广泛而深刻的经济社会变革，绝不是轻轻松松就能实现的。各级党委和政府要拿出抓铁有痕、踏石留印的劲头，明确时间表、路线图、施工图，将推动经济社会发展建立在资源高效利用和绿色低碳发展的基础之上”。

2021 年 10 月 24 日，中共中央、国务院印发《关于完整准确全面贯彻新发展理念做好碳达峰碳中和工作的意见》(如图 4.15 所示)，2030 年经济社会发展实现全面绿色转型，重点耗能行业的能源利用效率达到国际先进水平；到 2060 年，全面建成绿色低碳循环发展的经济体系和清洁低碳安全高效的能源体系，能源利用效率达到国际先进水平，非石化能源消费比重达到 80%以上，碳中和目标顺利实现。与此同时，建筑工业化双碳战略应运而生。为加快节能建筑与绿色建筑的发展，充分吸取国外建设经验，结合国内工程实际，我国也在积极推动居住建筑向着超低能耗的方向发展。超低能耗建筑的建设与运营，可以提高建筑的用能效率，通过降低建筑能耗以及使用可再生能源，减少碳排放，大力推动超低能耗建筑发展将成为建筑领域未来发展趋势。

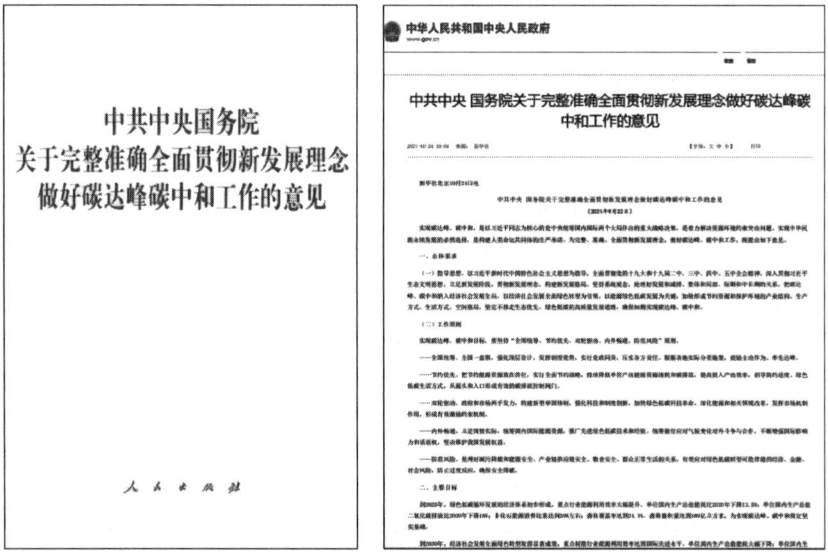

图 4.15 《关于完整准确全面贯彻新发展理念做好碳达峰碳中和工作的意见》

为了推动超低能耗建筑的高质量发展，我国及各省市区陆续出台了相应的政策，广泛建立示范项目，从宏观到微观层面不断推动超低能耗建筑发展。2021 年我国各地区共发布了 176 项被动式超低能耗建筑的政策，明确超低能耗建筑面积要求。在国家层面上的大力支持下，各地积极落实建筑节能标准和节能改造任务，并加大资金支持力度，加快建设速度，推动超低能耗建筑发展(如图 4.16 所示)。“十四五”时期超低能耗建筑将会是建筑行业的亮点。有关标准规定了公用建筑、民用建筑超低能耗建筑能效水平、技术指标和实施措施，为超低能耗建筑发展提供强有力的支持。各省市还依据本地的气候特点、用能习惯等，研究制定了适合本地的技术指标，编制了相应的建筑技术标准及导则。

2022 年是“十四五”规划的第二年，各省市区不断加大对超低能耗建筑的宣传，相继推出了绿色建筑创建行动实施方案，建立和完善了超低能耗建筑的标准，对超低能耗建筑质量加强监督，建立完善的评估及后评估机制，形成超低能耗建筑系统政策与技术体系，使超低能耗建筑朝着标准化，模块化的方向发展。

图 4. 16　超低能耗建筑工程实践

1. 零碳建筑的概念

在城镇化进程迅速推进、人们生活水平日益提高的今天，建筑业已成为我国能源消耗和二氧化碳排放量增长最快的行业。但也正是因为这个原因，建筑行业的二氧化碳减排具有巨大的潜力。为此，国内外研究机构对此展开广泛讨论，并诞生了低碳建筑、零碳建筑等概念。

建筑物二氧化碳排放量是指建筑物在建筑材料制造加工、建筑材料运输、施工和拆除过程中产生的温室气体排放量的总和，通常以二氧化碳当量表示(如图 4. 17 所示)。二氧化碳排放包括二氧化碳、甲烷、一氧化二氮、氢氟碳化物、全氟化碳和六氟化硫等温室气体排放。据联合国环境规划署统计，全球建筑能耗约占全部能源消耗的 1/3。欧美等发达国家建筑能耗所产生的二氧化碳排放量占社会总能耗的 40%～50%。在中国包括建筑的建设和运行在内的能源消耗已占我国能源消耗总量的 30%。为实现“双碳”目标，降低温室效应对全球的影响，迫切需要控制建筑物的二氧化碳排放量。

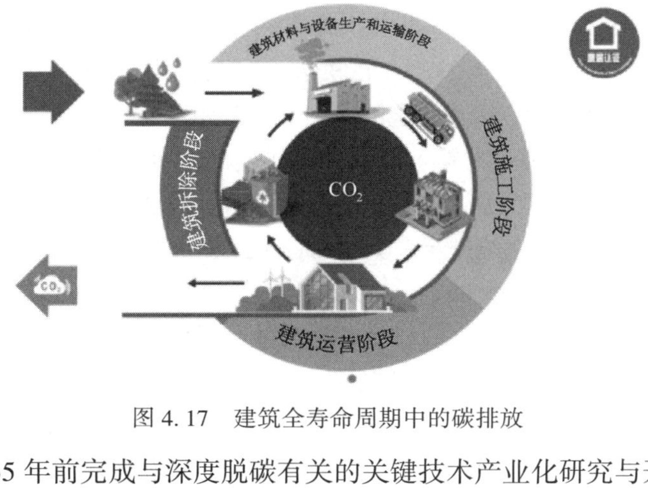

图 4. 17　建筑全寿命周期中的碳排放

欧盟拟在 2035 年前完成与深度脱碳有关的关键技术产业化研究与开发，美国计划加大在氢能、储能和先进核能等方面的开发投入。日本也已在可再生能源制氢、储运、氢能发电和燃料电池汽车等方面具有了较大的优势。事实上，新一轮的产业竞争已经开始，我国必须迎头赶上。

据《中国建筑能耗与二氧化碳排放研究报告(2021 年)》数据显示(如图 4. 18 所示)，2005—2019 年全国建筑全过程能耗增长 2. 4 倍，年均增速为 6. 3%；二氧化碳排放量增长 2. 24 倍，年均增长率为 5. 92%。2019 年，全国建筑全过程能源消耗 22. 33 亿吨标准碳当量，直接和间接二氧化碳排放总量为 49. 97 亿吨二氧化碳，占全国二氧化碳排放量的 50. 6%。可见，建筑业是我国尽快实现“双碳”目标的重要战场，建筑业二氧化碳减排成为建筑业人士关注的重要课题。

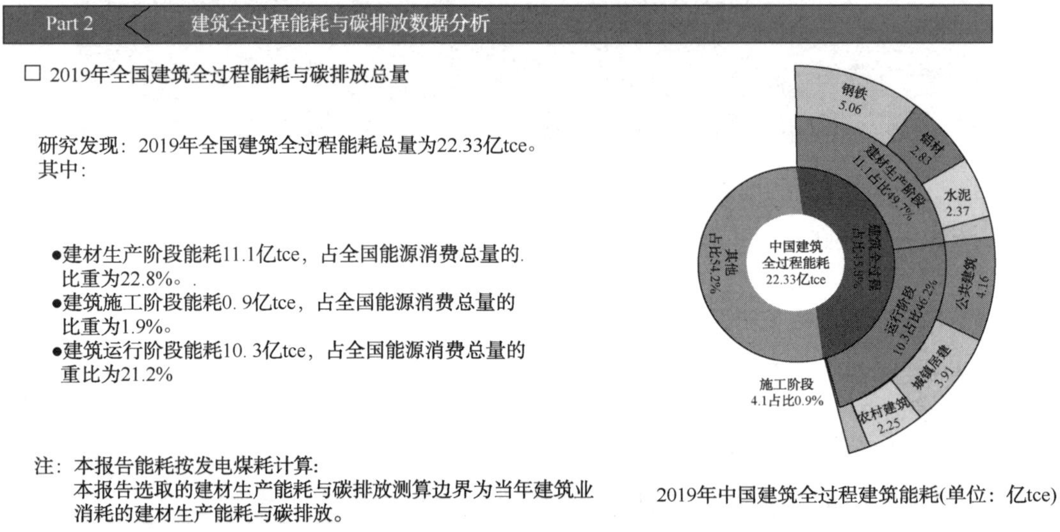

图 4. 18 《中国建筑能耗与二氧化碳排放研究报告(2021 年)》

随着低碳发展理念逐渐渗透到生活的各个领域，建筑行业也在寻找更绿色、更环保的施工方式。近十多年来，绿色建筑、被动式建筑、低碳建筑、零碳建筑等这些新概念逐渐成为建筑行业的宠儿，它们相辅相成，是不同发展阶段的产物。

(1) 绿色建筑

1969 年，意大利建筑师 Paolo Sorelli 首次提出绿色建筑的概念。随着科技的发展和人们认识的提高，“绿色建筑”的概念于 1992 年在联合国环境与发展大会上正式提出，并包含了环境、健康和人文等一系列概念。绿色建筑的内涵不断丰富和充实，新的节能产品和新技术形式层出不穷。2000 年初，我国引入绿色施工理念，国家和多个省市相继出台多项政策、指南和法规，大力推动绿色施工的发展。经过 20 多年的发展，我国对绿色建筑的运用不断深入和加强，特别是 2019 年对绿色建筑进行了全新解读，强调“健康、适用、高效、和谐、优质、人文”，关注建筑本身的绿色性能和建设活动的健康运行，强调人们的感知。绿色建筑的节能要求和健康理念在一定程度上反映了低碳建筑的理念。

绿色建筑的特性之一是“气候适应性”，即建筑的能源系统和围护结构对气候变化的适应性，使得建筑的能耗也随之发生了适应性变化。基于这一特点，建筑物可以产生能量供自身运行，这一结论在很多发达国家得到了验证，我国与德国能源署合作中也产生了很多案例。例如在我国北京和上海等二、三类日照地区，通过在建筑物的顶部和南面安装太阳能电池板，可以获取大量的太阳能，为建筑提供能源(如图 4. 19 所示)。一系列类似案例进一步表明，建筑不仅是能源消耗单位，也是生产单位。

图 4.19　太阳能光伏屋顶

（2）被动式建筑

被动式建筑又称被动式房屋，由瑞典教授 Bo Adamson 和德国教授 Wolfgang Pfister 于 1988 年共同提出，是指建筑物对气候特点和自然条件的适应。通过被动技术手段，采用保温和气密性能更好的围护结构和高效新风热回收技术，合理利用可再生能源，减少一次性能源消耗，为建筑提供更舒适的室内环境。“被动式建筑”的发展，不仅是世界能源形势趋紧所迫，更得益于绿色环保、节能减排、舒适宜人等生活理念的提出。

被动式建筑是一种新型节能建筑概念，适用于住宅、写字楼、学校、幼儿园、超市等，是通过自然通风、自然光、太阳辐射和室内非热源得热，仅依靠建筑的设计就可以使室内冬暖夏凉，不再需要单独安装供暖和制冷设备，即不主动产能建筑（如图 4.20 所示）。这样的建筑可以最大限度地减少对供暖和制冷系统的依赖，显著提高室内环境的舒适度，并显著降低建筑的能源消耗。被动式建筑有五个关键原则：围护结构保温、节能窗、高气密性、无热桥设计和热回收机械通风。其两个核心指标是：年供暖能耗≤15 千瓦时/平方米，年一次性能源消耗量（采暖、生活用水、生活用电等所有家电的总能耗）≤120 千瓦时/平方米。根据德国被动房研究所（PHI）的数据，与标准现有建筑相比，被动式建筑的供暖和制冷能耗降低了约 90%，与新建建筑相比降低了约 75%。

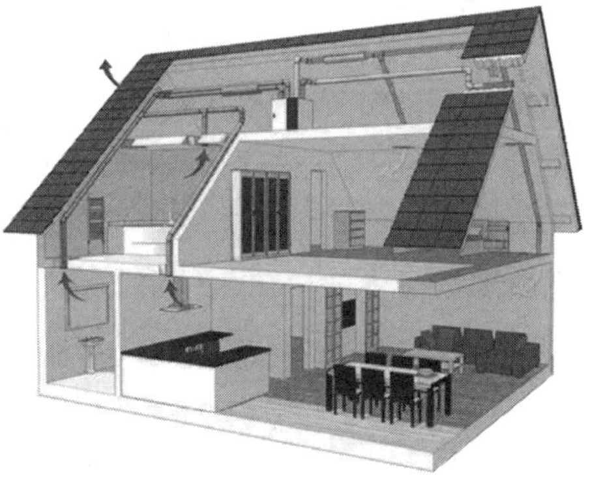

图 4.20　被动式建筑

根据能耗指标分类，被动式建筑可分为能耗极低的建筑、几乎为零能耗的建筑和零能耗建筑。为了使被动式建筑更好地适应我国国情、气候特点和标准体系等，具有中国特色的被动式建筑正在逐步形成。截至 2020 年 6 月，我国 10 个省区、17 个市共出台 47 项政策，对被动式建筑项目提出了明确的发展目标或激励措施。被动式建筑是建筑节能高层设计的实践，通过规范建筑的围护结构和设备参数，对建筑的框架和附属设备进行节能设计，以实现低碳和零碳。

很多人从概念上认为被动式建筑和主动式建筑是完全对立的两种建筑形式，但其实两者的本质是一样的。如何平衡人、建筑和自然之间的和谐关系是这两种建筑形式都需要解决的最基本问题。被动式建筑和主动式建筑都是需要结合气候特点进行设计的建筑理念，它们是以生态中心主义为基础，要求设计师尊重自然环境，在进行设计时，全面考虑建筑物可能对环境带来的影响和不利因素，在充分利用科技力量的同时，也从更高的层面展示了人类的道德精神和责任意识。

（3）低碳建筑

低碳建筑的概念起源于2003年英国政府提出的低碳经济，完善于2006年推出的借助各种技术手段提高建筑能效、显著降低碳排放的建筑。

2008年，我国首次提出低碳建筑，一般理解为采用节能技术二氧化碳排放量尽可能低的建筑。重庆市《低碳建筑评价标准》对低碳建筑的定义是：在建筑物的生命周期内，从规划、设计、建造、使用、拆除、回收等阶段到减少碳源和增加碳汇等阶段，针对生命周期碳性能进行了优化。

建筑对环境产生影响的主要来源是碳排放，因此“低碳建筑”可以看作是“绿色建筑”的升华。

（4）零碳建筑

零碳建筑的概念在欧美国家的研究中更为普遍。英国社区和地方政府部门提供的原始定义是：根据所有相关电器和设备包括供暖、空调、通风、照明、热水和烹饪、洗衣、娱乐等所消耗的能源的年度计算，碳排放为零（如图4.21所示）。然而，这个定义有两个主要缺陷。一是每幢房屋都是独立的，通过自身运行产生电力和热力，成为“能源孤岛”；二是投入过大，无法实现大规模实施。因此，英国社会和地方政府当局在新定义中排除了使用家用电器产生的碳排放，同时引进了零碳层次的概念，将实现零碳目标划分为“碳合规”和“零碳”两个层级。在措施上，分为结构能效、现场低碳热能和电能可容许解决方案三个步骤。

国内零碳建筑研究最早出现在2009年英国零碳建筑项目的介绍和讨论中。2012年11月，中新天津生态城公共住房中心投产后，其官网描述为“零碳建筑”。“零碳建筑”为“不消耗煤、油、电等能源，每年的能源消耗全部由现场产生的可再生能源提供”，主要特点是在加强被动式节能设计的基础上，建筑的能源需求将转向太阳能、风能、浅层地热能和生物质能等可再生能源（如图4.22所示）。

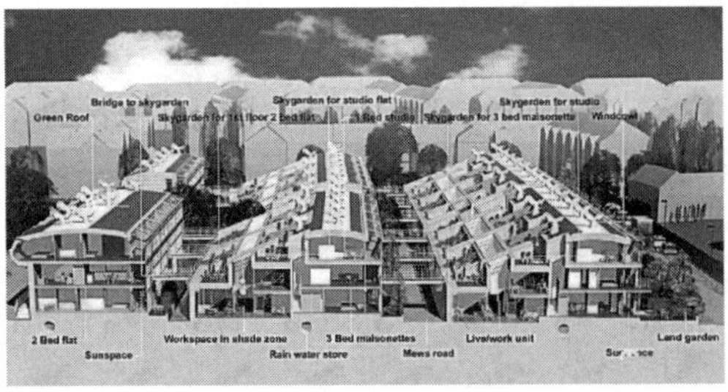

图4.21　英国最早的零碳社区——贝丁顿

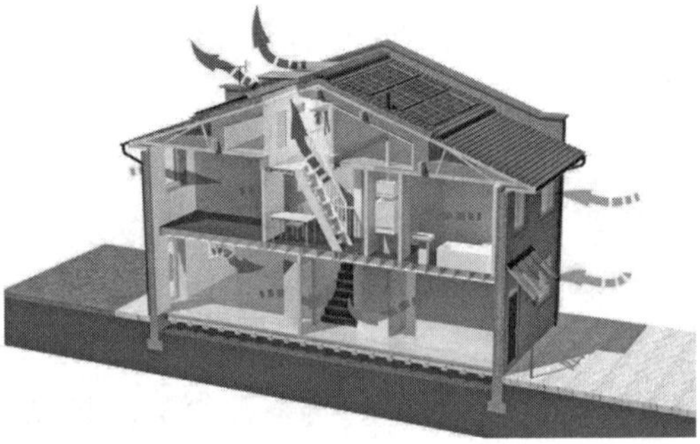

图4.22　旧建筑改造后的零碳建筑

面对日益严重的能源危机和日益恶化的环境，零碳的实践变得越来越重要。在建筑规划、设计、施工和使用中持续渗透零碳理念，推动人类社会可持续发展。所以，零碳建筑将成为今后建筑发展前景非常广阔的方向。

实现零碳建筑需要一个过程。低碳是零碳发展的基础，零碳是低碳发展的最终目标。目前，零碳建筑还处于起步阶段，建成的零碳建筑还处于试验阶段，尚未大规模应用。尽管各种零碳技术的发展受到人道主义、科学和实施策略的影响，但随着人们环保意识的逐步提高和科学技术的不断发展，零碳技术和零碳建筑终归会得到广泛的应用。

我国现阶段，不同地区的经济发展是不均衡的，减排目标需要根据实际情况设定，零碳建筑的发展是一项艰巨的任务。首先，要向全社会传播“零碳”理念，增强全民环保意识。其次，对相关建筑人才进行培训，增强高校学生的环保意识，支持和鼓励零碳建筑领域的科研。最后就是要借鉴外国相关经验，结合自身情况形成符合自己特色的做法。

发展零碳建筑对于减缓全球变暖、改善人类居住环境具有重要意义。零碳理念深入人心，是实现人类可持续发展的美好愿望。

2. 建筑低碳化探索

（1）制定具有针对性的发展战略

为了保证近零能耗建筑更加符合中国的建筑特点、产业结构与民众使用习惯等，需要从以下三个方面进行优化调整：一是强化与建筑横向衔接。建立完善的建筑节能体系，对比并深入研究发达国家关于零能耗、近零能耗建筑定义及内容等技术，厘清主动与被动技术应用中出现的问题与缺陷，并且根据我国国情针对性地提高节能实际状况与水平，确保相关方法符合实际需要，并在物理边界、平衡循环、换算系数等方面，制定适合我国建筑业发展的结构参数和定义；二是将影响建筑物荷载的温度、湿度、太阳能等因素纳入考虑范围，研究其时空分布的具体特征，制定最优工程方案。运用近零能耗建筑优化工具，构建具有中国特色的技术指标体系，使发展战略更具针对性；三是加强试验研究，运用大数据、云平台等计算机技术，采集并掌握室内环境、系统控制等参数，建立建筑设备的性能和经济模型，便于相关参数在实验平台上的验证。

（2）加强基础理论研究

首先，建立基础案例库和预测研究模型，对气密性和空气质量等问题进行分析和讨论，深入了解各参数之间的联系规律，确保近零建筑能耗相关理论知识的掌握，同时顺应日新月异的市场发展趋势及时更新扩充。由于不同地区的气候特点不同，需要加强对围护结构热湿迁移机理的研究，明确其在双向热流作用下的性能变化，通过建立保温施工模型，控制方法和系统寿命，可以更好地发挥控制效果，确保有效降低能耗。其次要收集和分析污染源强度和浓度的基础数据，深入学习近零能耗建筑风量要求的基础理论知识，运用分级控制框架设计和间歇控制方法等技术，确保资源高效配置、合理使用，提高能源利用率，达到节约和保护环境的目的。最后要加强室内空气质量评价方法研究，建立简化的空气渗透能耗模型，计算气候适宜地区建筑的气密性与能耗的平衡点，使建筑接近零能耗。

（3）强化技术产品开发与集成

首先，建筑物对设备的要求各不相同，应加大保温材料和构件研制力度，以保证它们在建筑装饰结构一体化设计中保持高性能特性。此外，开发商要设计门窗热耦合智能控制有关程序软件，确保门窗综合性能的提升，便于使用者对室内设备的操作与调节。

其次针对近零能耗建筑低能耗、高质量管理的特点，了解系统运行规律，开发具有热回收功能的柔性活性能源系统和产品，达到节能和使用能源的目标。最后，需要深入理解可再生能源和储能方式在建筑互联中的具体应用策略，不仅要对热泵、储能和太阳能转换等关键技术进行综合分析，还要进一步发展相应的功能产品使其对能源生产的损失影响降到最低。

(4) 建立有效的测评方法

首先，设计近零能耗的建筑参数评价模型，针对建筑性能进行规划和优化设计的方法，依托能耗计算理论，将气象参数、房间模型、能效产品等输入数据库，使得所研制的计算工具能够精确完成能耗统计工作，从而得到合理、高效的设计评价结果。其次是改进建筑内容中的一些重要技术环节例如保温系统。通过积极吸取国外的成功实例，并总结以往技术运用经验，使施工技术体系更加完善，使项目保持低成本和高效率，保证建筑长使用寿命。最后，构建技术评价鉴定体系，对材料强度、能耗几乎为零的建筑能源强度、地下水热泵系统等指标进行综合评价和控制，从而改善设计方案质量和减少风险隐患发生概率。

(5) 推动产业进一步更新

推动产业的进步往往先需要国家财政的补贴，让严寒地区能耗几乎为零的建筑获得足够的资金开工建设，并借助有关方面的资金支持，购置性能更好、能耗更低的建筑材料和机械设备，确保建筑能源效率得到充分利用。首先，在建筑业大力推广绿色金融，建立健全金融体系。开发商可以通过购买绿色保险和申请贷款的方式，向当地政府部门申请项目和项目收入相关税费。减免政策将鼓励开发商实施项目的积极性，扩大产业范围，更好地完成近零能耗建筑的推广工作。其次，要推进施工创新，进一步提高围护结构的性能，将太阳能、风能等环保能源应用到围护结构中，提高气密性，不仅有效阻隔传热，还能保持室内温度，温和宜人，有效防止漏水，防止居住环境潮湿问题。最后，要注重提高设计人员的综合素质，加强相关人员的专业能力和业务水平，丰富自身的知识储备，掌握最现代化的施工技术，确保建筑的施工效率和施工质量。

3. 零碳建筑技术实施路径

创造零碳建筑的环境，是今后零碳战略的一个重要组成部分。在这一过程中，人们对低碳建筑有很多认识上的误区，比如认为只有低碳型建筑才能带来更多的效益。尽管零能耗建筑的进展仍然缓慢，但是近40年，我们已逐步开发了许多可供设计使用的方法和技巧，尤其对零能耗建筑形成了较深的认识与了解。

零碳建筑的主要原理是：将太阳能、风能和有机垃圾发酵产生的生物质能作为核心能源从而达到“零能耗”。零碳建筑除了在设计阶段就将建筑围护结构设计为被动式节能外，还能够将可再生能源作为建筑能源的需求，为建筑与人类、环境和谐共生提供最强有利的支撑。

(1) 常见的零碳建筑技术

1) 能耗模拟分析技术。建筑能耗模拟分析技术并非一项有具体形态的技术，而是一种工作思路。建筑能耗仿真就是建筑环境的模拟，在计算机上对系统及装置建模，对建筑小时能耗进行测算，根据计算结果，回归建筑设计与具体技术，以及优化策略（如图 4. 23 所示）。当今的绿色建筑和被动式超低能耗建筑需要将仿真分析融入方案设计和结构图设计过程中，以评估设计技术的合规性。中国地域广阔，不同地区有不同的气候特征，应结合当地环境特点进行合理分析。

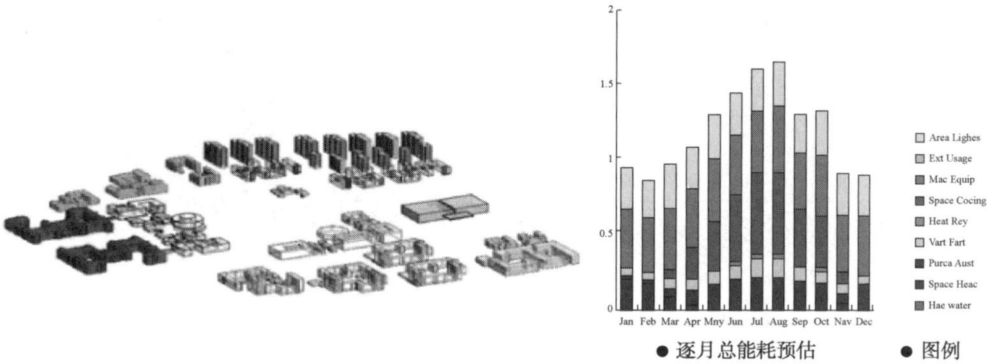

图 4. 23　能耗模拟分析

2）高效外围护保温隔热技术。建筑物的外壳至少有 6 面，即四面外墙、屋顶和基础。这些都是建筑物中发生热量散失的重要部位，应采用高效的保温措施加以阻隔。以往大家更注重建筑外墙的保温和屋顶的保温，其实接触地面的土壤也应该采取保温措施。

3）真空绝热板保温技术。真空绝热材料是一种集防火、保温于一体的高效保温材料。真空绝热板（VIP 板）是真空绝热材料的一种。它由核心填充材料和真空保护表面层组成。能有效阻止空气对流引起的热量传递，是传统保温材料导热系数的 1/10。

真空绝热板在建筑节能领域用作保温材料的比例不高，主要原因是价格过高，大多数工程都难以承受。但其极致的保温隔热效果适用于高端工程。为了达到同样的保温效果，真空保温板的厚度仅为传统保温材料厚度的五分之一。对于寸土寸金的一线城市，有很大的市场潜在应用价值。

4）特朗伯（Trombe）墙体技术。特朗伯集热墙依托于独特墙体设计方案，不需要机械能，没有传统能源消耗，仅靠被动地采集太阳能来给建筑物取暖。它最早是法国太阳能实验室主任 Felix Trombe 教授和合作者提出的，所以俗称 Trombewall。特朗伯墙的运行原理（如图 4. 24 所示）。

5）真空玻璃节能门窗。真空玻璃是将两片平板玻璃四周密封起来，将缝隙抽真空，之后密封排气孔（如图 4. 25 所示）。两块玻璃之间的间隙为 0. 1~0. 2 毫米。一般情况下，两片真空玻璃中至少有一片是低辐射玻璃，真空玻璃的传导、流动和辐射热损失最小，其工作原理与玻璃保温瓶相同。真空玻璃是玻璃技术与材料科学、真空技术、物理测量技术、工业自动化和建筑科学等多个领域、技术和工艺相互配合的产物。当建筑外窗采用真空玻璃制品时，其热工性能明显更好，传热系数低于 1. 0W/（m · K），是现有普通外窗性能的两倍，节能提升 20%以上，是被动式超低能耗建筑、零能耗建筑、零碳建筑的通用技术。

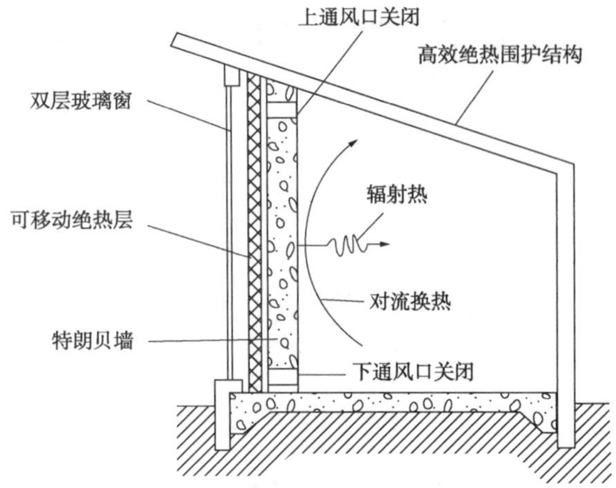

图 4.24　特朗伯墙体工作原理

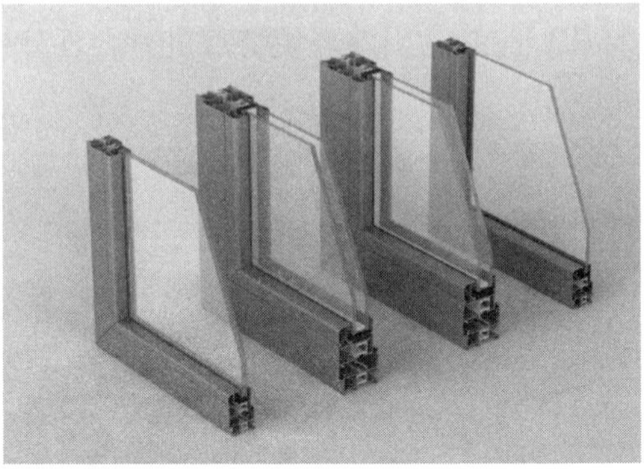

图 4.25　真空玻璃节能窗

6）玻璃阳光房。对于北半球的建筑，带有朝南窗户和较小朝北窗户的梯田建筑是最理想的被动式太阳能解决方案。高窗朝南，冬季可利用太阳辐射角度小，被动加热物体。用玻璃门窗打造日光室，冬季白天能保存更多热量，让房间暖和起来。夏季同时还能兼顾通风。

7）建筑遮阳技术。做成玻璃窗后，通透效果好很多，但其保温隔热性能与保温结构的不透光墙体相比，在能量损失上还相对较差。特别是在夏季，阳光直射和远红外线辐射通过窗户射入室内，造成热量积聚，此时在外窗进行遮阳措施，可以减轻夏季室内的负荷。使用朝南的遮阳板是夏热冬暖地区调节太阳辐射的一种手段。夏季，高太阳角度的阳光照射到遮阳板的顶部，转化为电能和热能，冬季，低角度的太阳进入低角度的阳光房。

8）热反射外墙涂料。热反射外墙涂料是减少夏季内部负荷的一种措施。当室外热能辐射穿透纳米热反射层时，92%的不可见光被反射，不进入室内。通过这样的涂料，可以实现室内外环境的温差，达到冬暖夏凉的效果。

9）屋顶绿化。通过在屋顶上种植蔬菜和香料等农作物可以实现烈日下的隔热、降温作用。植物通过蒸腾作用，散发内热，从而达到降温效果。

10）光伏发电。太阳能电池板利用光电效应将太阳光直接转化为电能。建筑物的电能不能直接供应给国家电网，需要馈送到电池组和逆变器组的本地微电网中。

11）太阳能热水系统。太阳能热水器依靠玻璃真空集热器将太阳能转化为热能。热能提供加热公用事业用水和对大厅中的溶液进行除湿所需的热量。集热管暴露在阳光下的一面温度高，背面温度低，所以管内的水会有温差。利用热水上升，冷水下降的原理，使水产生微循环，达到理想的温水效果。

12）地源热泵系统。地源热泵（如图 4.26 所示）是通过从浅层土壤能源中注入少量优质能源（如电能等），将劣质热能转化为优质热能的装置。一个地源热泵消耗 1 千瓦时的能量，用户可以获得超过 4 千瓦时的热量或冷量。

13）水源热泵系统。通过注入少量优质能量，实现热能从低温位置向高温位置的传递。为达到给建筑物保温的目的，夏季可以将建筑物的热量释放到水体中，冬季热泵机组(如图 4. 27 所示)可以从水源中提取热能供暖。

图 4. 26　地源热泵系统

14）空气源热泵系统。空气源热泵(如图 4. 28 所示)采用高位能量，以确保热量由低位热源空气流向高位热源，属于热泵形式之一。从字面上看，热泵好比是一个泵，可将无法直接使用的低位热能，如空气、土壤、水含有热量等，转换成可使用的高位热能，这样可以节省部分高位热能，如煤、电、气、油等产生的热能。

15）风帽。风帽(如图 4. 29 所示)是一种安装在屋顶上的风热能回收装置，采用独立风力寻向装置，识别建筑物周边风力方向，把室外风能转换成室内建筑物通风功率，相比于传统的空调和通风系统，能回收 70%的显热和潜热。

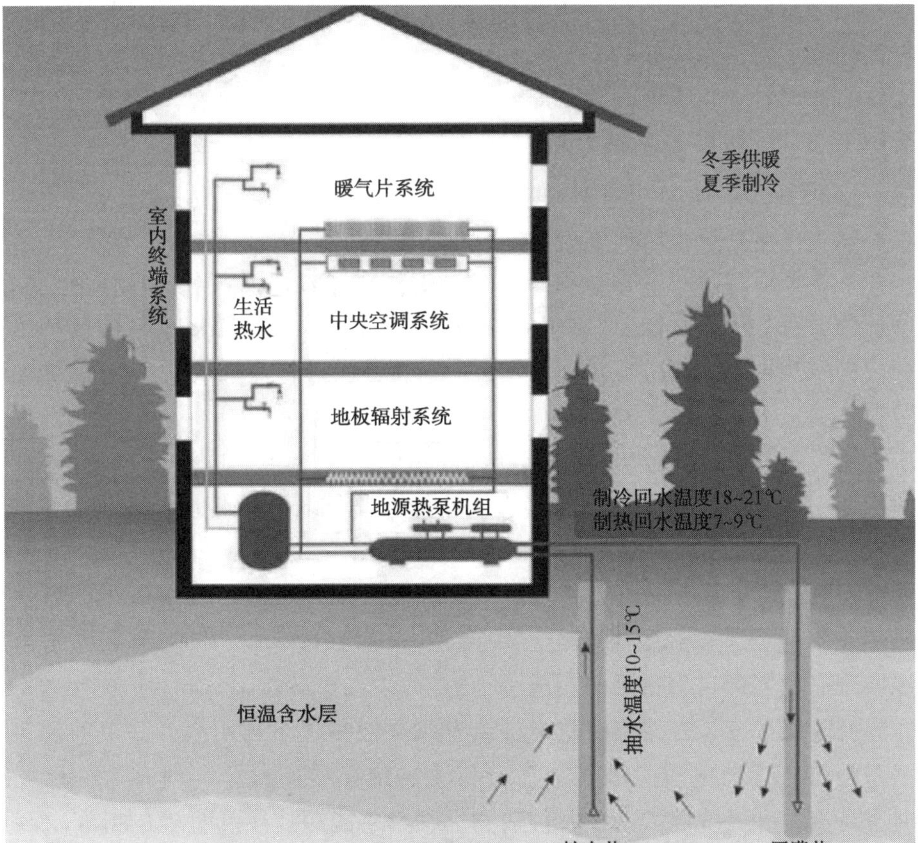

图 4. 27　水源热泵系统

图 4.28　空气源热泵系统

图 4.29　不锈钢风帽

16）雨水回收。来自屋顶和阳台的雨水被特殊管道收集，然后排入地下雨水池。经过一体化雨水处理装置处理后，汇集在干净的雨水池中。处理后的雨水通过变频系统加压，以保证建筑内水的供应。

17）中水回用。中水，非饮用水，可以部分再利用。再生水回用就是将经过适当深度处理和消毒的中水中含有的有害物质去除后再用于生产或居民生活用水。利用再生水，就是对处理后的水进行回收，体现了用水“优质高耗、低质低耗”的原则。中水利用也是保护环境、防治水污染的主要途径，是社会经济可持续发展的重要环节。

18）毛细管辐射空调系统。毛细管辐射空调系统作为一种新型节能舒适空调，可以代替传统中央空调。这种体系是以水作为冷却剂并穿过均匀而致密的毛细管垫进行散热，一般管体为4.3毫米×0.8毫米，间距为10毫米×20毫米×40毫米。与常规水调节器相比，减少了供水和排水所需的能源消耗，使系统更加节能。水源热泵产生的中温冷水或低温热水，通过冷辐射毛细管末端的换热系统转化为冷辐射。通过辐射，直接与室内环境和使用者进行冷热交换。这种基于辐射的冷热交换显著简化了将能量从热泵传输到最终用户(室内环境)的过程，显着减少了不可逆损失，并提高了劣质自然冷热源的效率。

19）新风能源一体机。新风系统与空调设备的组合系统，可将新风融入空调系统，利用新风末端实现制热、制冷和新风供给。这种一体化装置比传统的中央空调+独立新风要简单得多，在被动式住宅建筑中非常实用。

20）生物质能。生物质能就是将饭店的剩饭剩菜及垃圾经可控厌氧发酵后生成沼气供电及供热。沼气是厌氧微生物与空气中多种有机物分离时分解代谢生成的可燃性气体，可以实现剩余能源自给自足的需求。

21）能耗监控系统。能耗监控系统监测能源消耗和建筑利用率，并协助建筑智能做出决策。系统可直接与电表、水表、气表和流量计算器连接，实现有效的现场能耗计量，同时支持有线和无线以太网实时传输和远程集中能源控制和管理(如图4.30所示)。只有实施了能耗监控系统，才能知道建筑中哪些元素是高耗能的，哪些时段的能耗高，并进行详细的研究分析，从使用方式上探索节能。能耗监测是对建筑所采用的技术体系的验证，反映了建筑能耗的初步模拟，是对建筑节能减排的最终检验。未来，越来越多的建筑将使用能耗监控系统。

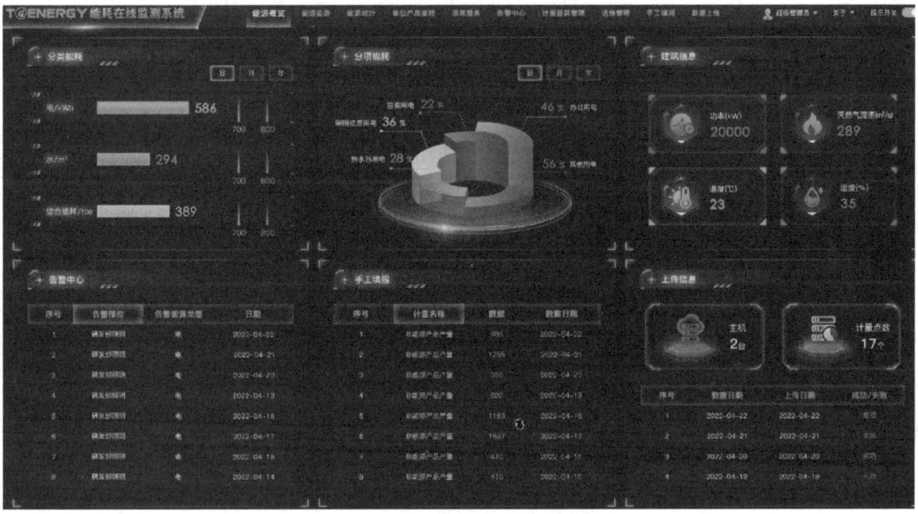

图 4.30　能耗在线监控系统

（2）零碳建筑技术在航油建筑工业化过程中的应用

零碳建筑造价昂贵，不应作为营销的重点，而应考虑如何在保持和提高室内环境舒适度的同时，降低能源消耗总量的比重。

结合实际，未来航空零碳建筑的实现之路应采用能源模拟分析技术，对建筑环境、系统和设备进行计算机建模，计算建筑每小时的能耗。在设计和施工中要合理采用高效外墙保温技术、真空保温板保温技术、特朗伯墙体技术、真空玻璃节能门窗、建筑遮阳技术、热反射外墙涂料等；在运维过程中，通过能耗监控系统连接电表、水表、气表和流量计算器，实现有效的现场能耗计量，通过有线和无线以太网实时传输，对耗能设备进行集中控制和监控。同时也要通过屋顶公园绿化管理、光伏发电、太阳能热水系统、地源热泵、水源热泵、空气源热泵、风帽、雨水回收、中水回用、毛细管辐射空调系统来降低能耗，实现节能减排。

4. 零碳建筑实例

（1）加拿大乔伊斯中心

乔伊斯中心是加拿大绿色建筑委员会制定的零碳建筑标准下的 16 个试点项目之一，该标准旨在提出减少建筑物碳排放的环保技术。乔伊斯中心（如图 4.31 所示）的教室及实验室环绕宽敞明亮、采光良好的中庭，并通过模块化空间与灵活多变的环境相连。建筑就地取材，使用双层墙体，最大限度地发挥自然光对内部气候的调节作用。工程还采用 28 眼地热井，发展清洁可再生能源。大楼顶部有 2000 块太阳能电池板，支持大楼的净零碳输出。

（2）亚马逊新总部大楼

亚马逊新总部大楼（如图 4.32 所示）由三座玻璃球形建筑组成。最大的球体高 90 英尺（约 27 米），宽 130 英尺（约 40 米）。里面种植了来自世界各地的 40000 多株植物，走在其中犹如走进森林，堪称“室内热带雨林”。三座玻璃球形建筑由钢架连接，外悬夹层玻璃。每个球体需要2643个面板。面板反射热量，但允许适当波长的光通过以促进植物生长。此外，该建筑的通风系统模拟室外微风，白天保持22摄氏度温度和60%的湿度，温度在夜间下降并增加湿度。

图4.31　加拿大乔伊斯中心

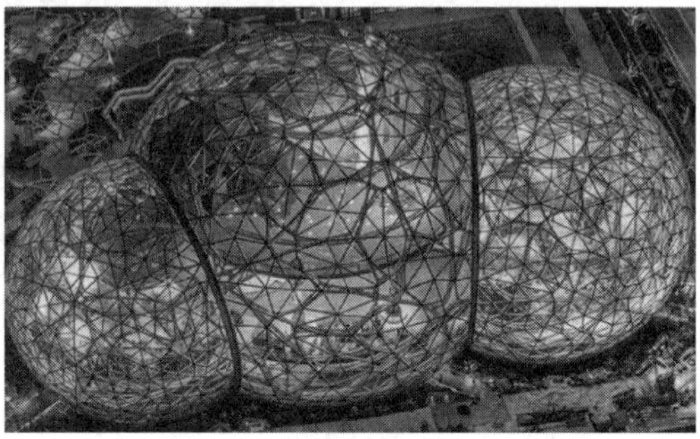

图4.32　亚马逊新总部大楼

生活墙是亚马逊新总部大楼的最大特色。它有四五层楼高，4000平方英尺的墙内种植了25000多株植物。这是生物多样性的创新展示。

图4.33　哥本哈根联合国城

（3）哥本哈根联合国城

联合国城坐落在哥本哈根北港区海港旁，总占地面积约4.5万平方米，为不规则八角星形(如图4.33所示)。这座大楼采用了海水冷却系统，基本不用额外供电就可以对大楼进行降温。楼顶安装1400多块太阳能电池板，每年可为大厦提供约30万千瓦时的电能。同时，大楼每年可收集300万升雨水用于冲洗厕所，大大节约了水资源。

（4）上海世博会伦敦零碳馆

上海世博会伦敦馆是世博会大力支持的城区最佳实践项目，是中国首座零碳公共建筑。伦敦馆共四层，总建筑面积2800平方米。位于上海馆北侧，由前后相连的两座零碳建筑组成。伦敦馆借鉴了伦敦首个零碳社区——贝丁顿的零能耗技术。同时，考虑到上海地区的气候特点，采用国产节能建材，实现中国首座零碳建筑。其中，设置了零碳大讲堂、零碳餐厅、零碳展厅和六套零碳样板房，向游客展示建筑领域应对气候变化的策略和方法。

① 风帽通风。由于伦敦馆地处夏季高温高湿的气候带，为降低建筑采暖和通风能耗，伦教馆采用了除湿方案和太阳能热水供能的吸收式制冷系统，对进入房间的新鲜空气进行冷却和除湿。同时，22个旋转罩利用风能驱动内部通风和热回收，罩内的热交换器最多可回收70%的热量。该系统与吸收式冷却系统的头罩和顶篷相结合，还为空气循环提供了解决方案。伦敦馆的供暖和通风需求由太阳能风吸收式制冷系统和公共河流水

源系统提供，并通过建筑额外的太阳能电池板和生物质热电联产发电，满足建筑全年的能源需求。

② 水资源利用。伦敦馆使用雨水收集和再生水来最大限度地提高水资源利用效率并减少水的流失和污染。据初步统计，伦敦馆收集和净化的雨水量将大于建筑消耗的水资源。为进一步诠释世博会“城市，让生活更美好”的主题，伦敦馆提供了高效利用城市垃圾的生物质热电联产系统。该系统将食物垃圾和有机物混合，通过生物分解产生电能和热能。该系统加工的产品还可用作生物肥料。

③ 太阳能利用。在建筑的物理设计中，为了尽可能多地利用被动式太阳能，建筑形状的各个角度都经过优化以收集能量。南立面由日光室把太阳能转换成内部热能，南向屋顶由太阳能板把太阳能转换成电能。朝北屋顶以漫射阳光来培植绿色屋顶植被；朝北漫射阳光则提供自然光源。

④ 材料的选择。伦敦馆的材料和建造都经过精心挑选，以实现整体结构的气密性、隔热性和耐热性。由于采用了外部隔离的整体策略，气溶胶结构将有效减少热量渗透到室外环境中。具有外部绝缘和内壁的厚壁可以吸收多余的热量，并在此设置下稳定内部温度。设置的单向三层玻璃窗将在接收阳光的同时还能阻挡外界热量。

4.2.2 标准化技术

随着科技的不断发展和人们对建筑品质和施工效率要求的提高，建筑工业化成为了建筑业的新趋势。在建筑工业化的发展中，模块化组装技术成为了一种先进的设计和施工模式。这种技术会在设计阶段就将建筑按照不同的功能和用途分解成许多标准化模块，通过将不同功能的模块进行组合从而形成不同用途的建筑物或者构筑物。在施工阶段就可以将这些模块提前在工厂内预制，并将它们运输到现场进行组装。模块化拼装技术可以提高设计效率，降低生产成本，缩短建筑周期，从而更好地满足建筑产业的需求(如图4.34所示)。

图4.34　PC墙体模块

航油工程中，生产办公用房、油罐区、消防泵房、管线等设施的建造都需要涉及建筑工程，传统的建筑方式通常会存在施工周期长、工期难以控制、质量难以保证等问题。而模块化拼装技术的引入，可以解决这些问题，同时实现工程的高质量、高效率、安全环保等要求。模块在进行拼装组合时，应尽可能符合以下原则：①按模块的相对位置及空间等组合成模块单元；②功能、尺度基本相同或相似的模块可归纳为模块单元；③按拆除后的再循环利用的可能性划分模块单元；④按生产、运输、施工等组织要求划分模块单元。

以航油生产办公用房为例，其主要功能为办公用房、生产用房、配套用房等，是库区员工办公活动场所。办公建筑的模块化设计以功能需求为导向，提炼出各种建筑规模下合理的级配关系及平面标准功能模块。各功能模块有一定的可变性和多种适应性，在实际运用模块时，结合建筑面积及平面布局合理使用，从使用单位的具体需求出发进行模块拼装，遵循少规格、多组合设计原则。功能单元模块采用标准化模数网格定位方法，解决功能空间的设计尺寸和定位关系，规范部件系列化标准，实现通用建筑功能互换和尺寸定型。

在前文介绍的《航油工程装配式建筑标准化设计》中包含航油工程常规的十个建筑单体，每个建筑单体根据建设规模的不同划分为不同系列，共计 26 个代表性模块化拼装方案。标准化内容涵盖平面标准化、基本单元模块化、内装修标准化、立面标准化及预制构件标准化等，本节在这里就不再赘述，具体细节可以参考本书相关内容。

模块化拼装技术是建筑工业化的一个重要方向，它在航油工程中的应用能够提高施工效率，降低生产成本，缩短建筑周期，同时能够实现高质量、高效率、安全环保等要求。随着标准化技术的不断发展和完善，模块化组装技术将在未来得到更加广泛的应用和推广。

4.2.3 数字化技术

随着科技的不断进步和应用，建筑工业化的发展迎来了一个新的数字化时代。而在建筑工业化的进程中，BIM 技术的应用日益重要，为建筑设计和施工带来了一次革命性的变革。BIM 技术在航油工程建设中的应用也越来越受到重视。

在航油工程中，BIM 技术的应用可以提高设计的准确性和施工的效率，减少人为因素的干扰，保障工程的质量和安全。在建筑设计阶段，BIM 技术可以帮助建筑师和设计师共享信息、优化设计、提高效率和质量（如图 4.35 所示）。在施工阶段，BIM 技术可以辅助施工人员制定详细施工计划、控制进度和质量，提高施工效率。在建筑运营和维护阶段，BIM 技术可以帮助业主对建筑进行管理、监测和维护，提高建筑的运营效率和可持续性。BIM 技术与设计的协同、BIM 技术在施工过程中的应用以及 BIM 技术的应用案例已经在本书 3.4.2 节中作了详细介绍，本节在这里就不再赘述。

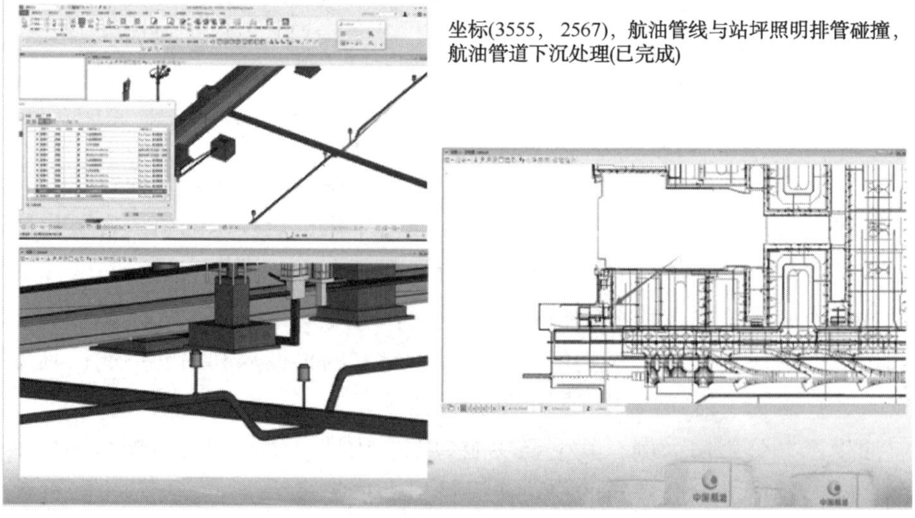

图 4.35　航油管道设计碰撞检查

BIM 技术的广泛应用已经成为建筑工业化发展的重要支撑，其在航油工程中的应用也越来越受到关注。随着技术的不断进步和创新，BIM 技术的应用也将不断完善和发展。相信在未来，BIM 技术将继续为航油工程的设计、施工、运营等各个环节带来更多的便利和效益，为推动数字化建筑工业化进程做出更大的贡献。

4.2.4 智能化技术

随着科技的飞速发展，智能化建筑系统和智能机器人已经成为建筑工业化领域的热门话题。在现代社会中，对于高质量、高效率、环保可持续的建筑需求不断增长，而智能化建筑系统和智能机器人则能够为建筑工业化的发展提供强大的技术支持。这些技术的应用，不仅能够提高建筑品质，还可以降低施工成本，提高施工效率。本节将详细介绍以智能化建筑系统和智能机器人为代表的智能化技术。

1. 智能化建筑系统

当今社会，智能化建筑系统已成为建筑行业的重要发展方向之一。智能化建筑系统是指利用现代化科技手段，将建筑与智能化技术有机结合，实现智能化控制、管理和服务的系统。它包括建筑物自动化系统、能源管理系统、安全监控系统、智能照明系统、智能空调系统等多个子系统，通过集成和互联网技术的应用，实现建筑物的智能化、自动化和信息化管理。

在智能化建筑系统中，建筑物自动化系统是最核心的部分之一。它通过对建筑物内的设备、设施和系统进行集成和控制，实现对建筑物的自动化控制，包括照明、空调、通风、卫生间等系统的控制。能源管理系统是另一个重要的部分，通过对能源的监测、控制、调节和管理，实现对建筑物能源消耗的有效管理和优化。

此外，智能化建筑系统还包括安全监控系统、智能照明系统、智能空调系统等多个子系统，这些子系统通过互联网技术的应用，能够实现对建筑物的智能化控制、管理和服务，提高建筑物的安全性、舒适性和节能性。

(1) 建筑物自动化系统

建筑物自动化系统是指利用计算机、传感器、执行器等先进技术，实现建筑内部设施的自动化控制和智能化管理的系统。这些设施包括照明、空调、通风、电梯、消防、安防等，通过将它们与计算机网络连接，实现对建筑设施的集中控制、监测、管理和优化，提高建筑设施的运行效率、安全性和舒适性。

建筑物自动化系统具有以下特点：

① 自动化：通过设定预定的条件和程序，实现自动化的控制和管理。

② 集成化：将建筑设施与计算机网络连接，实现集中控制、监测和管理。

③ 个性化：根据不同的需求，可以对建筑设施进行个性化的设置和调整。

④ 智能化：通过对数据的收集和分析，可以实现智能化的优化和管理，提高建筑设施的运行效率和舒适性。

建筑物自动化系统的实现需要借助各种先进技术，包括传感技术、计算机技术、网络技术、人工智能技术等。通过这些技术的应用，可以实现建筑物自动化系统对建筑设

图 4.36　智能办公室

施的智能化控制和管理，从而提高建筑设施的运行效率、安全性和舒适性。

当谈到建筑物自动化系统时，一个常见的案例就是智能办公室。智能办公室(如图 4.36所示)通过安装传感器和设备来监测和控制室内温度、湿度、照明和空气质量等参数，自动化地进行控制和调节，以提高办公室的舒适性和能源效率。当员工进入智能办公室时，门口的传感器会感知到人员的到来，并自动调整照明和温度。当员工离开办公室时，传感器会自动关闭照明和调整温度。此外，智能办公室还可以通过集成的智能系统和软件，帮助员工轻松地管理会议室预订、办公室设备的控制和监测等任务，提高工作效率。

建筑物自动化系统的应用不仅可以提高建筑物的舒适性和能源效率，还可以提高建筑物的安全性和可靠性。例如，在火灾等紧急情况下，建筑物自动化系统可以自动报警并采取相应的措施，保护人员的安全。

建筑物自动化系统在航油工程中也有广泛应用。在航油工程中，液体燃料的输送和储存是一个复杂的过程，需要高度自动化的控制系统来保证其安全性和效率性。南宁吴圩国际机场在建设过程中采用了自动化技术控制燃油输送和储存系统。系统采用了传感器和控制器，实现了自动化检测和控制，避免了人为因素对燃油管理带来的安全隐患和损失，大幅提高工作效率和准确性。

在航油工程中，建筑物自动化系统也可以实现对设备状态、运行情况的实时监测和维护，对设备异常情况实现快速预警，提高了设备的使用寿命和可靠性。同时，系统也可以根据不同的燃料需求，实现对燃油输送和储存系统的智能化管理，提高了燃油的利用率和管理效率。

(2) 能源管理系统

能源管理系统(如图 4.37 所示)是智能化建筑系统的重要组成部分。能源管理系统旨在通过智能化的方式管理和监测建筑内的能源使用，从而实现能源的高效利用和节约。它可以帮助建筑物的管理员或业主实现能源的管理和监测，并在必要时自动调节能源的使用，以确保能源的高效使用和降低能源消耗。

能源管理系统通常包括以下功能：

① 能源监测：能源管理系统可以监测建筑内的能源使用情况，包括电力、燃气、水等，以便管理员或业主了解能源使用情况，并针对性地采取措施来降低能源消耗。

② 能源控制：能源管理系统可以控制建筑内的能源使用，如自动控制照明系统、空调系统等，以达到节能的效果。在系统中，管理员或业主可以设定能源消耗的目标，并根据实际情况进行调整。

③ 能源分析：能源管理系统可以对能源使用情况进行分析，包括对能源消耗的时间、用途和成本等方面进行分析，从而提供合理的建议和策略来降低能源消耗。

④ 报告生成：能源管理系统可以生成能源使用的报告，包括用能分析报告、能源节

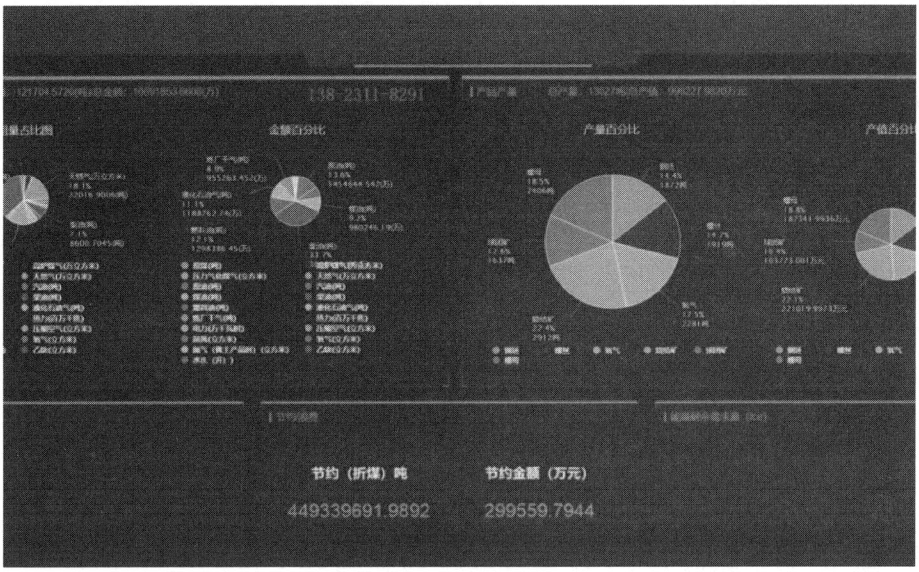

图 4.37　能源管理系统

约报告等，以便管理员或业主了解能源消耗情况并针对性地采取措施。

通常，能源管理系统分为下面几个运行环节：

① 数据采集：能源管理系统首先需要获取建筑物的能源消耗数据，这可以通过传感器和智能设备来实现。数据采集可以包括能源消耗、温度、湿度、空气质量等指标。

② 数据存储和处理：采集到的数据会被存储在数据库中，同时会进行数据清洗和处理，以确保数据的准确性和完整性。这些数据可以用于能源消耗的分析和预测。

③ 能源消耗分析：能源管理系统会对能源消耗数据进行分析，以确定能源消耗的模式和趋势。这些分析可以帮助用户发现能源浪费的问题，并提出解决方案。

④ 能源消耗预测：通过对历史数据的分析，能源管理系统可以预测未来的能源消耗趋势，并提供相应的建议和解决方案，以减少能源消耗和降低成本。

⑤ 能源报告和可视化：能源管理系统可以生成各种类型的能源报告和可视化图表，以帮助用户更好地理解建筑物的能源消耗情况。这些报告和图表可以根据用户的需要进行定制，以满足不同用户的需求。

⑥ 能源优化和控制：通过对能源消耗数据的分析和预测，能源管理系统可以提供优化建议和控制策略，以最大限度地降低能源消耗和成本。这些优化和控制策略可以自动实现，也可以由用户手动控制。

能源数据采集是一个关键的环节。能源数据采集是指通过各种传感器和监测设备对建筑物的能源消耗情况进行实时监控和数据采集。这些设备可以监测建筑物中电力、水、燃气等各种能源的使用情况，将数据传送到能源管理系统中进行分析和处理。

通过能源数据采集，能源管理系统能够实时获取建筑物中各种能源的使用情况，包括用能量、用能方式、用能效率等，从而能够及时识别出建筑物中的能源浪费和节能潜力，并提供可行的节能方案。此外，能源数据采集也为能源管理系统提供了基础数据，使得能源管理系统能够更加准确地进行能源分析和优化。

能源消耗分析与报告是能源管理系统中非常重要的一环，它对于能源管理系统的运营、优化和节能提供了重要的支持。消耗分析与报告可以帮助建筑物或企业依据采集到的数据深入了解能源使用情况，识别出能源浪费和瓶颈，提出相应的优化和节能措施，并及时跟进效果。具体来说，数据分析与报告包括以下几个方面：

① 数据采集和处理：能源管理系统需要采集大量的能源数据，这些数据需要进行处理、清洗和整合，以确保数据的准确性和可用性。

② 数据分析：在数据处理完毕之后，能源管理系统可以通过各种数据分析工具和算法，对能源数据进行深入分析，识别出能源使用模式和规律，并挖掘出潜在的节能机会。

③ 报告生成：根据分析结果，能源管理系统可以生成各种类型的报告，包括实时监控报告、日报、周报、月报等。这些报告可以帮助建筑物或企业了解能源使用情况，制定相应的能源管理策略，并及时跟进效果。

④ 可视化展示：能源管理系统还可以通过图表、表格、地图等多种方式，将数据和分析结果以可视化的形式展示出来，使建筑物或企业更直观地了解能源使用情况和节能效果(如图 4. 38 所示)。

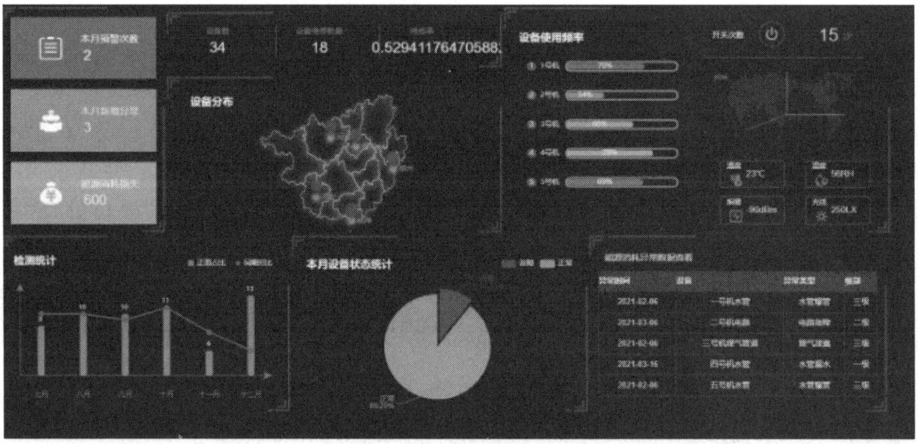

图 4. 38　可视化能源展示

通过能源管理系统的应用，建筑物的能源使用将变得更加智能化和高效化，从而为环境保护和可持续发展做出贡献。

(3) 安全监控系统

安全监控系统(如图 4. 39 所示)是智能化建筑系统中非常重要的一个子系统，主要负责建筑物内外的安全监测和管理。一般来说，安全监控系统包括视频监控、入侵探测、火警报警、气体检测、环境监测等多个方面。

视频监控是安全监控系统中最常用的一种安全措施，通过在建筑物内外安装摄像头来监测场景，实现对建筑物内外的监控和记录。一些高级的视频监控系统可以实现对监控画面的远程查看、录制、存储和管理等功能，以及对异常情况的报警处理。

入侵探测主要是为了保护建筑物的安全，检测并警示任何非法的进入行为。入侵探测系统包括门禁系统、红外探测器、烟雾探测器等设备，可以通过联网实现对入侵者的实时监测和报警。

图 4.39　安全监控系统

火警报警系统是安全监控系统中另一个重要的部分，它通过烟雾探测器、火焰探测器等设备，实时检测出建筑物内的火灾情况，并及时向管理人员发送警报信息，以便尽快采取相应的应对措施。

气体检测也是安全监控系统中一个非常重要的部分，主要是针对建筑物内部的气体环境进行检测，例如检测二氧化碳、一氧化碳等有毒气体的浓度，确保建筑物内的空气质量安全。

环境监测则是为了保证建筑物的环境安全而设置的监控系统。环境监测系统一般包括温度、湿度、空气质量等方面的监测，以及对于异常情况的报警处理。

在航油作业中，安全监控系统通常用于监测燃油的流量、温度、压力、液位等参数，并且可以及时发现和处理燃油管道中的泄漏或者其他异常情况。例如，油库中的安全监控系统可以实时监控油罐内的油位变化，当油位异常升高时，系统会自动报警，防止油罐溢出而引发安全事故。此外，安全监控系统也可以用于监控油罐区域的安全情况，例如监测入侵者、监控火灾等。这些都可以保障航油作业的安全性和可靠性。2022年，某供油工程项目中，累计检测焊口1910道。其中一次合格率99.61%，一级片率94.19%，一次一级口率71.52 %，最终合格率100%，如图4.40所示。

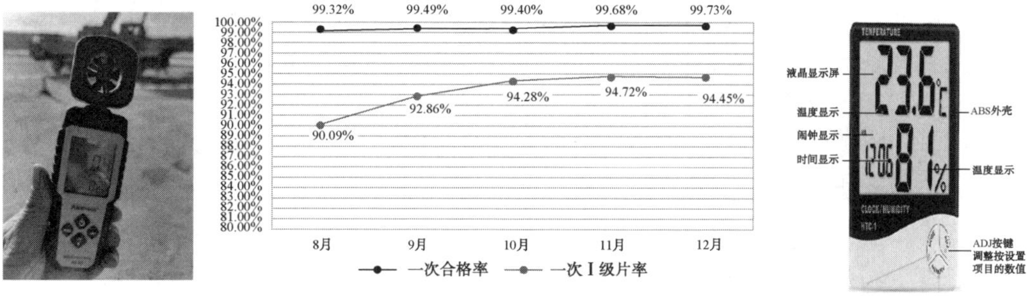

图 4.40　航油工程射线检测

(4) 智能照明系统

智能照明系统(如图 4.41 所示)是指通过智能化技术实现对建筑照明设备的远程控制和自动化管理，以提高照明效率、降低能耗和维护成本的一种系统。

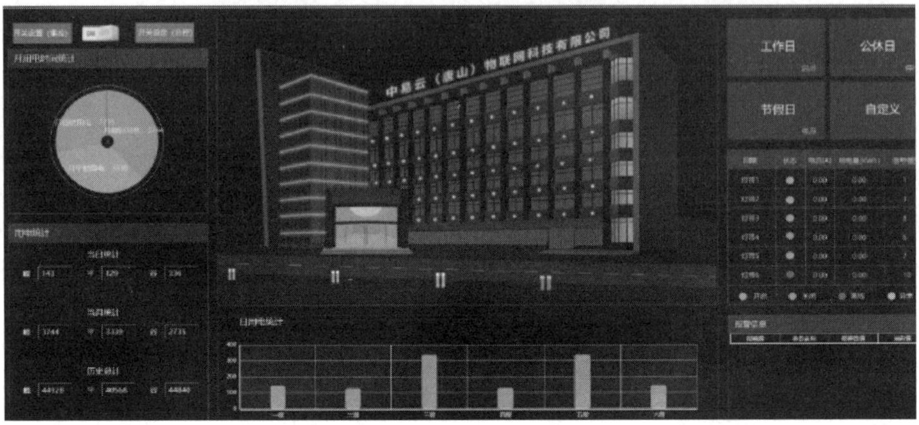

图 4.41　智能照明系统

智能照明系统一般由以下几个部分组成：

① 智能照明控制器：智能照明控制器是系统的核心部件，用于控制照明设备的开关、亮度和色温等参数。它可以通过手动或自动方式控制照明设备的开关和亮度，也可以根据时间、光线、温度等多种传感器数据自动调节照明参数。

② 传感器：智能照明系统通常会安装光照度传感器、人体感应传感器、温度传感器等多种传感器，用于收集周围环境的数据，实现对照明设备的自动控制。

③ 照明设备：智能照明系统支持多种照明设备，如 LED 灯、卤素灯、荧光灯等，这些照明设备可以通过智能照明控制器实现远程控制和自动化管理。

④ 系统软件：智能照明系统还需要配备一套完善的软件，用于数据采集、分析和报告，以及系统的控制和管理。

智能照明系统的应用可以极大地提高建筑物的照明效率和能源利用效率，降低能源消耗和维护成本，提高建筑物的舒适度和使用价值。在航油工程中，智能照明系统可以应用于航站楼、航空加油站、停机坪等多个场景，为航空运输提供更为智能化和便捷的服务。

(5) 智能空调系统

智能空调系统(如图 4.42 所示)则是利用各种现代化技术，如传感器、自适应控制、数据采集和云计算等，实现对建筑物内部环境的智能化控制和优化。它可以实现自动调节温度、湿度、风速、空气质量等参数，为建筑物内部提供舒适的环境。

智能空调系统的优点包括：

① 能够实现更加精确的温度和湿度控制，提供更加舒适的室内环境。

② 能够根据建筑物内部的使用情况和人流量等因素，自动调节空调的功率和运行模式，从而实现节能和降低运行成本。

③ 能够通过数据采集和分析，及时发现空调系统的故障和异常情况，并进行预测性维护，提高空调系统的可靠性和稳定性。

智能空调系统的应用也非常广泛，包括商业建筑、工业厂房、住宅、医疗机构等。

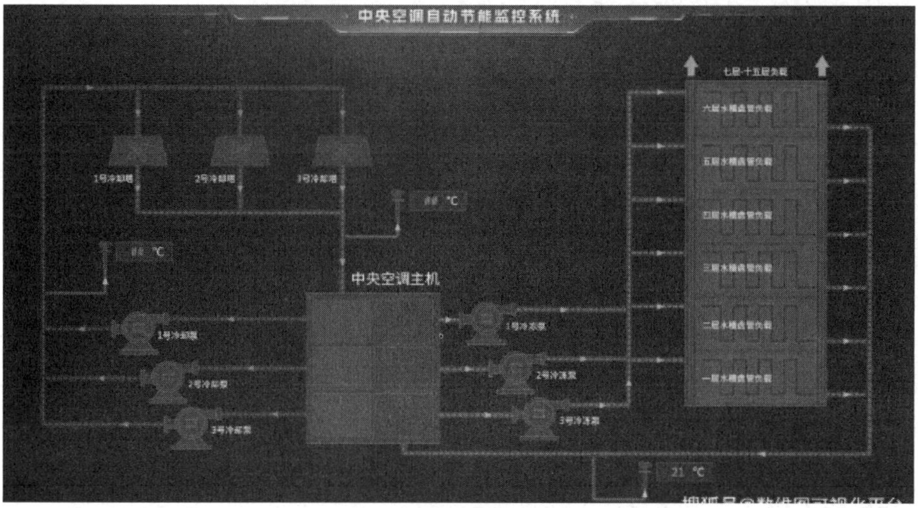

图 4.42　智能空调系统

同时，随着人工智能技术的发展，智能空调系统的智能化程度也越来越高，将来还可以实现更加智能化、自适应的控制方式。

智能化建筑系统的应用，不仅提高了建筑物的自动化程度，也使得建筑物的能源消耗更加可控和可管理。在未来，智能化建筑系统将不断发展和完善，为建筑行业以及航油工程的可持续发展和智能化升级提供重要的技术支持。

2. 智能机器人

智能机器人是一种基于人工智能、物联网、机器视觉等技术的机器人系统，能够实现自主感知、自主控制和自主学习，具备智能决策和执行能力。在建筑工业化领域，智能机器人主要用于施工现场的协同作业、自动化施工和质量控制等方面。

智能机器人在建筑工业化领域中的应用历史可以追溯到 20 世纪 90 年代，当时机器人技术已经开始应用于建筑施工领域。最初，智能机器人主要用于协助建筑工人完成一些繁重、危险或重复性工作，如重物搬运、混凝土喷涂等。随着科技的不断进步，智能机器人的应用范围不断扩大，涵盖了从建筑设计、施工到维护保养的全过程。

近年来，智能机器人在建筑工业化领域中的应用呈现出多样化和普及化的趋势。智能机器人可以用于模块化建筑元件的生产和组装、建筑构件的加工和生产、智能化建筑系统的维护和管理等方面。通过智能机器人的应用，可以提高建筑工业化的质量、效率和可持续性，减少人力成本和安全风险，促进建筑工业化的快速发展。

智能机器人在建筑工业化领域的应用包括但不限于以下几个方面：

① 建筑构件制造：智能机器人能够根据数字化设计图纸自主完成墙板、梁柱等建筑构件的加工和制造，大大提高了构件生产的效率和准确度。

② 建筑物施工：智能机器人可通过自主感知、定位和路径规划等技术，实现建筑施工的自动化，例如钢筋焊接（如图 4.43 所示）、混凝土浇筑等环节，减少了人工操作的需要，同时提高了施工效率和质量。

③ 智能质检：智能机器人通过机器视觉等技术，可以对建筑施工过程中的质量进行实时监控和检测，提高了施工质量和安全性。

图 4.43　钢筋绑扎智能机器人

④ 建筑维护和清洁：智能机器人能够在建筑物内部和外部进行清洁、维护和巡检等工作，例如玻璃幕墙清洁、空调设备维护等，提高了建筑维护的效率和安全性。

在建筑工业化方面使用智能机器人有以下优点：

① 提高施工效率：智能机器人可以自动化完成一些简单、重复的工作，如清理、搬运和组装等，大幅度提高了施工效率，同时也能减少人力资源的浪费。

② 提高施工质量：智能机器人能够精准地执行设计方案，不受人工操作技术的限制，避免了由于人为因素导致的误差和不一致性，从而提高了施工质量。

③ 降低安全风险：智能机器人能够在高空、狭小、危险等环境下完成施工作业，避免了人员因危险环境造成的伤亡事故，从而保障了工人的生命安全。

④ 降低成本：相对于人工施工，使用智能机器人可以降低施工成本，减少人力资源的浪费和人员的管理成本。

⑤ 环保节能：智能机器人在施工过程中可以精准地使用材料，减少浪费，同时也能减少能源的消耗，降低对环境的影响，符合可持续发展的理念。

智能机器人作为建筑工业化领域中的重要技术支持，已经被广泛应用于各种建筑项目中，大大提升了建筑施工的效率和质量。而在航油工程中，智能机器人也展现出了其独特的应用价值。机场航站楼中常见的智能机器人如下所示：

① 安保机器人：机场安保机器人能够通过图像识别和语音识别等技术，对行李、人员和设备进行安检和监管，可检测到携带危险物品和非法物品，提高了机场的安全性。

② 智能引导机器人：机场中使用的智能引导机器人可以根据旅客的目的地信息和飞行班次，自动引导旅客前往登机口，减少人工引导的工作量，提高了旅客服务质量。

③ 清洁机器人：机场的清洁机器人可以对航站楼内的公共区域进行自动清洁，避免了工人长时间工作的劳累，提高了清洁效率和卫生水平。

④ 行李运输机器人：机场的行李运输机器人可以通过无人驾驶技术，将旅客行李从办理登机手续的区域运输到航班所在的登机口或卸载口，提高了行李处理的效率和准确性。

⑤ 巡检机器人：机场中的巡检机器人能够自主巡检和监控机场内的环境，如温度、湿度和空气质量等，及时发现问题并报警，提高了机场的安全性和环境管理水平(如图 4.44 所示)。

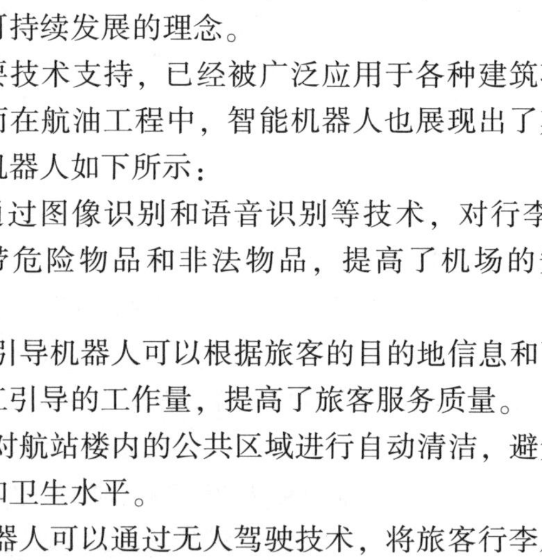

图 4.44　哈尔滨太平国际机场巡检机器人

除了机场航站楼，智能机器人也在机场油库和供油管线等航油工程中默默工作。机器人同样可以应用在供油工程方面。

① 油箱清洗机器人。传统的油箱清洗需要工人手动进入油箱内部进行清洗，存在极高的安全风险并浪费时间。而油箱清洗机器人可以通过搭载各种传感器和执行器实现对油箱内部的自主清洗，避免了人员被油污污染的风险，并且清洗效率更高，能够显著缩短清洗时间。目前国内外已经有不少公司推出了油箱清洗机器人产品，例如美国的 Peinemann Equipment 和中国的西安沃德机器人等。

② 油管检测机器人。航油系统中的油管是一个关键部件，需要定期检测以确保其正常工作。传统的油管检测需要工人手动进入油管内部进行检查，存在安全风险和时间浪费。而油管检测机器人(如图 4.45 所示)可以通过搭载高清晰度摄像头、探测器等传感器实现对油管内部的自主检测，避免了人员被油污污染的风险，并且检测效率更高，能够显著缩短检测时间。目前国内外已经有不少公司推出了油管检测机器人产品，例如美国的 CUES 和德国的 Kummert 等。

图 4.45　油管检测机器人

③ 油污清理机器人。航油系统中常常存在油污等污染物，需要进行清理。油污清理机器人在进行清洗时，能够自动感知清洗场景，根据预先设定的路线和清洗方案进行清理操作。同时，机器人可以通过高精度传感器、激光雷达等装置，对油污和管道进行精准定位和检测，以确保清洗效果和清洗质量。此外，机器人在清理过程中还能够自主判断清理效果是否达到标准要求，若清理不彻底则会及时调整清洗方案，保证清洗效果。这种智能化的清洗方式不仅提高了清洗效率和清洗质量，也降低了清洗成本和工作风险，对于航油供应的安全性和环境保护也起到了积极的促进作用。

建筑工业化领域中的智能机器人是一项颇具潜力的技术。它的应用可以大大提高建筑的效率和品质，同时还能有效降低施工成本，增强安全性和可持续性。例如，在建筑施工中，智能机器人可以自主完成各种高难度和危险工作，如高空作业、钢筋焊接、混凝土喷涂等，从而减少了工人的劳动强度和安全风险。此外，智能机器人还可以应用于建筑维修、清洁、监控等多个环节，如机场航站楼中的自动引导车、保安巡检机器人，可以为人们提供更加便捷和安全的服务。随着技术的不断进步和应用场景的不断扩展，智能机器人在建筑工业化领域的前景将会更加广阔。

4.3　建筑工业化发展的品质工程

2021 年 11 月 30 日，中国民航局局长在全国民航机场建设管理工作会议(如图 4.46 所示)上发表《树立品质工程理念，推行现代工程管理，全力推动民用机场建设高质量发展》的重要讲话。讲话指出，当民航强国建设在多个领域不断推进时，我国机场发展已步入规划建设高峰期、运行安全压力大、变革发展攻坚期、国际领先机遇期，机场建设也面临着“四大挑战”：一是贯彻新发展理念、推动高质量发展给机场建设提出更高要求；二是贯彻“十四五”规划给机场建设提出更高要求；三是推进多领域民航强国建设给机场建设提出更高要求；四是顺应科技革命和产业变革给机场建设提出更高要求。

图 4.46　全国民航机场建设管理工作会议

4.3.1　品质工程的概念

打造民用机场品质工程，就是将“以人为本、优质安全、功能适用、绿色低碳、智慧高效”作为目标，把推行现代工程管理作为抓手，以机场建设实践为载体，实现内在功能和外在形式的有机结合的机场工程，并且实现内在质量和外在品质的有机统一的机场工程。

“以人为本”就是把人民群众的高品质航空出行需求摆在首位，坚持机场建设为人民；“优质安全”指机场工程质量达到世界一流水平，工程施工和工程实体结构本质安全；“功能适用”指机场功能符合运营发展需要，机场适用性满足运行品质需要；“绿色低碳”指机场工程全生命周期集约利用资源、节能减排、实现生态和谐；“智慧高效”指机场工程实现数字驱动、生产智能、管理智慧、运行顺畅。

4.3.2　品质工程的要求

推动机场建设高质量发展，必须全力推行现代化工程管理。首先要把握好民航工程管理的“六个转变”：一是建设理念从过去关注工程实体，向更加关注工程建设项目的经济效益和社会效益的转变；二是组织架构更加注重一体化团队优势，强调专业化管理；三是管理行为从粗放型向更加注重项目管理、标准化管理和精细化管理转变；四是管理手段更加注重智能信息技术的推广应用；五是管理目标由以合格质量为目标转变为以工程质量持续提升和建设运营系统一体化为目标；六是管理范围更加注重把传统的机场、空管、航油三大工程与航空公司基地、公铁路网等配套工程综合管控，形成超越组织边界的统筹管理。

建设品质工程要在规范施工行为、完善制度体系、落实各方责任的基础上，着力抓好七个方面的工作。

（1）提升规划设计水平

强化前期方案论证。深化场址比选论证，加强空地联动，推广应用数字化手段，提升复杂情况下机场选址质量。确定机场建设项目选址，提高空中交通预报精度，充分考虑综合交通、临空经济、通用航空和军民融合发展需要。考虑工程全生命周期综合效益最大化，立项阶段合理核定项目建设内容、建设规模、投资估算等，避免盲目高成本和高投入。

注重规划可持续性。增强机场总体规划稳定性，强化机场总规与国土空间规划协调衔接，充分考虑机场规划与周边净空、噪声、交通等相互作用与影响。统筹谋划近期建设与远期发展，根据不同阶段发展需求规划机场飞行区、航站区和工作区建设规模与时序。统筹谋划生产、生活和管理用地需求，确保各地块土地使用功能合理、集约高效。

精细创作设计作品。鼓励设计革新，促进合格标准向优质标准转变。推进建筑信息模型技术应用。积极采用仿真模拟技术，对总平面规划方案、空域和飞行程序方案、航站楼流程及陆侧交通进行综合分析评估。倡导设计创作，鼓励将地域特色、文化特点与机场设计融合。

（2）提升工程质量水平

强化源头、过程和验收控制。严格材料、预制件和相关设备准入管理。适当提升关键性能和指标，促进高性能材料、高品质元件使用。提升技术和装备水平，提高施工精度。推动无损检测、快速检测和智慧检测，提高检测精度和效率。采用更严格的质量评定方式，合理提升质量指标。推行首件制度，执行三检制和“两段式”竣工验收。

强化长期性能保障。加强道面和桥涵结构健康监测，提升巡视和维护有效性，推行智慧管养系统。建立机场工程预防性养护机制，注重轻微病害早期处治。提升特殊环境作用下结构韧性，尤其是道面长期适航性，延长工程使用寿命。

（3）提升安全生产水平

推动平安工地建设。严格安全生产条件，压实安全生产责任，加强安全生产基地、基础和基本技能建设，完善生产工程安全管理制度，不断提升工程本质安全水平。

加强不停航施工管理。强化机场跑道不停航施工一体化管理，科学编制施工组织管理方案，强化标志标识设置和既有管线保护，防范跑道侵入、超净空、FOD 等情况发生，有效化解风险、问题隐患清零。推广应用自动定位、安全监控、信息化调度和装配施工等手段，推动机械化换人、自动化减人，提高不停航施工协同性和效率。

促进安全文化建设。深刻领会“三个敬畏”精神内涵，着力夯实“三基建设”长效机制，全面落实“六个起来”工作要求，实现发展质量、结构、规模、速度、效益、安全相统一。提升机场建设从业人员的安全文化素养，建立以诚信文化为基础的机场建设安全生产信用体系，进一步拓展和深化机场建设安全文化。

（4）提升绿色低碳水平

注重生态环境保护。持续开展扬尘治理、污废水及固体废弃物的处置工作。科学制定环保水保方案，合理设置环保水保设施。推进水质、大气、噪声等智能化监测站点建设，推广智能化环保设备的投入和运用。加强机场周边区域的生态保护，降低机场建设对周边生态的影响。

提高资源利用效率。注重永临结合，高效利用临时工程及临时设施。使用节能产品，实施节能技术改造，优化节能管理。综合考虑项目性质、建设条件、旧材料种类、材质等因素，促进废弃物资源化利用。

践行低碳发展理念。因地制宜制定实施碳达峰、碳中和工作方案，加快推进绿色低碳转型。科学有序推进能源消费与碳排放“双控”，深入推进机场运行电动化，不断提升可再生能源消费，加强机场全生命周期碳排放管理。推进民用机场智慧能源管理系统建设，提高机场能源管控精准化、智能化水平。

（5）提升科技创新水平

积极应用“四新技术”。找准发展需求，研发“四新技术”，聚力自主和原始创新。淘汰落后技术和设备，支持机场新技术应用。推动企业关键技术攻关，鼓励进行工程微创新。加强数字技术创新，实施“上云用数赋智”，促进传统基础设施转型升级。强化科研院校的成果转化，发挥机场工程技术研究中心和重点实验室等创新平台作用。

发挥技术标准作用。支持优秀科研成果及时转化为技术标准。合同约定，可以采用比行业标准更严格的团体和公司标准作为设计、施工和验收的依据。不断提升技术标准水平，促进行业转型升级。加强标准国际推广，积极参与国际标准制定，将优势、特色技术纳入国际标准，不断创建中国机场建设标准品牌。

探索建立全产业链创新体系。落实国家科技创新有关要求，提高科技创新技术，保证产业核心技术自主可控，不断提升重大工程项目国产化率。在适宜领域推进标准化设计、工厂化生产和装配化施工，推动智能建造与建筑工业化在机场建设领域落地。

（6）提升多元共治水平

提升行政管理能力。发挥行业、地方及有关部门协同共治作用，强化机场建设配套支持。完善工程法规标准体系。建立工程建设领域信用体系，加强事中事后监管。完善机场投资与建设监管信息平台，建立工程监管信息模块。强化质量监督机构职能作用，加强队伍建设和保障支持，做好监督人员执法身份转化，组建质量监督专家库，提升重点精准监督效能。

激发建设主体内生动力。营造技术为重、服务为本、鼓励创新的建设市场营商环境。树立打造品质工程的权威性，发挥其名牌效应，带动各建设主体积极参与。积极培育项目管理专业化的建设管理体系、工程施工标准化的建筑企业和装备体系、服务咨询规范化的专业中介保障体系。加快培育和形成新时代建设行业民航职工，知识技能创新队伍，弘扬劳模精神、工匠精神。

充分发挥社会组织的合力。建设学习型研究型产业社会组织、发展型创新服务型、适应新发展要求的合作型。组织品质工程评价管理，发挥社会智库作用，强化行业自律意识，建立政府与企业间纽带。强化国际交往，促进多元交流合作，展示中国机场工程文化和建设风采。

（7）提升廉洁防控水平

发挥廉洁教育作用。坚持问题导向，突出常态化教育，坚持抓在日常、严在经常、考在平常，建立廉政宣传教育长效机制，多种形式开展宣传教育。搭建纪企廉洁共建平台，形成廉洁从业氛围，提高全员廉洁从业意识，守好机场建设的廉洁防线。

加强廉洁风险防控。推动反腐倡廉与机场工程精细化管理相互促进。健全廉洁防控制度体系，定期梳理廉洁风险点，完善廉洁风险预防措施；推广使用工程项目管理信息系统、管理流程和细节全透明等技术手段杜绝廉政风险。

聚焦重点开展自查。聚焦重点项目、关键环节，建立过程审计风险提示机制；加强与组织人事、巡视巡察的贯通协调。开展全过程跟踪审计，对机场从开工到竣工全过程经济活动进行监督、检查和评价，揭示建设管理存在的问题，督促整改。

4.3.3 品质工程实例

品质工程覆盖从项目规划、设计、实施到使用全生命周期。对于一个项目来说，人们最关注的往往是实体质量，并且有很多评价标准，而对前期规划和设计质量的关注度远远不够。事实上，规划和设计才是对一个项目最根本的定位，前期工作决定了项目90%的品位、功能和质量。下面列举两项品质工程建设实例。

1. 深中通道路线走廊建设方案

（1）坚持价值工程理念合理选择路线方案

目前，深中通道项目还处于建设阶段，根据《国家公路网规划(2013—2030 年)》、广东省高速公路网规划和珠江口跨江通道总体规划，根据功能定位该项目以及连接珠江两岸路网的可能性，提出了虎门大桥和港珠澳大桥之间的 5 条通道走廊。走廊方案一：深圳机场南—新隆(A 线)；走廊方案二：深圳机场北—新隆(B 线)；走廊方案三：东莞长安—新隆(C 线)；走廊方案四：深圳机场南—金鼎(D 线)；走廊方案五：深圳南山前海—金鼎(E 线)。

综合考虑后发现走廊方案四(D 线)、走廊方案五(E 线)和港珠澳大桥的距离较为接近，跨海距离也相较更长，在珠江西岸登陆点及接线布置距离主流交通流目的(出发)地中山市区、江门市区相对较远，故此舍弃方案，重点对 A 线、B 线、C 线三个方案进行综合比选。

结合项目的功能布局、主交通量的相容性、路网的相容性、城市发展规划的平衡、相容性和对城市产业规划的影响等，充分论证上述项目廊道方案。经综合研判，确定采用方案一，即深圳机场南至中山新隆。该方案路线最为顺直，符合项目功能定位，提升了项目功能和服务质量，在资源节约及节能减排方面成效显著(如图 4. 47 所示)。

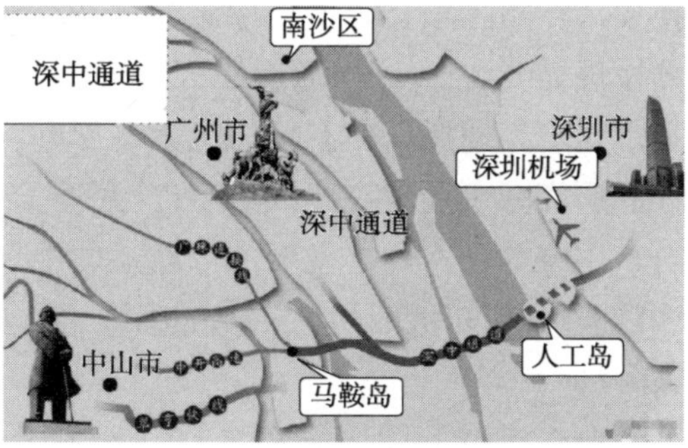

图 4. 47　深中通道路线示意图

（2）通过专项研究明确技术标准

深中通道沉管隧道的突出问题是超大跨断面设计施工难度大，标准截面断面宽度达 47 米，单通道跨度洞口达到 18. 8 米，变宽段断面宽约 65 米。深埋条件下，潜管结构横向受力问题突出，若采用钢筋混凝土潜管结构，超大断面会给结构裂缝控制设计带来问题，高配筋配比会引起混凝土浇筑的质量控制问题[52]。考虑到这一点，在满足功能要求和行车安全的前提下，尽可能缩短隧道长度，对于降低工程实施难度和工程规模具有重要意义。

为此，对埋管隧道的合理施工限度进行了专题研究，综合分析了国内外技术标准、规范和导则，充分考察了国内外隧道工程实例和巷道养护功能，完整征求相关行业标准主编意见。结论如下：由于隧道结构采用双孔单管隧道结构的断面形状，所以存在管间隧道(可用于安装管道、电缆、水管和其他设备，如用于日常检查、逃生和救援功能)，通过设置横向宽度和额外宽度，以及采取行车安全措施，如增设防撞护栏和反光轮廓标线，实现了道路的基本功能维护保养(行车安全、逃生救援、设备维护、隧道维护)；根据隧道的相关测试结果，右侧宽度大于 1.25 米时以 100 千米/小时的行驶速度可以消除"墙效应"对驾驶员的影响，车辆不会在车道宽度内偏离轨迹 3.75m，满足安全行车横向净空要求，总之，在满足功能和安全行车要求下，潜管拟取消右侧通信维修，考虑横向宽度和防撞功能要求，隧道边宽建筑物由 18.5 米调整为 18 米，隧道结构峰值侧向弯矩降低 10%左右，降低工程设计和施工难度，节约工程造价约 3 亿元项目成本(如图 4.48 所示)。

图 4.48　深中通道埋管隧道

(3) 坚持系统工程建设理念

过江(海)的方式主要有全桥、全隧道和桥隧结合三种方案。三种方案各有优势，很难根据一两个因素妥协。随着跨海工程的建设，究竟是采用桥梁、隧道还是桥隧结合，哪种更合理，成为了一个热点。哪个更好，哪个更差，需要客观全面的证据才能做出合理的决定。

深中走廊项目位于珠江口东四闸口，易受防洪潮汐影响；位于广州南沙港下游，与珠江口伶仃航道(规划 30 万吨级)和矾石水道(规划 10 万吨级两条通航要求高的海路相交；位于深圳宝安机场南侧，必须符合航空净高限制要求；珠江口航运繁忙，海上安全管控要求严格，项目建设条件极为复杂，必须满足公路、水运、航空、水利及环保等行业的发展需要[53]。深中通道作为跨海特大工程，充分征求和听取了各行业部门和地方的意见。本着不遗漏任何有价值方案的原则，对海外项目所有可能有价值的方案都进行了验证和研究。参照现有建设类型(全桥、全隧、桥隧结合方案)及世界主要江(海)渡可能组合，围绕珠江口两条主要出海航道即伶仃航道及矾石水道，提出了 A1(全桥)、A2(东桥西隧)、A3(东隧西桥)、A4(包括长隧、双隧)、A4—1(长隧)、AS(双隧)7 个代表性方案。

编制 7 个线形设计方案之后，开展了施工条件适应性专项论证，包括航空安全评估、工程结构对航道影响评估、航道安全评估等 50 余项专项研究。经过科学论证和综合比选，A3 东隧西桥方案和 A4 长隧方案能够满足道路、水运、民航综合运输、水利防洪、国防、海洋环境和可持续发展的需要。但 A3 方案工程风险更可控，规模适中。与全隧道方案相比，提高了工程服务质量，提高了工程设计安全、施工安全和使用安全，故推荐 A3 方案。

(4) 创新设计咨询模式

设计是灵魂、是龙头。要使工程成为"百年工程"典范，首先设计方案和质量必须最优。深中通道项目地理位置独特，自然环境优美，项目应与周边城市规划和自然环境相结合，注重整体设计和景观设计；隧道双向 12 车道，覆盖两个海上人工岛（如图 4.49 所示），技术难度大；该工程包含一座超大跨径悬索桥，主跨 1666 米伶仃航道，两个锚点位于伶仃周边海域，设计和施工经验少，技术难度大。

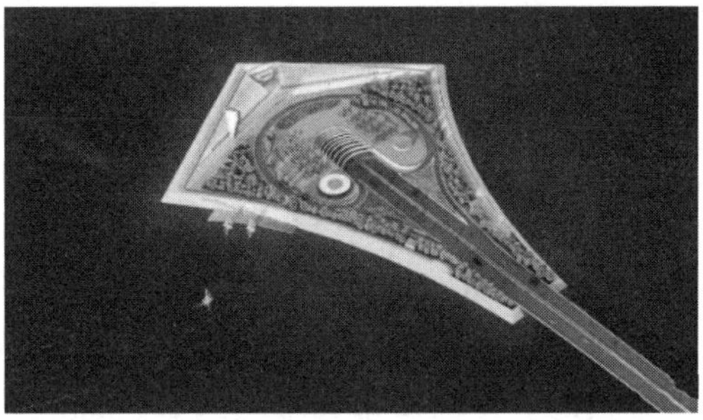

图 4.49　深中通西人工岛

根据项目的技术特点和工程，开展了以下勘探工作：

① 通过国际方案设计大赛选出优秀设计方案，并将该方案作为基础方案，提高工程品位。项目于 2016 年 10 月~2017 年 3 月开展了方案设计国际竞赛，国内外 6 家知名的设计、咨询联合体参与了竞赛。经过评审，丹麦 COWI 公司方案在美学上、技术上均获得第一名。评审认为，方案竞赛第一名的方案设计理念先进，通道总体大气、优雅、简洁，在结构、力学和美学上是统一、连续和协调的，实现了工程与自然人文相和谐。

② 选择国内外最优秀的设计团队和咨询团队，通过公开招标的方式保证项目设计成果的质量。

③ 根据潜管隧道规范，开展工程与施工联合设计，加大工程实施力度。

深中通道隧道工程技术复杂、难度极大，涉及隧道、水利工程、土木工程、水文地质、气象、船舶等诸多领域。总体施工组织和设备设计约占潜管设计的 50%，按照联合设计、联合施工的理念，实行设计、施工、科研、装备四位一体的机制，提高项目可行性，降低项目实施风险。

(5) 开展 BIM 应用及其全寿命应用规划

为响应国家互联网+战略，应用 BIM 技术，实现各参与部门、各专业全生命周期的信息交互和工作协同，全面提升管理效率。在工作前期实施全生命周期 BIM 应用规划，在设计阶段应用，为利用下一代信息技术实现全面深入的信息共享和业务协同奠定基础。具体方案如下：

设计阶段。打造设计工作协同平台，应用 BIM 模型检测能力和可视化表达能力，实现设计部门内部跨专业协同，和设计、咨询、业主部门之间的文件实时传递和共享。

建设阶段。通过传递 BIM 模型，实现施工部门、加工生产部门、设计部门之间的信息交换；施工事业部内不同部门、团队之间通过施工协同平台进行信息交流和工作协同；施工单位与业主实施、控制与设计单位共享、协作。通过 BIM 仿真和虚拟施工技术，可以对施工过程中的关键协调关系进行模拟演练，确保施工过程中各角色、材料、机器等资源的正确配合，提前发现错误。

运维阶段。通过运维协作平台，维保部门、健康监测部门、业主路管、机电、维修等部门进行有效协作和信息交流，对构筑物和设备进行预警和及时维护。

互联网+BIM 技术可以促进质量工程的方方面面——质量、安全、成本、可用性、文化等。随着施工技术水平的不断提高和群众品味的不断提高，对优质工程的要求也将越来越高。信息技术融入项目管理的广度和深度，无疑将是决定项目质量的重要因素。

2. 青岛胶东国际机场航油工程

青岛胶东国际机场(以下简称“新机场”)项目位于山东省青岛市境内，与青岛市中心直线距离约 39 千米。新机场在 2015 年开建，是“沟通南北，辐射西部，连接日韩，面向世界”具有门户功能的区域性枢纽机场，建成后将形成以青岛、潍坊、日照为核心，烟台、威海等半岛城市为辐射的客货源区航空市场布局，形成市域“一小时经济圈”和半岛城市群“二小时经济圈”的地面格局。设计目标到 2025 年旅客吞吐量到 3500 万人次，货运吞吐量到 50 万吨，飞机起降量约 30 万架次(如图 4.50 所示)。

图 4.50　青岛胶东国际机场

青岛新机场供油工程投资 46501.22 万元，是中国航油的一项重点项目，包括机场油库、航空加油站、机坪加油管线 3 部分。其中，机场油库新征用地 126.5 亩，建设 3 座 20000 立方米立式内浮顶锥底油罐及配套办公生产设施；航空加油站新征用地 30 亩，新建生产值班用房、油车库、灌油棚等办公生产设施。

(1) 制定质量管理计划

青岛胶东国际机场航油工程在品质工程建设方面注重制定质量管理计划，以保证工程质量。具体而言，中航油青岛公司制定了项目质量目标、工程质量控制计划、各阶段的质量控制措施，以及建立质量控制台账等措施。

项目质量目标的制定：根据航油工程的特点和要求，制定了明确的项目质量目标，明确按照品质工程的标准要求质量。

工程质量控制计划：根据项目质量目标，制定了相应的工程质量控制计划，包括控制的时间节点、控制的方法和控制的内容等，确保工程质量的控制有针对性和全面性。

各阶段的质量控制措施：针对工程的不同阶段，制定了具体的质量控制措施，包括设计阶段、施工阶段、验收阶段等。例如，在设计阶段，注重对设计方案的优化和完善，制定详细的设计管理规定，严格执行设计方案审查程序，确保设计方案的科学性和可行性。在施工阶段，注重材料和工艺的选择和控制，严格执行施工组织设计和安全管理规定，建立施工质量验收制度和检查台账，确保施工过程中的质量和安全。在验收阶段，建立了严格的验收制度，确保工程质量符合要求。

建立质量控制台账：对于每个阶段的质量控制措施和质量验收结果，青岛胶东国际机场航油工程都建立了相应的台账，以便进行监督和检查。同时，对于质量问题的处理和解决也在台账中有详细记录。

青岛胶东国际机场航油工程的质量管理计划为确保项目顺利进行、工程质量达到要求奠定了基础。

（2）强化设计管理

在设计阶段，航油工程注重对设计方案的优化和完善，制定详细的设计管理规定，严格执行设计方案审查程序，确保设计方案的科学性和可行性。同时，中航油青岛公司注重与机场其他工程的协调，以实现机场内部各项工程协调一致。

青岛胶东国际机场航油工程在设计阶段制定了详细的设计管理规定，并严格执行了设计方案审查程序，以确保设计方案的科学性和可行性，注重优化和完善设计方案，结合实际情况和先进技术，不断提高工程的可操作性和可靠性，在满足相关标准和要求的前提下，对航油储存容量、加油作业效率等方面做了优化。

此外，青岛胶东国际机场航油工程注重与机场其他工程的协调，实现机场内部各项工程协调一致。例如，在设计阶段，他们与机场航站楼、停车场、跑道等工程团队进行充分沟通，确保航油工程的设计与其他工程的布局和功能相互协调，最大化地利用空间资源，提高机场服务效率。

（3）严格施工管理

航油工程施工过程中，注重材料和工艺的选择和控制，严格执行施工组织设计和安全管理规定，建立施工质量验收制度和检查台账，确保施工过程中的质量和安全。

具体来说，实施了以下措施：

① 严格按照国家和行业的相关标准规范进行施工，确保施工过程中的安全和质量；

② 注重材料的选择，选择符合国家标准的材料，并严格按照材料的使用说明进行使用，确保材料的质量；

③ 对施工过程中的每个环节都进行严格的检查，建立了检查台账，及时发现并纠正工程质量问题；

④ 建立了施工质量验收制度，对施工过程中的每一项工作都进行质量验收，并记录在台账中；

⑤ 注重施工现场的安全管理，建立安全管理台账，及时发现并纠正安全问题。

（4）着力推进智能化建设

青岛胶东国际机场航油工程采用智能化技术，实现了全流程的自动化控制，提高了机场航油服务的效率和安全性，也提高了机场的品质形象和用户体验。

采用智能化设备：利用无人机、机器人等，对工程进行巡检、测量、监测等工作，提高了工程建设的效率和质量。

建立信息化系统：包括智能化监控系统、机坪管网维保系统、协同管理系统、车辆运行管理系统等，用于实现对工程建设的全过程监控、数据分析和协同管理（如图4.51所示）。

优化工作流程：采用BIM、ERP等信息化工具，实现了工程建设的数字化、智能化管理，提高了施工效率和准确度。

提高技术创新能力：持续推进智能化建设，开展智能化工程技术研究和应用推广，积极引进和培养高水平的技术人才，提升企业技术创新能力。

例如，在航油罐区建设中，青岛胶东国际机场航油工程采用了自动化施工技术，使得机械设备自动化、智能化，大大提高了施工效率，同时也减少了工人的劳动强度和施工事故的发生率，如在国内率先采用了“三点取样撬装设备”（如图4.52所示）。另外，

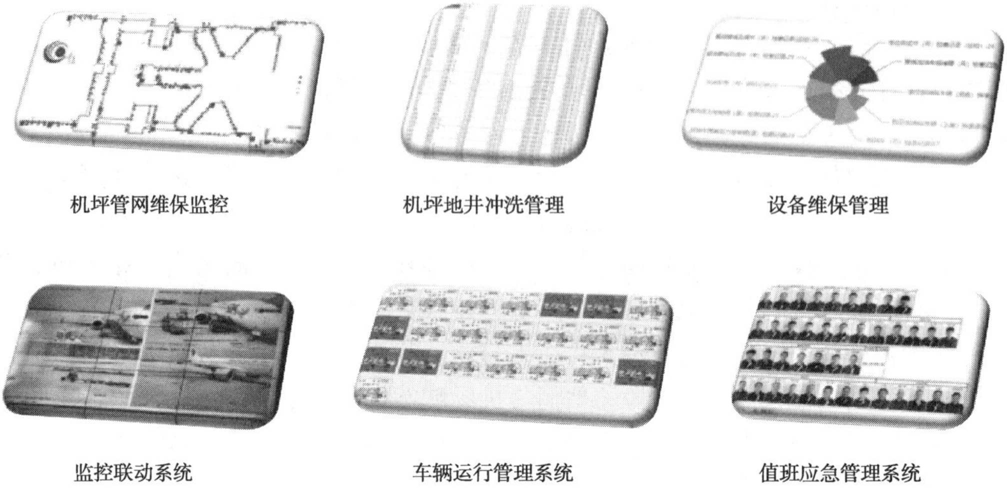

图 4.51　信息化管理系统

在机场建设中，中航油青岛公司还应用了无人机测量技术，对机场跑道、停机坪等进行测量和监测，提高了测量精度和效率。

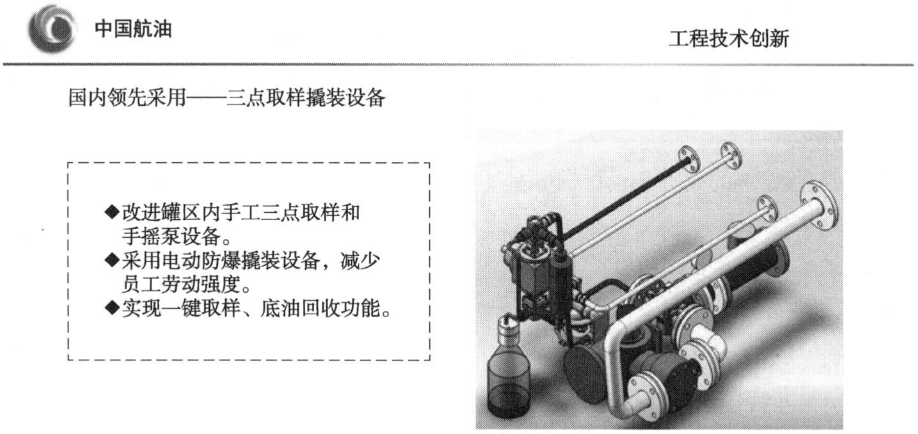

图 4.52　三点取样撬装设备

新机场航油工程是一项标志性的建设工程，其在品质工程建设方面做出了卓越的成绩。通过制定质量管理计划、强化设计管理、严格施工管理以及着力推进智能化建设等措施，该工程确保了工程质量和进度，同时为全行业树立了标杆，实现了内在质量和外在品位的有机统一，树立了良好的品牌形象，为机场的可持续发展和用户体验提供了重要保障。在未来的建设中，我们可以学习和借鉴新机场航油工程的品质工程建设经验，推动行业更好、更高质量的发展。

4.4　航油建筑工业化的多元化发展

随着中国民用航空产业的快速发展，航油建筑工业化也成为当前建筑领域的热门话题之一。《“十四五”民用航空发展规划》提出，突破资源能力瓶颈是当前航空产业发展的关键，必须着力提质增效，注重创新能力建设，实施能力建设提升工程，持续加大建设投入，推动高质量增长。航油建筑，即民航供油工程，作为航空产业的重要组成部分，与提高航空燃料供应效率、确保飞行安全等息息相关。因此，推动航油建筑工业化多元化发展与智能化探索，对于提高我国航空产业整体水平、推动高质量发展具有重要意义。

航油建筑工业化的新理念、新技术和智能探索是未来供油工程发展的关键。这些新思想和新技术的出现，将推动航油建筑工业化向更高效、更智能的方向发展，带来供油工程的革新和升级，为航空业可持续发展做出积极贡献，为中国航空产业走向世界提供重要支撑。

4.4.1 航油建筑工业化的新理念

随着我国经济的不断发展和社会需求的提升，航油建筑工业化已成为重要的发展方向之一。这要求我们必须树立新的发展理念和思维方式，包括建立“产业”思维，以产业化的方式进行生产和管理；树立“产品”理念，重视产品质量和服务，提高客户满意度；运用“系统工程”理论方法，优化设计和管理流程，提高效率和效益。这些新理念和思维方式将推动航油建筑工业化向更高水平迈进，为社会经济发展注入新动力。

（1）“产业”思维

我国建筑产业管理模式基本上是行业划分管理，需要进行改革和创新。从产业视角来看，建筑产业的“碎片化”与“系统性”矛盾突出，要素市场化程度不高，产业结构也没有得到充分优化，资源配置不合理，这些都影响了建筑业的发展。当前建筑业的改革更多的是针对施工行业的改革，对于产业发展缺少系统思考与办法，需要后期改进。因此，我们需要把改革的基本点放在产业发展上，而不是一味地解决表面问题。必须全面、系统、深入地发掘建筑业的创新发展，特别是在建筑业步入现代化转型的道路与方向上，才能使建筑业真正实现改革与发展。

建立“产业”思维是建筑产业创新发展的重要方向之一。要想实现建筑产业的可持续发展，需要在管理模式、产业结构、技术创新等多个方面进行改革和创新。首先，在管理模式方面，需要摒弃行业划分管理的模式，建立协同发展的产业联盟，将建筑产业的上下游企业和相关服务机构联合起来，形成完整的建筑产业链条，实现资源的共享和优化配置。其次，在产业结构方面，需要推进建筑产业向高附加值、高技术含量、高品质的方向转型升级，发展建筑智能化、绿色化、精细化、集约化等新型建筑产业，满足人们对于建筑环境和服务的不断升级的需求。同时，要推动建筑产业向着全球化、信息化、数字化的方向发展，积极参与国际竞争，提升产业竞争力和国际话语权。最后，在技术创新方面，需要不断加强基础研究和技术创新，推动建筑产业实现从传统生产方式向现代化制造方式的转变，推动建筑产业在数字化、智能化、绿色化、可持续化等方面取得新突破，实现产业的可持续发展。只有在建立“产业”思维的指导下，全面、系统地推进建筑产业的改革与创新，才能实现建筑产业的跨越式发展。

建立“产业”思维对航油建筑工业化的推进也至关重要。航油建筑工业化作为新型建筑产业，其特点是高度模块化、工业化生产、快速拼装、可重复使用，是实现建筑产业向绿色化、标准化、数字化、智能化、可持续化转型的重要途径。在航油建筑工业化的实践中，需要根据产业链上下游企业的需求，统筹规划、协同发展，推动建筑工程生命周期管理，强化数字化技术应用，提升生产效率，改善建筑品质。同时，需要注重人才培养，提升产业人才的专业能力和创新能力，不断创新和发展新型航油建筑产品，为中国建筑产业的高质量发展注入新的动力和活力。只有在建立“产业”思维的指导下，全面、系统地推进航油建筑工业化的创新发展，才能实现建筑产业的跨越式发展，并引领中国建筑产业的未来发展。

(2)“产品”理念

按照经济学理论定义，产品是指作为产品提供给市场，被人们使用并能满足人们需要的任何东西，包括消耗品、服务现实、组织、思想或它们之间的联系。根据上述所讲，毫无疑问“建筑物”一定具有产品属性，属于产品范畴。建筑物作为建筑工程的最终产品，用于人们日益增长的美好生活的需求，满足人们安居乐业，无可厚非。但长期以来，由于《中华人民共和国产品质量法》明确规定“建设工程不适用本法规定”，将建筑工程排除在“产品”管理之外，也由此影响了中国建筑产业将“建筑物”作为一种产品的经营理念，导致管理和业务链条“碎片化”。以建筑工程的生产过程为例，各个环节各自为政，建筑设计企业将建筑施工图纸作为产品、生产企业将生产的部品和构配件作为产品、建筑施工企业将分包的工程作为最终产品，甚至最终交付人们使用的建筑是“毛坯房”，忽视了建筑工程的完整性、系统性和适用性，以及建筑工程的整体质量和效率、效益的最大化。

任何产业都具有相应的产品，产品是相互关联或相互作用的活动的结果，即一个行业将输入转化为输出的“过程”。长期以来，我国传统建筑行业房屋建筑活动受到体制分工与开发建设碎片化管理等因素的影响与制约，建筑企业运营大多被限定于某一具体范围，所生产经营的商品均属于房屋建设或者某一环节，所创造的效益也属于某一环节，从而形成惯性思维与经营理念。然而，对于这样的管理理念和管理方式，施工过程是导致整个建筑质量、效率和效益低下等诸多问题的主要原因。因此，现代建筑产业的发展必须要摆脱传统路径的依赖，必须要转变经营理念。开创以“房子”为产品的经营理念。在建设中，设计是重中之重，贯穿于建设的全过程，整个链条的各个环节都以“建筑”为最后完成的产品实现有效协同合作，最大化整体效率和效益，这才是现代建筑产业发展的根本所在，也是现代建筑产业的新发展理念。

在实践中，航油建筑工业化要求航油建筑产业以最终成果为产品，各环节协同合作，以工厂化生产的方式来打造出符合规范标准的高品质航油建筑产品。这种理念将航油建筑工程的生产过程视为一个整体，强调工艺流程的标准化、设备的精细化和管理的智能化。同时，航油建筑工业化还可以促进航油建筑产业转型升级，并推动传统建筑行业的技术创新和管理创新，提高建筑产业的综合竞争力和市场占有率。

因此，只有在“产品”理念的引领下，将航油建筑工业化落实到每一个具体的航油工程项目中，才能实现航油建筑产业的高质量、高效率和高效益的可持续发展。

(3)"系统工程"理论方法

"系统工程"是实现系统优化的管理工程技术的理论基础。它是第二次世界大战后出现的，是"二战"后人类社会若干重大科技突破与革命性变革的根本理论支持与方法论。在当今时代，系统工程已成为一种重要而有效的现代科学技术工具和管理手段，被广泛应用到各个领域之中，对推动科技进步与经济发展起到了巨大的促进作用。如美国开发原子弹的曼哈顿计划、阿波罗登月火箭计划等，均为系统工程中的代表。它对现代科学技术进步起到了巨大的推动作用，成为当代最重要的科学思想之一。现代建筑业发展到今天，就是要向制造业学习，创立工业系统工程的理论基础和方法，把建筑工地作为一个完整的建筑产品进行研究和实践，创造一个目标，实现整体最佳化，达成理论与方法实现建设项目的高质量可持续发展。

系统工程的理论方法主要是指一体化建造的理论方法，将建筑作为一个系统工程来研究和实践(如图4.53所示)。施工一体化是指在建筑行业中，建筑作为最终产品的概念已经确立，施工一体化的目的已经明确，并运用良好的思维过程，将设计、采购、生产、施工等各个环节进行整合。集成不仅是技术的集成，更是管理的集成，是技术与管理的共同集成。集成构建概念主要针对传统粗放的构建，包括生产组织、生产系统和流程、技术、协同、技术和集成等，在整个设计过程中提供全面和系统优化的解决方案。一体化设计体现了技术系统的协同、施工过程的连续性、施工环节的整合和项目管理的组织。因此，一体化共建是建筑业成功发展的现实需要。

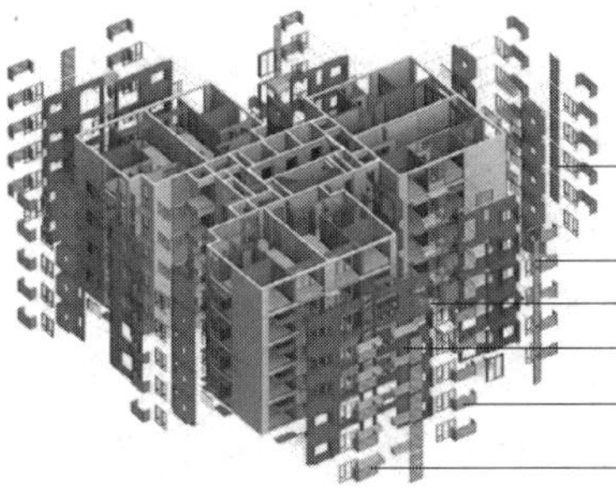

图4.53　一体化建造

现代航油建筑产业的发展是一个系统工程，实现的路线图需要顶层设计，更需要全产业链的协同，要从以下四个方面着手：

一是要制定产业发展战略和规划。一直以来，我国政府主管部门还没有针对建筑产业制定并出台相关产业发展规划，出台的很多政策和规划主要还是针对勘察设计、建筑施工等行业的发展，某种程度上，目前建筑业的改革发展只是建筑业的改革和建筑企业的转型升级。对此，需要政府强化顶层设计，进一步确定现代建筑业发展阶段性目标，提出政策规划导向，在市场经济时代转变思维惯性，摈弃用"产业化"经营的理念，建设现代化建设体系，着力打造产业发展健康环境。

二是要构建现代航油建筑产业体系。在我国经济转向高质量发展的背景下，发展壮大现代产业体系，既是解放和发展社会生产力、促进经济持续健康发展的基本要求，也是增强综合国力、改善人民福祉的基础支撑和基本保障。为此，现代航油建筑产业体系建设已成为推动航油建筑业转型升级、提升发展质量转变发展方式的根本方向和核心内容，未来，我国航油建筑业转型发展必须围绕"产业"问题展开。要从产业发展着手，用产业思维的方法带动产业链各环节共同前行。在现代航油建筑产业体系建设中，必须确立航油建筑是最终产品这一理念，研究行业发展目标、产业结构及全产业链具有系统性、整体性、协调性问题提出了产业发展方向、道路与模式。重视产业基础设施建设，不可一味追求轻率、不切合实际的“新理念”，必须重点关注现代建设创新发展新特征、新业态、新模式。

三是要走新型航油建筑工业化道路。走工业化道路是建设方式的一次重大变革，是指从传统的建设方式向新型建设方式的转变。新型工业化是工业建设质量的全面提升，不是引进和使用某种新技术或新装配工艺就能轻易实现的目标。要以信息促商，以商融合，走科技含量高、经济效益好、消耗低、环境无污染、人力资源用得好的工业化道路。这种创新在业务上应该有具体的特点，主要涉及：外观设计、厂房设计、施工、装修和信息化管理。因此，新型航油建筑工业化道路是通过现代工业化组织采用合适的方法和生产方式，将生产全过程中的各个阶段、全部生产进行集成性整合。

四是要构建社会化分工协作机制。现如今，建筑业的发展表明，许多技能和管理处于“碎片化”状态，员工绩效不佳。其变革和发展的主要问题是如何在商业中创造制度和正义，如何创造一种与现代技术相适应、符合生产关系要求的生产类型和组织相适应的商业模式。建筑行业要想改变传统的施工流程，就必须调整商业模式，转变发展方式，打造新时代商业新引擎。随着工商业的发展和科学技术的进步，工程建设必须体现这种关系，这是商业指导的重要内容。产业化建设是将工程建设纳入生产群关系的范畴，特征大多为独特、合作、努力。为引导企业走产业化建设的道路，在商业策略上，需要将“建筑物”作为最终产品，并根据商业目标充分利用项目的利润，需要做到“全业务链”一体化，集设计、生产、装配、管控等要素于一体，打造成功的企业，也需要多家专业公司合作协作，避免同质化竞争。

4.4.2 航油建筑工业化的新技术

建筑业是国家经济的重要组成部分，为我国经济社会发展、农村建设和人民健康水平的提高做出了重要贡献。进入新时代，建筑产业特别是航油建筑产业也正在经历前所未有的深刻变革，新的建筑技术、新的思维理念、新的管理方法的出现将推动建筑体系产生变革性发展，这种变革具有革命性、根本性和全局性。

1. 工程问题推动技术发展

在实际的工程实践中，遇到的各种问题和挑战可以促进相关技术的不断发展和改进。在工程实践中，难免会遇到一些技术难题和挑战，这些问题往往需要新的技术手段和方法来解决。通过研究和解决这些问题，科研人员和工程师可以深入了解实际应用中的需求和问题，不断改进和创新相关技术，提高其效率和可靠性，同时也为技术的进一步发展和推广奠定了基础。

图 4.54 缺少工人的工地

近些年，航油建筑暴露出一些矛盾和问题亟待解决，一是建筑工程工人供需关系不和谐，工地招工难（如图 4.54 所示）；二是建立资源节约型社会和建筑工程领域资源浪费之间不平衡；三是建筑业竞争激烈，核心竞争力缺少，产值高、盈利能力低、运营效率低；四是大数据的快速发展与建筑产业大数据落后之间的矛盾。

2020年，住建部、国家发改委等13个部门联合下发《关于推动智能建造与建筑工业化协同发展的指导意见》，提出“大力发展以建筑工业化为载体，以现代化数字化、智能化为驱动，创新突破相关关键技术，加大智能建造在工程建设各环节的应用力度，打造涵盖科研的全产业链、设计、生产加工、结构装配、运营等一体化智能施工系统，提高工程质量、安全、效率和质量，有效拉动内需，培育国民经济新增长点”。2021年民航局颁布了《推动民航智能建造与建筑工业化协同发展的行动方案》，加大智能建造及建筑工业化在民航建设各领域、各环节的应用。

2020年10月，党的十九届五中全会通过了“十四五”规划，提出要拓展投资空间，新老基建共同发力，构建工业化、数字化、智能化、绿色化发展体系。这一规划为建筑业带来了广阔的市场，为未来建筑业的发展指明了方向。

然而，建筑业市场竞争日益激烈，未来建筑业将按照新战略、新阶段、新模式、新路径、新理念五位一体的发展趋势，以高质量发展为主线，以质量、效率、绩效为核心。例如，近年来，随着“绿色建筑”理念的兴起，建筑业开始推广新型建筑材料，提高建筑能效，减少对环境的污染。此外，技术的革新也推动了建筑业的现代化进程，例如BIM技术的应用，大大提高了建筑设计的效率和准确度。建筑业发展的趋势也促使企业加快行业整合重组，优化资源配置，提高产业集中度，提升企业发展水平。因此，对于企业来说，发展不进则退。

（1）多样性和专业化

从国内到国外，建筑业正在快速向多区域、多行业、多业态发展。值得注意的是，建筑业龙头企业开始注重多方位发展，带动广大中小企业转型升级。所有领域都要求企业不断向多元化方向发展，这将使行业逐步实现产品高质量和产业高循环。

（2）数据才是能力

2019年起，数字化开始重新定义，人工智能在全球范围内展开了新一轮的竞争，变革还在继续。数字技术也渗透到建筑的各个领域，开启了集科研、设计、生产加工、装配、运营等全产业链于一体的智能建筑系统新模式。

（3）财务能力和运营活力

在过去的一段时间里，依托社会的快速发展，许多企业不断在新市场、新资源中寻找新机遇。而当这个发展速度开始放缓时，就意味着粗放式发展将转向质量式发展。此外，随着资金成为建筑业的重要资源，财务能力和现金流量成为评价企业经营能力的重要指标。

（4）企业信用体系资格的重要性

随着未来区块链技术的发展和应用，企业信用将被取代。这时，精湛的业务技术水平和完善的企业风险控制体系等将成为对建筑企业的重要考量。投标金额必须包括对效益和质量的承诺，这就要求必须引入公平、公正的第三方服务以加强监督。

（5）劳动和生产关系的变化

随着劳动力的老龄化，建筑业低成本、高收入的情形已经不复存在。2019年以来，劳务工作进入社会保障体系，原来保障劳务成本和劳务收入的方式正在逐步改变。提高生产力、减少劳动力，将成为建筑行业今后发展的一大趋势。工厂工业化与现场工业化之间会打破这种均衡，重新界定生产关系，就成了劳动力供给变化的一种重要方式。

（6）技术向传统建筑业转变

随着科技的不断进步，先进技术如 BIM、大数据、GIS、3D 打印（如图 4.55 所示）、物联网、智能机器人等被广泛应用于建筑行业。数字建筑可以实现从规划、设计、实施到运营的全生命周期管理，通过数据和技术手段，提高建筑服务的快速性、高效性、精准性和智能化，从而满足人们对于建筑品质和服务的更高需求。随着建筑业总量增长速度放缓，数字化和信息化的引入将对传统建筑模式的产业链提出挑战，并引发原有利益格局的变化。这也将带来新的机遇和挑战，需要行业内相关从业者积极转变观念、学习新技术，适应数字化、信息化建筑发展的趋势，以实现企业的长远发展。

图 4.55　3D 打印景观广场

（7）未来的需求和竞争

1）新时代需求。在中国，建筑业是基础设施和房地产行业的主要服务提供者。在“十四五”期间，中国将深化供给侧结构性改革，加强改革开放，加快国内和国际双循环建设。基础设施和房地产投资占 GDP 比重将继续下降，着重发展重大项目、城市群交通以及新型城镇化民生服务三大维度。在重大工程领域，支持的项目包括交通、水利和水电等领域。在城市群建设方面，重点是轨道交通。在能源基础设施领域，石油和天然气的投资重点是管道建设。中央财政对国家重大项目的支持力度很大，目前进展较快的就是国家重大项目。新型城镇化依赖于相关政策以及地方财政的扶持。市政类工程有自己的造血能力，而与民生相关的水电气热类投资有望维持较高的水平。

2）竞争新格局。在当前企业发展投资和房地产开发投资率增加的经济背景下，大型企业与小型企业、国有企业与民营企业的发展差距将继续扩大，市场集中度也将提高。在建筑业中，大型国有企业具有一定优势，而民营建筑企业仍面临着困难和挑战。

在行业内，总承包模式占据着领先地位，特别是在政府投资建设的行业中，大型建筑公司更有利。政策的鼓励使得装配式建筑快速发展，成为新建建筑业务发展的转变和发展方向。

数字化设计、制造和装配线建设成为提升整个供应链绩效的重要途径。在“十四五”期间，装配式建筑的发展要从量变到质变，技术和生产全业务链提升将成为建筑行业的主要挑战。

因此，建筑行业需要在市场竞争中找到自己的定位和发展方向，大型企业应继续保持竞争优势，民营企业则需要加强自身实力，以适应市场竞争的需求。同时，数字化和装配式建筑的发展也将成为未来建筑行业发展的主要方向和趋势。

（8）航油建筑可能的发展方向

1）加快培育具有智慧建设解决方案的工程总承包业务。智能建筑是一门立足于建筑工程规模，适应国家需要和建筑行业改革变革，与电子信息及其自动化、工程管理等专业相融合的新兴学科，属于复合型专业，人才缺口比较大。

发展智能建造，理论结合实践最重要，在实践中摸索，需要能担当的总包企业挑大梁，由此国家主要的目标是：打造以核心和合资公司为基础的工程承包开放型业务，到2025年，打造一批智慧企业领军人物，引领和带动中小企业向智能建设转型适应，打造创新“中国制造”。

2）加快建筑工业化升级。建筑工业化是必然趋势，可以改变目前工地相对粗放式管理，资源浪费的现状，我们所说的建筑工业化，就是像汽车一样，把房子拆成几个部件（梁、板、柱、墙等），在工厂制造现场组装，以前的农民工转为产业工人，既可以提高工人素质，又能减少用工，减少资源浪费，不过由于目前技术的不成熟，还处于探索发展阶段，这是每种新技术都要经历的一个阶段，至少前途是光明的。主要途径如下：

① 推进建筑行业信息化、智能化和数字化转型，以装配式建筑为主要手段，建立专业化、规模化、信息化的生产体系，将各种新技术如BIM、物联网、大数据、人工智能等融入建设全过程。面对这一趋势，江苏某公司开发的一种智能化建筑管理系统，其主要目的是提高建筑施工和运营的效率和质量。该系统通过智能屏幕和移动终端设备实现信息的实时共享和管理，能够对建筑施工中的各个环节进行监控和管理，包括施工计划管理、施工过程监控、材料管理、质量检验等。同时，该系统还可以为建筑运营提供智能化的管理服务，如设备运行监控、安全管理、节能管理等（如图4.56所示）。

图4.56　建筑信息化融合平台

② 提高各种机械工程和设备的效率和性能，提升机械工程水平，包括各种设备的研发，机械代替人工是必然趋势。

③ 加快打造建筑业互联网平台，推广应用钢结构构件智能化生产线、预制混凝土构件智能化生产线。

3）提升信息化水平。主要途径如下：

① 加大商品和产品数字化、智能化改造力度，推广科技应用、技术集成、智能装备和机器人；

② 重点抓好钢筋生产安装、模具安装拆卸、混凝土浇筑、钢构件下料焊接、隔墙园林板及厨卫一体化等关键制造工序，支持数字化进程和施工机器人应用；

③ 支持配送、喷涂、铺地砖、安装面板等现场施工，加强施工机器人、智能家居自动化等设备的使用；

④ 打造预制造工厂“机器人换人”应用场景，支持智能化设计发展。

未来几年，建筑工程的发展趋势和方向应该是智能绿色建造、工业化建造和信息化生产。要打造完整的绿色建筑与施工技术，确保新一代信息与建筑技术、业务技术的融合，打造以集成为基础的建筑工程设计、施工、运维一体化平台。建筑业走向绿色化、工业化、数字化技术发展是必然的变化。

2. 数字化建造技术

全球正步入信息产业引领经济发展的时代，必须把握好以数字化、网络化、信息化为契机的智能化整合，数字化是杠杆，从而催生新动能。近年来，我国建筑业转型升级取得重大进展，但主要依靠资源要素投入和大规模投资带动发展，数字化程度低的问题较为突出。尽管近年来建筑业增值速度与 GDP 增速的差距有所缩小、增速减缓，但是建筑业对国民经济的意义并没有减少，仍属于方兴未艾。在由经济高速增长期迈向高质量可持续发展期的新形势下，数字化转型是支撑建筑业持续高质量发展的必由之路。

（1）数字化技术转变建设思维模式

建筑业数字化转型存在一些障碍：一是建筑业产业链长，参与方多，投资周期长。产业链各环节产生的数据和信息，随着项目的推进难以传递，形成了难以沟通的信息孤岛。二是一个项目参与的工程团队数量众多，特别是中小工程团队素质参差不齐，管理力度粗，信息化推广难度大。三是除了建筑行业自身的挑战外，整个建筑过程的工业化、数字化水平较低。麦肯锡全球研究院研究表明，我国建筑业数字化程度较低。根据中国建筑业协会提供的数据，我国建筑数字化投入只占建筑业总产值的 0.08%。正因为基数较低，中国建筑企业数字化转型的空间很大，带来的收益也颇为值得期待。

数字化和信息化密不可分。建筑行业内也存在一定混用数字化和信息化概念的现象。实际上，信息化旨在通过信息技术从企业和供应链内部的流程中获取利益，提高流程效率，降低运营成本，但不会对建筑行业本身的业务规则产生重大影响。而数字化应该得益于建筑行业生态，盘活建筑行业整体数据元素，由此，建筑行业商业模式，甚至基础施工方式都发生了变化。如果信息化以过程为中心，那么，数字化是以商业模式为核心，也就是建筑工业互联网。所以抽取数字价值并非 IT 部门以往所能完成的任务，而是建筑业企业整体战略调整的结果，要求业务领导者必须改变思维方式，制定全面的计划。

建筑行业由信息化走向数字化，其发展历程大致经过了 3 个观念阶段，即工具阶段、协同阶段与模式创新阶段。模式创新阶段即对建筑行业盈利模式的反思。建筑空间市场需求得到满足之后，有必要从建筑数字化时代中寻求新的要求，找到一个新盈利点，打造全新商业模式。这才是建筑行业数字化的真正目标，也是建设建筑互联网的一个阶段。建筑互联网充分体现了建筑行业数据要素价值创造能力，通过挖掘数据要素价值，提升建筑行业整体价值。

支撑建筑行业实现数字化的3个关键因素为个性化的需求、工业化的生产、供应链开放合作，三要素的深度融合是当前数字经济的趋势，也是落实高质量发展的根本需求。建筑企业一定要适应这种潮流，大兴制造流程的变革，加快推进信息化、数字化转型的脚步。

第一，将顾客个性化需求作为切入点与支点，让顾客体验主导行业未来发展的趋势。在业务需求与客户要求日益发展的今天，建筑空间的适应性与灵活性也必须越来越强。未来空间一定要适应各种场景并留出多模式和多功能可供选择。技术可以成为工具和媒介，协助企业设计此类变革。

第二，通过技术变革，支持生产过程的数字化。建筑业实现数字化的关键与基础在于产品数字化与产业数字化，而要实现建筑业全供应链与生产活动一体化的数字化建筑业，其关键基础在于一体化。BIM 技术是一体化的技术，国家和行业正在大力推广，是行业攻坚克难、成功转型的突破口。在此基础上，数据驱动设计，远程协同以及建筑工业化与自动化等技术将强有力地支持工程建设的数字化转型。但无论采用何种技术，我们都必须高度重视数字模型技术的研发和应用，以建立企业和供应链。

第三，利用数字技术连接供应链上下游业务，实现信息协同，提高产业效率。通过将供应链与数字技术连接起来，建筑行业可以显著减少浪费，提高管理效率，减少施工风险。此外，建筑业的数字化也能大大提高节能环保的效率。如西安咸阳三期项目，以陕西、甘肃、青海三个“大三期”供油工程建设项目为契机，依托 BIM 技术平台统筹搭建三期项目智慧工地管理应用平台（如图 4.57 所示）。智慧工地管理系统通过软件和智能硬件结合的方式，真实地收集一手数据，进行数据挖掘和分析，从而更好地实时掌控项目安全、质量、物资、机械、进度、人员以及现场作业情况，及时发现问题，跟踪项目进度。项目管理人员可以通过 BIM+智慧工地管理系统平台，工程图纸、在建情况、BIM 工序模拟、工期进度任务、大型机械监测、环境监测、劳务人员进场管理等，都在智慧管理信息平台一览无余。

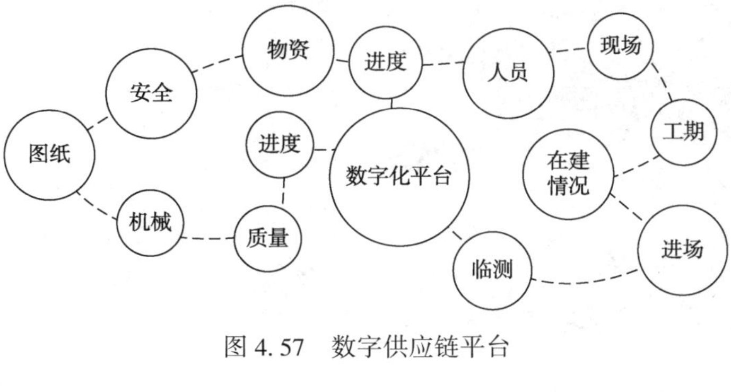

图 4.57　数字供应链平台

（2）数字化技术赋能工程建造可持续发展

数字化技术赋能工程建造可持续发展是当前工程建造领域的重要趋势和发展方向，工程建设需要紧紧抓住新一轮科技革命这一历史性机遇，重视数字化给工程建设带来的变革性影响和工程建设转型现代化发展，为可持续发展和高质量发展提供支撑。主要技术发展体现在如下几个方面：

一是提高效率和质量。数字化技术可以在工程建造的各个阶段应用，如施工计划、设计、材料采购、现场施工、监测和管理等方面，实现信息共享、智能化管理和自动化执行。上述建筑信息模型(BIM)就是为此而产生的数字化技术，可以在建筑设计、施工和维护过程中进行多方面的信息管理。例如，可以帮助设计师、施工人员和维护人员共同协作，从而实现更加高效的设计、施工和维护过程。还可以提供大量数据用于优化建筑的能源效率，实现建筑的最大限度可持续性和生态可持续性。这些技术的应用能够提高施工效率和质量，减少人为因素的干扰和误差，同时还能够降低成本，提高工程的经济效益。企业应充分利用数据、算力、算法的“三算”和数字化、网络化、智能化的“三化”，打造工程多维数字化建模与仿真、数字化工地(工厂)与智能决策—以大数据工程及其他领域技术为基础的生产。建设以项目全生命周期数据模型为核心的信息集成与业务协同平台，实现产业化建设，服务化建设与平台化建设的转变。

二是促进可持续发展。数字化技术还可以促进工程建造的可持续发展。通过数字化技术的应用，可以对建筑材料的使用、能源消耗、废弃物的处理等方面进行有效的监测和管理，从而实现对环境的保护和资源的节约。例如，智能建筑管理系统是一种利用物联网技术实现对建筑能源、用水和其他资源的高效管理的数字化系统(如图 4.58 所示)。这些系统可以监控建筑内的能源消耗和资源利用情况，并提供实时数据分析，以便制定更好的管理策略和决策，从而实现资源的节约和能源的效率。又比如智能能源系统，是一种通过数字化技术实现能源的高效利用和分配的系统。这些系统可以利用智能算法进行能源优化管理，通过预测能源需求、识别能源浪费等，实现能源的最大利用和效率，降低建筑物的能源消耗和排放。在建筑设计中应用数字化技术，可以通过虚拟仿真技术评估建筑的能耗和环境适应性，从而实现优化设计，减少能源消耗和碳排放，最终打造数字化、绿色化、可持续发展的以人为本的工程产品和服务体系。

图 4.58　智能建筑管理系统

三是推动工程建造行业的创新。数字化技术的应用还可以推动工程建造行业的创新。通过数字化技术的支持，工程建造行业可以实现更加精细化和个性化的服务和管理，提供更高质量和更具竞争力的产品和服务。例如，在数字化技术的支持下，3D 打印技术能够有机会在建筑行业得以推广应用。3D 打印技术可以在建筑过程中实现对原材料的精确控制和节约，可以在建筑过程中减少材料浪费和节约资源，实现可持续发展的目标。印度 Bengaluru 的一座邮局的主体结构均使用了 3D 打印技术(如图 4.59 所示)。实现了混凝土结构现场打印以及材料的充分运用，提高了工程效率和质量。又如区块链技术，可以实现对能源和资源的管理和交易，促进可持续发展。通过使用区块链技术，建筑公司可以实现对建筑过程中各个环节的数据追踪和控制，保证建筑过程的透明度和公正性。同时，区块链技术也可以实现能源和资源的可持续利用和交易，促进能源和资源的共享和节约，从而提高供应链的效率和透明度。在施工现场，数字化技术可以实现智能化的机器人施工和无人机监测，提高工程建造的安全性和效率。

图 4.59　3D 打印的建筑(Bengaluru 某邮局)

建筑业作为中国经济发展的支柱产业，在数字时代仍有巨大的发展空间，但这个空间绝对不是盖房子、修公路就能实现的。进入新时代之后，建筑行业必须转变发展思路，激活数据要素潜能，提高工程质量、打造精品工程。

(3) 数字化技术推进航油工程特色发展

当今，以 5G、云计算、物联网、人工智能等为主要特征的新一代信息技术正在飞速发展，正在成为新旧发展动能接续转换的强劲引擎，为传统行业带来了新的挑战和发展机遇。航油工程建设者必须把握住数字化、网络化融合发展的契机，结合航油工程的实际情况，通过将工程建设与新一代信息技术相结合，围绕工程建设产业链中的各个阶段，提供共性需求，运用建筑机器人等产品技术，搭建航油工程管理一体化平台(如图 4.60所示)，构建航油工程建设领域数字化新生态，推动建筑领域从粗放管理向精细化管理和数字化管理转变，实现规划、勘察设计、施工、验收、运行管理等全生命周期的智能化和信息化管理，同时赋能现场高水平作业，从而有效提高建造过程的智能水平以及建筑的安全性、经济性、可靠性。

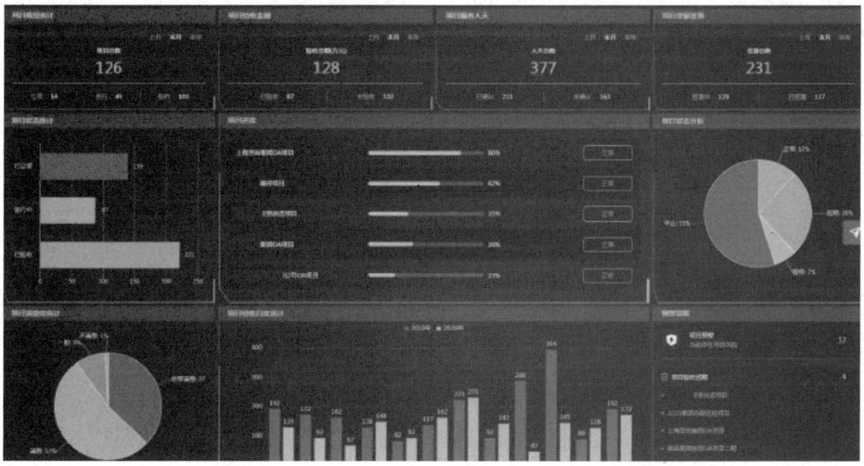

图 4.60　数字化航油工程管理平台

航油工程管理一体化平台是工程建设全过程、全专业、多方协同的数字化、信息化管理平台，由5个子平台构成，分别是：整体策划平台、数字协同设计平台、自动生产协同平台、智能施工平台、智慧运维平台。上述平台主要对应工程建设期间的立项、设计、施工及运行阶段，各平台之间横向、纵向数据联通、业务打通、管控一体，所有数据与平台形成联动。以平台为依托，遵循规范化数据流、业务流，避免烟囱式系统新建，解决数据融合与共享问题，提升数据共享能力，使全生产业务环节数字化、流程化，提升产业信息化影响力与产业链数据整合能力，实现产业链价值与数据认同。同时，在平台化的基础上，逐步开展并加速智能化应用建设，一方面提升基础部件加工制造的智能化程度，另一方面提升现场施工的智能化程度，最终达到提高效率、节约成本、缩短工期的目标。航油工程管理一体化平台拟实现的功能如下：

1）整体策划平台。整体策划相当于整个项目实施的顶层设计，主要应用于工程的可研立项阶段。近年来，中国航油各级单位通过生产自控系统、ERP系统、总部安全生产监控平台、智慧加油系统、长输管道监控系统等信息化建设，积累了大量内部、外部数据，数据价值亟待进一步释放。该平台综合应用大数据分析技术，结合航油核心业务应用需求以及工程项目的相关信息，梳理整合相关业务域数据指标，设计支撑业务发展的应用场景，构建相应的业务、数据模型，为战略决策、投资分析、风险预警等智慧应用提供精准的数据支撑。通过上述大数据的支撑，使平台具有自感知、自学习、自决策、自适应的功能，为建设方的立项审批提供能够辅助决策的结论性意见。

2）数字协同设计系统。航油工程应以BIM、人工智能和大数据的运用为重点，促进数字化设计的发展，营造良好的产业大数据和信息化技术的运用环境。发展物联网技术，推进库站信息化平台建设，强化建筑信息模型（BIM）技术和地理信息系统（GIS）以及物联网、虚拟现实技术、无人机摄影技术、三维扫描技术等新兴技术的融合与发展，扩大数字化设计的应用场景，并为促进数字化设计打下了坚实的基础。

利用基于BIM技术搭建的集成一体化数字协同设计平台，使得施工、使用等阶段的需求在设计阶段就可以提前介入，在平台模型上同时体现，实现全过程数据的同时协作，更好地为使用者服务。

在进行装配式建筑的深化设计时，需要对构件的尺寸、节点大样、机电管线综合等方面进行细化，以满足施工的需求。深化设计完成后，可以导出所有深化图纸，加强工人对构件生产加工的理解，从而提高构件的生产效率和质量。同时，可视化模型也可以被转换成生产加工数据，为后续的自动化生产和数字化管理提供数据支持。这样，深化设计不仅可以提高生产效率和质量，还可以为整个装配式建筑行业的数字化管理提供基础支持。

3）自动生产协同平台。利用互联网、物联网和智能化制造技术，建设自动生产协同平台，直接导入设计阶段组建的BIM数据模型，不需要手工二次录入，达到企业协同的目的，实现工厂材料采购、模具加工、生产排产、生产控制、质量监管、构件查询、构件储存及运输等的精细化、数字化管理。

自动化生产加工在建筑工业化中起着举足轻重的作用，更是建筑业实现转型升级的突破口。在设计阶段建立的生产数据可以上传到自动生产系统平台，然后同步到整个自动化流水线管理核心中央控制系统中(MES 系统)，最终发送到不同的工位，例如模板工位、钢筋工位、混凝土浇筑工位等，实现自动模板自动摆放、钢筋自动捆扎、混凝土自动浇筑等目标，从而达到构件自动化生产的目的，提高了构件的生产效率及产品质量。

与此同时，为了推动建筑产业数字化转型，可以基于 BIM 平台构建标准化部品部件库和部品部件标准化库，从而实现预制构件生产的标准化和智能化(如图 4.61 所示)。在这个基础上，可以提出数字化设计与建造方法，使得预制构件的生产和制造更加高效和精准。为了进一步优化预制构件生产流程，可以创建体系部件智能生产工厂，利用 RFID 全体系构件智能“无人化”生产线和物联网技术，提高生产效率和质量。同时，结合预制构件生产和供应链管理系统，构建预制构件生产和供应网络，以满足市场需求。为了保证预制构件生产的质量，可以通过植入 RFID 芯片或粘贴二维码等手段将原材料的检验结果实时传送给系统，做到全过程的质量责任溯源。这些措施有望进一步推动建筑产业数字化转型，提高生产效率和质量，实现可持续发展。

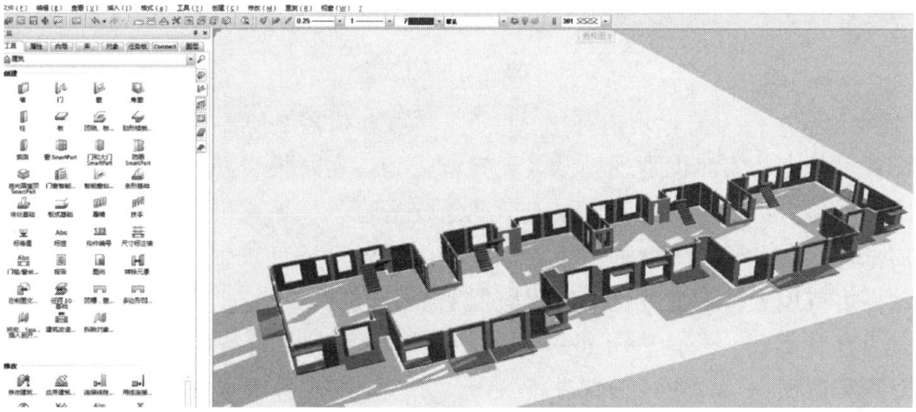

图 4.61　标准化部品部件库

4）智能施工平台。智能施工平台能够将虚拟建造与实体建造相结合，提升工程建造效率与管理效率。数字化虚拟建造能够借助 BIM 信息化模型进行人机交互，同时收录从设计到使用阶段所累积的所有数据。在 BIM 正向设计的基础上，以基本数据层为底层，以人机交互层为顶层，构建了一套完整的数据体系。通过桌面端与移动端之间的协同操作，实现多终端、多用户数据集成，支持施工管理全过程的数字化、智能化和可视化，提高施工效率、降低成本、提升施工质量，实现数字化施工管理的全面推进。

在施工现场，为了保障工程建设的质量和安全，需要对施工过程中的各个环节进行监控和管理。其中，施工质量监控是非常重要的一项工作。为了提高监控的效率和准确性，可以使用 App 在线完成巡检、整改和复查闭环管理，并将数据自动同步到网页端，确保记录的完整性(如图 4.62 所示)。同时，在施工现场可以实现旁站记录和安全日志的实时云端存储，并且多人可以同时在线编辑，以提高管理的效率。另一方面，为了管理现场人员，可以采用实名制系统实时显示人员信息，并采用闸机前端识别的方式进行控制。结合实名制系统和劳务人员信用系统，可以完成对现场人员的培训和特种作业人员证件复核的管理工作，实现项目人员进出场的实时记录和追踪溯源。同时，可以与质量、安全模块相结合，构建劳务人员信用系统，并给出黑白名单，从而更好地管理现场人员的素质和行为。

图 4.62　App 在线巡检

AI 智能化安全行为监管是指利用 AI 自主学习和机器视觉技术，抓取员工现场行为和穿戴图像等信息，实时识别现场员工不安全行为，实时报警并作出惩罚。这一过程将全程记录在云端，进一步规范工人作业，杜绝安全隐患。无人机航拍建模则是基于野外拍摄的需求，实现自动化飞行和图像采集。利用边界重叠算法生成现场三维模型，反映现场形象进度或用于推求土方量。远程监控系统结合机器视觉，自动识别现场工人和大型机械是否存在不安全行为，并进行判断。这样，工程现场条件可以全天候长距离调取，同时视频数据也可以通过云端进行备份，实现了对工程现场的全面监控。

建筑机器人和其他智能建造设备的推广、部品部件制造机器人的应用、施工机器人和智能工程机械设备的研发等，正在加速推进建筑行业的高速发展。建筑行业属于重型体力劳动范畴，在施工期过程中，如水泥搅拌、钢筋混凝土运输、搬运和拆解大道具、储罐和管道焊接等都是考验实力的工序，更重要的是，它具有一定的危险系数，而且建筑工地因意外导致人员伤亡的事情随处可见。因此，充分利用人工智能技术，开发智能建造设备，包括建筑机器人等，把它们投入施工过程中，承受相对较大的危险系数，不失为一种明智的选择（如图 4.63所示）。

图 4.63　建筑抹灰机器人

当前建筑机器人的设计大体分两大方向。第一类主要应用于建筑业，如钢结构施工、混凝土浇筑等领域，用于辅助、代替高强度的产品、大量重复工作的机器人，例如焊接机器人、砌砖机器人、打孔机器人等，墙面喷涂机器人就是其中的代表。随着建筑行业对生产效率要求的不断提高，以及人们生活水平的不断改善，建筑机器人必将成为未来发展的必然趋势。而另一类则是有助于建造流程的优化和工期的缩短，节省建造成本，例如建筑质量检测机器人、扫描机器人就是其中的典型代表。由于建筑物高度不同、形状各异以及功能要求也各不相同，所以要实现对建筑目标物的精确识别和定位是非常困难的。如今，建筑机器人所面临的技术难题仍停留于硬件的发展与优化阶段，存在着以下困难：首先，建筑机器人具有移动性，移动性对导航能力提出了更高要求，也包括高空及基坑内的移动、避障、意外事件传感器及意外事件控制算法、机器人视觉系统、新型控制系统及处理单元等。其次是用于检测障碍物信息和控制机械臂运动的传感装置。最后建筑机器人的传感器，当在非结构环境中运行时，建筑机器人必须同时使用多种类型的传感器，其中，主传感器是安装在手爪上的模式识别器和接收传感器，有某些特殊作用未得到发挥。目前，在建筑机器人末端执行器中，只开发了少数几种适用于建筑应用，对于建筑工程的很多过程和工种，末端执行器的种类及精度还远远不能满足要求，且对外部环境抗干扰性较差，不能适应施工需求。这些问题都严重阻碍了建筑机器人的实际运用与推广。在软件上，基于传感器信息的机器人动作调整存在较大的限制。因此，要想实现真正意义上的智能建造，必须从硬件入手。这条道路仍有许多进步空间，这就要求智能建造者必须不断完善、发展提升，使得智能建造不断革新升级。

5）智慧运维平台。智能建造是指通过数字化技术来提高建筑行业的效率和质量。它不仅包括设计、采购和施工等各个阶段，还涉及项目管理等方面。数字化技术的不断更新和迭代，为数字化交付结果提供了保障，从而提高了建筑行业的数字化水平。

云平台是数字化技术的一种形式，利用物联网、互联网和 BIM 等技术来实现智能建造。数字运维管理平台能够实现虚拟建筑与实体建筑之间的智能交互，实时感知建筑物的运行状态，进行自我优化和管理，满足不同的个性化需求。这种智能建造的方式可以为工程投运后的生产运行奠定良好的基础，提高建筑行业的质量和效率。

3. 智能化建造技术

（1）智能化技术推动建筑设计发展

新闻《建筑业终于被 AI 翘起一角》介绍了深圳公司小库科技，用 AI 技术尝试解决一些城市住宅空间规划的问题。文章里提到“20%的公共建筑对设计能力有较高的要求，以设计作为主要的考虑因素。而另外 80%的城市建筑则更多的是规范、规则以及其他非设计因素”。这句话点出未来设计工作的发展方向。

建筑师可以分成两类，即人文建筑师和画图建筑师。前者就是上文中提到的 20%，后者是 80%。80%执业者的职业壁垒，正在于在项目中很好的协调甲方的商业诉求和规范中的各种琐碎的强制条款，设计品质本身在这里的溢价能力非常低，其利润空间可能还不如精装修本身的工程费用，比如现在的商品房项目。这 80%执业者的工作非常辛苦而枯燥，甲方的高周转要求将建筑师的设计时间压缩到极致，甲方的诉求也在不停的变化，对于有设计追求的人来说这种工作没什么意思，对于追求经济收入的人来说卖卖力气倒是能换来一些不错的收入，所以依然趋之者众。

建筑师是一群特别能吃苦耐劳的人。建筑师应该多一点极客精神，把重复的可被计算的简单劳动尽量用 AI 或者某些技术手段代替，建筑师可以用更多的时间去优化程序的算法或者更有建筑设计意义的工作，而不是一个简单的人肉机器人角色。

产品精神区别于过去建筑师强调的“某某大师作品”，它不着重于单体建筑的艺术或者建筑价值，而是一种建筑产品体系，一旦成为体系它就可以被复用在其他的项目，它的结构体系、材料、设备、空间布局都可以保持一种产品体系的统一性，同时又能在一定程度上适应不同的场地和商业需求。我们不能指望所有建筑从业者都具有大师的水准，产品体系作为一个基础可以很容易被缺乏经验的建筑师所掌握。产品体系也许没法诞生出过去个人英雄式的柯布式的建筑师，但是有助于提高建筑行业的整体效率和水平。

产品体系很重要的一点在于迭代。不同于单体建筑施工，完成后与建筑师不再发生关系。建筑产品化之后，建筑师依然需要不停地优化这个产品体系。帮助空间布局规划的 AI 技术是对建筑产品化的一种很好的支持，建筑师不再需要花大量时间去重复计算每个单独项目的退线、日照间距、容积率、绿化率等指标，而是可以更多的去研究材料工艺、装配化、节能、空间体验、美学等问题，这些问题可以在不同的项目上进行迭代进化，而不仅仅针对单个项目。

（2）智能化技术推动建筑施工发展

1）人工智能或将突破建筑业“用工瓶颈”。建筑工人，尤其是年轻劳动力的短缺目前仍非常严重。《2017 年农民工监测报告》显示，2017 年我国建筑业农民工平均工资为 3918 元，高于全行业平均工资 12.4%。但建筑业农民工 5415 万人，比上年减少 135 万人。

建筑行业一直有“危险、复杂、肮脏、困难”的刻板印象。建筑工人的工作条件极差，作业繁重，工作环境中充满泥土、灰尘、噪声和振动，导致工伤高发，愿意进入这个行业的新工人越来越少。更重要的是，随着社会老龄化趋势的加快，青壮年劳动力供给日益紧缺。这不仅仅是一个简单的人力资源困境，在年轻施工人员不断减少的同时，中老年施工人员的体力和精力也在逐渐下降，导致施工人员在进行各项专业操作时不够准确；这些建筑工人机体各项机能的老化，尤其是反应敏感性的降低，在一定程度上成为导致人身安全领域事故频发的重要因素。

建筑工人人手不足显然已成为当前建筑业发展的瓶颈，如何打破建筑业自身的人才壁垒成为亟待讨论的话题。在这种背景下，人工智能可以帮助解决此类问题。随着自动化的深入，人工智能和自动化设备将逐步接管建筑工地，迎来高度自主建造的新时代。相关领域专家认为，人工智能本身具有强大的海量信息分析、整理和应用能力，在建筑行业“大有可为”。

2）打造虚拟现实的预演模型。近十年来，无人机进入了自身发展的黄金时期。无人机与人工智能的结合为其在建筑领域的应用打开了新的窗口，为人们带来了全球视野的体验。

据悉，目前在工程测绘领域，测绘无人机可测量 2500 万个点。此外，与传统的人工测绘相比，无人机测绘工作和后处理时间将减少整整三倍。智能、自主的无人机在建筑工地周围飞行后收集图像和视频片段。这些数据可以转化为施工现场的三维图像，导入相应的 BIM 系统进行建模，建成的模型可以结合 VR 眼镜等设备，打造身临其境的虚拟现实场景(如图4.64所示)。

得益于此，可以从模型中掌握整个项目的进度和具体细节，这将极大地帮助现实中的大批量项目。

图4.64 无人机测绘

3）提供施工精度和效率。根据一份研究报告《AI机器人真的会偷走我们的工作吗？自动化对工作之潜在影响》的结果，最有可能被自动化取代的前三个行业分别是运输和仓储(52%)、制造(45%)和建筑(38%)。机器人作为编程硬件，具有人类无法比拟的大功率、高效率、低错误率等优势，这无疑是人工智能发展的重要方向。

机器人在建筑施工中的应用，可以显著提高施工精度和效率。目前，日本建筑公司清水建设开发出“天花板安装工”、“焊工”和“门卫”等领域的特种建筑机器人。在澳大利亚，科技公司Fastbrick Robotics设计的3D建筑机器人“Hadrian X”可以利用3D扫描技术读取蓝图并准确计算出每块砖的位置，据称其工作效率可达人工的4倍。如果每天工作24小时，Hadrian X可以在两天内盖好一座房子。在地面平整度和精度尤为重要的建筑项目中，技术团队可以与机器人公司的技术团队进行深度讨论，根据不同的要求和情况，设计机器人程序，以完成地面平整度和精度的任务。在短时间内完成人类需要数天或数周才能完成的工作，从而提高了施工效率。另外，使用机器人可以避免人类施工中的不精确和浪费，减少工人在施工中的风险和危险，如高空作业和危险环境。

4）测算施工现场的专项数据。人工智能在现场施工中的应用体现在，可以利用机器学习、语音和图像识别，对施工照片和视频进行自动标注，从而进行数据整理和搜索。例如，人工智能可以利用深度学习分析图像和语音，自动标记设计数据，并主动为客户提供安全建议。

目前已经有人工智能创业公司开发出了实时的“建筑安全”监控平台。作为工地管理平台，可在10分钟内识别1080张施工照片，正确识别446张包含人像的照片，未戴防护头盔人员、未穿安全反光衣人员均能正确识别。但如果人工完成监控分析过程，至少需要4.5小时，且准确率无法保证。人工智能识别的相关技术可以帮助构建一个实时的“建筑安全”监控平台，并根据各种安全风险的统计和识别提出建议，确保建筑的安全。

用机器人建造、AR感知、VR体验、利用云技术、实现大数据的联动、将物联网与之相结合……这些或许就是建筑行业今后的工作方式。

综上所述，新兴智能化技术对传统建造技术是一种补充，可以增强其优势。智能化技术并不是要“入侵和取代”传统的建筑工人，而是要补充一些流程和程序的优势。智能化技术将协助设计、建造和运维，这也符合建筑“设计、建造和管理”的生命周期。

4.4.3 智能化技术推动航油建筑发展

2020年7月，住房和城乡建设部、国家发改委、中国民用航空局等13个部委联合下发《关于推动智能建造与建筑工业化协同发展的指导意见》，提出以大力发展建筑工业化为载体，以数字化、智能化升级为动力，创新突破相关核心技术，加大智能建造在工程建设各环节应用，形成涵盖科研、设计、生产加工、施工装配、运营等全产业链融合一体的智能建造产业体系，提升工程质量安全、效益和品质，有效拉动内需，培育国民经济新的增长点。航油处于民航、能源供应、危化品管理交叉领域，航油工程作为民航工程不可或缺的配套工程，必须抓住机遇，以新型建筑工业化带动航油工程全面转型升级，打造“航油智能建造”特色。

当前，全球新一轮科技革命和产业变革深入推进，在人工智能和物联网的基础上，以5G通信技术、光电芯片技术、大数据等为代表的智能化技术，正在推动人类社会发生改变，使人类进入“智能时代”。人工智能、工业互联网和5G、大数据等科技，正对传统产业进行着全方位、全角度的变革，重构全链条以提高全要素生产率，释放数字对经济发展的放大、叠加和倍增的效应；这些新业态、新模式将改变人类社会生产生活方式，也会对传统制造业产生巨大影响。并且，这些技术在创新引领、绿色低碳、智慧城市、人力资源服务等领域培植新增长点，为我国经济发展注入新动力，为世界经济的发展提供了新的机遇。

在智能科技与经济社会领域的融合方面，这一潮流正在引起一场史无前例的大改革。

一是技术的全方位渗透，多点多极的战略支撑，相互交叉聚合，共同破局。现代科技已经渗透到了经济的各个领域，涉及多个学科、多个领域、许多新技术相互交融，对科技升级突破给予内在的支撑。这些新业态、新模式将改变人类社会生产生活方式，也会对传统制造业产生巨大影响。如“墨子号”的发射升空，就是国防、军工、航天、民用、计算机和其他许多行业的研发合力。这些技术作为大集成，应用于金融、农业、文化、娱乐等各行各业。

二是科技创新是由商业化理性推动。市场化需求把题目带回实验室，科研与生产配套、科技创新已经不是科学家们的“专利”了，不再像牛顿发现了地球引力那样盲目创造，而是目的明确、有的放矢地进行团体性企业运作，需要、判断和科研是相辅相成的。诚如恩格斯所言：“社会一旦有技术上的需要，这种需要就会比十所大学更能把科学推向前进。”每一次科技创新的背后，都离不开市场需求，离不开商业化驱动。

三是技术不再只是对概念与资本的追求，而是会更理智、更具人情味、更贴合人性、服务人性。不管是破解人类基因密码，还是为人类服务的智能机器人，都已经表明，唯有为人类服务的技术，才能获得市场，才能聚集资本，形成颠覆性的资源突破。在5G为万物互联赋能的时代，其传递数据的速度将越来越快，一个小芯机就能把所有算力中心都联系起来，通过破解商家痛点和需求来拴住民心，开创了时代奇迹。在上述基础上，“科技”之于经济、社会的贡献绝非加法而是乘法，并非算术级成长，而是在几何级上发生了裂变。

当今，5G、云计算、人工智能、GIS(如图4.65所示)等新一代信息技术正在飞速发展，新时代发展动能已经逐渐转换成型，这既为传统行业带来了挑战，同样也是新的发展机遇。国务院也先后出台了《关于积极推进“互联网+”行动的指导意见》《国家信息化发展战略纲要》等相关文件，旨在促进传统企业的信息化、工业化“两化融合”，推动优势新兴业态向更广范围、更宽领域拓展。如何采用信息化、智能化技术手段，提升对日趋加速的国际、国内环境变化的应对能力，以新技术手段持续挖掘降本增效、创新增值的途径，也是航油工程信息化、智能化创新研究的目标因素之一。

图 4.65　三维 GIS 技术

1. 智能化现状分析

（1）总部统建信息化、智能化层面

近年来，中国航油统筹推进信息化建设，初步形成了以 ERP 为核心的经营管控业务应用和以安全运营调度指挥平台为核心的生产运营业务应用系统，满足了财务、人力、投资、办公、物资等经营管控领域和物流管理、智慧加油等生产运营领域的基本需求，数字化转型升级初见成效。

中国航油以 ERP 为核心，推广应用了 ERP 系统的财务、组织人事薪酬、资产等 7 个管理模块，实现了财务核算统一、资产设备统一、人力资源统一以及航油业务统一管理。建设了投资、支付、资金、预算、合同、信息平台等 10 个经营管控系统，基本实现业务信息化全覆盖。ERP 系统形成了为全国 200 多个机场供油、国内外 300 多家航空客户提供服务、每年 400 多万航班架次的业务处理能力，累计超过 6000 万架次业务数据，上亿条业务处理记录，积累了大量的业务数据。

2018 年中国航油投资开展总部安全生产监控平台(一期)建设，旨在建立集“采运存销”于一体的运营管理体系，提升运营效率、降低综合运营成本，提高安全生产管理和应急指挥水平。目前，平台已经完成了全国 200 多个机场、4000 多路摄像头、40 余个自控作业单元的数据汇聚，初步形成了航油工业互联网架构雏形。

与此同时，智慧加油系统建设同步开展。中国航油智慧加油系统是一套集软件、硬件、网络于一体的面向民航飞机加油的综合信息化系统，旨在解决信息化“最后一公里”问题，实现航班加油保障过程的航班信息集成、智能化任务派发、保障动态与资源实时监控、加油数据自动采集、电子油单生成以及基于电子油单的自动结算业务。系统目前已在全国 200 多个机场部署运行。

（2）生产单位信息化、智能化层面

中国航油各生产单位信息化、智能化多以使用统建系统 ERP、OA 等为主，自建系统核心以自控系统、安防系统为主；2018 年至 2019 年，由总部牵头，推广安全生产监控平台、智慧加油系统在各级单位的应用。综合来看，各单位信息化建设以统建系统应用为主，无法完全满足各生产单位全链条的数字化、信息化、智能化需求。

各单位、各部门依据自身需求，近年来也逐步加大信息化、智能化投入，如以北京公司为代表的独立建设的质量追溯管理系统、设备管理系统、统一培训系统等。但整体看来，生产单位信息化仍处于起步阶段，且各单位自主投入，信息化、智能化程度不一。

（3）航油智能化现状总结分析

总部信息化水平提升较快，逐步向平台化演进，横向逐步打通各系统。但是生产单位信息化、智能化尚有较大发展空间，特点如下：

① 信息化、智能化建设无标准可循，各单位水平参差不齐；

② 信息化、智能化建设仍主要围绕单一业务点需求开展；

③ 信息化应用零散，智能化应用较少。

2. 智能化的潜在问题

依据航油信息化、智能化现状来看，总部信息化发展路径已逐步明晰：平台化建设、基础赋能平台建设、系统横向打通及纵向连接的基本发展路径已形成。因此，航油信息化、智能化业务后续的核心突破点在于生产管理侧的信息化水平提升、智能化应用探索，以及基于海量生产数据获取后的大数据辅助决策平台、统一结算等平台的探索。

具体来看，航油生产单位的信息化、智能化建设主要面临三方面的问题：

（1）标准规范缺失

标准规范缺失，数字化、信息化、智能化业务无法高质量开展，各单位依据其自身需求、自身基础开展信息化建设，重复投入高，建设成果推广难度大。

（2）单一信息化系统建设模式为主，平台化建设模式未推广

未形成覆盖完整核心业务的平台化支撑能力，业务联动能力不足。国内绝大多数油库自动化建设基本停留在设备层面，设备之间相互独立且相对分散，没有形成自动化集成，也没有针对性地开展共享、协同信息化系统建设。

（3）智能化程度不足，数据挖掘、智能化应用挖掘未深入开展

基于人工智能、大数据等先进技术的智能化应用尚未形成趋势，仍是以人工为主、智能化方式为辅的模式。一方面由于技术门槛较高，各单位基础信息化能力尚参差不齐，难以支撑进一步开展智能化应用建设；另一方面，底层装备智能化水平、数据基础资源薄弱、缺乏基础信息平台支撑等问题，也成为制约智能化应用进一步发展的因素。

3. 智能化发展趋势

（1）航空智能化业务发展趋势概述

1）民航总体信息化发展趋势。全球民航业正经历科技革命和产业变革，新技术不断

涌现。在中国，民航正在推进"智慧民航"发展，以"智慧机场""智慧空管"为抓手。航空企业以服务旅客为中心，致力于智能化，多个方面取得了重大成绩。这些努力逐步形成了"全面感知、泛在互联、人机协同、全球共享"的产业新形态，以及各类资源要素有机融合的民航生态圈。这种新形态下，飞行安全和旅客服务等方面的管理变得更加高效和便捷，将进一步推动中国民航产业的创新和发展。

2）机场智能化发展趋势。近年来，中国机场正在以"智慧机场"建设为抓手，努力探索一条智慧发展之路。"智慧机场"的建设中，信息化、智能化发展趋势主要有两个方面：

一方面，机场信息互通互联是现代机场建设的重要内容，而其顶层设计需要以数据为重要资源，通过业务移动化和社交化来实现。随着智能终端的流行，越来越多的旅客开始享受到便利的移动体验。然而，传统信息系统缺乏社交性元素，难以满足现代旅客的需求。因此，移动应用中的社交元素被引入机场信息互通互联的设计中，旨在提高机场与旅客之间的互动性和沟通效率，进一步提升旅客的整体体验感。

另一方面，机场作为公共交通设施，面临着满负荷、安全风险、旅客服务体验等问题。为了提升航空安全水平和服务品质，机场应当积极借助新技术实现智能化、个性化服务。旅客们希望出行过程中能够享受无纸化、流程智能化、交互式、体验式的贴心服务。因此，机场应当改善旅客服务痛点，提升旅客体验，增强其幸福感。新技术的应用，比如人工智能、大数据、物联网、无人机等，可以为机场带来更高效、更人性化的服务体验，如智能安检、自助值机、无人机巡检等。通过新技术的应用，机场可以让旅客的出行更加顺畅、安全和舒适。

3）航空公司智能化发展趋势。民航信息化是未来发展的趋势，而企业信息化则是民航信息化的主体。随着时间的推移，航空企业越来越将信息化作为提高核心竞争力的重要手段。然而，航空企业的 IT 环境面临地域分散、多平台、多系统、多架构的复杂环境，信息的封闭和垄断，基础数据难以集中和共享等问题越来越凸显。因此，航空公司需要加速建设飞行运行管理系统、收益管理系统、常旅客、机务航材和企业管理等信息系统（如图 4.66 所示）。同时，航空公司需要逐步实现各信息系统的融合，并最终建成高效、先进、开放的综合信息系统。这样一来，航空企业将能够更好地管理和运营其业务，提高客户满意度和竞争力。

图 4.66　机场航班信息大数据分析

综上因素，近年来，航空产业的信息化发展正在逐渐趋于快速化和全面化，以云计算、大数据、区块链为代表的先进技术将逐渐应用到航空领域中。

（2）航油智能化业务发展趋势分析

1）全面数字化趋势。数字化指的是将生产、运营、管理、服务等各环节，生产装备、感知设备、联网终端等生产要素，以及供应商、合作伙伴、客户等全价值链，利用信息技术实现数字化。以数据贯通、融合为着力点，将正确的数据以正确的方式在正确的时间传递给正确的人和机器，从而实现数据驱动的业务发展模式。数字化的实质是在自动化的基础上，实现生产业务和运营管理的信息化，实现信息处理、信息管理和局部决策。

航油行业在各个环节积极探索数字化转型，油库数字化是首要发展对象。在生产方面，油库数字化可以实现对油品储存、配送、销售等生产环节的全面监测和管理，提高生产效率和油品品质。在运营方面，油库数字化可以实现对油品库存、运输、配送等方面的智能化管理和调度，提高运营效率和降低运营成本。在管理方面，油库数字化可以实现对油品储备、安全生产、环境保护等方面的信息化管理，提高管理水平和保障安全。在服务方面，油库数字化可以实现对客户需求的智能化识别和满足，提高服务质量和客户满意度。综上所述，油库数字化将为航油行业的可持续发展提供更加可靠、高效、安全的保障，为航空领域的发展做出更大的贡献。

而油库数字化的前提是标准规范的建立，在数据采集标准、传输标准、应用标准、业务流标准规范的基础上。在全面数字化的道路探索方面，国内部分油库已开展相关探索与尝试，中国石油青海德令哈油库开展自动化、信息化改造，实现各个系统之间的数据共享、构建存储油库基础信息数据库，实现不同系统之间的联动联锁；哈尔滨天源石化公司的油库生产作业管理系统包括实现油库的进销存综合计量管理以及对油库定量发油系统、储罐液位监测系统、综合计量管理系统及库内安防系统的生产数据和安全信息整合，为上级公司二次配送优化系统和批发系统提供基础数据。

2）系统平台化趋势。当前，无论是传统制造业、能源产业、油气行业，还是航空业，在信息化建设上逐步呈现系统平台化趋势。在这一趋势下，平台化系统建设能够更加有效地贯彻顶层设计思路，减少“烟囱式”建立信息化系统的情况。平台化系统建设能够实现对各个信息系统模块的整合，优化信息流程和管理模式，提高信息系统的运行效率和可靠性。同时，平台化系统建设还有利于进一步整合资源，规范系统建设模式和推进路径，有利于进一步加速基于平台能力的新应用构建速度，并降低系统维护的难度。综上所述，平台化系统建设是航油行业数字化转型的必然趋势，将有效推动航油行业的可持续发展。

3）应用智慧化趋势。建立各种业务智慧应用系统，通过大数据和人工智能赋能实现数据资产的深度利用，加强集团级大数据共享应用。以数据驱动的决策体系实现智慧化决策、以数据驱动的业务运营实现智慧化经营管控和生产运营。

目前国内关于油库智能化管理的业务范畴和基本特征还没有清晰的定义和理解，但是，已经开始探索和尝试将先进的技术和理念用于油库的日常管理。国家物联网示范工程覆盖了100多座油库和100多座加油站，其中包含油罐储油自动感知、油料自动化验、汽车零发油自动罐装、地面装备持卡自助装油、铁路(公路、水路)收发油自动控制、飞机(舰船)加油自动控制、油库物联集成等多个子系统。此外，虚拟培训、视频安防、无人值守等方面也有探索和尝试，基于GIS和虚拟现实技术，实现油库的日常培训，弥补传统培训模式的不足，降低培训的安全风险和成本。基于视频识别的门禁人脸识别、非法入侵检测、重点区域可疑人员进入预警等，通过视频识别手段提升油库安全管理能力。油库发油作业无人值守管理模式，境地安全风险和减少人工成本，从油车入库门开始，由司机全程自助式完成发油过程各个环节(身份识别、发油设备自动感应管理、自动计量等)，中控室人员通过视频和信息系统远程监控发油过程并对发油过程试行安全联锁管理。

4）新技术与传统业务结合趋势。5G、区块链、AI智能化、工业互联网等新兴技术逐步在能源、传统制造等领域发挥作用，助力传统行业提升管理能力与数字化运营、决策水平。后续可基于5G、工业互联网、大数据等新兴技术，深入探索其在航油业务中的应用。

4. 智能化发展构想

航油工程的智能化发展具有广阔前景，整体发展落地构想(如图4.67所示)，需在总体建设指导下，结合大数据、区块链、人工智能、工业互联网等新技术，逐步探索发展。主要可以从如下几个方面开展：

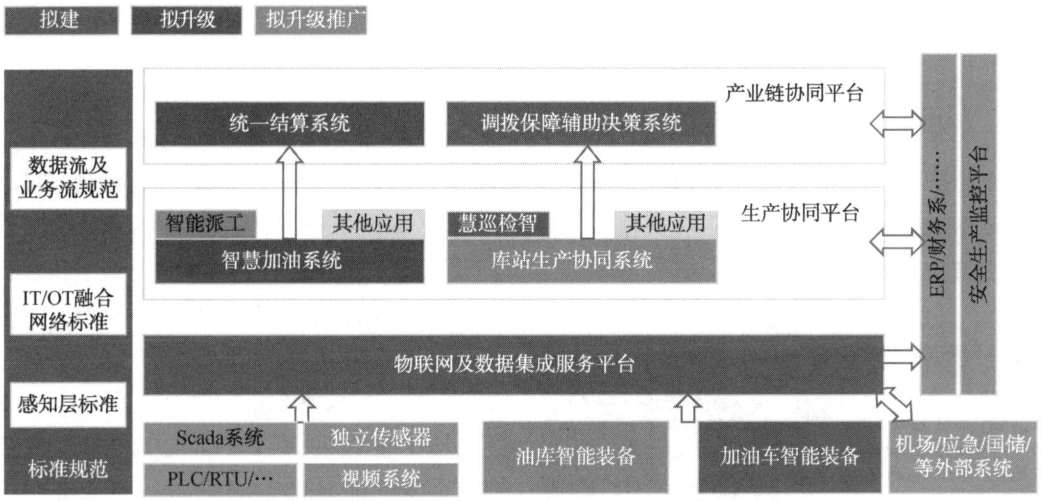

图4.67　航油智能化整体发展落地构想

(1) 打造三大平台：物联网技术及集成服务平台，解决数据融合与共享问题，基于物联网技术，建设智能化的油库监控系统，实时监测油品库存、配送、销售等环节，并将数据与其他系统整合，形成全面的数据分析和决策支持系统。生产协同平台，达到全生产业务环节数字化、流程化的目标。产业链协同平台，提升产业信息化影响力、提高产业链数据整合能力、实现产业链价值与数据认同，并辅助统一调拨保障与整体运营管理决策。

(2) 引入人工智能技术，建立智能化的生产调度系统，根据订单、库存、运输等信息自动调度油品生产和配送，最大化地提高生产效率，降低生产成本。应用无人机、机器人等技术，实现对油库设施、管道、储罐等设备的自动巡检和维护，避免人工巡检的安全隐患、降低人力成本。

(3) 建立数字化的工程管理平台，实现工程过程全生命周期的数字化管理，包括工程设计、建设、验收等环节，系统平台化之后，横向、纵向进行数据打通、业务打通、系统打通，生产管理数据将进一步与总部平台形成联动，提高工程管理水平和工程效率。

在平台化的基础上，逐步开展并加速智能化应用建设，以平台为依托，遵循规范化数据流、业务流，避免烟囱式系统新建。在智能化具体切入点上，一方面提升基础装备智能化程度，另一方面提升应用系统智能化程度，最终达到少人化、无人化监管的目标。

航油工程的智能化发展有着广阔的空间和巨大的潜力，存在多方面与智能化相结合的应用场景，下面按技术分类做具体阐述。

（1）新技术融合应用

1）大数据技术。近年来，航油各级单位通过生产自控系统、ERP 系统、总部安全生产监控平台、智慧加油系统等信息化建设，积累了大量内部、外部数据，数据价值亟待进一步释放。综合应用大数据分析技术，结合航油核心业务应用需求，梳理整合相关业务域数据指标，设计支撑业务发展的应用场景，构建相应的业务、数据模型，为战略决策、投资分析、风险预警、应急指挥、智能派工加油等智慧应用提供精准的数据支撑。

2）人工智能技术。目前，作为新科技革命与产业变革核心动力，人工智能正迅速改变人类的生产、生活方式。机器视觉作为人工智能重要技术应用之一，迎来了新一轮发展机遇。依托现有的安防监控系统、前端视频设备、视频汇聚平台，结合机器视觉人工智能技术、产品，能够为安防、安监等领域的产业化深度赋能，为产业注入新动能，促进生产力整体跃迁。人工智能机器视觉技术可应用于生产区域内远程自动巡检、安全生产作业异常行为识别、生产区域异常状态可视化识别等场景，在各生产单位进一步“保安全、上水平”上发挥巨大作用，不仅提高基于视频的远程安全监管自动化、智能化水平，而且能够充分释放视频数据在安全监管方面的价值(如图 4.68 所示)。

图 4.68　宁波机场 5G 巡逻测温机器人

3）区块链技术。2019 年 10 月中央政治局就区块链技术发展现状和趋势进行第十八次集体学习，从而在我国国家层面拉开了区块链技术领域应用的序幕。在航油信息化、智能化业务场景中，以上下游交易链条为业务切入点，与产业链上下游共建区块链数字基础设施与服务，破除产业链数据壁垒和信用壁垒，与全产业共同提升效率、降低成本、价值优化提供保障，以支撑统一结算等系统的实践探索。

4）工业互联网技术。工业互联网是互联网和物联网、云计算、大数据、人工智能等新一代信息技术与工业系统融合形成的工业智能化综合信息基础设施，通过对工业数据的全面感知、实时交换、快速处理和高级分析，实现智能控制、运营优化和生产方式变革。基于近年来航油的各级工业控制系统、总部安全生产监控平台等信息化建设，已经初步形成航油工业互联网架构雏形。后续将进一步提升生产侧 IT/OT 融合，打通生产、管理数据链路，从而构建“节能高效、安全环保、优化创新”的油库生产管理新模式，是油库管理两化融合高级形态。基于生产侧工业互联网/物联网平台，实现与总部工业互联网平台、应急管理部各级平台、国储部门系统、海关系统等各外部系统的规范化、标准化实时数据对接，优化、简化整体网络架构，提升数据对接与共享能力。

（2）信息化标准规范建设

开展感知层、自控系统标准建设。规范油库数据采集标准、自控流程标准，指导各单位基础建设。

开展IT/OT网络融合标准建设。规范网络架构，为信息化、智能化业务开展提供基础。研究面向智慧油库的油库级OT与IT融合网络架构，形成实时生产控制网络、中心监控网络、办公管理网络、视频专线网络等多网融合、安全可靠的网络架构标准规范。

开展生产数据流及业务流标准建设。规范生产数据流、数据标准、业务流程规范、业务表单规范，形成覆盖油库全生产环节、全业务流程的业务链与数据链架构体系。

后续信息化、智能化平台与应用的搭建，需遵循标准的业务链和数据链框架，以避免业务链割裂、避免“一数多源”；框架体系需能够描述油库各生产任务、各核心业务（质量管理、计量管理、设备管理、经营管理等）之间的业务流转关系、信息关联关系、数据接口关系、数据流向等内容。

（3）信息化平台建设

1）物联网及数据集成服务平台。开展生产单位工业物联网平台及数据集成服务平台建设，基于标准提供数据采集、数据整合、数据服务等功能，为上层平台、应用提供基础数据支撑。

平台可集成OPC UA/OPC DA/Modbus/MQTT等主流工业协议，形成安全可靠的油库工业物联网架构，打通生产现场自控系统与信息化系统、自建系统与统建系统（ERP、CRM、OA等）、内部系统与外部系统（机场、市政等）之间的链路；按标准进行数据采集、数据存储，并按规范向业务系统、上级系统、外部系统统一提供数据服务共享能力，从而简化生产单位网络架构、提升网络与数据安全性、提升数据共享与数据应用能力。

2）生产管理协同平台。

① 加油作业信息化系统。在现有智慧加油系统生产侧功能基础上，利用语音、视频、位置等采集与分析处理技术，对加油作业过程进行感知、记录和分析，规范加油员驾驶与作业行为、确保操作规范和工作安全。

具体升级功能包括：通过高精度定位技术，监测车辆正常入位；通过视频捕捉与行为分析技术，监测驾驶员驾驶行为；通过RFID及视频捕捉和分析技术，记录和分析加油过程中加油员的操作流程，动作行为，并对异常操作和行为进行提醒，确保加油作业的规范与安全。

构建车辆的运行管理体系，将车辆及配件的采购、档案、库存、使用、维修、保养、报废等均纳入管理范围，形成围绕车辆全生命周期的价值、资料、记录与流程的管理。同时，利用车辆数据采集、位置监控、视频监控、雷达探测等软硬件技术对车辆运行过程进行跟踪、监控、分析、提醒与预警，保障车辆高效运行、安全运行。例如：通过车辆数据采集对车辆运行状态进行监控、分析；通过雷达探测与视频分析防止车辆碰撞等(如图 4.69 所示)。

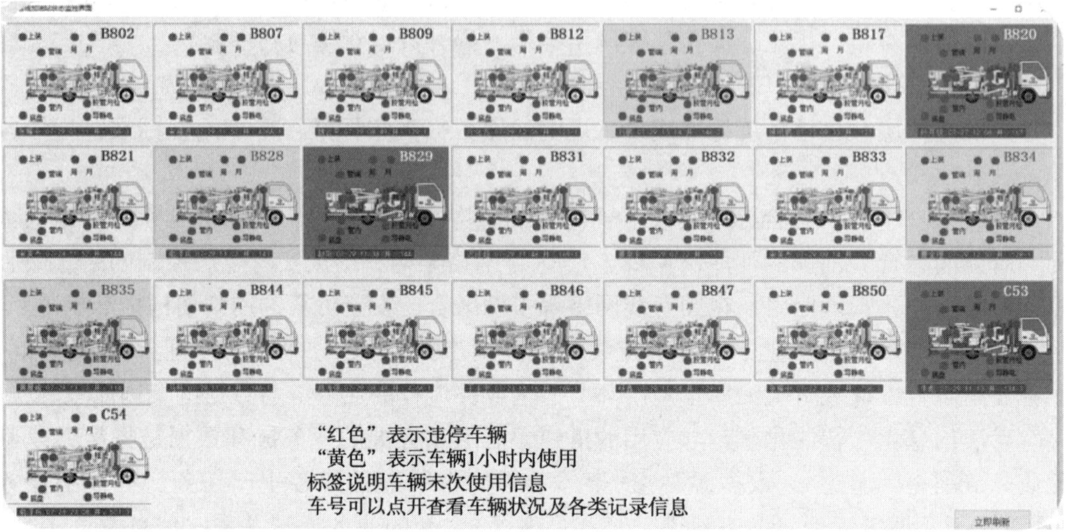

图 4.69　车辆运行管理系统

② 生产协同管理系统。

生产协同管理系统的核心目标为，解决跨部门、跨业务、跨系统、跨网络的基层生产单位的生产管理协同问题，开展流程整合、数据整合、场景整合，全面提升基层业务协同效率、全局安全监管能力、内控管理能力。

基于中国航油北京公司现有系统建设成果，进一步提升数字化、流程化程度，全面实现库/站核心生产作业流程、生产管理流程的线上协同能力。核心功能包括：

a. 收发油作业电子化记录。管输收油过程记录：对管输收油过程中的收油信息、管输发油启泵通知、停泵通知进行记录；记录发油通知、关联管理发油方提供的相关质量证书；采集自控数据，自动生成并填写收油作业记录信息；根据计量数据，系统自动发起批次核对检验任务，收满后自动发起抽样检验任务，并对检验过程信息和结果进行记录。

管输发油过程记录：对南疆库区向北京首都国际机场和北京大兴国际机场管输发油信息进行记录，包括发油信息、启泵记录、停泵记录、发油通知、发油合格证等，自动关联上游批次信息以及相关质量证书；采集自控数据，自动记录换罐信息和发油批次信息。

库区其他作业记录：对库区日常储存管理、倒罐记录进行管理，根据油料管理规范，对储存油料定时进行核对检验和抽样检验提醒；采集自控数据，自动记录倒罐信息；

b. 生产可视化记录。

三维库区、长输管线等实时生产信息及批次显示。构建三维库区主要设施模型，包括油罐、管路、油泵等。采集自控数据，实时显示各设施当前状态，包括库区当前作业状态、管线使用状态、油泵运行状态；实时显示各储油罐生产数据和油料批次组成信息，包括油料批次信息、占比、相关质量证书、检验结果，支持在线浏览质量文件。

c. 油品计量管理。

油品计量管理是一个重要的管理领域，需要对库区内油料进行计量和数据记录，以确保油库油料的管理精度和数据的真实可靠性。在油品计量管理中，可以通过自动获取罐群计量数据、管理油库收发油料数量信息、提供信息化手段等方式来实现油料的准确计量和数据的自动化管理。同时，还需要按照库区计量管理规范进行功能规划和设置，支持自动计量数据采集和人工计量数据录入功能。所有计量数据需要进行存储，以支持历史数据追溯，并提供计量数据自动统计功能，以帮助管理者更好地了解库区内油料的使用情况。

作业过程计量：能够自动对油库日常作业结果进行计量记录，包括收油计量、存储计量、倒罐计量、发油计量，能够根据计量数据以及相关作业记录，自动批次占比分析；能够根据标准公式自动进行标准体积标准质量的转换计算，计量结果可以按照作业类型和油罐进行组织管理，支持计量结果查询导出。

罐群实时计量：实时采集罐群计量数据，实现罐群计量数据远程实时查看，并根据油料批次信息，显示各储罐油料批次组成，并能够关联查看相关质量检验信息。

计量设备检定：根据计量管理规范，对库区使用的计量设备台账进行管理，系统能够根据不同设备的计量周期，定期自动循环生成计量检定任务，记录任务流转记录以及计量检定结果。

周期计量统计：系统能够按照周期计量要求，定时采集自控系统计量数据，生成计量记录，并采集记录周期内各储罐对应的作业信息。

d. 油品质量管理。

根据航油质量管理作业规范，通过系统质量管理功能，加强公司油品质量管理工作，规范油品质量监控流程，明确和落实各单位的管理职责，保障收发油各环节油品质量的可靠性。

通过流程化方式，对库区日常收油、存储、供油过程中的通知记录、检化验过程以及相关质量证书进行管理；系统根据获取的自控数据自动进行批次占比计算和质量单据关联，实现精准的质量追溯。

同时，实现放沉管理、过滤器压差管理等质量控制构成记录。

e. 设备管理。

与 ERP 系统功能进行互补，实现对机场油库所有的设备仪器进行集中管理和维护，包括库区及航加站的生产设备、计量设备、备件、加油车辆等，实现日常维护保养管理、计量提醒及计量结果记录管理等，可以有效规范设备管理流程、提升生产过程质量、降低设备的运营成本、延长设备使用寿命、减轻人员负担、提升工作效率。

f. 知识库管理。

构建集中知识库，支持对库区日常相关文档进行分类管理，实现包括项目文档、工程资料文档、设备资料文档、培训知识、质量文档、化验单据/证书等各类文档的电子化管理。提供条件查询及全文检索功能，方便文档查找应用。通过文档管理系统，可极大地减少员工传递文件上花费的工作时间与工作量、降低出错率，提高工作效率和协同性。

③ 模拟演练培训系统。中国航油部分公司通过半实物驾驶舱、结合综合显示屏、体感设备，完成了模拟加油培训系统的初步研制；基于 VR 体感设备、全数字仿真三维建模等，完成了覆盖收油、发油、加油、库区放沉、过滤器更换、平板闸阀拆卸、快开盲板维修等模拟操作系统研制。

后续，可在当前建设成果的基础上，继续深化整合、增加流程、提升体感设备的应用程度，通过模拟演练培训系统，向航油一线生产人员、各级管理人员提供平台化的、系统化的培训管理、在线学习、在线考试、题库管理、课件管理、冲关考试、模拟培训等功能。同时，可利用三维技术模拟真实设备和环境进行教学演练、应急演练，缩短员工的技术培训时间，提高员工专业技术水平和应急处突能力，减少教学设备的购买投入。

3）产业链协同平台。

① 统一结算系统。目前，以北京公司为试点，已成功实现了指定银行、指定航空公司的自动结算试点运行。后续对于中国航油全国 200 多个机场，300 多个客户来说，须将自动结算业务在全国范围进行推广，打造中国航油全面自动化结算平台，并打通与总部 ERP 系统、财务共享系统等接口，打造与航空公司、炼厂、物流的结算价值链，依托平台实现更多的结算模式。

系统核心包括数据交易及认证、航油结算、金融服务等相关功能板块。

② 调拨保障辅助决策系统。整合储存信息、物流信息、航班保障需求信息，为采购计划提供精准决策依据，提升灵活调拨能力，最终达到缩短航油库存时间、降低库存资金压力的目标。

第一，通过整合基础信息、计划采购信息、调运信息、运输物流信息、收发油信息、机场加油信息等，对航油运营网络全链条进行数据可视化展示与供需分析。

第二，通过运营网络优化模型构建，结合运营管理基础支撑数据，按照全局进货费用最低的原则，能够动态的生成资源配置优化方案，辅助制定计划人员优化采购计划；能够依据供应状况、市场预期，生成不同时期的库存调整策略，辅助管理者决策。

第三，对于突发事件(台风、地震、管线事故、重大应急响应)的运营方案，能够智能化的给出最优保障方案、保供调拨路线，以保障特殊状态下的航油供应。

第四，可通过运营大数据分析与优化模型相结合，为后续航油整体油库、输油管线建设布局提供决策支持。

（4）智慧化应用建设

基于数据基础、平台基础，加速开展典型智慧化应用建设。智慧化应用建设的总体目标是：在基础业务平台支撑的基础上，进一步释放数据价值，深化智慧应用，最终实现少人化、无人化管理目标，强化能力，降本增效，促进安全保障能力提升。

1）智能派工加油应用。智能派工加油应用的目标是通过大数据分析技术、智能派工算法，最终实现全智能化机场加油保障无人值守调度。

一方面，通过强化对加油保障进程中的位置、加油量、人员、车辆、航空器以及外部环境等的实时监测技术，提升调度因素的感知效率和感知能力，提升调度决策的灵敏度；另一方面，利用AI和大数据技术优化智能算法，通过调度数据的不断累积和对调度员派工方案的学习，逐步优化和提升算法逻辑，提升调度决策的科学与高效性。

2）智慧化巡检应用。智慧化巡检应用的核心目标是综合应用AI人工智能、虚拟现实等技术，对库区、机坪等范围内的巡检工作进行优化，最终实现人工巡检全自动记录、远程辅助诊断、人工智能辅助24小时不间断自动巡检的目标（如图4.70所示）。

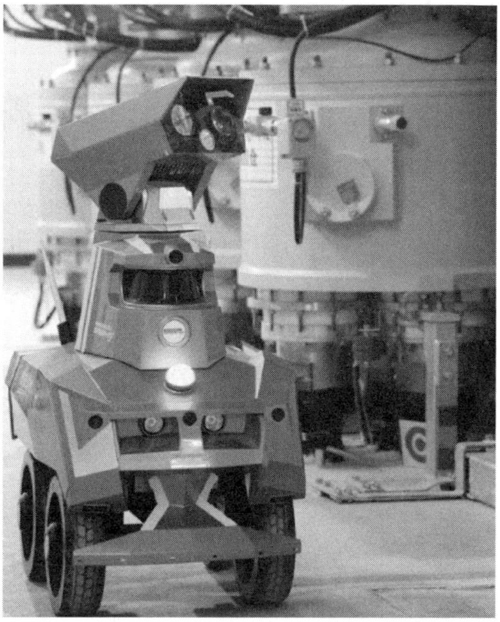

图4.70　智慧化巡检机器人

在基于视频的远程安全监管方面，总部及各生产单位基于传统安防系统，已经初步能够满足各级安全管理部门基于视频的“看得见、管得住”的作业现场安全监管目标。然而，当前基于视频数据的远程安全监管缺乏自动化、智能化手段支撑，安防系统的应用模式主要依靠各级安全管理人员采用人工视频巡检方式，查看实时或回放的视频数据发现现场安全隐患、违规作业等情况，一方面，增加管理成本，如配备专职视频监管人员将增加人员投入成本，非专职人员不仅增加工作负担影响本职工作，同时也无法保障远程视频监管的效率和效果；另一方面，无法实现全时空覆盖，人工视频巡检难以对所有摄像头的视频数据进行24小时实时监测，导致工作效率低、实时性差、安全监管无法实现全时空覆盖。

为有效解决上述人工视频巡检方式存在的问题，在现有视频信息化成果基础上，可借助人工智能机器视觉技术、产品、系统解放人力投入并实现基于视频安全监管的全时空覆盖能力。

将人工智能机器视觉技术与各单位现有视频信息系统相结合，采用深度学习算法对视频进行结构化处理，提取视频图像中人、车、物、行为等关键元素进行结构化语义描述，可有效实现值班情况监管、作业行为监管、着装规范性识别、重大危险源隐患识别等，并通过智慧化巡检应用系统将巡检结果推送给各级管理人员。

3）油库智能装备研制。以北京大兴国际机场现有的“四新技术”为范本，开展基于油水界面分析仪的自动放沉系统、三点取样装置等成果深化，并在新建、改造油库中进行推广。

4）加油车智能装备研制。丰富和扩展加油车智能装备的使用，通过各类传感设备采集和传递车辆在行驶和加油过程中的各类信息，包括语音、图像、车辆与设备运转参数等，并通过专业的分析软件实现车辆的全状态监控与分析。例如：压差传感设备、车辆数据采集设备、视频监控设备、防碰撞雷达探测设备等。另外，充分利用和拓展智慧加油车载主机的多模通信与多接口能力，将各感知、采集设备采集的数据上传后台，并进行融合共享，为智能化分析处理奠定基础。

参 考 文 献

[1] (古罗马)维特鲁威(Vitruvii). 建筑十书[M]. 高履泰译. 北京：知识产权出版社，2001.

[2] 鲁迅，鲁迅先生纪念委员会. 且介亭杂文集[M]. 上海：峨嵋出版社，1943.

[3] 梁航琳. 中国古代建筑的人文精神[D]. 天津：天津大学，2004.

[4] 刘亦师. 中国近代"外廊式建筑"的类型及其分布[J]. 南方建筑，2011(02)：36-42.

[5] 丁文剑. 建筑环境设计与中国古代风水理论[D]. 南京：河海大学，2003.

[6] (宋)李诫. 营造法式译解[M]. 王海燕注译. 武汉：华中科技大学出版社，2011.

[7] 龚德顺，邹德侬，窦以德. 中国现代建筑历史(1949—1984)的分期及其他[J]. 建筑学报，1985(10)：5-9，83.

[8] 中国水泥发展史 https：//www. dcement. com/Article/201512/142296_2. html.

[9] 王宽. 浅议现代主义建筑形式的实用性[J]. 北京工商大学学报(自然科学版)，2005(03)：66-68.

[10] 关于发展国民经济的第一个五年计划的报告(节录)http：//www. 71. cn/2015/0901/834850. shtml.

[11] 金磊."北京十大建筑"：新中国70年城市建设的丰碑[J]. 北京规划建设，2019(06)：176-179.

[12] 陈婷婷. 北京香山饭店——中西结合的瑰宝[J]. 科教导刊(中旬刊)，2010(8)：242-243.

[13] 洪奕宜. 深圳国贸大厦："深圳速度"从这里诞生[N]. 南方日报，2009-08-12(A08).

[14] 国家体育场(鸟巢)[J]. 土木工程学报，2009，42(05)：149.

[15] 孙清典，徐文忠，李灿新. 居住建筑采暖节能技术探讨[J]. 建筑节能，2009，37(02)：18-20.

[16] 付全波，范华冰，刘朋，等. 鄂州花湖机场数字化设计应用创新与实践[J]. 中国勘察设计，2022(S1)：42-45.

[17] 郭晓豹，王鸣翔，江昆，等. BIM技术在大型货运机场工程施工管理中的应用——以鄂州花湖机场转运中心工程为例[J]. 建筑经济，2022，43(08)：55-64.

[18] 田永复. 中国仿古建筑构造精解[M]. 北京：化学工业出版社，2010.

[19] 孟璠磊，崔振美，刘伯英. 近代北京工业建设史及工业建筑遗产价值研究[J]. 工业建筑，2021，51(07)：78-83，112.

[20] 陈红泉. 装配式建筑在首都机场的应用[J]. 城市建筑，2021，18(23)：118-120.

[21] 徐平利. 中小型航站楼建筑设计研究[J]. 建筑技艺，2017(12)：86-95.

[22] 崔闯. 深圳宝安国际机场T3航站楼外围护钢结构设计[J]. 中国建筑金属结构，2013(02)：7-9.

[23] 董兵，吴郑源，赖桂瑾，等. 具有卫星厅的机场航站楼登机口分配研究[J]. 科学技术与工程，2020，20(18)：7545-7551.

[24] 许志丹，司威. 交通枢纽中的景观规划探讨——以樟宜国际机场为例[J]. 西部皮革，2020，42(02)：81.

[25] 刘荫培，陈雄. 广州新白云国际机场航站楼[J]. 建筑学报，2004(09)：34-39.

[26] 殷昆仑. 中小型航站楼设计研究[D]. 长沙：湖南大学，2005.

[27] 王欣."四型机场"协同一体化建设研究[J]. 智能建筑，2019(03)：47-50，55.

[28] 晁文杰. 基于NEMA相位的交叉口信号配时方法设计[C]//中国智能交通协会. 第十四届中国智能交通年会论文集，2019：697-706.

[29] 李学伟. 基于绿色理念的民航机场节能环保管理[J]. 科技传播，2016，8(18)：177+195.

[30] 王疆民. 行李惹的祸——再谈希思罗机场英航T5航站楼[J]. 空运商务，2008(08)：31-32.

[31] 丁宇. 大型金属屋面紧密型防水保温系统施工技术[J]. 建筑施工，2018，40(09)：1598-1599，1602.

[32] 杨成钢．中小型航站楼的地域建筑设计实践——以萨摩亚法莱奥诺国际机场改扩建工程为例[J]．建筑与文化，2021(06)：92-94.
[33] 曾鹏．海外中小型航站楼改造探究——以圭亚那切迪贾根国际机场改造为例[J]．广东土木与建筑，2020，27(05)：23-27.
[34] 张晋．大兴机场的智慧[J]．大飞机，2020(02)：58-62.
[35] 马晓华，王钦刚．机坪加油管道阀门井防水技术改造研究[J]．中国石油和化工标准与质量，2018，38(19)：148-149.
[36] 刘克煊．工业化方向的建筑装饰施工[J]．广东建材，2006(08)：162-163.
[37] 高扬．门户之内——航站楼建筑设计中的人文特色体现[J]．建筑与文化，2022(04)：19-21.
[38] 程佳俊．从供给侧改革到"双循环经济"民航市场如何应对新常态[J]．大飞机，2021(02)：54-57.
[39] 安军，张嘉玥，张西婧．机场航站楼工业建筑化随感[J]．工业建筑，2018，48(12)：1-4.
[40] 柳澎，黄季宜，晏庆模．航站楼绿色设计[J]．建筑创作，2015(3)：179-201.
[41] 张疏影．通用机场航站楼标准构件设计与构造研究[D]．南京：东南大学，2020.
[42] 刘桂然．跳仓法在超长混凝土底板中的设计与研究[J]．工程建设与设计，2016(05)：28-30.
[43] 杨青国．民用机场供油模式优化研究与应用[D]．西安：西安石油大学，2015.
[44] 谢飞．码头装卸油作业防溢油方案实施优化[J]．油气田地面工程，2019，38(03)：89-93.
[45] 铁路装卸油作业区安全规定[J]．石油库与加油站，2002，(04)：32.
[46] 刘曼．我国港口中转油库质量管理研究[J]．中国石油和化工标准与质量，2011，31(05)：134.
[47] 王天高．机场油库安全管理、研究[J]．化工设计通讯，2021，47(08)：20-21.
[48] 陈宇．关于某航空加油站应急管理的思考[J]．中国储运，2022，(11)：92-94.
[49] 周德红，赵宁．加油站储罐火灾与爆炸危险区域分析[J]．武汉工程大学学报，2013，35(01)：7-11.
[50] 田文钊，刘志文，李刚，等．浅谈北京大兴国际机场机坪航油管线施工过程质量管理[J]．安装，2020，(02)：17-20.
[51] 唐艳刚，朱跃，李树强．站外输油管道维护的工艺措施[J]．中国新技术新产品，2010，(22)：169.
[52] 郑强．航油管道工程施工质量控制要点分析与思考[J]．中国石油和化工标准与质量，2022，42(22)：43-45.
[53] 强郁文．湖北鄂州花湖机场构筑专业货运枢纽[N]．人民日报，2022-07-18.
[54] 贺灵童，陈艳．建筑工业化的现在与未来[J]．工程质量，2013，31(02)：1-8.
[55] 李滨．我国预制装配式建筑的现状与发展[J]．中国科技信息，2014，(07)：114-115.
[56] 王召新．混凝土装配式住宅施工技术研究[D]．北京：北京工业大学，2012.
[57] 张树君．装配式现代木结构建筑[J]．城市住宅，2016，23(05)：35-40.
[58] 郑华海，刘匀，李元齐．BIM 技术研究与应用现状[J]．结构工程师，2015，31(04)：233-241.
[59] 蔡悠笛．基于 BIM 技术的建筑设备设计与性能分析研究[D]．北京：北京建筑大学，2014.
[60] 马腾．生物质装配式体系在寒冷地区农宅中的应用研究[D]．天津：河北工业大学，2021.
[61] 张书．西南山地区域装配式低层建筑的技术评价与技术选择[D]．天津：天津大学，2019.
[62] 高威，宣云干，孙俊，等．BIM+装配式标准化设计在住宅项目中的研究及应用[J]．江苏建筑，2021，(04)：120-122.
[63] 孔宪扬，李仲元．装配式变电站建筑物土建设计探讨[J]．居业，2018，(12)：79-81.
[64] 陆燕．超低能耗建筑对上海地区居住建筑设计影响分析[J]．城市建设理论研究(电子版)，2023，

(09)：139-141.
[65] 张建国，谷立静．我国绿色建筑发展现状、挑战及政策建议[J]．中国能源，2012，34(12)：19-24.
[66] 徐慧敏，王乔，白亮．近零能耗绿色建筑智能辅助设计系统设计与实现[J]．电子元器件与信息技术，2021，5(11)：101-103.
[67] 李启明，欧晓星．低碳建筑概念及其发展分析[J]．建筑经济，2010，(02)：41-43.
[68] 鲁鹏．零碳建筑的认识及其展望[J]．中国科技信息，2017，(07)：91.
[69] 陈文雯．建筑外墙节能保温材料的应用分析——以某市民用建筑为例[J]．房地产世界，2023，(01)：6-65.
[70] 龙激波，阿勇嘎，王泉，等．光热建筑一体化 Trombe 墙体系统传热性能[J]．土木建筑与环境工程，2018，40(01)：141-148.
[71] 缪宏，张瑞宏，高建和，等．真空玻璃传导和对流传热机理研究[J]．玻璃，2007，(02)：7-12.
[72] 陶红霞，翁文兵，刘峰．毛细管辐射空调系统简介及设计要点分析[J]．建筑节能，2009，37(09)：29-31.
[73] 赫飞宇．深中通道钢壳混凝土沉管组合结构收缩和徐变分析[D]．大连：大连理工大学，2018.
[74] 宋神友，陈伟乐，金文良，等．深中通道工程关键技术及挑战[J]．隧道建设(中英文)，2020，40(01)：143-152.
[75] 叶浩文．智能建造与建筑工业化关键技术与实践探索[J]．建筑，2021，(12)：21-23.
[76] 民航信息化发展现状与展望[J]．中国民用航空，2001(03)：20-21.
[77] 于军琪，曹建福，雷小康．建筑机器人研究现状与展望[J]．自动化博览，2016，(08)：68-75.
[78] 李瑜．净零碳建筑[J]．砖瓦，2019，(02)：22-25.
[79] 张锐．树立品质工程理念推动新时期机场建设工作开新局[N]．中国民航报，2021.
[80] 郭刚．2021 勘察设计行业展望[J]．中国勘察设计，2021 (1)：54-57.
[81] 黄奇帆．双循环下 建筑产业数字化发展的思考[J]．中国勘察设计，2021，(12)：43-45.
[82] 姚明球．数字建造在新型建筑工业化中的作用及实施路径探讨[J]．广州建筑，2021，49(3)：51-55.